58

# A Friendly Introduction to Number Theory

## (Fourth Edition)

# 数论概论

## （原书第4版）

［美］ 约瑟夫·H. 西尔弗曼（Joseph H. Silverman） 著
布 朗 大 学

孙智伟 吴克俭 卢青林 曹惠琴 译

机械工业出版社
CHINA MACHINE PRESS

**图书在版编目（CIP）数据**

数论概论（原书第 4 版）/（美）西尔弗曼（Silverman, J. H.）著；孙智伟等译 . —北京：机械工业出版社，2016.1（2025.1 重印）
（华章数学译丛）
书名原文：A Friendly Introduction to Number Theory, Fourth Edition

ISBN 978-7-111-52200-3

I. 数… II. ①西… ②孙… III. 数论 - 高等学校 - 教材 IV. O156

中国版本图书馆 CIP 数据核字（2015）第 280041 号

**北京市版权局著作权合同登记 图字：01-2012-2651 号。**

本书讲述了有关数论大量有趣的知识，以及数论的一般方法和应用，循序渐进地启发读者用数学方法思考问题，此外还介绍了目前数论研究的某些前沿课题 . 本书采用轻松的写作风格，引领读者进入美妙的数论世界，不断激发读者的好奇心，并通过一些精心设计的习题来培养读者的探索精神与创新能力 .

本书讲解清晰，语言生动，易于理解，适合作为高等院校相关专业学生的数论入门书，也可以作为有志于学习数论的读者的自学读物 .

出版发行：机械工业出版社（北京市西城区百万庄大街 22 号　邮政编码：100037）
责任编辑：迟振春　　　　　　　　　　　　　责任校对：董纪丽
印　　刷：固安县铭成印刷有限公司　　　　　版　　次：2025 年 1 月第 1 版第 12 次印刷
开　　本：186mm×240mm　1/16　　　　　　印　　张：18.75
书　　号：ISBN 978-7-111-52200-3　　　　　定　　价：59.00 元

客服电话：（010）88361066　68326294

# 译 者 序

2006 年夏天机械工业出版社找到我，希望翻译美国布朗大学 Silverman 教授的数论入门书《A Friendly Introduction to Number Theory》第 3 版．由于我个人教学科研任务比较繁重，遂联合我指导过的吴克俭（岭南师范学院）、卢青林（江苏师范大学）与曹惠琴（南京审计学院）三位博士共同翻译这本名著．这次翻译的是原书第 4 版．

我国高等教育偏重传授知识，而美国更重视启发式教育．（我在加州大学教过课，对此深有体会．）在数学教学上，也是如此．反映在教材上，国内不少数学教材内容既多又难，而美国的同类教科书更重视对读者循序渐进式的启发．在翻译过程中，我们感到 Silverman 教授这本书尤其体现了国外教材的风格，它引领读者进入美妙的数论世界，不断激发读者的好奇心，并通过一些精心设计的练习来培养读者的探索精神与创新能力．

我国古代数学曾有很辉煌的成就．著名的中国剩余定理（见第 11 章）最初以问题形式出现于公元 3 世纪时我国的数学著作《孙子算经》（孙子所著）中，相应的一次同余式组解法由南宋数学家秦九韶（1202—1261）在其 1247 年出版的名著《数书九章》中给出．本书中所称的毕达哥拉斯定理在我国叫做勾股定理，我们把相应的毕达哥拉斯三元组译为勾股数组；我国古代数学著作《周髀算经》中就记载着"勾广三，股修四，径隅五"（即有边长分别为 3，4，5 的直角三角形），据传这出自于西周开国时期大夫商高与周公的对话．另外，由二项式系数组成的帕斯卡三角形（见第 38 章）在我国叫做杨辉三角形，因为南宋数学家杨辉（约 1238—1298）在其著作《详解九章算术》中记载的同类工作早于帕斯卡（1623—1662）400 多年．

在翻译过程中我们尽量沿用作者原来的表述，但有时需要对个别字句（包括一些诗）进行意译．我们还添加了关于梅森素数的最新记录，并提及最近一些数论重大进展（如张益唐在孪生素数猜想上的重大突破以及模猜想（也叫谷山志村猜想）的完整解决）．原书第 4 版中第 47～50 章及附录 A、B 均放在网上供在线阅读．为方便读者，在中译本中我们保留了附录 A 与 B，附录 B 中 5700 以下的素数表被我们扩展成 6000 以下的素数表．还需指出的是，书中的自然数指正整数，但数学上一般把非负整数（包括 0）叫做自然数；书中认为谈论 0 与 0 的最大公因数没有意义，但从理想论角度一般定义 $\gcd(0, 0) = 0$．

由于时间上的仓促以及水平上的局限，译稿中难免存在不妥或疏漏之处，欢迎广大读者批评指正．

孙智伟

南京大学数学系

# 中 文 版 序

中国人对数论的研究有悠久而值得骄傲的历史，它甚至可追溯到一两千年前．我非常荣幸和高兴地看到我的书被翻译成中文，它给读者提供了对美妙数论的一个导引．或许你是正开始在数学道路上旅行的学生，或许你仅渴望对这个古老而美丽的课题有点初步了解，我希望本书能给你带来许多启发与乐趣．

Joseph H. Silverman

# 前　言

20 世纪 90 年代美国数学界掀起了微积分教学改革的浪潮，其目的是教会学生自己思考与解决实质性问题，而不仅仅是背诵公式与进行机械的代数操作. 本书有类似的但更大的目标，意在引导你进行数学思考与体验独立知识发现的惊喜. 我们选择的话题——数论，尤其适合我们的意图. 自然数 1，2，3，…具有多种漂亮的模式与关系，其中许多可谓一目了然，但其余的是如此难以捉摸以致人们诧异它们是否被真正引起注意. 数学实验仅需要纸与笔，但基于少量例子做出的猜想可能是错误的. 一个人最终确信他的数值例子反映了一般真理需要严格的论证. 本书将引导你通过潜伏鲜艳数论花朵的丛林，同时鼓励你去调查、分析、猜测与最终证明你自己的美妙数论结果.

本书初稿用作布朗大学 Jeff Hoffstein 教授在 20 世纪 90 年代早期建立的课程 Math 42 的教材. 课程 Math 42 用于吸引那些对标准微积分系列课程兴趣不大的非理科专业学生，同时说服他们去学习一些大学数学. 目的在于创建一个类似于"莫扎特(Mozart)的音乐"或"伊丽莎白女王时代的戏剧"课程，引导听众通过对某一特殊方面的系统学习而对整体上的主题与方法有所了解. 课程 Math 42 取得了极大的成功，既吸引了它拟定的读者群，也吸引了想听点不同于传统的大讲座或压缩饼干式课程的理科大学生.

阅读本书需要的预备知识很少. 熟悉高中代数是必要的，而会编写计算机程序的读者将会从产生大量的数据和实现各种算法中获得乐趣，但实际上读者仅需一个简单的计算器. 微积分的一些概念有时被提到，但基本上不怎么用它. 尽管如此，我们仍要提醒读者，要想真正欣赏数论，必须有渴求知识和探索问题的愿望，不怕做试验，不怕犯错误并从错误中吸取教训，有面对挫折的勇气以及坚持到最后胜利的恒心与毅力. 具备这些素质的读者将在学习数论以及享受生活方面获得较大的回报.

## 第 1 版中致谢

我要感谢许多人的帮助，包括在课程 Math 42 方面有过先驱性工作的 Jeff Hoffstein、Karen Bender 与 Rachel Pries，允许我使用他一些卡通画的 Bill Amend，便于进行数论计算的 PARI 的发明者，对初稿提出许多有益建议的 Nick Fiori、Daniel Goldston、Rob Gross、Matt Holford、Alan Landman、Paul Lockhart、Matt Marcy、Patricia Pacelli、Rachel Pries（再次）、Michael Schlessinger、Thomas Shemanske、Jeffrey Stopple、Chris Towse、Roger Ware、Larry Washington、Yangbo Ye、Karl Zimmerman、Michael Artin、Richard Guy、Marc Hindry、Mike Rosen、Karl Rubin、Ed Scheinerman、John Selfridge 与 Sam Wagstaff，以及在出版过程中给出建议与指导的 Prentice Hall 出版社的 George Lobell 与 Gale Epps.

最后也是最重要的,我要感谢我的妻子 Susan 与孩子们 Debby、Daniel 和 Jonathan 在我写作本书时表现出的耐心与理解.

### 第 2 版中致谢

我要感谢那些花费时间向我提出修正或其他建议的人们,这对准备第 2 版是极有帮助的. 他们包括:Arthur Baragar、Aaron Bertram、Nigel Boston、David Boyd、Seth Braver、Michael Catalano Johnson、L. Chang、Robin Chapman、Miguel Cordero、John Cremona、Jim Delany、Lisa Fastenberg、Nicholas Fiori、Fumiyasu Funami、Jim Funderburk、Andrew Granville、Rob Gross、Shamita Dutta Gupta、Tom Hagedorn、Ron Jacobowitz、Jerry S. Kelly、Hershy Kisilevsky、Hendrik Lenstra、Gordon S. Lessells、Ken Levasseur、Stephen Lichtenbaum、Nidia Lopez Jerry Metzger、Jukka Pihko、Carl Pomerance、Rachel Pries、Ken Ribet、John Robeson、David Rohrlich、Daniel Silverman、Alfred Tang 与 Wenchao Zhou.

### 第 3 版中致谢

我要感谢 Jiro Suzuki 把本书很好地翻译成日文. 我也要感谢那些花时间给我提出修改建议的人们,这对准备第 3 版是极为有益的. 他们包括:Bill Adams、Autumn Alden、Robert Altshuler、Avner Ash、Joe Auslander、Dave Benoit、Jürgen Bierbrauer、Andrew Clifford、Keith Conrad、Sarah DeGooyer、Amartya Kumar Dutta、Laurie Fanning、Benji Fisher、Joe Fisher、Jon Graff、Eric Gutman、Edward Hinson、Bruce Hugo、Ole Jensen、Peter Kahn、Avinash Kalra、Jerry Kelly、Yukio Kikuchi、Amartya Kumar、Andrew Lenard、Sufatrio Liu、Troy Madsen、Russ Mann、Gordon Mason、Farley Mawyer、Mike McConnell、Jerry Metzger、Steve Paik、Nicole Perez、Dinakar Ramakrishnan、Cecil Rousseau、Marc Roth、Ehud Schreiber、Tamina Stephenson、Jiro Suzuki、James Tanton、James Tong、Chris Towse、Roger Turton、Fernando Villegas 与 Chung Yi.

### 第 4 版中致谢

我要感谢下述给我评论与建议或阅读第 4 版初稿的人们:Joseph Bak、Hossein Behforooz、Henning Broge、Lindsay Childs、Keith Conrad、David Cox、Thomas Cusick、Gove Effinger、Lenny Fukshansky、Darren Glass、Alex Martsinkovsky、Alan Saleski、Yangbo Ye(叶扬波)以及一些匿名的评论者.

### 第 4 版中的变化

第 4 版的主要变化如下:

- 新增关于数学归纳法的第 26 章.
- 关于反证法的一些内容移到第 8 章. 证明 $d$ 次多项式模 $p$ 至多有 $d$ 个根时就要用到反证法,在第 21 章中推导欧拉二次剩余公式时我们不用原根而改用这个事实.(先前版本中对欧拉二次剩余公式的证明使用了原根.)
- 关于原根的第 28 ~ 29 章移到关于二次互反律与平方和的第 20 ~ 25 章之后. 做此变化是因为作者发现对学生来说原根定理是本书中最难的内容之一. 新的顺序

可让教师先教二次互反律，如果愿意的话也可略去所有关于原根的内容.

- 第 22 章现在包含了关于雅可比符号的二次互反律的部分证明，余下的证明留作习题.

- 二次互反律现在有完整的证明. 涉及 $\left(\dfrac{-1}{p}\right)$ 与 $\left(\dfrac{2}{p}\right)$ 的证明仍像以前那样放在第 21 章，新增的第 23 章给出了艾森斯坦关于 $\left(\dfrac{p}{q}\right)\left(\dfrac{q}{p}\right)$ 的证明. 第 23 章比之前的章节困难得多，略去它不影响阅读后面的章节.

- 作为原根的应用，我们在第 28 章中讨论了 Gostas 阵列的构造.

- 斐波那契数列模 $p$ 的最小正周期在 $p$ 模 5 余 1 或 4 时整除 $p-1$，第 39 章中包含了对此的证明.

- 新增了许多新的习题.

- 数论是个范围广阔又不断成长的学科，数年来本书增添了许多新的章节. 为使本版保持合理的厚度，我们在印刷版中略去了第 47~50 章(第 47 章"连分数的混乱世界"，第 48 章"连分数的佩尔方程"，第 49 章"生成函数"，第 50 章"幂和"). 这些略去的章节可通过访问网址

http：//www. math. brown. edu/˜jhs/frint. html

http：//www. pearsonhighered. com/mathstatsresources

免费下载.

### 电子邮件与电子资源

前面所列的各位帮助我改正了一些错误并提出了有益的建议，但没有哪本书会毫无错误或没有改进的余地. 我很乐意收到来自读者的不论是肯定的还是批评的评论或更正. 你可发邮件到我的信箱

jhs@ math. brown. edu.

另外一些资料(包括额外几章、更正表、一些数论网站的链接以及涉及计算机的许多练习)，都可从本书主页

www. math. brown. edu/~jhs/frint. html

处获得.

Joseph H. Silverman

# 各章关联性流程图

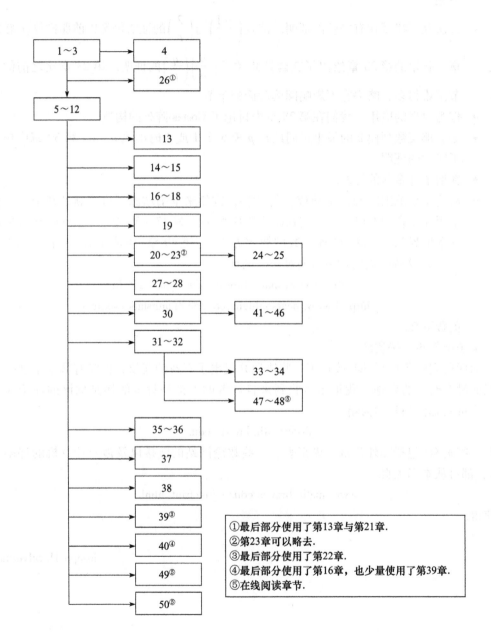

①最后部分使用了第13章与第21章.
②第23章可以略去.
③最后部分使用了第22章.
④最后部分使用了第16章，也少量使用了第39章.
⑤在线阅读章节.

# 目 录

# 引　言

> 欧几里得独自迈入美妙的数论世界. 尽管只有一次而且很快远去, 但他的足迹还是深深地影响着后人.
>
> ——米雷(Millay), 1923

自然数 1, 2, 3, 4, 5, 6, … 的起源已随着时间的消逝被人遗忘. 我们不知道谁首先意识到像"三"这样的抽象概念, 它可指三块岩石、三颗星、三个人等. 从有记载的年代起, 数字激发了人们无限的遐想, 包括神秘性、艺术美与实际应用. 当然, 人们所关注的不仅是数字本身, 尤其令人着迷的是数字之间的相互关系. 正如米雷(Millay)诗中描述的那样, 那些深奥并且通常是难以捉摸的数字关系让人们体会到美$^\ominus$. 下面是 20 世纪一位著名哲学家对数学的描述:

> 数学不仅揭示真理, 也给人极度的美感——如同雕塑般的冷艳与严肃. 这种美不需要利用人性的弱点, 也不需要绘画或音乐那样华丽的包装. 它是极其纯洁的, 就完美性而言只有最伟大的艺术才能与之相比.
>
> ——罗素(Russel), 1902

数论是数学的一个分支, 它研究各种数之间深刻而微妙的关系. 举个简单的例子, 成年人都知道平方数 1, 4, 9, 16, 25, …. 如果把两个平方数相加, 有时会得到另一个平方数. 最著名的例子是

$$3^2 + 4^2 = 5^2,$$

但也有许多其他的例子, 如

$$5^2 + 12^2 = 13^2, \quad 20^2 + 21^2 = 29^2, \quad 28^2 + 45^2 = 53^2.$$

(3, 4, 5), (5, 12, 13), (20, 21, 29), (28, 45, 53) 这样的三元组叫做勾股数组 (Pythagorean triple, 也叫毕达哥拉斯三元组)$^\ominus$. 基于这样的实例, 任何具有好奇心的人都会提出种种进一步的问题, 例如, "是否有无穷多个勾股数组?", "如果答案是肯定的, 我们能找出刻画它们的公式吗?", 数论涉及的就是这类问题.

再看一个例子. 考虑寻找大数

$$32\,478\,543^{743\,921\,429\,837\,645}$$

被 54 817 263 除所得的余数. 下面是这个问题的一种解法: 将数 32 478 543 自乘 743 921 429 837 645 次, 再使用长除法计算它被 54 817 263 除的余数. 原则上此法可行, 但实际上即使用全球最快的计算机来计算也需要远超过人一生的时间. 数论也提供了解决这个问题的一

---

$\ominus$　许多人知道欧几里得研究过几何, 但他的确也考察过美妙的数论. 欧几里得著名的《几何原本》(Elements)第 7、8、9 章明显涉及数论.

$\ominus$　公平地说, 应该指出在毕达哥拉斯出生几个世纪前巴比伦人已编制了很长的勾股数组列表.

种方法. 你可能说:"等一下,勾股数组看起来的确很美,但长除法与余数何美之有?"答案不在剩余本身,而在于这种剩余的应用. 数学家已用这个初等剩余问题(与其逆问题)创造出一种连美国国家安全局<sup></sup>也无法破译的简单密码. 关于这一点,哈代曾作过奇特的不正确的评论:"尚无人发现可把数论或相对论用于任何类似战争的目的,似乎任何人许多年内都无法做到这一点."<sup></sup>

数论这块土地上生长着多种多样的"动植物". 这里有平方数、素数、奇数与完全数(但没有平方素数,现在也未找到奇完全数),也有费马方程、佩尔方程、勾股数组与椭圆曲线、斐波那契兔子问题、不可破密码,等等. 当我们在数论世界旅行时,就会碰到这些东西.

## 教师指南

本书可用作一学期或一年的本科数论教材,也可用于自学或阅读课程. 它包含了大约可以讲授两个学期的内容,因此作为一学期课程的话,教师可灵活地选讲有关内容. 前 11 章是基础部分,许多授课者大概会接着讲第 18 章中的 RSA 密码体制,根据我的经验这是学生们最喜爱的话题之一.

有多种方法安排后继讲授内容. 下面几种安排对一学期课程来说应是比较合适的,但你也可根据自己的意愿来挑选后面几章.

**第 20~26 章、第 31~34 章与第 47~48 章**　二次互反律,平方和,归纳,佩尔方程、丢番图逼近与连分数.

**第 30~34 章与第 41~46 章**　指数为 4 的费马方程,佩尔方程,丢番图逼近,椭圆曲线与费马大定理.

**第 26 章、第 31~39 章与第 47~48 章**　归纳法,佩尔方程,丢番图逼近,高斯整数,超越数,二项式系数,线性递归序列与连分数.

**第 19~22 章、第 26~29 章与第 38~40 章**　素性测试,二次互反律,归纳法,原根,二项式系数,线性递归序列,大 $O$ 记号. (这个大纲主要是为将来从事计算机科学或密码学的学生设计的.)

无论如何,一个好的最终规划是让学生阅读一些略去未讲的章节并做一做有关习题.

本书中不需要专门数值计算或编写程序的大部分习题用于促进大家的探讨与试验,它们未必有"正确"或"完整"的答案. 许多学生一开始可能对此很不适应,所以必须反复强调这一点. 为让学生们感到舒适些,你可这样去问:"告诉我关于……尽可能多的东西."让学生知道积累数据与解决特殊情形不仅是可接受的,还应受到鼓励. 另一方面,告诉他们没有十全十美的完整解答,因为一个好问题的解决又引出了一些新问题. 因此,如果他们能完全解决书中的特殊问题,他们的下一个任务就是寻求推广并弄清他们解法的局限.

---

<sup>⊖</sup> 美国国家安全局(NSA)是美国政府机构,它负责收集数据、编制密码与破译密码. 美国国家安全局比中央情报局(CIA)拥有更多的活动经费,它是世界上数学家的最大雇主.
<sup>⊜</sup> 哈代,《一个数学家的自白》(A Mathematician's Apology)第 28 章,剑桥大学出版社,1940.

除了个别已标明的习题，微积分仅在后面的两章中用到(第 40 章中大 $O$ 记号与第 49 章中生成函数). 如果学生们未学过微积分，不妨略去这两章.

数论是困难的，所以没有办法让学生觉得数论很容易. 但是，本书能让你的学生掌握一些困难的知识并体验知识发现带来的喜悦. 作为教师，你的回报就是看到学生奋发努力带来的快乐.

## 计算机、数论与本书

本书中有些地方涉及使用计算机，关于这点我想说几句. 我不要求读者使用高级的软件包(如 Maple、Mathematica、PARI、Derive)，许多习题(除了个别标明的外)只需简单的计算器. 举个具体的例子，把 GCD[M，N]输入到计算机来学习最大公因数(第 5 章)犹如打开电视机来学习电学. 我承认计算机可处理大数字的例子，而且本书中好多地方都有计算机产生的例子，但是我们的最终目标是让学生理解概念与关系. 如果非要我就使用计算机与否明确表态，毫无疑问我不希望学生使用计算机.

正如任何好的规则都有例外一样，必须承认有时要使用计算机. 首先，理解一个东西的最好办法之一就是解释给其他人听；如果你知道如何编写程序，你就会清楚如何对计算机解释本书中描述的算法. 换句话说，希望你不要依赖现成的软件包，最好自己动手编写程序. 做这样处理的最佳例子有第 5～6 章中的欧几里得算法与第 16～18 章中的 RSA 密码体制、第 19 章中的素性测试、第 22 章中的二次互反律、第 24～25 章中的把数表成平方数之和、第 47～48 章中的连分数与解佩尔方程以及第 41 章中椭圆曲线上有理点的生成.

"不用计算机规则"的第二个例外是数据生成. 数论中的发现常常基于数值试验，为了检验某种可能的模式有时需要大量的数据. 计算机适合用来产生这样的数据，有时也能协助你寻找模式，我不反对这样使用计算机. ▢ 4

我已设计了一些涉及计算机的作业，鼓励把计算机作为工具来帮助你理解与研究数论. 一部分这样的作业可在小型计算机上(甚至可用简单的计算器)实现，其余的需要更高级的机器或程序设计语言. 需要使用计算机的习题已用符号 🖥 标明.

我对许多涉及计算机的练习没有做出精确的表述，因为这些练习的一部分就是让你决定该输入什么与该产生怎样的输出. 一个好的计算机程序应有下述特点:

- 清楚地解释出程序用来干什么、如何使用、什么量代表输入、什么量代表输出.
- 有许多用来解释程序如何执行的内部注释.
- 有处理错误信息的完备方法. 例如，如果 $a = b = 0$，则执行 $\gcd(a, b)$ 时应输出错误信息"$\gcd(0, 0)$没定义"，而不是进入死循环，或者输出"除数为 0"的错误信息.

当你编写自己的程序时要尽量让你的程序有更广的用途，因为最终你要把若干程序片段连在一起形成你自己的数论软件包.

作为检验的工具，计算机是有用的. 通过教计算机如何实施数论计算，你会学到很多东西. 但是，当你首次学习一个东西时，现成的计算机软件或程序只是阻碍你自己行走的拐杖. ▢ 5

# 第1章 什么是数论

数论研究正整数集合

$$1, 2, 3, 4, 5, 6, 7, \cdots,$$

它也常被称为自然数集合. 特别地, 我们要研究不同类型数之间的关系. 自古以来, 人们已将自然数分成各种不同类型. 下面是一些熟悉的或不那么熟悉的例子:

| | |
|---:|:---|
| 奇数 | 1, 3, 5, 7, 9, 11, $\cdots$ |
| 偶数 | 2, 4, 6, 8, 10, $\cdots$ |
| 平方数 | 1, 4, 9, 16, 25, 36, $\cdots$ |
| 立方数 | 1, 8, 27, 64, 125, $\cdots$ |
| 素数 | 2, 3, 5, 7, 11, 13, 17, 19, 23, 29, 31, $\cdots$ |
| 合数 | 4, 6, 8, 9, 10, 12, 14, 15, 16, $\cdots$ |
| 模4余1的数 | 1, 5, 9, 13, 17, 21, 25, $\cdots$ |
| 模4余3的数 | 3, 7, 11, 15, 19, 23, 27, $\cdots$ |
| 三角数 | 1, 3, 6, 10, 15, 21, $\cdots$ |
| 完全数 | 6, 28, 496, $\cdots$ |
| 斐波那契数 | 1, 1, 2, 3, 5, 8, 13, 21, $\cdots$ |

毫无疑问, 你已熟悉许多类型的数. 其他类型的数(如"模4"的数)你可能不熟悉. 如果一个数被4除余数为1, 则称这个数与1模4同余, 与3模4同余的数类似. 如果一个数是可排列成三角形(顶端一个石子, 第二行两个石子, 等等)的石子数, 则称这个数为三角数. 由1与1开始产生斐波那契数, 前两个数相加得到数列中的下一个数. 最后, 如果一个数的全部因数(除它本身外)之和等于这个数, 则称这个数为完全数. 例如, 整除6的数是1, 2和3, $1 + 2 + 3 = 6$. 类似地, 28的因数是1, 2, 4, 7和14,

$$1 + 2 + 4 + 7 + 14 = 28.$$

在数论旅途中, 我们会遇到这样那样的数.

## 典型的数论问题

数论的主要目的是发现不同类型数之间令人感兴趣的、意想不到的关系, 并证明这些关系是正确的. 本节中我们将介绍一些典型的数论问题, 有的将在本书中彻底解决, 有的虽已解决但解法太难不宜列入本书, 还有一些直到今天仍未解决.

**平方和 I.** 两个平方数之和可能等于平方数吗? 答案显然是"肯定的". 例如, $3^2 + 4^2 = 5^2$ 与 $5^2 + 12^2 = 13^2$. 这些是勾股数组的例子. 第2章讲述所有勾股数组.

**高幂次和.** 两个立方数之和等于立方数吗? 两个4次方数之和是4次方数吗? 一般地, 两个 $n$ 次方之和是 $n$ 次方吗? 答案是"否定的". 这个著名问题称为费马大定理, 由费马(Pierre de Fermat)于 17 世纪首先提出，直到 1994 年才由怀尔斯(Andrew Wiles)完全解决. 怀尔斯的证明使用了复杂的数学技巧，我们不能在此详细叙述，但第 30 章将证明没有 4 次方数等于两个(正的)4 次方数之和，第 46 章将概述怀尔斯的证明思路.

**素数无穷.** 素数是一个整数 $p > 1$，它仅有因数 1 与 $p$.

- 存在无穷多个素数吗？
- 存在无穷多个除 4 余 1 的素数吗？
- 存在无穷多个除 4 余 3 的素数吗？

这些问题的答案都是"肯定的". 在第 12 章和第 21 章我们将证明这些事实，并且讨论狄利克雷(Lejeune Dirichlet)于 1837 年证明的更一般结果.

7

**平方和 Ⅱ.** 哪些数等于两个平方数之和呢？对这类问题，素数的情形往往容易回答，所以我们先问哪些(奇)素数是两个平方数之和. 例如，

$$3 \text{ 不是}, \qquad 5 = 1^2 + 2^2, \quad 7 \text{ 不是}, \qquad 11 \text{ 不是},$$
$$13 = 2^2 + 3^2, \quad 17 = 1^2 + 4^2, \quad 19 \text{ 不是}, \qquad 23 \text{ 不是},$$
$$29 = 2^2 + 5^2, \quad 31 \text{ 不是}, \qquad 37 = 1^2 + 6^2, \cdots$$

你看出模式了吗？可能没有，因为这仅是一个短表，但长表会产生猜想：如果 $p$ 与 $1 \pmod 4$ 同余，则 $p$ 是两个平方数之和. 换句话说，如果 $p$ 被 4 除余 1，则 $p$ 是两个平方数之和；如果 $p$ 被 4 除余 3，则 $p$ 不是两个平方数之和. 我们将在第 24 章证明这个结论.

**数的形状.** 平方数是可排列成正方形的数 1，4，9，16，…. 三角数是可排列成三角形的数 1，3，6，10，…. 前几个三角数与平方数如图 1.1 所示.

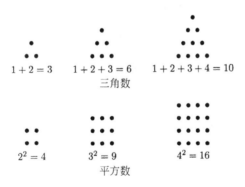

$$1 + 2 = 3 \qquad 1 + 2 + 3 = 6 \qquad 1 + 2 + 3 + 4 = 10$$

三角数

$$2^2 = 4 \qquad 3^2 = 9 \qquad 4^2 = 16$$

平方数

图 1.1 构成有趣图形的数

自然要问是否存在也是平方数的三角数(除 1 外). 答案是"肯定的"，最小的例子是

$$36 = 6^2 = 1 + 2 + 3 + 4 + 5 + 6 + 7 + 8.$$

所以我们会问是否有更多的例子，如果有，存在无穷多个吗？要搜索更多的例子，下述公式是有用的：

8

$$1 + 2 + 3 + \cdots + (n - 1) + n = \frac{n(n + 1)}{2}.$$

关于这个公式有一个有趣的故事. 在高斯(Carl Friedrich Gauss,1777—1855)上小学的时候,有一次,老师给全班同学布置了一道作业题:从 1 加到 100. 当高斯的同学奋力相加时,高斯走向老师递上答案:5050. 故事的结局是,老师既没留下深刻印象也没感到有趣,但是不再布置课外作业了.

有一种验证高斯公式的简单几何方法也许是高斯自己发明的. 取由 $1+2+3+\cdots+n$ 个格点构成的两个三角形以及有 $n+1$ 个格点的一条额外主对角线,并将它们拼凑起来. 例如,可用图 1.2 来处理 $n=6$ 的情形.

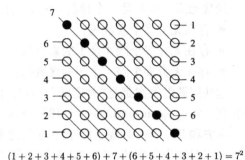

$$(1+2+3+4+5+6)+7+(6+5+4+3+2+1)=7^2$$

图 1.2  前 $n$ 个正整数的和

在图 1.2 中,我们用黑点标记主对角线上额外的 $n+1=7$ 个格点,得到的正方形具有由 $n+1$ 个格点组成的边,所以用数学表达式得到公式

$$2(1+2+3+\cdots+n)+(n+1)=(n+1)^2,$$

两个三角形  + 主对角线 = 正方形.

9

从两端减去 $n+1$ 再除以 2 就得到高斯公式.

**孪生素数**. 在素数表中,有时会出现相邻奇数都是素数的情形. 在小于 100 的下述素数表中,已将孪生素数加框:

$$\boxed{3},\boxed{5},\boxed{7},\ \boxed{11},\boxed{13},\ \boxed{17},\boxed{19},\ 23,\ \boxed{29},\boxed{31},\ 37,$$
$$\boxed{41},\boxed{43},\ 47,53,\ \boxed{59},\boxed{61},\ 67,\ \boxed{71},\boxed{73},\ 79,83,89,97.$$

存在无穷多个孪生素数吗? 也就是说,是否有无穷多个素数 $p$ 使得 $p+2$ 也是素数? 迄今为止,没有人能解答这个问题.

**形如 $N^2+1$ 的素数**. 如果取 $N=1,\ 2,\ 3,\ \cdots$,列出形如 $N^2+1$ 的数,其中一些是素数. 当然,如果 $N$ 是奇数,则 $N^2+1$ 是偶数,所以它不是素数(除非 $N=1$). 实际上,人们感兴趣的只是让 $N$ 取偶数值. 在下表中已用粗体突出显示了素数:

$$2^2+1=\mathbf{5}, \qquad 4^2+1=\mathbf{17}, \qquad 6^2+1=\mathbf{37},$$
$$8^2+1=65=5\cdot13, \quad 10^2+1=\mathbf{101}, \quad 12^2+1=145=5\cdot29,$$
$$14^2+1=\mathbf{197}, \qquad 16^2+1=\mathbf{257}, \quad 18^2+1=325=5^2\cdot13,$$
$$20^2+1=\mathbf{401}.$$

看起来有相当一些是素数,但是,当 $N$ 较大时你就会发现这种素数越来越稀少. 所以我们问是否存在无穷多个形如 $N^2+1$ 的素数. 迄今为止,没有人知道这个问题的答案.

现在,我们已看到在数论中研究的一些问题. 人们如何设法回答这些问题呢? 答案是数论既有试验性也有理论性. 试验部分常常首先出现,它引出问题并揭示回答问题的

方法. 理论部分随之而来, 在这部分人们设法进行论证, 给出问题的最后答案. 概括来说, 研究步骤如下:

1. 积累数据, 通常是数值数据, 但有时更抽象.
2. 分析数据, 设法找出模式与关系.
3. 形成解释模式与关系的猜想(即猜测), 通常借助公式来表达这些猜想.
4. 通过收集额外数据、检查新信息是否符合猜想来验证你的猜想.
5. 设计(你的)猜想成立的论证(即证明).

这五个步骤在数论及数学研究中非常重要. 更普遍地, 科学方法总是包含至少前四个步骤. 当心有些伪"科学家"仅用前三个步骤就声称"证明"了一些东西. 有了收集的数据, 一般来说找出一些解释并不太难. 科学理论的正确验证是它能够预测还没有进行的试验结果. 换句话说, 只有当人们已进行了新数据对比试验时, 科学理论才成为可信的. 对所有真正的科学来说, 这都是正确的途径. 在数学研究中, 人们需要证明步骤, 即断言的逻辑序列, 它从已知事实开始、以所希望的结论结束.

## 习题

**1.1** 既是平方数又是三角数的前两个数是 1 与 36. 求下一个这样的数, 如果可能的话, 求再下一个. 你能给出求三角平方数的有效方法吗? 你认为有无穷多个三角平方数吗?

**1.2** 试将前几个奇数加起来, 观察所得到的数是否满足某些模式. 一旦发现模式, 将它表示成公式. 给出你的公式成立的几何证明.

**1.3** 连续的奇数 3, 5, 7 都是素数. 存在无穷多个这样的"素数三元组"吗? 换句话说, 存在无穷多个素数 $p$ 使得 $p+2$ 与 $p+4$ 也是素数吗?

**1.4** 尽管没有人保证, 但是人们普遍认为有无穷多个素数形如 $N^2+1$.

(a)你认为存在无穷多个形如 $N^2-1$ 的素数吗?

(b)你认为存在无穷多个形如 $N^2-2$ 的素数吗?

(c)形如 $N^2-3$ 的数如何呢? 形如 $N^2-4$ 的数又如何呢?

(d)你认为 $a$ 取哪些值时存在无穷多个形如 $N^2-a$ 的素数?

**1.5** 通过重排和式中的项也可推导出前 $n$ 个正整数和的公式. 请补充推导细节:

$$1+2+3+\cdots+n = (1+n)+(2+(n-1))+(3+(n-2))+\cdots$$
$$= (1+n)+(1+n)+(1+n)+\cdots.$$

特别地, 在第二行有多少个 $n+1$ 呢? (需要分别讨论 $n$ 是偶数与奇数的情形. 如果还不清楚, 首先将 $n=6$ 与 $n=7$ 的式子明确写出来.)

**1.6** 为以下结论填上易于判别的准则:

(a)$M$ 是三角数当且仅当_____是一个奇平方数.

(b)$N$ 是奇平方数当且仅当_____是一个三角数.

(c)证明(a)、(b)中你所填的准则的正确性.

# 第2章 勾股数组

毕达哥拉斯定理(即勾股定理)是中学生"喜爱"的公式,它表明任一个直角三角形(如图2.1所示)的两条直角边长的平方和等于斜边长的平方. 用公式表示就是

$$a^2 + b^2 = c^2.$$

因为对数论(即自然数理论)感兴趣,所以我们会问是否存在毕达哥拉斯三角形,它的所有边长都是自然数. 有许多这样的三角形,最著名的例子是边长为3,4,5的三角形(即中国古代数学家发现的"勾广三,股修四、径隅五"). 下面是前几个例子:

$$3^2 + 4^2 = 5^2, \quad 5^2 + 12^2 = 13^2,$$
$$8^2 + 15^2 = 17^2, \quad 28^2 + 45^2 = 53^2.$$

对这些毕达哥拉斯三元组(下称勾股数组)的研究在毕达哥拉斯时代以前很久就开始了. 包含这种三元组的巴比伦表格中甚至有很大的三元组,这表明巴比伦人可能拥有得到这种三元组的系统方法. 更令人惊讶的是,巴比伦人似乎使用他们的勾股数组表作为原始的三角形表. 古埃及人也使用勾股数组. 例如,产生直角的粗略方法是取一根绳子,将其分成12等份,系成一个圈再绷成一个 3 − 4 − 5 三角的形状,如图2.2所示. 这为标记地界或建造金字塔等提供了一种廉价的直角工具.

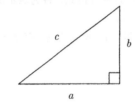

图 2.1  毕达哥拉斯三角形

有12个结的绳子

绷成三角形状的绳子

图 2.2  用带结绳子制作直角三角形

巴比伦人与古埃及人拥有研究勾股数组的实际理由. 这种实际理由仍存在吗? 对于这种特殊问题,答案是"未必". 然而研究勾股数组至少有一种好的理由,与值得研究伦布兰特艺术和贝多芬音乐的理由相同. 数之间相互影响方式的美正如油画或交响乐创作的美. 为欣赏这种美,人们不得不花费大量精力. 但是这种努力是值得的. 本书的目的是理解并欣赏真正优美的数学,学会如何发现与证明这种数学,甚至做出我们自己原创性的贡献.

你无疑会认为这有点胡说,让我们看些实例. 第一个纯朴的问题是,是否存在无穷多个勾股数组,即满足方程 $a^2 + b^2 = c^2$ 的自然数三元组 $(a, b, c)$. 答案是"肯定的". 如果取勾股数组 $(a, b, c)$,用整数 $d$ 乘它,则得到新的勾股数组 $(da, db, dc)$. 这是成立的,因为

$$(da)^2 + (db)^2 = d^2(a^2 + b^2) = d^2c^2 = (dc)^2.$$

显然，这些新的勾股数组并不令人感兴趣. 所以我们转而关注没有(大于 1)公因数的三元组. 我们甚至给它们起个名字：    14

**本原勾股数组**(简写为 PPT)是一个三元组 $(a, b, c)$，其中 $a, b, c$ 没有公因数$^{\ominus}$，且满足

$$a^2 + b^2 = c^2.$$

回顾一下第 1 章提到的研究步骤. 第一步是积累数据. 使用计算机代入具体的 $a, b$ 值并检查 $a^2 + b^2$ 是否为平方数. 下面是得到的一些本原勾股数组：

$$(3,4,5), \quad (5,12,13), \quad (8,15,17), \quad (7,24,25),$$
$$(20,21,29), \quad (9,40,41), \quad (12,35,37), \quad (11,60,61),$$
$$(28,45,53), \quad (33,56,65), \quad (16,63,65).$$

由这个短表容易得到一些结论. 例如，似乎 $a$ 与 $b$ 奇偶性不同且 $c$ 总是奇数.

不难证明这些猜想是正确的. 首先，如果 $a$ 与 $b$ 都是偶数，则 $c$ 也是偶数. 这意味着 $a, b, c$ 有公因数 2，所以三元组不是本原的. 其次，假设 $a, b$ 都是奇数，那么 $c$ 必是偶数. 于是存在整数 $x, y, z$ 使得

$$a = 2x + 1, \quad b = 2y + 1, \quad c = 2z.$$

将其代入方程 $a^2 + b^2 = c^2$ 得

$$(2x + 1)^2 + (2y + 1)^2 = (2z)^2,$$
$$4x^2 + 4x + 4y^2 + 4y + 2 = 4z^2.$$

两边除以 2 得

$$2x^2 + 2x + 2y^2 + 2y + 1 = 2z^2.$$

最后一个等式说的是一个奇数等于一个偶数，这是不可能的，所以 $a$ 与 $b$ 不能都是奇数. 因为我们已证明它们不可能都是偶数，也不可能都是奇数，故它们的奇偶性不同. 再由    15 方程 $a^2 + b^2 = c^2$ 可得 $c$ 是奇数.

考虑到 $a, b$ 的对称性，我们的问题化为求解方程

$$a^2 + b^2 = c^2, \quad a \text{ 是奇数}, b \text{ 是偶数}, a,b,c \text{ 没有公因数}$$

的所有自然数解. 我们使用的工具是因数分解和整除性.

我们的第一个观察如下：如果 $(a, b, c)$ 是本原勾股数组，则可进行因数分解

$$a^2 = c^2 - b^2 = (c - b)(c + b).$$

下面是来自前面列表的例子，注意我们总是取 $a$ 是奇数且 $b$ 是偶数：

$$3^2 = 5^2 - 4^2 = (5 - 4)(5 + 4) = 1 \cdot 9,$$
$$15^2 = 17^2 - 8^2 = (17 - 8)(17 + 8) = 9 \cdot 25,$$
$$35^2 = 37^2 - 12^2 = (37 - 12)(37 + 12) = 25 \cdot 49,$$

---

$\ominus$ 数 $d$ 是 $a, b, c$ 的公因数指的是 $a, b, c$ 都是 $d$ 的倍数. 例如，3 是 30，42，105 的公因数，因为 $30 = 3 \cdot 10$，$42 = 3 \cdot 14$，$105 = 3 \cdot 35$，事实上 3 是它们的最大公因数. 另一方面，数 10，12，15 没有(除 1 外的)公因数. 因为本章的目的是不拘泥于严谨体系来研究有趣而美妙的数论，所以，我们非正式地使用公因数与整除性并相信自己的直觉. 在第 5 章我们将回到这些问题，更仔细地发展整除性理论.

$$33^2 = 65^2 - 56^2 = (65 - 56)(65 + 56) = 9 \cdot 121.$$

似乎 $c-b$ 与 $c+b$ 本身总是平方数. 我们用另外两个例子验证这个观察:

$$21^2 = 29^2 - 20^2 = (29 - 20)(29 + 20) = 9 \cdot 49,$$

$$63^2 = 65^2 - 16^2 = (65 - 16)(65 + 16) = 49 \cdot 81.$$

怎样证明 $c-b$ 与 $c+b$ 都是平方数呢? 由前面的列表, 另一个观察是 $c-b$ 与 $c+b$ 似乎没有公因数. 我们可如下证明这个断言: 假设正整数 $d$ 是 $c-b$ 与 $c+b$ 的公因数, 即 $d$ 整除 $c-b$ 与 $c+b$. 则 $d$ 也整除

$$(c+b) + (c-b) = 2c \quad \text{与} \quad (c+b) - (c-b) = 2b.$$

因此 $d$ 整除 $2b$ 与 $2c$. 但是 $b$ 与 $c$ 没有公因数, 这是因为我们假设了 $(a, b, c)$ 是本原勾股数组. 从而 $d$ 必等于 1 或 2. 但 $d$ 也整除 $(c-b)(c+b) = a^2$ 且 $a$ 是奇数, 故 $d$ 必等于 1. 换句话说, 整除 $c-b$ 与 $c+b$ 的数只能是 1, 所以 $c-b$ 与 $c+b$ 没有公因数.

现在我们知道 $c-b$ 与 $c+b$ 没有公因数而且由于 $(c-b)(c+b) = a^2$, 所以 $c-b$ 与 $c+b$ 的积是平方数. 这种情况只有在 $c-b$ 与 $c+b$ 自身都是平方数时才出现[$\ominus$]. 记

$$c + b = s^2 \quad \text{与} \quad c - b = t^2,$$

其中 $s > t \geq 1$ 是没有公因数的奇数. 解这两个关于 $b$ 和 $c$ 的方程得

$$c = \frac{s^2 + t^2}{2} \quad \text{与} \quad b = \frac{s^2 - t^2}{2},$$

于是

$$a = \sqrt{(c-b)(c+b)} = st.$$

这接近完成了我们的第一个证明. 下述定理记录了我们的结果.

**定理 2.1 (勾股数组定理)** 每个本原勾股数组 $(a, b, c)$ (其中 $a$ 为奇数, $b$ 为偶数) 都可从如下公式得出:

$$a = st, \quad b = \frac{s^2 - t^2}{2}, \quad c = \frac{s^2 + t^2}{2},$$

其中 $s > t \geq 1$ 是任意没有公因数的奇数.

为什么说是 "接近" 完成了证明呢? 我们已经证明如果 $(a, b, c)$ 是一个 PPT, $a$ 为奇数, 那么存在没有公因数的奇数 $s > t \geq 1$ 使得 $a$, $b$, $c$ 可用上述公式表示. 我们还需要验证这些公式给出的总是一个 PPT. 先通过代数运算来说明公式给出的是勾股数组:

$$(st)^2 + \left(\frac{s^2 - t^2}{2}\right)^2 = s^2 t^2 + \frac{s^4 - 2s^2 t^2 + t^4}{4} = \frac{s^4 + 2s^2 t^2 + t^4}{4} = \left(\frac{s^2 + t^2}{2}\right)^2.$$

还需说明 $st$, $\dfrac{s^2 - t^2}{2}$ 和 $\dfrac{s^2 + t^2}{2}$ 没有公因数. 利用素数的重要性质是最容易证明这个结论的, 因此我们把证明推迟到第 7 章, 由读者来完成 (习题 7.3).

---

⊖ 如果考虑将 $c-b$ 与 $c+b$ 分解成素数乘积, 就会发现从直观上看这是显而易见的, 因为 $c-b$ 分解式中的素数与 $c+b$ 分解式中的素数不同. 然而, 素数分解的存在性与唯一性并不显然. 在第 7 章我们将进一步讨论.

例如，如果取 $t=1$，则得三元组 $\left(s, \dfrac{s^2-1}{2}, \dfrac{s^2+1}{2}\right)$，它的 $b$ 与 $c$ 值仅相差 1. 这就解释了上面列出的许多例子. 下表列出了 $s \leqslant 9$ 时所有可能的三元组.

| $s$ | $t$ | $a = st$ | $b = \dfrac{s^2-t^2}{2}$ | $c = \dfrac{s^2+t^2}{2}$ | $s$ | $t$ | $a = st$ | $b = \dfrac{s^2-t^2}{2}$ | $c = \dfrac{s^2+t^2}{2}$ |
|---|---|---|---|---|---|---|---|---|---|
| 3 | 1 | 3 | 4 | 5 | 7 | 3 | 21 | 20 | 29 |
| 5 | 1 | 5 | 12 | 13 | 7 | 5 | 35 | 12 | 37 |
| 7 | 1 | 7 | 24 | 25 | 9 | 5 | 45 | 28 | 53 |
| 9 | 1 | 9 | 40 | 41 | 9 | 7 | 63 | 16 | 65 |
| 5 | 3 | 15 | 8 | 17 | | | | | |

## 关于记号的插曲

数学家创造了标准记号作为各种量的速记符号. 我们应尽量少用这种记号，但有些通用符号是非常有用的，值得花时间在此介绍一下. 它们是

$$\mathbb{N} = 自然数集合 = \{1,2,3,4,\cdots\},$$
$$\mathbb{Z} = 整数集合 = \{\cdots,-3,-2,-1,0,1,2,3,4,\cdots\},$$
$$\mathbb{Q} = 有理数(即分数)集合.$$

另外，数学家常常使用 $\mathbb{R}$ 表示实数集合，$\mathbb{C}$ 表示复数集合，但是我们不需要这些. 为什么选取这些字母呢？选取 $\mathbb{N}$，$\mathbb{R}$，$\mathbb{C}$ 无需解释. 表示整数集合的字母 $\mathbb{Z}$ 源自德文单词 "Zahlen"，其意思是数. 类似地，$\mathbb{Q}$ 源自德文单词 "Quotient"（与英文单词相同，意为商）. 我们也使用标准的数学符号 $\in$ 来表示"属于某个集合". 例如，$a \in \mathbb{N}$ 表示 $a$ 为自然数，$x \in \mathbb{Q}$ 表示 $x$ 为有理数.

## 习题

**2.1** (a)我们证明了在任何本原勾股数组 $(a, b, c)$ 中，$a$ 或 $b$ 是偶数. 用相同的论证方法证明 $a$ 或 $b$ 必是 3 的倍数.

(b)通过考察前面的本原勾股数组表，给出当 $a$，$b$ 或 $c$ 是 5 的倍数时的猜测. 试证明你的猜测是正确的.

**2.2** 非零整数 $d$ 整除 $m$ 是指对某个整数 $k$ 满足 $m = dk$. 证明：若 $d$ 整除 $m$ 与 $n$，则 $d$ 也整除 $m - n$ 与 $m + n$.

**2.3** 对下述每个问题，从搜集数据开始，进而分析数据，形成猜想；最后设法证明你的猜测是正确的.（别担心你不能解决问题的每一部分，有些部分相当难.）

(a)哪些奇数 $a$ 可出现在本原勾股数组 $(a, b, c)$ 中？

(b)哪些偶数 $b$ 可出现在本原勾股数组 $(a, b, c)$ 中？

(c)哪些整数 $c$ 可出现在本原勾股数组 $(a, b, c)$ 中？

**2.4** 下面是两个本原勾股数组的例子：

$$33^2 + 56^2 = 65^2 \quad 与 \quad 16^2 + 63^2 = 65^2.$$

再至少找出一个新例子，使得两个本原勾股数组有相同的 $c$ 值. 你能找出有相同 $c$ 值的三个本原勾股数组吗？你能找出多于三个且有相同 $c$ 值的本原勾股数组吗？

**2.5** 在第 1 章中我们看到第 $n$ 个三角数 $T_n$ 由公式

$$T_n = 1 + 2 + 3 + \cdots + n = \frac{n(n+1)}{2}.$$

给出. 前四个三角数是 1, 3, 6, 10. 在我们的勾股数组 $(a, b, c)$ 列表中有些 $b$ 值是三角数的 4 倍, 例如, $(3, 4, 5)$, $(5, 12, 13)$, $(7, 24, 25)$, $(9, 40, 41)$.

(a) 求出 $b = 4T_5$, $4T_6$, $4T_7$ 的本原勾股数组 $(a, b, c)$.

(b) 你认为对每个三角数 $T_n$ 都存在 $b = 4T_n$ 的本原勾股数组 $(a, b, c)$ 吗? 如果你确信这成立, 则证明它, 否则, 找出使其不成立的三角数.

**2.6** 如果观察本章的本原勾股数组表, 你会发现多个三元组 $(a, b, c)$ 满足 $c$ 比 $a$ 大 2. 例如, 三元组 $(3, 4, 5)$, $(15, 8, 17)$, $(35, 12, 37)$, $(63, 16, 65)$ 都具有这种性质.

(a) 再求两个本原勾股数组 $(a, b, c)$ 使得 $c = a + 2$.

(b) 求本原勾股数组 $(a, b, c)$ 使得 $c = a + 2$ 且 $c > 1000$.

(c) 试求满足 $c = a + 2$ 的本原勾股数组 $(a, b, c)$ 的通用公式.

**2.7** 对本章列表中的每个本原勾股数组 $(a, b, c)$, 计算 $2c - 2a$. 这些值呈现某种特殊形式吗? 试证明你的观察对所有本原勾股数组成立.

**2.8** 设 $m$, $n$ 为相差 2 的正整数, 将 $\frac{1}{m} + \frac{1}{n}$ 写成最简分数. 例如, $\frac{1}{2} + \frac{1}{4} = \frac{3}{4}$, $\frac{1}{3} + \frac{1}{5} = \frac{8}{15}$.

(a) 计算接下去的三个例子.

(b) 考察 (a) 中分数的分子和分母, 与上一页上的勾股数组表对照, 提出关于这些分数的一个猜想.

(c) 证明你的猜想是正确的.

**2.9** (a) 阅读关于巴比伦数系的材料并写出简短说明, 要包括 1~10 以及 20, 30, 40, 50 的记号.

(b) 了解被称为 Plimpton 322 号的巴比伦泥石板并写出简要说明, 要涉及它的形成年代.

(c) Plimpton 322 号的第二和第三列给出了一些整数对 $(a, c)$, 它们满足 $c^2 - a^2$ 是完全平方数. 将其中的一些数对从巴比伦数转化为十进制数, 并计算 $b$ 的值使得 $(a, b, c)$ 为勾股数组.

# 第3章 勾股数组与单位圆

在前一章中我们描述了

$$a^2 + b^2 = c^2$$

的所有整数解 $a$，$b$，$c$。 如果用 $c^2$ 除这个方程则得

$$\left(\frac{a}{c}\right)^2 + \left(\frac{b}{c}\right)^2 = 1.$$

所以，有理数对 $(a/c,\ b/c)$ 是方程 $x^2 + y^2 = 1$
的解.

大家知道方程 $x^2 + y^2 = 1$ 代表中心在 $(0,\ 0)$
半径为 $1$ 的圆 $C$. 我们打算从几何角度来求圆 $C$
上 $x$ 坐标与 $y$ 坐标都是有理数的点. 注意圆上
有 4 个明显的具有有理数坐标的点: $(\pm 1,\ 0)$
与 $(0,\ \pm 1)$. 假设我们取任意(有理)数 $m$，观
察过点 $(-1,\ 0)$ 斜率为 $m$ 的直线 $L$ (见图 3.1).
直线 $L$ 由方程

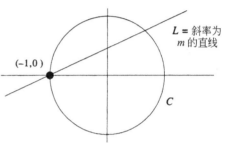

图 3.1　圆与直线的交集

$$L:\ y = m(x + 1)\quad (\text{点斜式}).$$

给出. 从图形上看交集 $C \cap L$ 恰好由两个点组成，其中一个是 $(-1,\ 0)$，我们来求另
一个.

为求 $C$ 与 $L$ 的交集，需要解关于 $x$ 与 $y$ 的方程组

$$x^2 + y^2 = 1,\quad y = m(x + 1).$$

将第二个方程代入第一个方程并化简得到

$$x^2 + (m(x + 1))^2 = 1$$
$$x^2 + m^2(x^2 + 2x + 1) = 1$$
$$(m^2 + 1)x^2 + 2m^2 x + (m^2 - 1) = 0.$$

这正好是个二次方程，所以可用二次方程求根公式来解出 $x$. 但是，有一种更容易的解
方程的方法. 由于点 $(-1,\ 0)$ 在 $C$ 与 $L$ 上，我们知道 $x = -1$ 必是一个解. 因此可用 $x + 1$
去除二次多项式来求另一个根:

$$x + 1 \overline{)\dfrac{(m^2 + 1)x + (m^2 - 1)}{(m^2 + 1)x^2 + 2m^2 x + (m^2 - 1)}}.$$

所以，另一个根是方程 $(m^2 + 1)x + (m^2 - 1) = 0$ 的解，这意味着

$$x = \frac{1 - m^2}{1 + m^2}.$$

将 $x$ 的值代入直线 $L$ 的方程 $y = m(x + 1)$ 来求 $y$ 坐标:

$$y = m(x + 1) = m\left(\frac{1 - m^2}{1 + m^2} + 1\right) = \frac{2m}{1 + m^2}.$$

这样，对每个有理数 $m$ 得到方程 $x^2 + y^2 = 1$ 的一个有理数解

$$\left( \frac{1 - m^2}{1 + m^2}, \frac{2m}{1 + m^2} \right).$$

另一方面，如果得到一个有理数解 $(x_1, y_1)$，则过点 $(x_1, y_1)$ 与 $(-1, 0)$ 的直线斜率是有理数. 所以，通过取 $m$ 的所有可能值，上述过程就生成方程 $x^2 + y^2 = 1$ 的所有有理数解. （点 $(-1, 0)$ 例外，它对应着斜率 $m = \infty$ 的铅直线.）我们将结果概括成下述定理.

**定理 3.1**　圆 $x^2 + y^2 = 1$ 上的坐标是有理数的点都可由公式

$$(x, y) = \left( \frac{1 - m^2}{1 + m^2}, \frac{2m}{1 + m^2} \right)$$

得到，其中 $m$ 取有理数值. （点 $(-1, 0)$ 例外，这是当 $m \to \infty$ 时的极限值.）

圆上的有理点公式如何与勾股数组公式联系在一起呢？如果将有理数 $m$ 写成分数 $v/u$，则公式变成

$$(x, y) = \left( \frac{u^2 - v^2}{u^2 + v^2}, \frac{2uv}{u^2 + v^2} \right),$$

消去分母就给出勾股数组

$$(a, b, c) = (u^2 - v^2, 2uv, u^2 + v^2).$$

虽然描述本原勾股数组需要对 $u$ 与 $v$ 作一些限制，但这是描述所有勾股数组的另一种方法. 通过令

$$u = \frac{s + t}{2} \quad \text{与} \quad v = \frac{s - t}{2},$$

可将这里的描述与第 2 章的公式相联系.

## 习题

**3.1**　正如我们已看到的，所有勾股数组 $(a, b, c)$（其中 $b$ 为偶数）有如下形式：

$$(a, b, c) = (u^2 - v^2, 2uv, u^2 + v^2) \quad (\text{其中 } u, v \text{ 为整数}).$$

例如，$(u, v) = (2, 1)$ 给出最小的勾股数组 $(3, 4, 5)$.

(a) 如果 $u$ 与 $v$ 有公因数，解释 $(a, b, c)$ 不是本原勾股数组的原因.

(b) 求出没有公因数的整数 $u > v > 0$，使得勾股数组 $(u^2 - v^2, 2uv, u^2 + v^2)$ 不是本原的.

(c) 制作一个由满足 $1 \leqslant v < u \leqslant 10$ 的所有 $u$ 与 $v$ 值得到的勾股数组表.

(d) 应用 (c) 表求出使勾股数组 $(u^2 - v^2, 2uv, u^2 + v^2)$ 是本原的充分条件.

(e) 证明在 (d) 中你给出的条件的确是充分的.

**3.2**　(a) 使用过点 $(1, 1)$ 的直线来描述圆

$$x^2 + y^2 = 2$$

上所有坐标是有理数的点.

(b) 如果试着用相同方法来求圆

$$x^2 + y^2 = 3$$

上的所有具有有理坐标的点，会出什么问题？

**3.3**　求双曲线

$$x^2 - y^2 = 1$$

上坐标是有理数的点的公式. （提示：作过点$(-1, 0)$且斜率为有理数 $m$ 的直线，求直线与双曲线第二个交点的公式. ）

3.4 曲线

$$y^2 = x^3 + 8$$

上有点$(1, -3)$与$(-7/4, 13/8)$. 过这两点的直线与曲线恰好在另一点相交，求第三个点. 你能解释为什么第三个点的坐标是有理数吗？

3.5 在第 1 章中介绍了既是平方数又是三角数的自然数，并且在习题 1.1 中对它们进行了研究.

(a)证明每个平方三角数都可用方程 $x^2 - 2y^2 = 1$ 的正整数解来描述. （提示：将方程改写为 $m^2 = \frac{1}{2}(n^2 + n)$. ）

(b)点$(1, 0)$在曲线 $x^2 - 2y^2 = 1$ 上. 设直线 $L$ 经过点$(1, 0)$且斜率为 $m$. 求出 $L$ 与曲线的另一个交点.

(c)取 $m = \frac{v}{u}$，其中 $u^2 - 2v^2 = 1$. 证明(b)中求出的那个交点的坐标是整数，进而证明你找到了 $x^2 - 2y^2 = 1$ 的一个正整数解(如果有必要，可以改变坐标的正负号).

(d)从 $x^2 - 2y^2 = 1$ 的解$(3, 2)$出发，反复应用(b)和(c)求出更多 $x^2 - 2y^2 = 1$ 的解. 通过那些解找出另外一些平方三角数的例子.

24

(e)证明这个过程会产生无穷多个不同的平方三角数.

(f)证明每个平方三角数都可通过这种方式来构造. （这个很难，如果不会也不用担心. ）

25

# 第 4 章 高次幂之和与费马大定理

在前两章我们发现方程

$$a^2 + b^2 = c^2$$

有许多整数解 $a$，$b$，$c$．自然人们要问当指数 2 换成更大的整数时相应的方程是否有解．例如，方程

$$a^3 + b^3 = c^3, \quad a^4 + b^4 = c^4 \quad 与 \quad a^5 + b^5 = c^5$$

有非零整数解 $a$，$b$，$c$ 吗？答案是否定的．在 1637 年前后，费马证明上述指数为 4 的方程没有解．在 18 和 19 世纪高斯与欧拉（Leonhard Euler）证明指数为 3 的方程没有解，狄利克雷与勒让德（Adrien Legendre）证明了 5 次方程没有解．$n \geqslant 3$ 时方程

$$a^n + b^n = c^n$$

没有正整数解的这个一般性结论被称为"费马大定理"．自费马在书的边沿写出如下断言以来的 350 多年里，人们对它痴迷到近乎疯狂的地步：

不可能将一个 3 次方分成两个 3 次方之和；一个 4 次方不可能写成两个 4

26

次方之和；一般地，任何高于 2 次的幂不可能写成两个同次幂之和．我已发现一个美妙的证明，这里空白太小写不下．$\ominus$

今天，几乎没有数学家相信费马给出过他的这个"定理"的有效证明，这个"定理"之所以被称为他的最后定理，是因为这是他最后一个未被证明的断言．费马大定理的历史令人着迷，许许多多的数学家为它做出了重要贡献．这方面一个简要的综述也够编本书了，但这不是本书的目标，所以我们只作一些简要的注记．

与对特定指数 $n$ 的证明相对照，关于费马大定理最初的一般结果之一由热尔曼于 1823 年给出．她证明 $p$ 与 $2p+1$ 都是素数时方程 $a^p + b^p = c^p$ 没有 $p$ 不整除积 $abc$ 的整数解 $a$，$b$，$c$．接着，A. Wieferich 于 1909 年得到一个相似结果：如果 $2^p - 2$ 不被 $p^2$ 整除，则相同结论成立．19 世纪后半叶一批数学家（包括戴德金（Richard Dedekind）、克罗内克（Leopold Kronecker），尤其是库默尔（Ernst Kummer））开创了被称为代数数论的数学新领域，并应用他们的理论证明了费马大定理对许多指数成立，虽然仅限于有限数目的指数．1985 年，L. M. Adleman、D. R. Heath-Brown 与 E. Fouvry 使用改进的热尔曼判别法和艰深的解析估计证明了存在无穷多个素数 $p$ 使得 $a^p + b^p = c^p$ 没有解且 $p$ 不整除 $abc$．

**热尔曼**（Sophie Germain，1776—1831）：法国数学家，她在数论与微分方程领域做出了重要贡献．她关于费马大定理的工作最著名，给出了一个足以证明方程 $a^p + b^p = c^p$ 在 $abc$ 不被 $p$ 整除的条件下没有整数解的简单准则．她对声学

---

$\ominus$ 由以下拉丁文翻译而来："Cubum autem in duos cubos, aut quadrato quadratum in duos quadrato quadratos, & generaliter nullam in infinitum ultra quadratum potestatem in duos ejusdem nominis fas est dividere；cujus rei demonstrationem mirabilem sane detexi. Hanc marginis exiguitas non caperet. "

和弹性理论也作过研究, 尤其是在振动盘方面. 作为一名数学专业大学生, 她只能参加巴黎 École 理工大学函授课程的学习, 因为校方不接受女性大学生. 由于相同原因, 她开始用笔名 Monsieur Le Blanc 与高斯进行广泛的通信; 当她最终公开身份时, 高斯表示很高兴并对她的工作留下很深印象, 还推荐她获得哥廷根大学的荣誉学位.

1986 年, 弗雷(G. Frey)提出使用模性(modularity)的概念研究费马问题的新思路. 赛尔(Jean-Pierre Serre)改进了弗雷的思路, 随后里贝特(Ken Ribet)证明了如果模猜想是正确的, 那么费马大定理是正确的. 确切地说, 里贝特证明了如果每条半稳定椭圆曲线⊖是模形式的⊖, 则费马大定理成立. 模猜想断言每条有理椭圆曲线是模形式的, 这是由志村五郎(Goro Shimura)与谷山丰(Yutaka Taniyama)提出的猜想. 最后, 在 1994 年怀尔斯发表了每条半稳定有理椭圆曲线可模形式化的证明, 从而完成了已有 350 年之久的费马断言的证明. 怀尔斯的证明应用了现代数论与代数几何中许多深刻的结果与方法, 其证明过程太复杂, 不能在此详细叙述, 但是, 我们将在第 46 章再现其证明风格.

没有数学或科学发现产生于真空之中. 连牛顿这样卓越的天才也谦虚地表示: "如果说我看得比别人更远些, 那是因为我站在巨人的肩膀上. "在此列举一些著名的现代数学家(不同国籍凸显现代数学的国际特征), 他们的工作直接或间接地为怀尔斯的辉煌证明做出了贡献. 依姓氏字母顺序排列如下: Spencer Bloch(美国), Henri Carayol(法国), John Coates(澳大利亚), Pierre Deligne(比利时), Ehud de Shalit(以色列), Fred Diamond(美国), Gerd Faltings(德国), Matthias Flach(德国), Gerhard Frey(德国), Alexander Grothendieck(法国), Yves Hellegouarch(法国), Haruzo Hida(日本), Kenkichi Iwasawa(日本), Kazuya Kato (日本), Nick Katz (美国), V. A. Kolyvagin (俄罗斯), Ernst Kunz (德国), Robert Langlands(加拿大), Hendrik Lenstra(荷兰), 李文卿(美籍华人), Barry Mazur(美国), André Néron(法国), Ravi Ramakrishna(美国), Michel Raynaud(法国), Ken Ribet(美国), Karl Rubin(美国), Jean-Pierre Serre(法国), 志村五郎(日本), 谷山丰(日本), John Tate(美国), Richard Taylor(英国), Jacques Tilouine(法国), Jerry Tunnell(美国), André Weil(法国), Andrew Wiles(英国).

## 习题

**4.1** 为下述一位(或多位)数学家写一两页的传记. 务必要叙述他们的数学成就(尤其是数论成果), 以及人生中某些细节. 也要描述他们所处的那个时代的科学、政治、社会等方面的历史背景: (a)阿贝尔, (b)Meziriac, (c)戴德金, (d)丢番图(Diophantus of Alexandria), (e)狄利克雷,

---

⊖ 椭圆曲线是一种曲线, 不是椭圆, 它由方程 $y^2 = x^3 + ax^2 + bx + c$ 给出, 其中 $a$, $b$, $c$ 是整数. 如果 $3b - a^2$ 与 $27c - 9ab + 2a^3$ 没有除 2 以外的公因数, 且满足其他一些技术性条件, 则上述椭圆曲线是半稳定的. 在第 41～46 章中我们研究椭圆曲线.

⊖ 如果存在从被称为模曲线的另一类特殊曲线到椭圆曲线的映射, 则该椭圆曲线被称为模形式的或具有模性质.

(f)埃拉托色尼，（g)欧几里得（Euclid of Alexandria)，（h)欧拉，（i)费马，（j)斐波那契，
(k)高斯，(l)热尔曼，（m)希尔伯特，（n)雅可比，（o)克罗内克，（p)库默尔，（q)拉格朗日，
(r)勒让德，（s)刘维尔，（t)梅森，（u)闵可夫斯基，（v)牛顿，（w)毕达哥拉斯，（x)拉马努金，
(y)黎曼，(z)切比雪夫.

**4.2**  方程 $a^2 + b^2 = c^2$ 有许多正整数解，而方程 $a^3 + b^3 = c^3$ 没有正整数解. 求方程

$$a^3 + b^3 = c^2 \qquad\qquad (*)$$

满足 $c \geqslant b \geqslant a \geqslant 1$ 的整数解.

(a)方程(*)有解 $(a, b, c) = (2, 2, 4)$. 再求出它的三个正整数解.（提示：寻找形如 $(a, b, c) = (xz, yz, z^2)$ 的解. 当然，并非每组 $x, y, z$ 都可行，因此需要你识别出哪些可行.）

(b)如果 $(A, B, C)$ 是(*)的解，$n$ 是任意整数，证明 $(n^2A, n^2B, n^3C)$ 也是(*)的解.（*)的解 $(a, b, c)$ 是本原的指它不形如 $(n^2A, n^2B, n^3C)$（其中 $n \geqslant 2$).

(c)求(*)的 4 个不同本原解.（即重做(a)，但仅要本原解.）

(d)解 $(2, 2, 4)$ 满足 $a = b$. 求满足 $a = b$ 的所有本原解 $(a, b, c)$.

(e)求出(*)的一个满足 $a > 10\,000$ 的本原解.

29

# 第5章 整除性与最大公因数

我们在勾股数组的研究中已经看到，整除性与因数分解的概念是数论的重要工具。在本章中我们来更进一步地考察这些想法。

假设 $m$ 与 $n$ 是整数，$m \neq 0$。$m$ 整除 $n$ 指 $n$ 是 $m$ 的倍数，即存在整数 $k$ 使得 $n = mk$。如果 $m$ 整除 $n$，我们记为 $m \mid n$。类似地，如果 $m$ 不整除 $n$，则记为 $m \nmid n$。例如，由于 $6 = 3 \cdot 2$，$132 = 12 \cdot 11$，所以 $3 \mid 6$，$12 \mid 132$。6 的因数是 1，2，3，6。另一方面，由于没有 5 的倍数等于 7，所以 $5 \nmid 7$。整除 $n$ 的数称为 $n$ 的因数。

如果已知两个整数，我们可以求其公因数，即整除它们两个的数。例如，由于 $4 \mid 12$ 且 $4 \mid 20$，所以 4 是 12 与 20 的公因数。注意 4 是 12 与 20 的最大公因数。类似地，3 是 18 与 30 的公因数，但不是最大的，因为 6 也是公因数。两个数的最大公因数经常出现在我们的数论讨论中，是个极其重要的量。

两个数 $a$ 与 $b$（不全为零）的最大公因数是整除它们两个的最大数，记为 $\gcd(a, b)$。如果 $\gcd(a, b) = 1$，我们称 $a$ 与 $b$ 互素。

在前述的两个例子中，

$$\gcd(12, 20) = 4 \quad \text{且} \quad \gcd(18, 30) = 6.$$

另一个例子是

$$\gcd(225, 120) = 15.$$

通过分解因数 $225 = 3^2 \cdot 5^2$ 与 $120 = 2^3 \cdot 3 \cdot 5$，可验证答案是正确的，但是一般地，要计算 $a$ 与 $b$ 的最大公因数，分解 $a$ 与 $b$ 不是有效的方法[⊖]。

求两个数最大公因数的最有效方法是欧几里得算法，这是由直到余数为零的一系列带余除法组成的。在叙述一般方法前，我们用两个例子来说明。

作为第一个例子，我们计算 $\gcd(36, 132)$。第一步是 132 除以 36 得商 3 与余数 24。我们将此记作

$$132 = 3 \times 36 + 24.$$

第二步是取 36，用前一步的余数 24 除 36 得

$$36 = 1 \times 24 + 12.$$

下一步，用 12 除 24 求得余数 0，

$$24 = 2 \times 12 + 0.$$

欧几里得算法说明当得到余数 0 时，则前一步的余数就是最初两个数的最大公因数。所以在这种情况我们求得 $\gcd(132, 36) = 12$。

下面做一个更大的例子。计算

$$\gcd(1\,160\,718\,174, 316\,258\,250).$$

---

⊖ 计算 $a$ 与 $b$ 的最大公因数的更低效方法是我女儿四年级老师教的方法。老师要求学生分别列出 $a$ 与 $b$ 的所有因数，然后找出同时出现在两个表中的最大数。

做这种大数例子是为了说明计算最大公因数的欧几里得算法远比因数分解法更有效. 由
1 160 718 174 除以 316 258 250 开始，得商 3 和余数 211 943 424. 接下来取 316 258 250，
用 211 943 424 去除它. 继续进行这个过程直到得到余数 0 为止. 具体计算见下表：

$$1\ 160\ 718\ 174 = 3 \times 316\ 258\ 250 + 211\ 943\ 424$$
$$316\ 258\ 250 = 1 \times 211\ 943\ 424 + 104\ 314\ 826$$
$$211\ 943\ 424 = 2 \times 104\ 314\ 826 + 3\ 313\ 772$$
$$104\ 314\ 826 = 31 \times 3\ 313\ 772 + 1\ 587\ 894$$
$$3\ 313\ 772 = 2 \times 1\ 587\ 894 + 137\ 984$$
$$1\ 587\ 894 = 11 \times 137\ 984 + 70\ 070$$
$$137\ 984 = 1 \times 70\ 070 + 67\ 914$$
$$70\ 070 = 1 \times 67\ 914 + 2156$$
$$67\ 914 = 31 \times 2156 + \boxed{1078} \leftarrow \text{最大公因数}$$
$$2156 = 2 \times 1078 + 0$$

注意如何在每一步用 $A$ 除以 $B$ 得到商 $Q$ 和余数 $R$. 换句话说，

$$A = Q \times B + R.$$

然后在下一步用数 $B$ 与 $R$ 代替原来的 $A$ 与 $B$，继续此过程直到得到余数 0 为止. 此时，
前一步的余数 $R$ 就是最初两个数的最大公因数. 所以，上述计算表明

$$\gcd(1\ 160\ 718\ 174, 316\ 258\ 250) = 1078.$$

通过验证 1078 确实是公因数可部分地检验我们的计算(一种好想法). 事实上，

$$1\ 160\ 718\ 174 = 1078 \times 1\ 076\ 733, \quad 316\ 258\ 250 = 1078 \times 293\ 375.$$

在进行欧几里得算法理论分析之前，有个现实的问题要考虑. 如果已知 $A$ 与 $B$，如
何求商 $Q$ 与余数 $R$ 呢？当然，总可以使用通常的带余除法，但是，如果 $A$ 与 $B$ 很大，就
可能很耗时间而且容易出错. 令人愉快的选择是借助计算器或计算机程序，自动为你计
算 $Q$ 与 $R$. 然而，即使仅配备廉价的计算器，求 $Q$ 与 $R$ 仍需要基本的三个步骤.

---

**在计算器上计算 $Q$ 与 $R$ 使得 $A = B \times Q + R$ 的方法：**

1. 使用计算器计算 $A$ 除以 $B$，得十进制数.
2. 丢弃小数点右边的所有数字得到 $Q$.
3. 使用公式 $R = A - B \times Q$ 求 $R$.

---

例如，假设 $A = 12\ 345$ 与 $B = 417$. 则 $A/B = 29.6043\cdots$. 所以，$Q = 29$ 且 $R =$
$12345 - 417 \cdot 29 = 252$.

下面我们分析欧几里得算法. 对于一般情形，有

$$a = q_1 \times b + r_1$$
$$b = q_2 \times r_1 + r_2$$
$$r_1 = q_3 \times r_2 + r_3$$
$$r_2 = q_4 \times r_3 + r_4$$

$$\vdots$$

$$r_{n-3} = q_{n-1} \times r_{n-2} + r_{n-1}$$

$$r_{n-2} = q_n \times r_{n-1} + \boxed{r_n} \leftarrow \text{最大公因数}$$

$$r_{n-1} = q_{n+1} \times r_n + 0$$

如果令 $r_0 = b$ 且 $r_{-1} = a$，则每行形如

$$r_{i-1} = q_{i+1} \times r_i + r_{i+1}.$$

为什么最后的非零余数 $r_n$ 是 $a$ 与 $b$ 的公因数呢？我们从最底行开始向上分析．最后一行 $r_{n-1} = q_{n+1} r_n$ 表明 $r_n$ 整除 $r_{n-1}$．则前一行

$$r_{n-2} = q_n \times r_{n-1} + r_n$$

表明 $r_n$ 整除 $r_{n-2}$，因为它整除 $r_{n-1}$ 与 $r_n$．现在观察再前面一行，我们已知道 $r_n$ 整除 $r_{n-1}$ 与 $r_{n-2}$，所以也得知 $r_n$ 整除 $r_{n-3}$．逐行上移，当到达第二行时，我们就已经知道 $r_n$ 整除 $r_2$ 与 $r_1$．于是第二行 $b = q_2 \times r_1 + r_2$ 表明 $r_n$ 整除 $b$．最后到达顶行，利用 $r_n$ 整除 $r_1$ 与 $b$ 可得到 $r_n$ 整除 $a$ 的结论．这就完成了最后非零余数 $r_n$ 是 $a$ 与 $b$ 公因数的证明．

但是，为什么 $r_n$ 是 $a$ 与 $b$ 的最大公因数呢？假设 $d$ 是 $a$ 与 $b$ 的任意公因数．让我们回到等式表．从第一个等式 $a = q_1 \times b + r_1$ 和 $d$ 整除 $a$ 与 $b$，可得 $d$ 也整除 $r_1$．则第二个等式 $b = q_2 r_1 + r_2$ 表明 $d$ 一定整除 $r_2$．逐行继续下去，在每一步我们得到 $d$ 整除前两个余数 $r_{i-1}$ 与 $r_i$，则由 $r_{i-1} = q_{i+1} \times r_i + r_{i+1}$ 可知 $d$ 也整除下一个余数 $r_{i+1}$．最终到达倒数第二行 $r_{n-2} = q_n \times r_{n-1} + r_n$，至此就得到 $d$ 整除 $r_n$ 的结论．因此我们已证明如果 $d$ 是 $a$ 和 $b$ 的任意公因数，则 $d$ 整除 $r_n$．于是，$r_n$ 一定是 $a$ 与 $b$ 的最大公因数．

综上所述，我们验证了欧几里得算法的确计算出了最大公因数，它的重要性使得有必要把它形成一个定理．

**定理 5.1（欧几里得算法）**　要计算两个整数 $a$ 与 $b$ 的最大公因数，先令 $r_{-1} = a$ 且 $r_0 = b$，然后计算相继的商和余数

$$r_{i-1} = q_{i+1} \times r_i + r_{i+1} \quad (i = 0, 1, 2, \cdots)$$

直到某余数 $r_{n+1}$ 为 $0$．最后的非零余数 $r_n$ 就是 $a$ 与 $b$ 的最大公因数．

为什么欧几里得算法总能完成任务呢？换句话说，我们知道最后的非零余数就是所希望的最大公因数，但是为什么一定会得到确实等于 $0$ 的余数呢？这并不是一个无聊的问题，因为容易给出不终止的算法；甚至存在着很简单的算法，使得人们不知道它是否会终止．幸运的是，容易看出欧几里得算法总会终止．理由很简单，每次计算商和余数，

$$A = Q \times B + R,$$

余数在 $0$ 与 $B-1$ 之间．这是显然的，因为如果 $R \geqslant B$，则可以再加 $1$ 到商 $Q$，并从 $R$ 减去 $B$．所以，欧几里得算法中的余数不断减小：

$$b = r_0 > r_1 > r_2 > r_3 > \cdots.$$

但是，所有余数大于等于 $0$，因此得到非负整数的严格递减序列．最后必然达到等于 $0$ 的余数；事实上，显然至多经过 $b$ 步就会得到余数 $0$．幸运的是，欧几里得算法远比这

更有效. 在习题中你会证明欧几里得算法的步数至多是 $b$ 的位数的 7 倍. 所以, 在计算机上当 $a$ 与 $b$ 有几百位甚至几千位时, 很容易计算 $\gcd(a, b)$.

## 习题

**5.1** 应用欧几里得算法计算下述最大公因数.

(a) $\gcd(12\,345, 67\,890)$ (b) $\gcd(54\,321, 9876)$

**5.2** 编写程序计算两个整数 $a$ 与 $b$ 的最大公因数 $\gcd(a, b)$. 即使 $a$ 与 $b$ 中的一个等于零, 程序也应该运行, 但要确保 $a$ 与 $b$ 都是 0 时不会出现死循环.

34

**5.3** 设 $b = r_0, r_1, r_2, \cdots$ 是将欧几里得算法应用于 $a$ 与 $b$ 得到的相继余数, 证明每两步会缩小余数至少一半. 换句话说, 验证

$$r_{i+2} < \frac{1}{2} r_i \qquad i = 0, 1, 2, \cdots.$$

由此证明欧几里得算法在至多 $2\log_2(b)$ 步终止, 其中 $\log_2$ 是以 2 为底的对数. 特别地, 证明步数至多是 $b$ 的位数的 7 倍. (提示: $\log_2(10)$ 的值是多少?)

**5.4** 如果 $m$ 与 $n$ 都整除 $L$, 则数 $L$ 被称为 $m$ 与 $n$ 的公倍数. 最小的这种 $L$ 被称为 $m$ 与 $n$ 的最小公倍数, 记为 $\mathrm{LCM}(m, n)$. 例如, $\mathrm{LCM}(3, 7) = 21$, $\mathrm{LCM}(12, 66) = 132$.

(a) 求下述最小公倍数.

(i) $\mathrm{LCM}(8, 12)$    (ii) $\mathrm{LCM}(20, 30)$    (iii) $\mathrm{LCM}(51, 68)$    (iv) $\mathrm{LCM}(23, 18)$

(b) 对于在 (a) 中计算的每个 LCM, 比较 $\mathrm{LCM}(m, n)$ 与 $m$, $n$, $\gcd(m, n)$ 的值, 试找出它们之间的关系.

(c) 证明你所发现的关系对所有 $m$ 与 $n$ 成立.

(d) 用 (b) 中的结果计算 $\mathrm{LCM}(301\,337, 307\,829)$.

(e) 假设 $\gcd(m, n) = 18$ 且 $\mathrm{LCM}(m, n) = 720$, 求 $m$ 与 $n$. 存在一种以上的可能性吗? 如果存在, 求出所有的 $m$ 与 $n$.

**5.5** "$3n + 1$ 算法" 如下: 从给定正整数 $n$ 出发. 如果 $n$ 是偶数则将它除以 2; 如果 $n$ 是奇数则把它替换成 $3n + 1$. 如此反复进行下去. 例如, 如果由 5 开始, 则得到数列

$$5, 16, 8, 4, 2, 1, 4, 2, 1, 4, 2, 1, \cdots,$$

如果由 7 开始, 则得到

$$7, 22, 11, 34, 17, 52, 26, 13, 40, 20, 10, 5, 16, 8, 4, 2, 1, 4, 2, 1, \cdots.$$

注意得到 1 后数列正好连续重复 4, 2, 1. 一般地, 下述两种可能性之一将会出现 ⊖.

(i) 可能最后会重复出现先前的某数 $a$, 在这种情况下两个 $a$ 之间的数段会无穷次重复. 此时称算法在最后一个不重复值处终止, 数列中不同项的个数叫做算法长度. 例如, 对 5 与 7, 算法在 1 处终止. 5 的算法长度是 6, 而 7 的算法长度是 17.

35

(ii) 可能从不重复相同的数, 此时说算法没有终止.

(a) 对 $n$ 的下述每一个开始值, 求 $3n + 1$ 算法的长度与终止值:

(i) $n = 21$    (ii) $n = 13$    (iii) $n = 31$

---

⊖ 当然, 有第三种可能性. 我们可能厌烦计算而停止工作, 此时, 你可能将算法终止归咎于计算机 "筋疲力尽".

(b)做进一步的实验，试确定 $3n+1$ 算法是否总是终止，如果终止的话，它在何值处终止？

(c)假定算法在 1 处终止，设 $L(n)$ 是开始值为 $n$ 的算法长度。例如，$L(5)=6$ 与 $L(7)=17$。证明 $n=8k+4(k\geqslant1)$ 时 $L(n)=L(n+1)$。（提示：如果开始值为 $8k+4$ 与 $8k+5$，算法的运行结果是什么？）

(d)证明 $n=128k+28$ 时 $L(n)=L(n+1)=L(n+2)$。

(e)类似于(c)与(d)，找出其他条件使得 $n$ 的相继值有相同长度。（使用下一道习题积累的数据可能是有帮助的。）

**5.6** 编写程序来运行上题叙述的 $3n+1$ 算法。用户输入 $n$，程序就会给出 $3n+1$ 算法的长度 $L(n)$ 与终止值 $T(n)$。用你的程序制作一个表格，给出所有开始值 $1\leqslant n\leqslant100$ 的算法长度与终止值。

36

# 第6章 线性方程与最大公因数

已知两个整数 $a$ 与 $b$，我们观察由 $a$ 的倍数加上 $b$ 的倍数得到的所有可能整数. 换句话说，考察由 $ax+by$ 得到的所有整数，其中 $x$ 与 $y$ 可为任何整数. 注意允许 $x$ 与 $y$ 取正值或负值. 例如，取 $a=42$ 与 $b=30$. 对这种 $a$ 与 $b$，$ax+by$ 的一些值由下表给出：

|  | $x=-3$ | $x=-2$ | $x=-1$ | $x=0$ | $x=1$ | $x=2$ | $x=3$ |
|---|---|---|---|---|---|---|---|
| $y=-3$ | $-216$ | $-174$ | $-132$ | $-90$ | $-48$ | $-6$ | $36$ |
| $y=-2$ | $-186$ | $-144$ | $-102$ | $-60$ | $-18$ | $24$ | $66$ |
| $y=-1$ | $-156$ | $-114$ | $-72$ | $-30$ | $12$ | $54$ | $96$ |
| $y=0$ | $-126$ | $-84$ | $-42$ | $0$ | $42$ | $84$ | $126$ |
| $y=1$ | $-96$ | $-54$ | $-12$ | $30$ | $72$ | $114$ | $156$ |
| $y=2$ | $-66$ | $-24$ | $18$ | $60$ | $102$ | $144$ | $186$ |
| $y=3$ | $-36$ | $6$ | $48$ | $90$ | $132$ | $174$ | $216$ |

$42x+30y$ 的数值表

对表的第一个观察结果是表中的每项被 6 整除. 这并不令人惊讶，因为 42 与 30 都能被 6 整除，所以，形如 $42x+30y=6(7x+5y)$ 的每个数是 6 的倍数. 更一般地，显然形如 $ax+by$ 的每个数被 $\gcd(a,b)$ 整除，因为 $\gcd(a,b)$ 整除 $a$ 与 $b$.

第二个观察结果是 42 与 30 的最大公因数 6 实际上出现在表中，这多少有点令人惊讶. 由上表得

$$42 \cdot (-2) + 30 \cdot 3 = 6 = \gcd(42,30).$$

上述例子揭示了下述结论：

> 形如 $ax+by$ 的最小正整数等于 $\gcd(a,b)$.

有许多方法证明这是成立的. 我们利用欧几里得算法来构造出适当的 $x$ 与 $y$. 换句话说，将描述求方程

$$ax+by=\gcd(a,b).$$

整数解 $x$ 与 $y$ 的方法. 由于每个数 $ax+by$ 被 $\gcd(a,b)$ 整除，$ax+by$ 的最小正整数值恰好是 $\gcd(a,b)$.

如何解方程 $ax+by=\gcd(a,b)$ 呢？如果 $a$ 与 $b$ 较小，也许能猜出一个解. 例如，方程

$$10x+35y=5$$

有解 $x=-3$ 与 $y=1$，方程

$$7x+11y=1$$

有解 $x=-3$ 与 $y=2$. 我们也注意到可能有多个解，因为 $x=8$ 与 $y=-5$ 也是 $7x+11y=1$

的解.

　　然而, 如果 $a$ 与 $b$ 较大, 猜测或尝试法就不那么奏效了. 我们先用例子来阐述如何用欧几里得算法来解方程 $ax + by = \gcd(a, b)$. 试解

$$22x + 60y = \gcd(22, 60).$$

第一步, 应用欧几里得算法计算最大公因数. 我们求得

$$60 = 2 \times 22 + 16$$
$$22 = 1 \times 16 + 6$$
$$16 = 2 \times 6 + 4$$
$$6 = 1 \times 4 + 2$$
$$4 = 2 \times 2 + 0$$

这表明 $\gcd(22, 60) = 2$, 这是一个无需求助于欧几里得算法的显而易见的事实. 然而, 用欧几里得算法计算很重要, 因为我们利用中间商和余数来解方程 $22x + 60y = 2$. 首先, 将第一个等式改写成

$$16 = a - 2b, \quad \text{其中 } a = 60, b = 22.$$

下面, 用这个值替换第二个等式中的 16, 得 (记住 $b = 22$)

$$b = 1 \times 16 + 6 = 1 \times (a - 2b) + 6.$$

重新整理这个等式把 6 移到一边, 得

$$6 = b - (a - 2b) = -a + 3b.$$

现在将值 16 与 6 代入下一个等式 $16 = 2 \times 6 + 4$:

$$a - 2b = 16 = 2 \times 6 + 4 = 2(-a + 3b) + 4.$$

移项得

$$4 = (a - 2b) - 2(-a + 3b) = 3a - 8b.$$

最后, 使用等式 $6 = 1 \times 4 + 2$ 得

$$-a + 3b = 6 = 1 \times 4 + 2 = 1 \times (3a - 8b) + 2.$$

重排这个等式得所希望的解

$$-4a + 11b = 2.$$

(应该验证一下我们的结论: $-4 \times 60 + 11 \times 22 = -240 + 242 = 2$.)

　　可将上述计算概括成下述表格. 注意左边等式是欧几里得算法, 右边等式计算 $ax + by = \gcd(a, b)$ 的解.

| | |
|---|---|
| $a = 2 \times b + 16$ | $16 = a - 2b$ |
| $b = 1 \times 16 + 6$ | $6 = b - 1 \times 16$ |
| | $\quad = b - 1 \times (a - 2b)$ |
| | $\quad = -a + 3b$ |
| $16 = 2 \times 6 + 4$ | $4 = 16 - 2 \times 6$ |

38

$$= (a - 2b) - 2 \times (-a + 3b)$$
$$= 3a - 8b$$

$$6 = 1 \times 4 + 2 \qquad 2 = 6 - 1 \times 4$$
$$= (-a + 3b) - 1 \times (3a - 8b)$$
$$= -4a + 11b$$

**39**

$$4 = 2 \times 2 + 0$$

为什么这种方法可行呢？看一下下表就清楚了．从欧几里得算法涉及 $a$ 与 $b$ 的前两行开始，按照我们的方式向下进行：

$$a = q_1 b + r_1 \qquad r_1 = a - q_1 b$$
$$b = q_2 r_1 + r_2 \qquad r_2 = b - q_2 r_1$$
$$= b - q_2 (a - q_1 b)$$
$$= -q_2 a + (1 + q_1 q_2) b$$

$$r_1 = q_3 r_2 + r_3 \qquad r_3 = r_1 - q_3 r_2$$
$$= (a - q_1 b) - q_3 (-q_2 a + (1 + q_1 q_2) b)$$
$$= (1 + q_2 q_3) a - (q_1 + q_3 + q_1 q_2 q_3) b$$

$$\vdots \qquad\qquad \vdots$$

一行行进行，将陆续得到形如

最新余数 ＝ $a$ 的倍数 ＋ $b$ 的倍数

的等式．最终我们得到最后的非零余数，它等于 $\gcd(a, b)$．这就给出了方程 $\gcd(a, b) = ax + by$ 所需的解．

下面的表格给出对应于较大数 $a = 12\,453$ 与 $b = 2347$ 的例子．与前面一样，左边等式是欧几里得算法，右边解方程 $ax + by = \gcd(a, b)$．可以看到 $\gcd(12\,453, 2347) = 1$，方程 $12\,453x + 2347y = 1$ 有解 $(x, y) = (304, -1613)$．

$$a = 5 \times b + 718 \qquad 718 = a - 5b$$

$$b = 3 \times 718 + 193 \qquad 193 = b - 3 \times 718$$
$$= b - 3 \times (a - 5b)$$
$$= -3a + 16b$$

$$718 = 3 \times 193 + 139 \qquad 139 = 718 - 3 \times 193$$
$$= (a - 5b) - 3 \times (-3a + 16b)$$
$$= 10a - 53b$$

$$193 = 1 \times 139 + 54 \qquad 54 = 193 - 139$$
$$= (-3a + 16b) - (10a - 53b)$$
$$= -13a + 69b$$

$$139 = 2 \times 54 + 31 \qquad 31 = 139 - 2 \times 54$$

$$= (10a - 53b) - 2 \times (-13a + 69b)$$
$$= 36a - 191b$$

$54 = 1 \times 31 + 23$
$$23 = 54 - 31$$
$$= -13a + 69b - (36a - 191b)$$
$$= -49a + 260b$$

$31 = 1 \times 23 + 8$
$$8 = 31 - 23$$
$$= 36a - 191b - (-49a + 260b)$$
$$= 85a - 451b$$

$23 = 2 \times 8 + 7$
$$7 = 23 - 2 \times 8$$
$$= (-49a + 260b) - 2 \times (85a - 451b)$$
$$= -219a + 1162b$$

$8 = 1 \times 7 + 1$
$$1 = 8 - 7$$
$$= 85a - 451b - (-219a + 1162b)$$
$$= 304a - 1613b$$

$7 = 7 \times 1 + 0$

现在，我们知道方程

$$ax + by = \gcd(a, b)$$

总有整数解 $x$ 与 $y$. 本章讨论的最后一个话题是方程有多少个解以及怎样表述所有解的问题. 我们由互素的 $a$ 与 $b$ 开始，即让 $\gcd(a, b) = 1$，假设 $(x_1, y_1)$ 是方程

$$ax + by = 1$$

的一个解. 通过 $x_1$ 减去 $b$ 的倍数和 $y_1$ 加上 $a$ 的相同倍数，可得到其他解. 换句话说，对任何整数 $k$，我们得到新解 $(x_1 + kb, y_1 - ka)^{\ominus}$. 通过计算

$$a(x_1 + kb) + b(y_1 - ka) = ax_1 + akb + by_1 - bka = ax_1 + by_1 = 1$$

可验证这确实是解.

例如，如果由 $5x + 3y = 1$ 的解 $(-1, 2)$ 开始，则得到新解 $(-1 + 3k, 2 - 5k)$. 注意允许整数 $k$ 是正的、负的或零. 取 $k$ 的特殊值就得到解

$$\cdots, (-13, 22), (-10, 17), (-7, 12), (-4, 7), (-1, 2),$$
$$(2, -3), (5, -8), (8, -13), (11, -18), \cdots.$$

仍旧观察 $\gcd(a, b) = 1$ 的情形，可证明这种方法给出所有解. 假设 $(x_1, y_1)$ 与 $(x_2, y_2)$ 是方程 $ax + by = 1$ 的两个解，即

$$ax_1 + by_1 = 1 \quad 且 \quad ax_2 + by_2 = 1.$$

我们用 $y_2$ 乘第一个方程，用 $y_1$ 乘第二个方程，再相减就消去了 $b$. 重新整理后得到

---

$\ominus$ 几何上，由直线 $ax + by = 1$ 上的已知点 $(x_1, y_1)$ 开始，使用直线具有斜率 $-a/b$ 的事实求新点 $(x_1 + t, y_1 - (a/b)t)$. 要得到新的整点，需要设 $t$ 是 $b$ 的倍数. 替换 $t = kb$ 给出新的整数解 $(x_1 + kb, y_1 - ka)$.

$$ax_1y_2 - ax_2y_1 = y_2 - y_1.$$

类似地，如果用 $x_2$ 乘第一个方程，用 $x_1$ 乘第二个方程，再相减便得到

$$bx_2y_1 - bx_1y_2 = x_2 - x_1.$$

如果令 $k = x_2y_1 - x_1y_2$，则得到

$$x_2 = x_1 + kb \quad 与 \quad y_2 = y_1 - ka.$$

这表明第二个解 $(x_2, y_2)$ 可由第一个解 $(x_1, y_1)$ 得到，$x_2$ 是 $x_1$ 加上 $b$ 的倍数，$y_2$ 是 $y_1$ 减去 $a$ 的相同倍数. 所以，由初始解 $(x_1, y_1)$ 通过取不同的 $k$ 值可得到 $ax + by = 1$ 的每个解 $(x_1 + kb, y_1 - ka)$.

如果 $\gcd(a, b) > 1$ 情况会如何呢？为简化公式，我们令 $g = \gcd(a, b)$. 由欧几里得算法知方程

$$ax + by = g$$

至少有一个解 $(x_1, y_1)$. 而 $g$ 整除 $a$ 与 $b$，故 $(x_1, y_1)$ 是简单方程

$$\frac{a}{g}x + \frac{b}{g}y = 1$$

的解. 于是根据前面的方法，通过将 $k$ 的值代入

$$\left(x_1 + k \cdot \frac{b}{g}, \quad y_1 - k \cdot \frac{a}{g}\right)$$

可得到其他解. 这就完成了对方程 $ax + by = g$ 解的描述. 我们把它概括成下述定理.

**定理 6.1(线性方程定理)**　设 $a$ 与 $b$ 是非零整数，$g = \gcd(a, b)$. 方程

$$ax + by = g$$

总是有一个整数解 $(x_1, y_1)$，它可由前面叙述的欧几里得算法得到. 则方程的每一个解可由

$$\left(x_1 + k \cdot \frac{b}{g}, \quad y_1 - k \cdot \frac{a}{g}\right)$$

得到，其中 $k$ 可为任意整数.

例如，我们看到方程

$$60x + 22y = \gcd(60,22) = 2$$

有解 $x = -4$，$y = 11$. 于是线性方程定理表明每个解由公式

$$(-4 + 11k, 11 - 30k) \quad (k \text{ 可取任意整数})$$

得到. 特别地，如果要求 $x$ 是正整数解，则可取 $k = 1$，这就给出最小的这种解 $(x, y) = (7, -19)$.

在本章我们已经证明了方程

$$ax + by = \gcd(a,b)$$

总有解. 这个事实在理论与实践上都很重要，我们将在数论研究中反复使用它. 例如，在第 18 章研究密码学时就需要解方程 $ax + by = 1$. 在下一章，我们将这个方程用于素数分解理论的研究.

## 习题

**6.1** (a) 求方程

$$12\,345x + 67\,890y = \gcd(12\,345,\,67\,890)$$

的一组整数解.

(b) 求方程

$$54\,321x + 9876y = \gcd(54\,321,\,9876)$$

的一组整数解.

**6.2** 求下述方程的所有整数解:

(a) $105x + 121y = 1$

(b) $12\,345x + 67\,890y = \gcd(12\,345,\,67\,890)$

(c) $54\,321x + 9876y = \gcd(54\,321,\,9876)$

**6.3** 本章叙述的求解 $ax + by = \gcd(a,\,b)$ 的方法包含相当多的代数运算与回代. 本题描述计算 $x$ 与 $y$ 的另一种方法, 它容易在计算机上应用.

(a) 证明图 6.1 中描述的算法能计算正整数 $a$ 与 $b$ 的最大公因数 $g$ 以及方程 $ax + by = \gcd(a,\,b)$ 的一组特解 $(x,\,y)$.

43

---

(1) 置 $x = 1$, $g = a$, $v = 0$ 与 $w = b$.

(2) 如果 $w = 0$, 则置 $y = (g - ax)/b$ 并返回值 $(g,\,x,\,y)$.

(3) $g$ 除以 $w$ 得余数 $t$, $g = qw + t(0 \le t < w)$.

(4) 置 $s = x - qv$.

(5) 置 $(x,\,g) = (v,\,w)$.

(6) 置 $(v,\,w) = (s,\,t)$.

(7) 转到第 2 步.

---

图 6.1 解 $ax + by = \gcd(a,\,b)$ 的有效算法

(b) 运用你使用的计算机语言, 在计算机上运行上述算法.

(c) 用你的程序对下述有序对 $(a,\,b)$ 计算 $g = \gcd(a,\,b)$ 以及 $ax + by = g$ 的整数解.

(i) $(19\,789,\,23\,548)$ (ii) $(31\,875,\,8387)$ (iii) $(22\,241\,739,\,19\,848\,039)$

(d) $b = 0$ 时你的程序出问题吗? 修改程序使得程序能正确处理这种情况.

(e) 为了后面的应用, 求出 $x > 0$ 的解是有用的. 修改你的程序, 使得程序总能得到 $x > 0$ 的解.

(提示: 如果 $(x,\,y)$ 是解, 则 $(x + b,\,y - a)$ 也是解. )

**6.4** (a) 求方程

$$6x + 15y + 20z = 1$$

的整数解 $x$, $y$ 与 $z$.

(b) $a$, $b$, $c$ 满足什么条件时方程

$$ax + by + cz = 1$$

有整数解? 当有解时给出求解的一般方法.

(c) 使用 (b) 中的方法求方程

$$155x + 341y + 385z = 1$$

的一组整数解.

**6.5**  假设 $\gcd(a, b) = 1$. 证明对每个整数 $c$, 方程 $ax + by = c$ 有整数解 $x$ 与 $y$. (提示: 先求 $ax + by = 1$ 的解再乘以 $c$.) 求 $37x + 47y = 103$ 的一组解, 尽量让 $x$, $y$ 比较小.

**6.6**  有时, 我们仅对方程 $ax + by = c$ 的非负整数解 $x$ 与 $y$ 感兴趣.

(a) 解释为什么方程 $ax + 5y = 4$ 没有整数解 $x \geq 0$ 与 $y \geq 0$.

(b) 制作形如 $3x + 5y (x \geq 0, y \geq 0)$ 的数值表, 给出不可能出现的数值的猜想, 然后证明你的猜想是正确的.

(c) 对 $(a, b)$ 的下述值, 求不能表示成 $ax + by (x \geq 0, y \geq 0)$ 形式的最大整数.

(i) $(a, b) = (3, 7)$   (ii) $(a, b) = (5, 7)$   (iii) $(a, b) = (4, 11)$

(d) 设 $\gcd(a, b) = 1$. 使用 (c) 中的结果猜想出不能表示成 $ax + by$ (其中 $x \geq 0$, $y \geq 0$) 形式的最大整数 (用 $a$ 与 $b$ 表示). 对 $(a, b)$ 的至少两个值检验你的推测.

(e) 证明你在 (d) 中猜出的公式是正确的.

(f) 试将上述问题推广到三项和 $ax + by + cz$ (其中 $x \geq 0$, $y \geq 0$, $z \geq 0$). 例如, 不能表示成 $6x + 10y + 15z$ (其中 $x \geq 0$, $y \geq 0$, $z \geq 0$) 的最大整数是什么?

# 第7章　因数分解与算术基本定理

素数是这样的整数 $p \geqslant 2$，它的(正)因数仅有 1 与 $p$. 不是素数的整数 $m \geqslant 2$ 叫做合数. 例如，

素数　2,3,5,7,11,13,17,19,23,29,31,…

合数　4,6,8,9,10,12,14,15,16,18,20,…

素数是以数的这样一种整除性为特征的，也就是说，它们是用只能被 1 和它们自身整除这种性质定义的. 所以，素数应该具有的与它们所整除的数有关联的特殊性质并不是一目了然的. 因此，下述与素数相关的论断既是很重要的，又是非显而易见的. 关于素数的下述事实是重要的，但并非显而易见. ⊖

**引理 7.1** 令 $p$ 是素数，假设 $p$ 整除乘积 $ab$，则 $p$ 整除 $a$ 或 $p$ 整除 $b$ (或者 $p$ 既整除 $a$ 也整除 $b$)⊖.

**证明** 已知 $p$ 整除乘积 $ab$. 如果 $p$ 整除 $a$，则证明已完成，所以可假设 $p$ 不整除 $a$. 现在考虑 $\gcd(p, a)$ 等于什么. 既然它整除 $p$，它就是 1 或 $p$. 它也整除 $a$，由于已假设 $p$ 不整除 $a$，所以 $\gcd(p, a)$ 不是 $p$. 因此 $\gcd(p, a)$ 必等于 1.

下面对 $p$ 与 $a$ 应用线性方程定理(第6章). 线性方程定理指出可以求方程

$$px + ay = 1$$

的整数解 $x$ 与 $y$. (注意运用事实 $\gcd(p, a) = 1$.) 现在，方程两边同乘以 $b$ 得

$$pbx + aby = b.$$

显然，$p$ 整除 $pbx$. 由于 $p$ 整除 $ab$，$p$ 也整除 $aby$. 故 $p$ 整除和

$$pbx + aby,$$

从而 $p$ 整除 $b$. 这就完成了引理的证明⊜. □

引理指出如果素数整除乘积 $ab$，则它必整除其中一个因数. 注意这是素数的特殊性质，对合数则不成立. 例如，6 整除乘积 $15 \cdot 14$，但是 6 既不整除 15 也不整除 14. 不难将引理推广到超出两个因数的乘积的情形.

**定理 7.2 (素数整除性质)** 假设素数 $p$ 整除乘积 $a_1 a_2 \cdots a_r$，则 $p$ 整除 $a_1$, $a_2$, $\cdots$, $a_r$ 中至少一个因数.

**证明** 如果 $p$ 整除 $a_1$，则证明完成. 否则，应用引理到乘积

$$a_1(a_2 a_3 \cdots a_r)$$

得出 $p$ 必整除 $a_2 a_3 \cdots a_r$ 的结论. 换句话说，应用 $a = a_1$ 与 $b = a_2 a_3 \cdots a_r$ 的引理. 我们已

---

⊖ 引理是一个结论，为证明其他结果作铺垫.

⊖ 如果将 $a$ 与 $b$ 分解成素数的乘积，你就会认为这个引理是显然的. 然而，整数恰好以一种方式分解成素数乘积的事实本身并不那么显而易见. 在本章后面，我们将进一步加以讨论.

⊜ 当我们验证断言或证明命题时，用小方框"□"表示已经完成证明. 有些书上用"QED"表示证明结束. "QED"代表拉丁短语"Quod erat demonstrandum"，大意为"那就是要证的，"这来源于希腊短语"ωπερ εδει δειξαι"，它出现在欧几里得的《几何原本》中.

知 $p \mid ab$，所以如果 $p \nmid a$，则引理表明 $p$ 必整除 $b$.

现在已知 $p$ 整除 $a_2 a_3 \cdots a_r$. 如果 $p$ 整除 $a_2$，则证明完成. 否则，应用引理到乘积 $a_2(a_3 \cdots a_r)$ 得出 $p$ 必整除 $a_3 \cdots a_r$ 的结论. 继续这种过程最终必然得到 $p$ 整除某个 $a_i$. □

在本章后面，我们使用素数整除性质证明每个正整数可唯一分解成素数的乘积. 可惜，大多数读者对这个重要事实如此熟悉以至于他们会问为什么需要证明的问题. 所以，在给出证明之前，要设法使读者确信唯一分解成素数乘积并不是那么显然. 为此，离开熟悉的整数世界进入到<sup>⊖</sup>

**偶数世界**

（通常称作"$\mathbb{E}$ - 地带"）

在已知数仅是偶数的世界里想象自己. 这个世界存在的仅有的数是

$$\mathbb{E} = \{\cdots, -8, -6, -4, -2, 0, 2, 4, 6, 8, 10, \cdots\}.$$

注意在 $\mathbb{E}$-地带，可如通常一样进行加、减、乘运算，因为偶数的和、差、积还是偶数. 也可以谈论整除性. 如果存在数 $k$ 使得 $n = mk$，则称数 $m$ $\mathbb{E}$-整除数 $n$. 但由于现处在 $\mathbb{E}$-地带，所以"数"指的是偶数. 例如，因为 $12 = 6 \cdot 2$，所以 $6$ $\mathbb{E}$-整除 $12$；因为没有（偶）数 $k$ 满足 $18 = 6k$，所以 $6$ 不 $\mathbb{E}$-整除 $18$.

我们也可以谈论素数. 如果任何（偶）数不整除 $p$，则称（偶）数 $p$ 是 $\mathbb{E}$-素数. （在 $\mathbb{E}$-地带，数不被它本身整除！）例如，下面是一些 $\mathbb{E}$-素数：

$2, 6, 10, 14, 18, 22, 26, 30.$

回顾前面证明的普通数引理. 我们证明了如果素数 $p$ 整除乘积 $ab$，则 $p$ 整除 $a$ 或 $p$ 整除 $b$. 现在转到 $\mathbb{E}$-区域，考虑 $\mathbb{E}$-素数 $6$ 和数 $a = 10$，$b = 18$. 因为 $180 = 6 \cdot 30$，所以数 $6$ $\mathbb{E}$-整除 $ab = 180$；但 $6$ 不 $\mathbb{E}$-整除 $10$ 也不 $\mathbb{E}$-整除 $18$. 所以，"显然的"引理在 $\mathbb{E}$-区域不成立.

还有在 $\mathbb{E}$-区域中不成立的"不言而喻的事实". 例如，考虑每个数可唯一地分解成素数乘积的事实. （当然，不认为重排因数顺序是不同的因数分解.）不难证明（即使在 $\mathbb{E}$-地带）每个（偶）数可表示成 $\mathbb{E}$-素数的乘积. 考虑下述因数分解：

$180 = 6 \cdot 30 = 10 \cdot 18.$

注意所有的数 $6$，$30$，$10$，$18$ 都是 $\mathbb{E}$-素数. 这表明 $180$ 可写成两种形式根本不同的 $\mathbb{E}$-素数的乘积！事实上，甚至有分解成 $\mathbb{E}$-素数乘积的第三种形式：

$180 = 2 \cdot 90.$

现在，我们打算离开 $\mathbb{E}$-地带，回到奇数偶数一起和谐相处的熟悉世界. 我们希望在 $\mathbb{E}$-地带的旅行能使你认识到不能盲目相信似乎显然的"事实". 特别地，那些因为很熟悉或经常遇到，或因为经常表明是成立的就以为"一定成立"的"事实"仍需要更细致的考察与研究<sup>⊖</sup>.

**跨越 $\mathbb{E}$-地带的边界——欢迎回到熟悉的整数世界**

---

⊖ 因为本书不是多媒体产品，配乐需要你的想象.

⊖ 对众所周知的所谓"事实"也要认真考察，这个原则也适用于远离数学的政治、新闻等.

每个人都"知道"正整数可以恰好用一种方法分解成素数的乘积. 但我们对$\mathbb{E}$-地带的访问提供了这种显然断言需要仔细证明的可靠证据.

**定理 7.3（算术基本定理）** 每个整数 $n \geq 2$ 可唯一分解成素数乘积

$$n = p_1 p_2 \cdots p_r.$$

在开始算术基本定理的证明之前先做一些评论. 首先，如果 $n$ 自身是素数，则记 $n = n$ 并认为这是由单个素数构成的乘积. 其次，当记作 $n = p_1 p_2 \cdots p_r$ 时，并非指 $p_1$，$p_2$，$\cdots$，$p_r$ 一定是不同的素数. 例如，记 $300 = 2 \cdot 2 \cdot 3 \cdot 5 \cdot 5$. 最后，当我们说 $n$ 可以恰好用一种方式表示成素数乘积时，不认为因数重排是新的因数分解. 例如，将 $12 = 2 \cdot 2 \cdot 3$，$12 = 2 \cdot 3 \cdot 2$ 与 $12 = 3 \cdot 2 \cdot 2$ 看作是相同的因数分解.

**证明** 算术基本定理实际上包含两个断言.

**断言 1** 数 $n$ 可以以某种方式分解成素数乘积.

**断言 2** 仅有一种这样的因数分解（除因数重排外）. $\boxed{49}$

先证断言 1. 我们准备给出归纳证明$^{\ominus}$. 首先证明 $n = 2$ 时的断言，然后证明 $n = 3$ 时的断言，$n = 4$ 时的断言，等等. 我们开始观察 $2 = 2$，$3 = 3$ 与 $4 = 2^2$，所以，这些数的每一个可表示成素数的乘积. 这就证明了 $n = 2$，3，4 的断言 1. 下面假设我们已证明了对于直到 $N$ 的每个数 $n$ 断言 1 成立. 这意味着我们已证明了每个数 $n \leq N$ 可分解成素数的乘积. 现在验证 $N+1$ 时的结论成立.

有两种可能性. 首先，$N+1$ 已是素数，此时它本身已分解成素数. 其次，$N+1$ 是合数，这表明它可分解成 $N+1 = n_1 n_2$，$2 \leq n_1$，$n_2 \leq N$. 但是，已知对 $n_1$，$n_2$ 断言 1 成立，这是因为它们都小于等于 $N$. 从而 $n_1$ 与 $n_2$ 可分解成素数的乘积，即

$$n_1 = p_1 p_2 \cdots p_r \quad \text{与} \quad n_2 = q_1 q_2 \cdots q_s.$$

将这两个乘积乘起来得

$$N+1 = n_1 n_2 = p_1 p_2 \cdots p_r q_1 q_2 \cdots q_s,$$

所以，$N+1$ 可分解成素数的乘积. 这说明对 $N+1$ 断言 1 成立.

总结一下，我们已证明如果对所有小于等于 $N$ 的数断言 1 成立，则 $N+1$ 时断言 1 也成立. 但是，我们已验证 2，3，4 时结论成立，所以取 $N = 4$ 可以看到 $N = 5$ 时结论也成立. 取 $N = 5$ 则 $N = 6$ 时结论成立. 取 $N = 6$ 可以看到 $N = 7$ 时结论成立，等等. 因为可以反复进行这个过程，因而可得对每个整数断言 1 成立.

下面证明断言 2. 这个断言也有归纳证明，但我们直接证明它. 假设能将 $n$ 分解成两种形式的素数乘积，即

$$n = p_1 p_2 p_3 p_4 \cdots p_r = q_1 q_2 q_3 q_4 \cdots q_s.$$

需要证明当重排因数次序后分解是相同的. 首先观察 $p_1 \mid n$，所以 $p_1 \mid q_1 q_2 \cdots q_s$. 本章前面已证的素数整除性质告诉我们 $p_1$ 必整除 $q_i$ 中的（至少）一个，所以如果重排这些 $q_i$ 可以使得 $p_1 \mid q_1$. 但是 $q_1$ 也是素数，因而它的因数仅是 1 与 $q_1$. 因此必得 $p_1 = q_1$. $\boxed{50}$

---

$\ominus$　我们将在第 26 章更正式地探讨归纳法.

现在从等式两边消去 $p_1$（与 $q_1$ 相等）得等式

$$p_2p_3p_4\cdots p_r = q_2q_3q_4\cdots q_s.$$

简要重述相同的论证，注意 $p_2$ 整除这个等式的左边，所以 $p_2$ 也整除右边，因此由素数整除性质得 $p_2$ 整除 $q_i$ 中的一个．重排因数后可得 $p_2 \mid q_2$，又 $q_2$ 是素数，因而 $p_2 = q_2$．这使得可以消去 $p_2$（等于 $q_2$）得到新的等式

$$p_3p_4\cdots p_r = q_3q_4\cdots q_s.$$

继续这个过程直到所有的 $p_i$ 或所有的 $q_i$ 被消去．但是如果所有的 $p_i$ 被消去，则等式的左边等于 1，所以不能余下任何 $q_i$．类似地，如果 $q_i$ 都被消去则 $p_i$ 必然全被消去．换句话说，$p_i$ 的个数一定等于 $q_i$ 的个数．概括地说，我们已证明：如果

$$n = p_1p_2p_3p_4\cdots p_r = q_1q_2q_3q_4\cdots q_s,$$

其中所有 $p_i$ 与 $q_i$ 都是素数，则 $r=s$，重排 $q_i$ 使得

$$p_1 = q_1, \quad p_2 = q_2, \quad p_3 = q_3, \quad \cdots, \quad p_r = q_s.$$

这就完成了仅有一种表示方法将 $n$ 表示成素数乘积的证明． □

算术基本定理说明每个整数 $n \geqslant 2$ 可表示成素数乘积．给定一个整数 $n \geqslant 2$，如何具体地把它表示成素数乘积呢？如果 $n$ 相当小（例如 $n = 180$），可用检查法分解 $n$，

$$180 = 2 \cdot 90 = 2 \cdot 2 \cdot 45 = 2 \cdot 2 \cdot 3 \cdot 15 = 2 \cdot 2 \cdot 3 \cdot 3 \cdot 5.$$

如果 $n$ 比较大（例如 $n = 9\,105\,293$），求因数分解会更困难．一种方法是用素数 2，3，5，7，11，…试除 $n$ 直到得到一个因数为止．对于 $n = 9\,105\,293$，经过试除后求得整除 $n$ 的最小素数是 37．我们分解出 37 得

$$9\,105\,293 = 37 \cdot 246\,089,$$

继续检查 37，41，43，…来求整除 246 089 的素数．因为 $246\,089 = 43 \cdot 5723$，所以求得 $43 \mid 246\,089$ 等，直到分解成 $5723 = 59 \cdot 97$，其中 59 与 97 都是素数．这就给出了完全素因数分解

$$9\,105\,293 = 37 \cdot 43 \cdot 59 \cdot 97.$$

如果 $n$ 本身不是素数，则必有整除 $n$ 的素数 $p \leqslant \sqrt{n}$．要知道为什么成立，可以观察如果 $p$ 是整除 $n$ 的最小素数，则 $n = pm$，$m \geqslant p$，从而 $n = pm \geqslant p^2$．两边取平方根得 $\sqrt{n} \geqslant p$．这就给出了将任何整数 $n$ 表示成素数乘积的下述十分简单明了的方法：

要将 $n$ 表示成素数乘积，用小于等于 $\sqrt{n}$ 的每个数（或正好每个素数）2，3，…试除它．如果没有求得整除 $n$ 的整数，则 $n$ 本身是素数．否则求得的第一个因数是素数 $p$．分解得 $n = pm$，然后对 $m$ 重复这个过程．

虽然这是一个效率非常低的过程，但对适当大的数，比如说不超过 10 位的数，在计算机上可以工作得很好．对于像 $n = 10^{128} + 1$ 这样的数情况怎样呢？如果 $n$ 最终是素数，则一直到检查 $\sqrt{n} \approx 10^{64}$ 个可能的因数才能停下来．这完全不可行．如果我们每秒钟能验证 $1\,000\,000\,000$（十亿）个可能的因数，将耗时大约 $3 \cdot 10^{48}$ 年！这就产生了下述两个紧密相关的问题：

**问题 1** 如何分辨已知数 $n$ 是素数还是合数？

**问题 2**  如果 $n$ 是合数, 如何将它分解成素数的乘积?

虽然看起来似乎这两个问题相同, 但是, 事实表明问题 1 要比问题 2 容易回答. 在后面, 即使不能求出大数的任何因数, 我们也会知道如何辨别已知大数是合数. 用类似的方式, 可以求得很大的素数 $p$ 与 $q$, 这样, 如果给某人 $n = pq$ 的乘积值, 他们不可能通过分解 $n$ 来获得数 $p$ 与 $q$. 很容易将两个数相乘但很难分解其乘积, 这个奇特的事实是用数论建立高度安全密码这种重要应用的关键所在. 我们将在第 18 章讲述这些密码. 52

## 习题

**7.1**  假设 $\gcd(a, b) = 1$, 进而设 $a$ 整除乘积 $bc$. 证明 $a$ 必整除 $c$.

**7.2**  假设 $\gcd(a, b) = 1$, 进而设 $a$ 整除 $c$, $b$ 整除 $c$. 证明乘积 $ab$ 必整除 $c$.

**7.3**  设 $s, t$ 为奇数, $s > t \geq 1$, $\gcd(s, t) = 1$, 证明

$$st, \quad \frac{s^2 - t^2}{2}, \quad \frac{s^2 + t^2}{2}$$

两两互素, 即它们中的每一对都互素. 在证明勾股数组定理 (定理 2.1) 时需用到这个结论. (提示: 假设有一个公共素因数, 应用引理 7.1: 如果一个素数整除某个乘积, 则它必整除其中一个因数.)

**7.4**  给出下述公式的归纳证明. (注意到 (a) 是第 1 章使用几何方法证明的公式, (c) 是几何级数的前 $n$ 项.)

(a) $1 + 2 + 3 + \cdots + n = \dfrac{n(n+1)}{2}$

(b) $1^2 + 2^2 + 3^2 + \cdots + n^2 = \dfrac{n(n+1)(2n+1)}{6}$

(c) $1 + a + a^2 + a^3 + \cdots + a^n = (1 - a^{n+1})/(1 - a)$, $a \neq 1$

(d) $\dfrac{1}{1 \cdot 2} + \dfrac{1}{2 \cdot 3} + \dfrac{1}{3 \cdot 4} + \cdots + \dfrac{1}{(n-1)n} = \dfrac{n-1}{n}$

**7.5**  本习题要求你继续研究 $\mathbb{E}$-区域. 牢记你所做的, 本题中假设奇数不存在!

(a) 叙述所有 $\mathbb{E}$-素数.

(b) 证明每个偶数可分解成 $\mathbb{E}$-素数的乘积. (提示: 模仿普通数这个事实的证明.)

(c) 我们看到 180 有三种分解法分解成 $\mathbb{E}$-素数的乘积. 求有两种不同分解法分解成 $\mathbb{E}$-素数乘积的最小数. 180 是有三种分解法的最小数吗? 求有四种分解法的最小数.

(d) 整数 12 仅有一种分解法分解成 $\mathbb{E}$-素数的乘积: $12 = 2 \cdot 6$. (像通常一样, 我们认为 $2 \cdot 6$ 与 $6 \cdot 2$ 是相同的分解.) 求仅有一种分解法分解成 $\mathbb{E}$-素数乘积的所有偶数.

**7.6**  欢迎进入 $\mathbb{M}$-世界, 这里只有被 4 除余 1 的正整数. 换句话说, $\mathbb{M}$-数是

$$\{1, 5, 9, 13, 17, 21, \cdots\}.$$

(另一种叙述是形如 $4t + 1 (t = 0, 1, 2, \cdots)$ 的数.) 在 $\mathbb{M}$-世界中, 我们不可能把数相加, 但可以把数相乘, 因为如果 $a$ 与 $b$ 都被 4 除余 1, 则它们的乘积也是这样. (你知道为什么成立吗?) 如果对某 $\mathbb{M}$-数 $k$ 有 $n = mk$, 则称 $m$ $\mathbb{M}$-整除 $n$. 如果 $n$ 的 $\mathbb{M}$-因数仅为 1 与它自身, 则称 $n$ 是 $\mathbb{M}$-素数. (当然, 我们不认为 1 本身是 $\mathbb{M}$-素数.) 53

(a) 求前 6 个 $\mathbb{M}$-素数.

(b) 求有两种不同分解法分解成 $\mathbb{M}$-素数乘积的 $\mathbb{M}$-数 $n$.

**7.7**  编写将 (正) 整数 $n$ 分解成素数乘积的程序. (如果 $n = 0$, 确保转到出错信息而不是出现死循环!)

表示 $n$ 的因数分解的简便方法是 $2 \times r$ 阶矩阵. 因此，如果

$$n = p_1^{k_1} p_2^{k_2} \cdots p_r^{k_r},$$

则将 $n$ 的因数分解存储成矩阵

$$\begin{bmatrix} p_1 & p_2 & \cdots & p_r \\ k_1 & k_2 & \cdots & k_r \end{bmatrix}.$$

（如果你的计算机不允许动态存储分配，则必须确定允许存储多少因数的预存量.）

(a) 编写程序，通过试除每个可能因数 $d = 2$，3，4，5，6，$\cdots$ 分解 $n$. （这是一种极其低效的方法，但常用作初学习题.）

(b) 修改程序存储前 100 个（或更多）素数，在找大素因数前先将 $n$ 除去这些素数. 如果你不管 2 或 3 或 5 倍数的 $d$，而只把较大的 $d$ 作为可能的因数，那么可提高程序运行速度. 利用 $m$ 不能被 2 与 $\sqrt{m}$ 之间的任何数整除时 $m$ 必为素数的事实，也可提高效率. 使用你的程序求 1 000 000 与 1 000 030 间所有整数的完全因数分解.

(c) 编写一段子程序以优美格式打印 $n$ 的因数分解. 最令人满意的是指数出现在指数位置；但是，如果这不可能，则将（比如说）$n = 75\ 460 = 2^2 \cdot 5 \cdot 7^3 \cdot 11$ 的因数分解打印成

$$2\text{^}2 * 5 * 7\text{^}3 * 11.$$

（为便于阅读输出结果，不打印等于 1 的指数.）

# 第8章 同 余 式

整除性是数论的有力工具，这已在勾股数组、最大公因数与素数分解中得到体现．本章我们讨论同余式理论．同余式提供了一种描述整除性质的简便方式．事实上，同余式使得整除性理论非常类似于方程理论．

如果 $m$ 整除 $a-b$，我们就说 $a$ 与 $b$ 模 $m$ 同余并记之为

$$a \equiv b \pmod{m}.$$

例如，由于

$$5 \mid (7-2) \quad 与 \quad 6 \mid (47-35),$$

我们有

$$7 \equiv 2 \pmod{5} \quad 与 \quad 47 \equiv 35 \pmod{6}.$$

特别地，如果 $a$ 除以 $m$ 得余数 $r$，则 $a$ 与 $r$ 模 $m$ 同余．注意余数满足 $0 \leqslant r < m$，因而每个整数必与 $0 \sim m-1$ 之间的一个数模 $m$ 同余．

数 $m$ 叫做同余式的模．具有相同模的同余式在许多方面表现得很像通常的等式．例如，如果

$$a_1 \equiv b_1 \pmod{m} \quad 且 \quad a_2 \equiv b_2 \pmod{m},$$

则

$$a_1 \pm a_2 \equiv b_1 \pm b_2 \pmod{m}, \quad a_1 a_2 \equiv b_1 b_2 \pmod{m}.$$

**提醒** 用数除同余式并非总是可能的．换句话说，如果 $ac \equiv bc \pmod{m}$，则 $a \equiv b \pmod{m}$ 未必成立．例如 $15 \cdot 2 \equiv 20 \cdot 2 \pmod{10}$，但是 $15 \not\equiv 20 \pmod{10}$．令人苦恼的是，可能有

$$uv \equiv 0 \pmod{m}, \quad 但 u \not\equiv 0 \pmod{m} \quad 且 \quad v \not\equiv 0 \pmod{m}.$$

因此，$6 \cdot 4 \equiv 0 \pmod{12}$，但 $6 \not\equiv 0 \pmod{12}$ 且 $4 \not\equiv 0 \pmod{12}$．然而，如果 $\gcd(c, m) = 1$，则可从同余式 $ac \equiv bc \pmod{m}$ 两边消去 $c$．作为练习请读者证明这个结论．

可用与解方程相同的方法来解带未知数的同余式．例如，要解同余式

$$x + 12 \equiv 5 \pmod{8},$$

两边减 12 得

$$x \equiv 5 - 12 \equiv -7 \pmod{8}.$$

这个解是精确的，或者可用等价解 $x \equiv 1 \pmod{8}$．注意 $-7$ 与 1 对模 8 是相同的，因为它们的差被 8 整除．

下面是另一个例子．解

$$4x \equiv 3 \pmod{19},$$

我们用 5 乘以两边得出

$$20x \equiv 15 \pmod{19}.$$

但 $20 \equiv 1 \pmod{19}$，所以 $20x \equiv x \pmod{19}$．因此，解是

$$x \equiv 15 \pmod{19}.$$

将 15 代入原同余式可检验我们的答案. $4 \cdot 15 \equiv 3 \pmod{19}$对吗? 的确如此, 因为 $4 \cdot 15 - 3 = 57 = 3 \cdot 19$ 可被 19 整除.

我们巧妙地解出了上面的同余式. 但是, 如果所有其他方法失效, 至少有个"攀登每座山"的穷举法[一]. 要解模 $m$ 同余式, 可让每个变量试取 0, 1, 2, $\cdots$, $m-1$. 例如, 解同余式
$$x^2 + 2x - 1 \equiv 0 \pmod{7},$$
就去试 $x = 0$, $x = 1$, $\cdots$, $x = 6$. 这导出两个解 $x \equiv 2 \pmod{7}$ 与 $x \equiv 3 \pmod{7}$. 当然, 还有其他解, 如 $x \equiv 9 \pmod{7}$. 9 与 2 不是不同解, 因为它们模 7 相同. 所以, 当我们说"求同余式的所有解"时, 是指求所有不同余的解, 即相互不同余的所有解.

我们也注意到有许多同余式没有解, 如 $x^2 \equiv 3 \pmod{10}$. 不必太惊讶, 毕竟有许多普通方程没有(实数)解, 如 $x^2 = -1$.

本章的最后任务是解同余式
$$ax \equiv c \pmod{m}.$$
这类同余式有些没有解. 例如, 如果
$$6x \equiv 15 \pmod{514}$$
有解, 则 514 必整除 $6x - 15$. 但 $6x - 15$ 总是奇数, 所以不可能被偶数 514 整除. 因而同余式 $6x \equiv 15 \pmod{514}$ 没有解.

在给出一般理论之前, 我们试解一个例子. 解同余式
$$18x \equiv 8 \pmod{22}.$$
也就是说, 求 22 整除 $18x - 8$ 的 $x$ 值, 所以必须对某 $y$ 求满足 $18x - 8 = 22y$ 的 $x$ 值. 换句话说, 需要解线性方程
$$18x - 22y = 8.$$
由第 6 章知可解方程
$$18u - 22v = \gcd(18, 22) = 2,$$
确实容易求得解 $u = 5$ 与 $v = 4$. 实际上要求右边等于 8, 所以两边乘以 4 得
$$18 \cdot (5 \cdot 4) - 22 \cdot (4 \cdot 4) = 8.$$
因此, $18 \cdot 20 \equiv 8 \pmod{22}$, 所以 $x \equiv 20 \pmod{22}$ 是原同余式的解. 马上我们会看到这个同余式有两个不同解 $\pmod{22}$; 另一个解是 $x \equiv 9 \pmod{22}$.

现在假设要求解任意同余式
$$ax \equiv c \pmod{m}.$$
我们需要求整数 $x$ 使得 $m$ 整除 $ax - c$. 如果可求得整数 $y$ 使得 $ax - c = my$, 则数 $m$ 就整除数 $ax - c$. 移项后我们看到 $ax \equiv c \pmod{m}$ 有解当且仅当线性方程 $ax - my = c$ 有解. 这看起来很熟悉, 准确地说是第 6 章求解的问题类型.

为了使公式更简洁, 设 $g = \gcd(a, m)$. 第一个观察是: 形如 $ax - my$ 的每个数是 $g$

---

一 不怕湿足的人称此为"渡过每条河"技巧.

的倍数；因此，如果 $g$ 不整除 $c$，则 $ax - my = c$ 没有解，从而 $ax \equiv c \pmod{m}$ 也没有解.

下面假设 $g$ 确实整除 $c$. 由第 6 章的线性方程定理知方程

$$au + mv = g$$

总是有解. 假设通过尝试法或者使用第 6 章的欧几里得算法求得解 $u = u_0$, $v = v_0$. 由于假设 $g$ 整除 $c$，所以可用整数 $c/g$ 乘以这个方程得

$$a\,\frac{cu_0}{g} + m\,\frac{cv_0}{g} = c.$$

这说明

$$x_0 \equiv \frac{cu_0}{g} \pmod{m} \text{ 是同余式 } ax \equiv c \pmod{m} \text{ 的解.}$$

还有其他吗？假设 $x_1$ 是同余式 $ax \equiv c \pmod{m}$ 的其他解，则 $ax_1 \equiv ax_0 \pmod{m}$，所以 $m$ 整除 $ax_1 - ax_0$. 这蕴涵

$$\frac{m}{g} \text{ 整除 } \frac{a(x_1 - x_0)}{g},$$

我们已知 $m/g$ 与 $a/g$ 没有公因数，从而 $m/g$ 必整除 $x_1 - x_0$. 换句话说，存在整数 $k$ 使得

$$x_1 = x_0 + k \cdot \frac{m}{g}.$$

但相差 $m$ 的倍数的任何两个解被认为是相同的，所以恰好有 $g$ 个不同的解，这些解通过取 $k = 0, 1, \cdots, g-1$ 而得到.

这就完成了对同余式 $ax \equiv c \pmod{m}$ 的分析. 我们将结果综述成下述定理.

**定理 8.1（线性同余式定理）** 设 $a$, $c$ 与 $m$ 是整数，$m \geq 1$，且设 $g = \gcd(a, m)$.

（a）如果 $g \nmid c$，则同余式 $ax \equiv c \pmod{m}$ 没有解.

（b）如果 $g \mid c$，则同余式 $ax \equiv c \pmod{m}$ 恰好有 $g$ 个不同的解. 要求这些解，首先求线性方程

$$au + mv = g$$

的一个解 $(u_0, v_0)$（第 6 章叙述了解这个方程的方法）. 则 $x_0 = cu_0/g$ 是 $ax \equiv c \pmod{m}$ 的解，不同余解的完全集由

$$x \equiv x_0 + k \cdot \frac{m}{g} \pmod{m}, \quad k = 0, 1, 2, \cdots, g-1$$

给出.

例如，同余式

$$943x \equiv 381 \pmod{2576}$$

无解，这是因为 $\gcd(943, 2576) = 23$ 不整除 381. 另一方面，同余式

$$893x \equiv 266 \pmod{2432}$$

有 19 个解，因为 $\gcd(893, 2432) = 19$ 的确整除 266. 注意，无需计算任何解就能确定解的个数. 而要求出同余式的解，我们首先解方程

$$893u - 2432v = 19.$$

使用第 6 章的方法可求得解 $(u, v) = (79, 29)$. 乘以 $266/19 = 14$ 得方程

$$893x - 2432y = 266 \text{ 的解} (x, y) = (1106, 406).$$

最后由 $x \equiv 1106 \pmod{2432}$ 开始,加上 $2432/19 = 128$ 的倍数就得到

$$893x \equiv 266 \pmod{2432}$$

的完全解集.(别忘记如果数超过 2432,允许减去 2432.)19 个不同余的解是

$$1106, 1234, 1362, 1490, 1618, 1746, 1874, 2002, 2130,$$
$$2258, 2386, 82, 210, 338, 466, 594, 722, 850, 978.$$

59

**重要注记**  线性同余式定理的最重要情形是 $\gcd(a, m) = 1$. 在这种情形下,同余式

$$ax \equiv c \pmod{m} \qquad\qquad (*)$$

恰好有一个解. 我们甚至可将解写成分数

$$x \equiv \frac{c}{a} \pmod{m}.$$

如果这样的话,我们必须记住符号"$\frac{c}{a} \pmod{m}$"实际上仅是同余式 $(*)$ 的解的一种简便速记形式.

非线性同余式在数论中也很重要. 例如,同余式

$$x^2 + 1 \equiv 0 \pmod{m}$$

的解是 $-1$ 模 $m$ 的平方根. 对某些 $m$,如 $m = 5$ 和 $m = 13$,同余式有解

$$2^2 + 1 \equiv 0 \pmod{5}, \qquad 5^2 + 1 \equiv 0 \pmod{13}.$$

而对另一些 $m$,如 $m = 3$ 和 $m = 7$,同余式无解.

也许你已经知道:一个 $d$ 次实系数多项式的实根不超过 $d$ 个[⊖]. 这个众所周知的结论对同余式并不成立. 例如,同余式

$$x^2 + x \equiv 0 \pmod{6}$$

有 4 个模 6 不同的根:0,2,3,5. 然而,对模是素数的同余式,那个结论依然成立. 虽然下述定理似乎无关紧要,但到后面你就会看到它是证明很多重要结果的有力工具.

**定理 8.2(模 $p$ 多项式根定理)**  设 $p$ 为素数,

$$f(x) = a_0 x^d + a_1 x^{d-1} + \cdots + a_d$$

是次数为 $d \geq 1$ 的整系数多项式,且 $p$ 不整除 $a_0$,则同余式

$$f(x) \equiv 0 \pmod{p}$$

60 最多有 $d$ 个模 $p$ 不同余的解.

证明这个重要的定理有很多种方法. 为了寻求多样性以及介绍一个新的数学工具,我们采用"反证法"[⊖]. 在反证法中,先作一个假设,然后利用这个假设进行推导,最后

---

⊖ 事实上,代数基本定理(见定理 35.1)表明 $d$ 次复系数多项式总是恰有 $d$ 个复根(重根重复计算).

⊖ "反证法"的拉丁短语是"reductio ad absurdum",字面意思是"归结到一个谬论". 正如哈代在他的文章《一个数学家的自白》中所说,反证法"是数学家最好的武器之一,它比任何下棋策略都高明:棋手可能要牺牲一个棋子或让出一片区域,但数学家提供了博弈."

得出显然错误的结论. 由此推得原先的假设是错误的, 因为它导出了错误的结论[负].

现在这个假设如下:

至少存在一个首项系数不被 $p$ 整除的整系数多项式 $F(x)$, 使得同余式 $F(x) \equiv 0 \pmod{p}$ 模 $p$ 不同余的根的个数大于 $F(x)$ 的次数.

在所有这样的多项式中选择一个次数最低的, 设为

$$F(x) = A_0 x^d + A_1 x^{d-1} + \cdots + A_d.$$

让

$$r_1, r_2, \cdots, r_{d+1}$$

是同余式 $F(x) \equiv 0 \pmod{p}$ 模 $p$ 不同余的解.

先来说明对任意值 $r$, $F(x) - F(r)$ 是可约的. 写

$$F(x) - F(r) = A_0(x^d - r^d) + A_1(x^{d-1} - r^{d-1}) + \cdots + A_{d-1}(x - r).$$

由于

$$x^i - r^i = (x - r)(x^{i-1} + x^{i-2}r + \cdots + xr^{i-2} + r^{i-1}),$$

因此每项 $x^i - r^i$ 中都有 $x - r$ 这个因式, 提取 $x - r$, 得

$$F(x) - F(r) = (x - r)(某个次数为 d - 1 的多项式),$$

即存在次数为 $d-1$ 的多项式

$$G(x) = B_0 x^{d-1} + B_1 x^{d-2} + \cdots + B_{d-2}x + B_{d-1},$$

使得

$$F(x) = F(r) + (x - r)G(x).$$

特别地, 取 $r = r_1$, 由 $F(r_1) \equiv 0 \pmod{p}$ 得

$$F(x) = (x - r_1)G(x) \pmod{p}.$$

我们已经假设 $F(x) \equiv 0 \pmod{p}$ 有 $d + 1$ 个互不同余的解 $x = r_1$, $r_2$, $\cdots$, $r_{d+1}$, 让 $x$ 取某个解 $r_k (k \geq 2)$ 得

$$0 \equiv F(r_k) = (r_k - r_1)G(r_k) \pmod{p}.$$

因为 $r_1$ 与 $r_k$ 模 $p$ 不同余, 由素数整除性质 (定理 7.2) 得 $G(r_k) \equiv 0 \pmod{p}$. (注意这里用到了模 $p$ 是素数这一已知条件. 你知道为什么当模为合数时这个结论不成立吗?)

现在 $r_2$, $r_3$, $\cdots$, $r_{d+1}$ 都是 $G(x) \equiv 0 \pmod{p}$ 的解, 于是 $G(x)$ 就是一个次数为 $d - 1$ 且有 $d$ 个模 $p$ 不同余的解的多项式. 这与 $F(x)$ 是次数最低的这种类型的多项式相矛盾. 所以原先的假设一定是错误的, 这表明没有多项式模 $p$ 不同余的根的个数大于它的次数. 肯定的说法是: 每个次数为 $d$ 的多项式至多有 $d$ 个模 $p$ 不同余的根, 这就完成了定理 8.2 的证明.

## 习题

**8.1**　假设 $a_1 \equiv b_1 \pmod{m}$ 与 $a_2 \equiv b_2 \pmod{m}$.

───────────────

　⊖　第 205 页上有一段对反证法背后的哲学的简要探讨.

|61|

(a) 验证 $a_1 + a_2 \equiv b_1 + b_2 \pmod{m}$ 与 $a_1 - a_2 \equiv b_1 - b_2 \pmod{m}$.

(b) 验证 $a_1 a_2 \equiv b_1 b_2 \pmod{m}$.

**8.2** 假设 $ac \equiv bc \pmod{m}$ 和 $\gcd(c, m) = 1$. 证明 $a \equiv b \pmod{m}$.

**8.3** 求下述同余式的所有不同余解.

(a) $7x \equiv 3 \pmod{15}$

(b) $6x \equiv 5 \pmod{15}$

(c) $x^2 \equiv 1 \pmod 8$

(d) $x^2 \equiv 2 \pmod 7$

(e) $x^2 \equiv 3 \pmod 7$

**8.4** 证明下述整除性试验结果.

62

(a) 数 $a$ 被 4 整除当且仅当它的末尾两位数被 4 整除.

(b) 数 $a$ 被 8 整除当且仅当它的末尾三位数被 8 整除.

(c) 数 $a$ 被 3 整除当且仅当它的各位数字之和被 3 整除.

(d) 数 $a$ 被 9 整除当且仅当它的各位数字之和被 9 整除.

(e) 数 $a$ 被 11 整除当且仅当它的各位数字交错和被 11 整除. (如果 $a$ 的数字是 $a_1 a_2 a_3 \cdots a_{d-1} a_d$, 则交错和是指替加、减 $a_1 - a_2 + a_3 - \cdots$. )

(提示: 对(a), 模 100 化简, 对(b)类似. 对(c)、(d)与(e), 将 $a$ 表成 10 的各次幂倍数的和, 然后模 3, 9, 11 化简. )

**8.5** 求下述线性同余式的所有不同余解.

(a) $8x \equiv 6 \pmod{14}$

(b) $66x \equiv 100 \pmod{121}$

(c) $21x \equiv 14 \pmod{91}$

**8.6** 确定下述同余式的不同余解的个数. 无需求出解.

(a) $72x \equiv 47 \pmod{200}$

(b) $4183x \equiv 5781 \pmod{15\ 087}$

(c) $1537x \equiv 2863 \pmod{6731}$

**8.7** 编写程序解同余式 $ax \equiv c \pmod{m}$. (如果 $\gcd(a, m)$ 不整除 $c$, 则输出出错信息和 $\gcd(a, m)$ 的值.) 测试程序, 求出习题 8.6 中同余式的所有解.

**8.8** 编写程序, 输入正整数 $m$ 和整系数多项式 $f(X)$, 输出同余式 $f(X) \equiv 0 \pmod{m}$ 的所有解. (无需细想, 只需让 $X$ 分别取 0, 1, 2, $\cdots$, $m-1$, 看看哪些值是解.) 取多项式

$$f(X) = X^{11} + 21X^7 - 8X^3 + 8,$$

对下述每个 $m$ 值

$$m \in \{130, 137, 144, 151, 158, 165, 172\},$$

通过解同余式 $f(X) \equiv 0 \pmod{m}$ 来测试程序.

**8.9** (a) 同余式

$$X^4 + 5X^3 + 4X^2 - 6X - 4 \equiv 0 \pmod{11}, \quad 0 \leqslant X < 11$$

63

有多少个解? 有 4 个解吗? 还是有少于 4 个解?

(b) 考察同余式 $X^2 - 1 \equiv 0 \pmod 8$, 当 $0 \leqslant X < 8$ 时它有几个解? 注意它的解多于 2 个. 为什么这个结果与模 $p$ 多项式根定理(定理 8.2)矛盾?

**8.10** 设 $p, q$ 为不同素数. 同余式

$$X^2 - a^2 \equiv 0 \pmod{pq}$$

64

最多可能有多少个解? 这里我们照样只关心模 $pq$ 不同余的解.

# 第 9 章　同余式、幂与费马小定理

取整数 $a$，考虑它的幂 $a$，$a^2$，$a^3$，$\cdots$ 模 $m$. 在这些幂中存在什么模式吗？我们先看素数模 $m=p$ 的情形，因为这时容易识别出模式. 这种现象在数论中（尤其在同余理论中）很普遍. 当寻求同余模式时最好先从素数模入手.

对每个素数 $p=3$，$p=5$，$p=7$，列出整数 $a=0$，$1$，$2$，$\cdots$ 和一些幂模 $p$. 在进一步阅读之前，应该停下来去考察这些表，并设法列出猜测的模式公式. 然后通过制作 $p=11$ 的类似表格验证你的猜测，看你的模式是否仍是正确的.

| $a$ | $a^2$ | $a^3$ | $a^4$ |
|---|---|---|---|
| 0 | 0 | 0 | 0 |
| 1 | 1 | 1 | 1 |
| 2 | 1 | 2 | 1 |

$a^k \pmod 3$

| $a$ | $a^2$ | $a^3$ | $a^4$ | $a^5$ | $a^6$ |
|---|---|---|---|---|---|
| 0 | 0 | 0 | 0 | 0 | 0 |
| 1 | 1 | 1 | 1 | 1 | 1 |
| 2 | 4 | 3 | 1 | 2 | 4 |
| 3 | 4 | 2 | 1 | 3 | 4 |
| 4 | 1 | 4 | 1 | 4 | 1 |

$a^k \pmod 5$

| $a$ | $a^2$ | $a^3$ | $a^4$ | $a^5$ | $a^6$ | $a^7$ | $a^8$ |
|---|---|---|---|---|---|---|---|
| 0 | 0 | 0 | 0 | 0 | 0 | 0 | 0 |
| 1 | 1 | 1 | 1 | 1 | 1 | 1 | 1 |
| 2 | 4 | 1 | 2 | 4 | 1 | 2 | 4 |
| 3 | 2 | 6 | 4 | 5 | 1 | 3 | 2 |
| 4 | 2 | 1 | 4 | 2 | 1 | 4 | 2 |
| 5 | 4 | 6 | 2 | 3 | 1 | 5 | 4 |
| 6 | 1 | 6 | 1 | 6 | 1 | 6 | 1 |

$a^k \pmod 7$

许多令人感兴趣的模式可从这些表看出. 在本章，相关模式在列
$$a^2 \pmod 3 \quad a^4 \pmod 5 \quad 与 \quad a^6 \pmod 7$$
中可观察出. 除去顶端一个，这些列中的每一项等于 $1$. 这一模式对较大的素数继续成立吗？可检查 $p=11$ 的表格，会发现
$$1^{10} \equiv 1 \pmod{11}, \quad 2^{10} \equiv 1 \pmod{11}, \quad 3^{10} \equiv 1 \pmod{11} \cdots$$
$$9^{10} \equiv 1 \pmod{11} \quad 与 \quad 10^{10} \equiv 1 \pmod{11}.$$
由此得到下述猜想：
$$a^{p-1} \equiv 1 \pmod p, \quad 1 \leqslant a < p.$$

当然，不需将 $a$ 限制在 $1$ 与 $p-1$ 之间. 如果 $a_1$ 与 $a_2$ 相差 $p$ 的倍数，则其幂模 $p$ 相同. 所以关于 $a$ 的真正条件为它不是 $p$ 的倍数. 这个结果由费马在 1640 年给 Bessy 的信中首先提出，但费马没有给出证明的细节. 第一个证明应归于莱布尼茨[⊖].

**定理 9.1（费马小定理）**　设 $p$ 是素数，$a$ 是任意整数且 $a \not\equiv 0 \pmod p$，则
$$a^{p-1} \equiv 1 \pmod p.$$

在给出费马小定理证明之前，我们要指出它的作用并说明如何用其进行简化计算.

---

⊖　莱布尼茨（Gottfried Leibniz，1646—1716）作为微积分创始人之一而闻名. 他与牛顿几乎同时独立发现了微积分的主要定理. 德国数学界与英国数学界用了两个世纪争论谁先给出了证明. 目前一致认为莱布尼茨和牛顿都是微积分的（独立）创始人.

作为特例，考虑同余式

$$6^{22} \equiv 1 \pmod{23}.$$

这说明数 $6^{22} - 1$ 是 23 的倍数. 如果不用费马小定理验证这个事实，则必须算出 $6^{22}$ 减 1 再除以 23. 下面是所得结果：

66

$$6^{22} - 1 = 23 \cdot 5\,722\,682\,775\,750\,745.$$

类似地，为直接验证 $73^{100} \equiv 1 \pmod{101}$，必须计算 $73^{100} - 1$. 不幸的是，$73^{100} - 1$ 有 187 位数. 注意这个例子仅使用 $p = 101$，这是比较小的素数. 因此，费马小定理描述了有关大数的一个令人惊讶的事实.

我们可使用费马小定理简化计算. 例如，为计算 $2^{35} \pmod 7$，可利用 $2^6 \equiv 1 \pmod 7$. 所以记 $35 = 6 \cdot 5 + 5$，使用指数律计算

$$2^{35} = 2^{6 \cdot 5 + 5} = (2^6)^5 \cdot 2^5 \equiv 1^5 \cdot 2^5 \equiv 32 \equiv 4 \pmod 7.$$

类似地，假设要解同余式 $x^{103} \equiv 4 \pmod{11}$. 肯定有 $x \not\equiv 0 \pmod{11}$，因此由费马小定理得

$$x^{10} \equiv 1 \pmod{11}.$$

两边自乘 10 次得 $x^{100} \equiv 1 \pmod{11}$，然后乘以 $x^3$ 得 $x^{103} \equiv x^3 \pmod{11}$. 要解原同余式，正好需要解 $x^3 \equiv 4 \pmod{11}$. 通过连续尝试 $x = 1$，$x = 2$，$\cdots$，可解这个同余式. 这样

| $x \pmod{11}$ | 0 | 1 | 2 | 3 | 4 | 5 | 6 | 7 | 8 | 9 | 10 |
|---|---|---|---|---|---|---|---|---|---|---|---|
| $x^3 \pmod{11}$ | 0 | 1 | 8 | 5 | 9 | 4 | 7 | 2 | 6 | 3 | 10 |

因此同余式 $x^{103} \equiv 4 \pmod{11}$ 有解 $x \equiv 5 \pmod{11}$.

现在我们准备证明费马小定理. 为说明证明方法，首先证明 $3^6 \equiv 1 \pmod 7$. 当然，无需给出这个事实的奇特证明，这是因为 $3^6 - 1 = 728 = 7 \cdot 104$. 不过，当尝试理解证明或构造证明时，通常可使用特定的数. 当然，我们的目标是设计出一般性证明，而不是真正利用所考察的特殊数.

为证明 $3^6 \equiv 1 \pmod 7$，我们由数 1，2，3，4，5，6 分别乘以 3 开始再模 7 化简. 结果列入下表：

| $x \pmod 7$ | 1 | 2 | 3 | 4 | 5 | 6 |
|---|---|---|---|---|---|---|
| $3x \pmod 7$ | 3 | 6 | 2 | 5 | 1 | 4 |

67

注意每个数 1，2，3，4，5，6 在第二行恰好重新出现一次. 所以，如果将第二行的所有数乘起来就得到与第一行所有数乘积相同的结果. 当然必须模 7. 因此，

$$\underbrace{(3 \cdot 1)(3 \cdot 2)(3 \cdot 3)(3 \cdot 4)(3 \cdot 5)(3 \cdot 6)}_{\text{第二行的数}} \equiv \underbrace{1 \cdot 2 \cdot 3 \cdot 4 \cdot 5 \cdot 6}_{\text{第一行的数}} \pmod 7.$$

为节省空间，使用数 $n$ 的阶乘的标准符号 $n!$（1，2，3，$\cdots$，$n$ 的乘积）. 换句话说，

$$n! = 1 \cdot 2 \cdot 3 \cdots (n - 1) \cdot n.$$

同余式左边提出 6 个因数 3 得

$$3^6 \cdot 6! \equiv 6! \pmod 7.$$

注意到 6! 与 7 互素，所以，可从两边消去 6! 得 $3^6 \equiv 1 \pmod 7$，这正好是费马小定理.

现在我们准备证明一般性的费马小定理. $3^6 \pmod 7$ 证明的关键是乘以 3 后重排了数 1，2，3，4，5，6 $\pmod 7$. 所以，我们首先验证下述断言：

**引理9.2** 设 $p$ 是素数，$a$ 是任何整数且 $a \not\equiv 0 \pmod p$，则数

$$a, 2a, 3a, \cdots, (p-1)a \pmod p$$

与数

$$1, 2, 3, \cdots, (p-1) \pmod p$$

相同，尽管它们的次序不同.

**证明** 数列 $a$，$2a$，$3a$，$\cdots$，$(p-1)a$ 包含 $p-1$ 个数，显然没有一个数被 $p$ 整除. 假设从数列中取两个数 $ja$ 与 $ka$，并假设它们同余，

$$ja \equiv ka \pmod p.$$

则 $p \mid (j-k)a$，因为假设 $p$ 不整除 $a$，所以 $p \mid (j-k)$. 注意我们使用了第 7 章的素数整除性定理，该定理说明如果素数整除乘积则它整除一个因数. 另一方面，已知 $1 \le j, k \le p-1$，则 $\mid j-k \mid < p-1$. 仅有一个数的绝对值小于 $p-1$ 且被 $p$ 整除，这个数是 0. 从而 $j = k$. 这表明 $a$，$2a$，$3a$，$\cdots$，$(p-1)a$ 中的不同乘积对模 $p$ 不同.

现在我们已知数列 $a$，$2a$，$3a$，$\cdots$，$(p-1)a$ 包含 $p-1$ 个不同的非零值 $\pmod p$. 但仅有 $p-1$ 个不同的非零值 $\pmod p$，即数 1，2，3，$\cdots$，$(p-1)$. 因此，尽管这些数可能以不同次序出现，但数列 $a$，$2a$，$3a$，$\cdots$，$(p-1)a$ 与数列 1，2，3，$\cdots$，$(p-1)$ 必包含相同的数 $\pmod p$. 这就完成了引理的证明.

利用该引理，容易完成费马小定理的证明. 引理说明数列

$$a, 2a, 3a, \cdots, (p-1)a \pmod p \quad \text{与数列 } 1, 2, 3, \cdots, (p-1) \pmod p$$

相同，所以第一个数列中数的乘积等于第二个数列中数的乘积：

$$a \cdot (2a) \cdot (3a) \cdots ((p-1)a) \equiv 1 \cdot 2 \cdot 3 \cdots (p-1) \pmod p.$$

从左边提出 $p-1$ 个 $a$ 得

$$a^{p-1} \cdot (p-1)! \equiv (p-1)! \pmod p.$$

最后我们看到 $(p-1)!$ 与 $p$ 互素，因此从两边消去 $(p-1)!$ 就得到费马小定理

$$a^{p-1} \equiv 1 \pmod p. \qquad \square$$

无需真正分解一个数，可用费马小定理证明这个数不是素数. 例如，有

$$2^{1\,234\,566} \equiv 899\,557 \pmod{1\,234\,567}.$$

这意味着 1 234 567 不是素数，因为如果它是的话，费马小定理告诉我们 $2^{1\,234\,566}$ 必同余于 1 $\pmod{1\,234\,567}$.（如果你想了解如何计算 $2^{1\,234\,566} \pmod{1\,234\,567}$，不必犯愁，我们将在第 16 章讲述如何计算.）因为 1 234 567 = 127·9721，所以在这种情况下，我们实际上可求出一个因数. 考察数

$$m = 10^{100} + 37.$$

当计算 $2^{m-1}(\bmod\ m)$ 时可得

69

$2^{m-1} \equiv 3\ 626\ 360\ 327\ 545\ 861\ 062\ 487\ 760\ 199\ 633\ 583\ 910\ 836\ 873\ 253\ 019\ 151\ 380\ 128\ 320\ 824$
$\qquad\qquad 091\ 124\ 859\ 463\ 579\ 459\ 059\ 730\ 070\ 231\ 844\ 397\ (\bmod\ m).$

由费马小定理我们再次推出 $10^{100} + 37$ 不是素数, 但不知道如何求其因数. 在台式计算机上可快速验证它没有小于 $200\ 000$ 的素因数. 有点奇怪的是容易写出这样的合数, 但还找不出其(真)因数.

## 习题

**9.1**  利用费马小定理求解下述题目.

(a)求数 $0 \leqslant a < 73$, 使得 $a \equiv 9^{794}\ (\bmod\ 73)$.

(b)解 $x^{86} \equiv 6\ (\bmod\ 29)$.

(c)解 $x^{39} \equiv 3\ (\bmod\ 13)$.

**9.2**  虽然我们不需要知道 $(p-1)!\ (\bmod\ p)$ 的值, 但是 $(p-1)!\ (\bmod\ p)$ 出现在费马小定理的证明中.

(a)对某些小的 $p$ 值, 计算 $(p-1)!\ (\bmod\ p)$, 找出模式并提出猜想.

(b)证明你的猜想是正确的. (对小的 $p$ 值, 试寻找 $(p-1)!\ (\bmod\ p)$ 产生这种数值的原因, 然后推广你的观察, 证明结论对所有 $p$ 成立.)

**9.3**  当 $p$ 是素数时, 习题 9.2 要求你确定 $(p-1)!\ (\bmod\ p)$ 的值.

(a)对某些小的合数 $m$ 的值, 计算 $(m-1)!\ (\bmod\ m)$. 你能得到对素数所发现的相同模式吗?

(b)如果已知 $(n-1)!\ (\bmod\ n)$ 的值, 如何使用这个值明确判断 $n$ 是素数还是合数?

**9.4**  如果 $p$ 是素数, $a \not\equiv 0\ (\bmod\ p)$, 则由费马小定理可知 $a^{p-1} \equiv 1\ (\bmod\ p)$.

(a)同余式 $7^{1\ 734\ 250} \equiv 1\ 660\ 565\ (\bmod\ 1\ 734\ 251)$ 成立. 你能得到对 $1\ 734\ 251$ 是合数的结论吗?

(b)同余式 $129^{64\ 026} \equiv 15\ 179\ (\bmod\ 64\ 027)$ 成立. 你能得到 $64\ 027$ 是合数的结论吗?

70

(c)同余式 $2^{52\ 632} \equiv 1\ (\bmod\ 52\ 633)$ 成立. 你能得到 $52\ 633$ 是素数的结论吗?

# 第10章 同余式、幂与欧拉公式

在前一章我们证明了费马小定理：如果 $p$ 是素数且 $p \nmid a$，则 $a^{p-1} \equiv 1 \pmod{p}$．如果 $p$ 换成合数，结论就不正确了．例如，$5^5 \equiv 5 \pmod{6}$，$2^8 \equiv 4 \pmod{9}$．因此，我们问是否有依赖模 $m$ 的指数使得

$$a^{???} \equiv 1 \pmod{m}.$$

首先，观察到：如果 $\gcd(a, m) > 1$，则这是不可能的．为了说明原因，假设 $a^k \equiv 1 \pmod{m}$．则对某整数 $y$，$a^k = 1 + my$，所以 $\gcd(a, m)$ 整除 $a^k - my = 1$．换句话说，如果 $a$ 的某个幂模 $m$ 余 1，则必有 $\gcd(a, m) = 1$．这提示我们观察与 $m$ 互素的数的集合

$$\{a : 1 \leqslant a \leqslant m, \quad \gcd(a,m) = 1\}.$$

例如，

| $m$ | $\{a : 1 \leqslant a \leqslant m,\ \gcd(a,\ m) = 1\}$ |
|---|---|
| 1 | $\{1\}$ |
| 2 | $\{1\}$ |
| 3 | $\{1,\ 2\}$ |
| 4 | $\{1,\ 3\}$ |
| 5 | $\{1,\ 2,\ 3,\ 4\}$ |
| 6 | $\{1,\ 5\}$ |
| 7 | $\{1,\ 2,\ 3,\ 4,\ 5,\ 6\}$ |
| 8 | $\{1,\ 3,\ 5,\ 7\}$ |
| 9 | $\{1,\ 2,\ 4,\ 5,\ 7,\ 8\}$ |
| 10 | $\{1,\ 3,\ 7,\ 9\}$ |

在 1 与 $m$ 之间且与 $m$ 互素的整数个数是个重要的量，我们赋予这个量一个名称：

$$\phi(m) = \#\{a : 1 \leqslant a \leqslant m, \quad \gcd(a,m) = 1\}.$$

函数 $\phi$ 叫做欧拉函数．由前表可求得 $1 \leqslant m \leqslant 10$ 时的 $\phi(m)$ 值．

| $m$ | 1 | 2 | 3 | 4 | 5 | 6 | 7 | 8 | 9 | 10 |
|---|---|---|---|---|---|---|---|---|---|---|
| $\phi(m)$ | 1 | 1 | 2 | 2 | 4 | 2 | 6 | 4 | 6 | 4 |

注意 $p$ 是素数时每个整数 $1 \leqslant a < p$ 都与 $p$ 互素．所以，对素数 $p$ 有公式

$$\phi(p) = p - 1.$$

我们设法模拟费马小定理的证明. 例如, 假设要求 7 的幂次模 10 余 1. 不取所有数 $1 \leqslant a < 10$, 而是恰好取与 10 互素的数. 它们是

$$1, 3, 7, 9 \pmod{10}.$$

如果用 7 乘每个数得

$$7 \cdot 1 \equiv 7 \pmod{10}, \quad 7 \cdot 3 \equiv 1 \pmod{10},$$
$$7 \cdot 7 \equiv 9 \pmod{10}, \quad 7 \cdot 9 \equiv 3 \pmod{10}.$$

注意重排后取相同的数. 如果将它们乘起来就得到相同的乘积

$$(7 \cdot 1)(7 \cdot 3)(7 \cdot 7)(7 \cdot 9) \equiv 1 \cdot 3 \cdot 7 \cdot 9 \pmod{10}$$
$$7^4 (1 \cdot 3 \cdot 7 \cdot 9) \equiv 1 \cdot 3 \cdot 7 \cdot 9 \pmod{10}.$$

消去 $1 \cdot 3 \cdot 7 \cdot 9$ 得 $7^4 \equiv 1 \pmod{10}$.

指数 4 从何而来呢? 它等于 0 与 10 之间且与 10 互素的整数个数; 即由于 $\phi(10) = 4$, 所以指数等于 4. 这意味着下述公式成立.

**定理 10.1(欧拉公式)** 如果 $\gcd(a, m) = 1$, 则
$$a^{\phi(m)} \equiv 1 \pmod{m}.$$

**证明** 至此, 我们已经确定了考察的数的正确集合, 所以欧拉公式的证明几乎与费马小定理的证明一致. 令
$$1 \leqslant b_1 < b_2 < \cdots < b_{\phi(m)} < m$$
是 0 与 $m$ 之间且与 $m$ 互素的 $\phi(m)$ 个整数.

**引理 10.2** 如果 $\gcd(a, m) = 1$, 则数列
$$b_1 a, b_2 a, b_3 a, \cdots, b_{\phi(m)} a \pmod{m}$$
与数列
$$b_1, b_2, b_3, \cdots, b_{\phi(m)} \pmod{m}$$
相同, 尽管它们可能次序不同.

**引理的证明** 注意到如果 $b$ 与 $m$ 互素, 则 $ab$ 也与 $m$ 互素. 从而数列
$$b_1 a, b_2 a, b_3 a, \cdots, b_{\phi(m)} a \pmod{m}$$
中的每个数同余于数列
$$b_1, b_2, b_3, \cdots, b_{\phi(m)} \pmod{m}$$
中的一个数. 进而, 每个数列都有 $\phi(m)$ 个数. 因此, 如果能够证明第一个数列中的数对于模 $m$ 不同, 则就得到两个数列(重排后)相同.

假设从第一个数列中取两个数 $b_j a$ 与 $b_k a$, 并假设它们同余,
$$b_j a \equiv b_k a \pmod{m}.$$
则 $m \mid (b_j - b_k)a$. 但是 $m$ 与 $a$ 互素, 因而得到 $m \mid b_j - b_k$. 另一方面, $b_j, b_k$ 在 1 与 $m$ 之间, 这蕴涵 $|b_j - b_k| \leqslant m - 1$. 仅有一个数的绝对值严格小于 $m$ 且被 $m$ 整除, 这个数是 0. 从而 $b_j = b_k$. 这说明数列
$$b_1, b_2, b_3, \cdots, b_{\phi(m)} a \pmod{m}$$

中的数模 $m$ 不同，这就完成了引理成立的证明.

使用上述引理容易完成欧拉公式的证明. 引理说明数列

$$b_1 a, b_2 a, b_3 a, \cdots, b_{\phi(m)} a \pmod{m}$$

73

与数列

$$b_1, b_2, b_3, \cdots, b_{\phi(m)} \pmod{m}$$

是相同的，所以，第一个数列中数的乘积等于第二个数列中数的乘积：

$$(b_1 a) \cdot (b_2 a) \cdot (b_3 a) \cdots (b_{\phi(m)} a) \equiv b_1 \cdot b_2 \cdot b_3 \cdots b_{\phi(m)} \pmod{m}.$$

左边提出 $\phi(m)$ 个 $a$ 得到

$$a^{\phi(m)} B \equiv B \pmod{m}, \quad \text{其中 } B = b_1 b_2 b_3 \cdots b_{\phi(m)}.$$

最后由于每个 $b_i$ 与 $m$ 互素，我们得 $B$ 与 $m$ 互素. 这表明可从两边消去 $B$ 得到欧拉公式

$$a^{\phi(m)} \equiv 1 \pmod{m}.$$

## 习题

**10.1** 设 $b_1 < b_2 < \cdots < b_{\phi(m)}$ 是 1 与 $m$ 之间且与 $m$ 互素的整数（包括 1），$B = b_1 b_2 b_3 \cdots b_{\phi(m)}$ 是它们的乘积. $B$ 来自于欧拉公式的证明.

(a) 证明 $B \equiv 1 \pmod{m}$ 或者 $B \equiv -1 \pmod{m}$.

(b) 对某些小的 $m$ 值计算 $B$，试寻找当它等于 $1 \pmod{m}$ 和 $-1 \pmod{m}$ 时的模式.

**10.2** 可以验证数 3750 满足 $\phi(3750) = 1000$. （在下一章将会看到如何轻松计算 $\phi(3750)$.）求满足下述三个性质的数 $a$.

(i) $a \equiv 7^{3003} \pmod{3750}$.

(ii) $1 \le a \le 5000$.

(iii) $a$ 不被 7 整除.

**10.3** 如果对每个整数 $a(\gcd(a, m) = 1)$，同余式 $a^{m-1} \equiv 1 \pmod{m}$ 成立，则称合数 $m$ 为卡米歇尔数.

(a) 验证 $m = 561 = 3 \cdot 11 \cdot 17$ 是卡米歇尔数. （提示：不必对 $a$ 的所有 320 个值计算 $a^{m-1} \pmod{m}$，而是使用费马小定理验证对整除 $m$ 的每个素数 $p$，有 $a^{m-1} \equiv 1 \pmod{p}$，然后解释为什么这蕴涵 $a^{m-1} \equiv 1 \pmod{m}$.）

(b) 试求另一个卡米歇尔数. 你认为存在无穷多个卡米歇尔数吗？

74

# 第 11 章　欧拉 $\phi$ 函数与中国剩余定理

欧拉公式

$$a^{\phi(m)} \equiv 1 \ (\mathrm{mod}\ m)$$

是既优美又有力的结果. 但是, 除非能找到计算 $\phi(m)$ 的有效方法, 否则它的用途不能发挥出来. 显然, 我们不想列出 1 到 $m-1$ 的所有整数来检查每个数是否与 $m$ 互素. 例如, 如果 $m \approx 1000$, 会耗费许多时间, 对 $m \approx 10^{100}$ 则是不可能的. 正像我们在前一章看到的, 容易计算 $\phi(m)$ 的一种情况是 $m=p$ 为素数, 这是因为每个整数 $1 \leqslant a \leqslant p-1$ 与 $m$ 互素. 因此 $\phi(p) = p-1$.

当 $m = p^k$ 是素数幂次时, 可容易推出 $\phi(p^k)$ 的类似公式. 不用设法计数 1 到 $p^k$ 之间的与 $p^k$ 互素的整数个数, 而是由满足 $1 \leqslant a \leqslant p^k$ 的所有整数开始, 然后丢弃与 $p^k$ 不互素的整数.

数 $a$ 什么时候与 $p^k$ 不互素呢? $p^k$ 仅有的因数是 $p$ 的幂次, 所以, 当 $a$ 被 $p$ 整除时 $a$ 不与 $p^k$ 互素. 换句话说,

$$\phi(p^k) = p^k - \#\{a : 1 \leqslant a \leqslant p^k, p \mid a\}.$$

因此, 必须计数 1 与 $p^k$ 之间有多少个整数被 $p$ 整除. 这是容易的, 下述数是 $p$ 的倍数:

$$p, \quad 2p, \quad 3p, \quad 4p, \quad \cdots, \quad (p^{k-1}-2)p, \quad (p^{k-1}-1)p, \quad p^k.$$

它们有 $p^{k-1}$ 个, 这就给出公式

$$\phi(p^k) = p^k - p^{k-1}.$$

例如

$$\phi(2401) = \phi(7^4) = 7^4 - 7^3 = 2058.$$

这表明在 1 与 2401 之间有 2058 个整数与 2401 互素.

当 $m$ 是素数幂次时, 我们已知如何计算 $\phi(m)$. 下面假设 $m$ 是两个素数幂次的乘积 $m = p^j q^k$. 要将猜测公式化, 我们对一些小的值计算 $\phi(p^j q^k)$ 并将它与 $\phi(p^j)$ 和 $\phi(p^k)$ 的值进行比较.

| $p^j$ | $q^k$ | $p^j q^k$ | $\phi(p^j)$ | $\phi(q^k)$ | $\phi(p^j q^k)$ |
| --- | --- | --- | --- | --- | --- |
| 2 | 3 | 6 | 1 | 2 | 2 |
| 4 | 5 | 20 | 2 | 4 | 8 |
| 3 | 7 | 21 | 2 | 6 | 12 |
| 8 | 9 | 72 | 4 | 6 | 24 |
| 9 | 25 | 225 | 6 | 20 | 120 |

这个表揭示了 $\phi(p^j q^k) = \phi(p^j)\phi(q^k)$. 我们也可试一些不是素数幂次的数的例子, 如

$$\phi(14) = 6, \quad \phi(15) = 8, \quad \phi(210) = \phi(14 \cdot 15) = 48.$$

这使得我们猜测下述断言成立:

$$\text{如果 } \gcd(m,n) = 1, \quad \text{则 } \phi(mn) = \phi(m)\phi(n).$$

在设法证明这个乘法公式之前，对任意的 $m$，或更确切地对能够分解成素数乘积的任意 $m$，我们说明利用它能够多么容易地计算 $\phi(m)$.

假设已知整数 $m$，且假设已将 $m$ 分解成素数乘积，即

$$m = p_1^{k_1} \cdot p_2^{k_2} \cdots p_r^{k_r},$$

其中 $p_1$，$p_2$，$\cdots$，$p_r$ 是不同的素数. 首先使用乘法公式计算

$$\phi(m) = \phi(p_1^{k_1}) \cdot \phi(p_2^{k_2}) \cdots \phi(p_r^{k_r}).$$

然后使用素数幂公式 $\phi(p^k) = p^k - p^{k-1}$ 得

$$\phi(m) = (p_1^{k_1} - p_1^{k_1-1}) \cdot (p_2^{k_2} - p_2^{k_2-1}) \cdots (p_r^{k_r} - p_r^{k_r-1}).$$ ⎡76⎤

这个公式看起来复杂，但实际上计算 $\phi(m)$ 的过程很简单. 例如，

$$\phi(1512) = \phi(2^3 \cdot 3^3 \cdot 7) = \phi(2^3) \cdot \phi(3^3) \cdot \phi(7)$$
$$= (2^3 - 2^2) \cdot (3^3 - 3^2) \cdot (7 - 1) = 4 \cdot 18 \cdot 6 = 432.$$

所以，在 1 与 1512 之间有 432 个数与 1512 互素.

现在准备证明欧拉函数的乘法公式. 我们也重述素数幂公式以使两个公式方便地列在一起.

**定理 11.1（$\phi$ 函数公式）**  （a）如果 $p$ 是素数且 $k \geqslant 1$，则

$$\phi(p^k) = p^k - p^{k-1}.$$

（b）如果 $\gcd(m, n) = 1$，则 $\phi(mn) = \phi(m)\phi(n)$.

**证明**  我们在本章前面证明了素数幂公式（a），因此余下的便是要证明乘法公式（b）. 为此我们使用数论中最有力的工具之一：

$$\boxed{\text{计数}}$$

你也许想知道为什么计数那么有用. 毕竟，那是幼儿园里最先教的内容之一[⊖]. 简言之，我们找一个包含 $\phi(mn)$ 个元素的集合，再找一个包含 $\phi(m)\phi(n)$ 个元素的第二个集合，然后证明这两个集合包含个数相同的元素.

第一个集合是

$$\{a : 1 \leqslant a \leqslant mn, \quad \gcd(a, mn) = 1\}.$$

显然，这个集合包含 $\phi(mn)$ 个元素，因为这正好是 $\phi(mn)$ 的定义. 第二个集合是

$$\{(b, c) : 1 \leqslant b \leqslant m, \quad \gcd(b, m) = 1, \quad 1 \leqslant c \leqslant n, \quad \gcd(c, n) = 1\}.$$

第二个集合含有多少个序对 $(b, c)$ 呢？正好对 $b$ 有 $\phi(m)$ 个选择，因为这是 $\phi(m)$ 的定义. 对 $c$ 有 $\phi(n)$ 个选择，因为这是 $\phi(n)$ 的定义. 所以，对第一个坐标 $b$ 有 $\phi(m)$ 个选择，对第二个坐标 $c$ 有 $\phi(n)$ 个选择，从而对序对 $(b, c)$ 总共有 $\phi(m)\phi(n)$ 个选择. ⎡77⎤

例如，假设取 $m = 4$ 与 $n = 5$. 则第一个集合由与 20 互素的数

$$\{1, 3, 7, 9, 11, 13, 17, 19\}$$

---

⊖ 这是"所有需要知道的都曾在幼儿园学过"的另一个例证. 尽管证明数论中的定理可能不是 Robert Fulghum 写他的书时想到的基本技能.

组成. 第二个集合由序对

$$\{(1,1),(1,2),(1,3),(1,4),(3,1),(3,2),(3,3),(3,4)\}$$

组成，其中每个序对的第一个数与 4 互素，第二个数与 5 互素.

回到一般情形，我们取第一个集合的每个元素，按照下述方法

$$\left\{a: \begin{matrix} 1 \leqslant a \leqslant mn \\ \gcd(a,mn)=1 \end{matrix}\right\} \longmapsto \left\{(b,c): \begin{matrix} 1 \leqslant b \leqslant m, & \gcd(b,m)=1 \\ 1 \leqslant c \leqslant n, & \gcd(c,n)=1 \end{matrix}\right\}$$

$$a \bmod mn \longmapsto (a \bmod m, a \bmod n)$$

将它与第二个集合的序对对应. 这指的是取第一个集合的整数 $a$ 并把它指派到序对 $(b, c)$，满足

$$a \equiv b \pmod{m} \quad 与 \quad a \equiv c \pmod{n}.$$

如果再看一下 $m=4$，$n=5$ 的例子，也许比较清楚. 例如，第一个集合的数 13 与第二个集合的序对 $(1, 3)$ 对应，因为 $13 \equiv 1 \pmod 4$ 且 $13 \equiv 3 \pmod 5$. 对第一个集合的其他数采用同样的做法.

$$\{1,3,7,9,11,13,17,19\} \rightarrow \{(1,1),(1,2),(1,3),(1,4),(3,1),(3,2),(3,3),(3,4)\}$$

$$1 \mapsto (1,1) \quad 3 \mapsto (3,3) \quad 7 \mapsto (3,2) \quad 9 \mapsto (1,4)$$

$$11 \mapsto (3,1) \quad 13 \mapsto (1,3) \quad 17 \mapsto (1,2) \quad 19 \mapsto (3,4)$$

在这个例子中，可以看到第二个集合的每个序对恰好与第一个集合的一个元素匹配. 这表明两个集合有相同的元素个数. 我们要证明一般情形下的同样匹配出现.

我们需要证明下面两个陈述是正确的：

78

（1）第一个集合的不同数对应第二个集合的不同序对.

（2）第二个集合的每个序对适合第一个集合的某个数.

一旦验证了这两条，我们就知道两个集合有相同的元素个数. 但是，已知第一个集合有 $\phi(mn)$ 个元素，第二个集合有 $\phi(m)\phi(n)$ 个元素. 所以，为了完成 $\phi(mn)=\phi(m)\phi(n)$ 的证明，只需验证（1）与（2）.

要验证（1），我们取第一个集合的两个数 $a_1$ 与 $a_2$，假设它们在第二个集合有相同的象. 这意味着

$$a_1 \equiv a_2 \pmod{m} \quad 与 \quad a_1 \equiv a_2 \pmod{n}.$$

因此，$a_1 - a_2$ 被 $m$ 与 $n$ 整除. 然而，$m$ 与 $n$ 互素，因此 $a_1 - a_2$ 一定被 $mn$ 整除. 换句话说，

$$a_1 \equiv a_2 \pmod{mn},$$

这表明 $a_1$ 与 $a_2$ 是第一个集合的相同元素. 这就完成了第一个陈述的证明.

要验证陈述（2），需要证明对 $b$ 与 $c$ 的任何已知值，至少可求得一个整数 $a$ 满足

$$a \equiv b \pmod{m} \quad 与 \quad a \equiv c \pmod{n}.$$

这个同余式组有解的事实是很重要的，足以保证它有自己的名称. □

**定理 11.2（中国剩余定理）** 设 $m$ 与 $n$ 是整数，$\gcd(m, n)=1$，$b$ 与 $c$ 是任意整数.

则同余式组

$$x \equiv b \ (\text{mod } m) \quad \text{与} \quad x \equiv c \ (\text{mod } n)$$

恰有一个解 $0 \leqslant x < mn$.

**证明** 像通常一样，我们由例子开始. 假设要解

$$x \equiv 8 \ (\text{mod } 11) \quad \text{与} \quad x \equiv 3 \ (\text{mod } 19).$$

第一个同余式的解由形如 $x = 11y + 8$ 的所有整数组成. 将它代入第二个同余式，化简并求解. 因此，

$$11y + 8 \equiv 3 \ (\text{mod } 19)$$
$$11y \equiv 14 \ (\text{mod } 19).$$

我们知道怎样解这种类型的线性同余式组（见第 8 章线性同余式定理）. 解是 $y_1 \equiv 3 \ (\text{mod } 19)$，然后可用 $x_1 = 11y_1 + 8 = 11 \cdot 3 + 8 = 41$ 求得原来同余式的解. 最后验证答案：$(41 - 8)/11 = 3$ 与 $(41 - 3)/9 = 2$ 是正确的.

对一般情况，由解第一个同余式 $x \equiv b \ (\text{mod } m)$ 开始. 其解由形如 $x = my + b$ 的所有数组成. 将此代入第二个同余式得

$$my \equiv c - b \ (\text{mod } n).$$

已知 $\gcd(m, n) = 1$，第 8 章线性同余式定理告诉我们恰有一个解 $y_1$，$0 \leqslant y_1 < n$. 则

$$x_1 = my_1 + b$$

给出了原来同余式组的解，这是唯一解 $x_1$，$0 \leqslant x_1 < mn$，因为在 0 与 $n$ 之间有唯一解 $y_1$，且用 $m$ 乘 $y_1$ 得 $x_1$. 这就完成了中国剩余定理的证明及公式 $\phi(mn) = \phi(m)\phi(n)$ 的证明. $\quad\square$

**历史插曲** 中国剩余定理的第一个有记载的实例出现在 3 世纪末 4 世纪初的中国数学著作中. 令人惊讶的是，它涉及解由三个同余式构成的同余式组这样的难题.

"今有物不知其数. 三三数之剩二，五五数之剩三，七七数之剩二，问物几何？"

——《孙子算经》（孙子的数学著作），大约公元 300 年，第 3 卷问题 26

## 习题

**11. 1** (a) 求 $\phi(97)$ 的值.

(b) 求 $\phi(8800)$ 的值.

**11. 2** (a) 如果 $m \geqslant 3$，解释为什么 $\phi(m)$ 总是偶数.

(b) $\phi(m)$ "经常" 被 4 整除. 叙述 $\phi(m)$ 不被 4 整除的所有 $m$.

**11. 3** 假设 $p_1, p_2, \cdots, p_r$ 是整除 $m$ 的不同素数. 证明 $\phi(m)$ 的下述公式成立：

$$\phi(m) = m\left(1 - \frac{1}{p_1}\right)\left(1 - \frac{1}{p_2}\right)\cdots\left(1 - \frac{1}{p_r}\right).$$

使用这个公式计算 $\phi(1\,000\,000)$.

**11. 4** 编写程序计算欧拉函数 $\phi(n)$ 的值. 应该使用 $n$ 的素因数分解来计算 $\phi(n)$，而不是通过求与 $n$ 互素的 1 与 $n$ 之间的所有 $a$ 来计算 $\phi(n)$.

**11. 5** 对每个同余式组求其解 $x$.

(a)$x \equiv 3 \pmod 7$，$x \equiv 5 \pmod 9$

(b)$x \equiv 3 \pmod{37}$，$x \equiv 1 \pmod{87}$

(c)$x \equiv 5 \pmod 7$，$x \equiv 2 \pmod{12}$，$x \equiv 8 \pmod{13}$

**11.6**　解"历史插曲"提到的《孙子算经》中已有 1700 年历史的中国剩余问题.

**11.7**　一个农夫在去集市卖鸡蛋的路上，流星打中了他的小货车，击碎了他的鸡蛋. 为申请保险索赔，他需要知道打碎了多少鸡蛋. 他知道两两数之余一，三三数之余一，四四数之余一，五五数之余一，六六数之余一，七七数之余零. 问小货车里鸡蛋的最少个数是多少？

**11.8**　编写程序，取四个整数$(b, m, c, n)$，$\gcd(m, n) = 1$ 作为输入，计算满足
$$x \equiv b \pmod m, \quad x \equiv c \pmod n, \quad 0 \leqslant x < mn$$
的整数$x$.

**11.9**　在本题中将证明三个同余式的中国剩余定理. 设$m_1$，$m_2$，$m_3$ 是两两互素的正整数，即
$$\gcd(m_1, m_2) = 1, \quad \gcd(m_1, m_3) = 1, \quad \gcd(m_2, m_3) = 1.$$
设$a_1$，$a_2$，$a_3$ 是任意三个整数. 证明同余式组
$$x \equiv a_1 \pmod{m_1}, \quad x \equiv a_2 \pmod{m_2}, \quad x \equiv a_3 \pmod{m_3}$$
在区间$0 \leqslant x < m_1 m_2 m_3$ 恰有一个整数解$x$. 你能找出将这个问题推广到处理多个同余式
$$x \equiv a_1 \pmod{m_1}, \quad x \equiv a_2 \pmod{m_2}, \cdots, x \equiv a_r \pmod{m_r}$$

的模式吗？特别地，模$m_1$，$m_2$，$\cdots$，$m_r$ 需要满足什么条件呢？

**11.10**　如果$\phi(n)$是素数，你能说出$n$ 有什么模式吗？如果$\phi(n)$是素数的平方，$n$ 又有什么模式呢？

**11.11**　(a)求$\phi(n) = 160$ 的至少 5 个不同整数. 你能求出更多的吗？

(b)假设整数$n$ 满足$\phi(n) = 1000$. 列出可能整除$n$ 的所有素数.

(c) 由(b)求出所有满足$\phi(n) = 1000$ 的整数.

**11.12**　解下述方程，求$n$ 的所有值.

(a)$\phi(n) = n/2$　(b)$\phi(n) = n/3$　(c)$\phi(n) = n/6$

(提示：习题 11.3 的公式也许有用. )

**11.13**　(a)对每个整数$2 \leqslant a \leqslant 10$，求$a^{1000}$ 的最末 4 位数.

(b)基于(a)的试验(如果有必要的话，进一步试验)，给出一种简单判别法，使得可由$a$ 的值预测$a^{1000}$ 的最末 4 位数.

(c)证明(b)中你的判别法是正确的.

# 第12章 素 数

素数是数论的基本构件,这是第7章讨论过的算术基本定理告诉我们的. 每个数由将素数乘在一起的唯一方式构成. 在其他科学领域有类似的情况,毫无例外,构件的发现与描述在其学科领域具有深远影响. 例如,每种化学制品是由一些基本元素构成的,门捷列夫(Mendeleev)将这些元素分类成性质周期性重现的元素族,这些发现使得化学领域发生了革命性变化. 下面我们将做类似的事情,将素数集合分成各种子集,例如分成模4余1的集合与模4余3的集合. 类似地,当科学家发现组成每个元素的原子是由三种基本粒子(质子、中子和电子⊖)构成的,每种粒子的个数决定原子的化学性质与物理性质时,物理学有了巨大进步. 例如,由92个质子和仅仅143个中子构成的原子具有明显区别于带有三个额外中子的同族原子的性质.

素数是基本构件的事实是研究其性质的充足理由. 当然,这并不表明那些性质是令人感兴趣的. 当学习语言时,研究如何搭配不规则动词是很重要的,但这并不能使它很吸引人. 幸运的是,人们对素数研究得越多就越对素数感兴趣,而发现的关系式就越优美且令人惊讶. 在这简短的一章,我们仅涉及大量值得注意的素数性质中的一小部分.

首先,我们列出前几个素数:

$$2,3,5,7,11,13,17,19,23,29,31,37,41,43,47,53,59,61,\cdots.$$

可从表中发现什么呢?首先可看出2是仅有的偶素数. 当然这是正确的. 如果$n$是大于2的偶数,则它可分解成$2 \cdot (n/2)$. 这使得素数集合中的2很不寻常,不是奇数,胜似奇数,所以人们戏称

"2是最奇的素数⊖!"

由素数表得到的更重要的观察是在表末尾出现的省略号(三个点),这意味着表不完整. 例如67与71是后面的两个素数. 然而,实际结果是表能否结束或者是否会无限地继续. 换句话说,存在无穷多个素数吗?答案是肯定的. 现在给出优美证明,它出现在2000多年前欧几里得的《几何原本》中.

**定理12.1(无穷多素数定理)** 存在无穷多个素数.

**欧几里得证明** 假设已列出素数(有限)表. 要说明如何找不在表中的新素数. 因为可以将这个新素数加入到表中,再重复这个过程,就表明必有无穷多个素数.

假设由素数表$p_1, p_2, \cdots, p_r$开始. 我们将它们乘起来再加1,给出数

---

⊖ 原子的这种论述有点简单化,但它是20世纪初发展起来的初始原子理论的相当精确的描述.

⊖ 自然地,我甚至不会考虑重复这种平淡无奇的笑话!注意这只是特定语言中的笑话(英语中的odd既可表示"奇数"又可表示"奇特"). 例如,在法语中它就不成为笑话,因为奇数的单词是impair,而奇人或奇事则用单词 *étrange* 或 *bizarre*.

$$A = p_1 p_2 \cdots p_r + 1.$$

如果 $A$ 本身是素数, 则证明已完成, 因为 $A$ 太大不在最初的表中. 但是即使 $A$ 不是素数, 也肯定会被某个素数整除, 因为每个数可表示成素数乘积. 设 $q$ 是某个整除 $A$ 的素数, 且设其为最小的那个. 可得 $q$ 不在最初的表中, 所以它是所期望的新素数.

为什么 $q$ 不在最初的表中呢? 我们知道 $q$ 整除 $A$, 所以

$$q \text{ 整除 } p_1 p_2 \cdots p_r + 1.$$

如果 $q$ 等于 $p_i$ 中的一个, 则它必整除 1, 而这是不可能的. 这意味着 $q$ 是新素数, 可添加到表中. 重复这个过程可创建素数表, 它与我们所要的一样长. 这表明必有无穷多个素数. □

欧几里得的证明很巧妙也很漂亮. 我们使用它们创建素数表来说明欧几里得证明的思想. 我们由单个素数 $\{2\}$ 构成的表开始. 按照欧几里得的思路计算 $A = 2 + 1 = 3$. 这个 $A$ 已经是素数, 所以将它加入表中. 于是得到两个素数 $\{2, 3\}$. 再次使用欧几里得方法计算 $A = 2 \cdot 3 + 1 = 7$, $A$ 是素数, 将它加入表中. 这给出三个素数 $\{2, 3, 7\}$. 重复这个过程给出 $A = 2 \cdot 3 \cdot 7 + 1 = 43$ 是另一个素数! 于是表中有四个素数 $\{2, 3, 7, 43\}$. 再次进行计算 $A = 2 \cdot 3 \cdot 7 \cdot 43 + 1 = 1807$. 这次 $A$ 不是素数, 它可分解成 $A = 13 \cdot 139$, 将 13 加入到表中得 $\{2, 3, 7, 42, 13\}$. 再一次, 我们计算 $A = 2 \cdot 3 \cdot 7 \cdot 43 \cdot 13 + 1 = 23\,479$. 这个 $A$ 可分解成 $53 \cdot 443$. 这给出表 $\{2, 3, 7, 43, 13, 53\}$, 我们在此停止. 但是, 原则上可继续此过程以得到任何指定长度的素数表.

我们现在知道素数表无终止地继续下去, 也观察到 2 是仅有的偶素数. 每个奇数模 4 余 1 或模 4 余 3, 所以我们会问哪些素数模 4 余 1, 哪些素数模 4 余 3. 这将 (奇) 素数分成两类, 正像周期表将元素分成有相同性质的类一样. 在下表中加框的素数模 4 余 1.

$$3, \boxed{5}, 7, 11, \boxed{13}, \boxed{17}, 19, 23, \boxed{29}, 31, \boxed{37}, \boxed{41}, 43, 47, \boxed{53},$$

$$59, \boxed{61}, 67, 71, \boxed{73}, 79, 83, \boxed{89}, \boxed{97}, \boxed{101}, \cdots.$$

尽管每一类确实有大量的素数, 但似乎没有任何明显模式. 下面是更长的列表:

| | |
|---|---|
| $p \equiv 1 \pmod 4$ | 5, 13, 17, 29, 37, 41, 53, 61, 73, 89, 97, 101, 109, 113, 137, 149, 157, 173, 181, 193, 197, $\cdots$ |
| $p \equiv 3 \pmod 4$ | 3, 7, 11, 19, 23, 31, 43, 47, 59, 67, 71, 79, 83, 103, 107, 127, 131, 139, 151, 163, 167, 179, $\cdots$ |

这个表中的每一行能最终停止吗? 或者, 每一类有无穷多个素数吗? 结果是每一行无限地继续. 我们使用变化的欧几里得证明说明存在无穷多个模 4 余 3 的素数. 在第 21 章将使用稍不同的方法处理模 4 余 1 的情况.

**定理 12.2 (模 4 余 3 的素数定理)** *存在无穷多个模 4 余 3 的素数.*

**证明** 假设已得到素数 (有限) 表, 它们都是模 4 余 3 的. 我们的目的是通过求新的模 4 余 3 的素数制作更长的表. 重复这个过程就给出任何所要长度的素数表, 由此证明

存在无穷多个模 4 余 3 的素数.

假设模 4 余 3 的素数的初始表是

$$3,p_1,p_2,\cdots,p_r.$$

考虑数

$$A = 4p_1p_2\cdots p_r + 3.$$

（注意乘积中不包括素数 3.）我们知道可将 $A$ 分解成素数乘积，譬如说

$$A = q_1q_2\cdots q_s.$$

我们断言素数 $q_1$，$q_2$，$\cdots$，$q_s$ 中至少有一个必是模 4 余 3. 这是证明中的关键步骤. 为什么成立呢？如果不成立，则 $q_1$，$q_2$，$\cdots$，$q_s$ 都是模 4 余 1，此时其乘积 $A$ 模 4 余 1. 但是由定义知 $A$ 显然模 4 余 3. 从而，$q_1$，$q_2$，$\cdots$，$q_s$ 中至少有一个必定模 4 余 3，即 $q_i \equiv$ 3（mod 4）.

第二个断言是 $q_i$ 不在最初的表中. 为什么不在呢？我们知道 $q_i$ 整除 $A$，而由 $A$ 的定义这是显然的，3，$q_1$，$q_2$，$\cdots$，$q_s$ 中没有一个整除 $A$. 因此 $q_i$ 不在我们最初的表中，所以将其加入表中并重复此过程. 照此方式可制作所要长度的素数表，这表明必有无穷多个模 4 余 3 的素数. □

可使用模 4 余 3 的素数定理的证明思想创建模 4 余 3 的素数表. 我们需要由包含至少一个这种素数的表开始，切记不允许 3 在表中. 我们由单个素数 $\{7\}$ 构成的表开始. 计算 $A = 4 \cdot 7 + 3 = 31$. 这个 $A$ 本身是素数，因此它是 3（mod 4）的新素数，将其加入到表中. 于是表是 $\{7, 31\}$，因此计算 $A = 4 \cdot 7 \cdot 31 + 3 = 871$. 这个 $A$ 不是素数，它可分解成 $A = 13 \cdot 67$. 定理的证明告诉我们至少有一个素因数模 4 余 3. 此时素数 67 模 4 余 3，因此将其加入表中. 下面取 $\{7, 31, 67\}$，计算 $A = 4 \cdot 7 \cdot 31 \cdot 67 + 3 = 58\,159$ 并将它分解成 $A = 19 \cdot 3061$. 这时第一个因数 19 模 4 余 3，因此表变成 $\{7, 31, 67, 19\}$. 再次重复这个过程. 因此

$$A = 4 \cdot 7 \cdot 31 \cdot 67 \cdot 19 + 3 = 1\,104\,967 = 179 \cdot 6173,$$

由此给出素数 179，将其加入表中得 $\{7, 31, 67, 19, 179\}$.

对模 4 余 1 的素数为什么不用相同思想进行呢？这并不是无聊的问题，理解论据限制与理解为什么论据有效几乎同样重要. 所以，假设创建模 4 余 1 的素数表. 如果由 $\{p_1, p_2, \cdots, p_r\}$ 开始，可计算 $A = 4p_1p_2\cdots p_r + 1$ 并分解它，设法求出是模 4 余 1 的新素数的素因数. 如果由 $\{5\}$ 开始会怎样呢？计算 $A = 4 \cdot 5 + 1 = 21 = 3 \cdot 7$，因数 3 与 7 都不是模 4 余 1 的数，所以会让我们停止. 问题是乘两个模 4 余 3 的数，如 3 与 7，以模 4 余 1 的数（比如 $A = 21$）结束. 一般地，我们不能使用 $A \equiv 1$（mod 4）的事实推出 $A$ 的素因数模 4 余 1，这就是为什么这种证明对模 4 余 1 的素数不适合.

没有特别理由仅考虑模 4 的同余式. 例如，每个数同余于 0，1，2，3，4（mod 5），除 5 本身外每个素数与 1，2，3，4 之一模 5 同余.（为什么？）我们可根据模 5 的同余类，将素数集合分成 4 类. 下面是每一类前几个素数的表：

| $p \equiv 1 \pmod 5$ | 11, 31, 41, 61, 71, 101, 131, 151, 181, 191, 211, 241 |
|---|---|
| $p \equiv 2 \pmod 5$ | 2, 7, 17, 37, 47, 67, 97, 107, 127, 137, 157, 167, 197 |
| $p \equiv 3 \pmod 5$ | 3, 13, 23, 43, 53, 73, 83, 103, 113, 163, 173, 193, 223 |
| $p \equiv 4 \pmod 5$ | 19, 29, 59, 79, 89, 109, 139, 149, 179, 199, 229, 239 |

每一类似乎有许多素数, 所以, 我们可猜测每一类包含无穷多个素数.

一般地, 如果固定模 $m$ 与数 $a$, 我们希望何时有无穷多个素数同余于 $a \pmod m$ 呢? 有一种情况不可能发生, 那就是 $a$ 与 $m$ 有公因数. 例如, 假设 $p$ 是素数且 $p \equiv 35 \pmod{77}$. 这意味着 $p = 35 + 77y = 7(5 + 11y)$, 所以仅有的可能性是 $p = 7$, 甚至 $p = 7$ 也不可行. 一般地, 如果 $p$ 是满足 $p \equiv a \pmod m$ 的素数, 则 $\gcd(a, m)$ 整除 $p$. 因而或者 $\gcd(a, m) = 1$ 或者 $\gcd(a, m) = p$, 这意味着对 $p$ 至多有一种可能性. 因此, 如果假设 $\gcd(a, m) = 1$, 实际上令人感兴趣的只是求关于同余于 $a \pmod m$ 的素数. 狄利克雷在1837年证明的一条著名定理说明, 在这个假设下总存在无穷多个素数模 $m$ 余 $a$.

**定理 12.3 (算术级数的素数狄利克雷定理)** [◦]   设 $a$ 与 $m$ 是整数, $\gcd(a, m) = 1$. 则存在无穷多个素数模 $m$ 余 $a$, 即存在无穷多个素数 $p$ 满足

$$p \equiv a \pmod m.$$

在本章前面我们证明了 $(a, m) = (3, 4)$ 的狄利克雷定理, 习题 12.2 要求读者证明 $(a, m) = (5, 6)$ 的狄利克雷定理. 在第 21 章我们证明 $(a, m) = (1, 4)$ 的狄利克雷定理. 不幸的是, 所有 $(a, m)$ 的狄利克雷定理的证明都相当复杂, 因而不在本书中给出. 证明使用了微积分中的高级方法, 事实上, 使用了复数微积分的方法!

## 习题

**12.1** 从单个素数 5 构成的列表开始, 使用欧几里得证明的有无穷多个素数的思想, 创建一个素数表直到考虑的数太大不易分解为止. (读者应该能够分解小于 1000 的任何数.)

**12.2** (a) 证明存在无穷多个模 6 余 5 的素数. (提示: 使用 $A = 6p_1 p_2 \cdots p_r + 5$.)

(b) 试用同样的思想 (用 $A = 5p_1 p_2 \cdots p_r + 4$) 证明存在无穷多个模 5 余 4 的素数. 为什么会出错呢?

特别地, 如果由 {19} 开始, 试制作更长的表, 会发生什么情况呢?

**12.3** 设 $p$ 是奇素数, 将

$$1 + \frac{1}{2} + \frac{1}{3} + \frac{1}{4} + \cdots + \frac{1}{p-1}$$

写成最简分数 $A_p / B_p$.

(a) 求 $A_p \pmod p$ 的值, 证明你的答案是正确的.

(b) 给出 $A_p \pmod{p^2}$ 值的猜想.

(c) 证明 (b) 中的猜想. (这是相当难的.)

---

[◦]  算术级数是有公差的数列 (即等差数列). 例如, 2, 7, 12, 17, 22, ⋯ 是公差为 5 的算术级数. 模 $m$ 余 $a$ 的数构成公差为 $m$ 的算术级数, 这就解释了狄利克雷定理的名称.

**12.4** 设 $m$ 是正整数，$a_1$，$a_2$，$\cdots$，$a_{\phi(m)}$ 是 1 与 $m$ 之间且与 $m$ 互素的整数，记

$$\frac{1}{a_1} + \frac{1}{a_2} + \frac{1}{a_3} + \cdots + \frac{1}{a_{\phi(m)}}$$

的最简分数为 $A_m/B_m$.

　(a)求 $A_m \pmod{m}$ 的值，证明你的答案是正确的.

　(b)计算几个 $A_m \pmod{m^2}$ 的值，试着寻找模式并证明那些模式在一般情况下成立. 特别地，何
　　　时有 $A_m \equiv 0 \pmod{m^2}$？

**12.5** 回顾一下数 $n$ 的阶乘 $n!$，它等于乘积

$$n! = 1 \cdot 2 \cdot 3 \cdots (n-1) \cdot n.$$

　(a)求整除每个数 $1!$，$2!$，$3!$，$\cdots$，$10!$ 的 2 的最高次幂.

　(b)用公式表示整除 $n!$ 的 2 的最高次幂的计算法则. 用该法则计算整除 $100!$ 与 $1000!$ 的 2 的
　　　最高次幂.

　(c)证明(b)中的法则是正确的.

　(d)重复(a)、(b)与(c)，求整除 $n!$ 的 3 的最高次幂.

　(e)试用公式表示整除 $n!$ 的素数 $p$ 的最高次幂的一般法则. 用该法则求整除 $1000!$ 的 7 的最高
　　　次幂和整除 $5000!$ 的 11 的最高次幂.

　(f)用(e)的法则或其他方法，证明如果 $p$ 是素数，$p^m$ 整除 $n!$，则 $m < n/(p-1)$. （这个不等式
　　　在高等数论的许多领域都很重要. ）

**12.6** (a)求满足 $p \equiv 1338 \pmod{1115}$ 的素数 $p$. 存在无穷多个这样的素数吗？

　　　(b)求满足 $p \equiv 1438 \pmod{1115}$ 的素数 $p$. 存在无穷多个这样的素数吗？

# 第13章 素数的计数

有多少个素数呢？我们已经给出了答案：存在无穷多个素数. 当然，也存在无穷多个合数. 哪个更多，是素数还是合数呢？尽管这两种数都有无穷多个，我们仍可使用计数函数比较它们.

首先，我们从一个能说明基本思想且比较容易的问题着手. 直觉告诉我们大约有一半的整数是偶数. 通过观察偶数计数函数

$$E(x) = \#\{偶数\ n : 1 \leqslant n \leqslant x\},$$

可将这种直觉建立在坚实的基础之上. 上述 $E(x)$ 计数不超过 $x$ 的正偶数个数. 例如，

$$E(3) = 1, \quad E(4) = 2, \quad E(5) = 2, \cdots, E(100) = 50, \quad E(101) = 50, \cdots.$$

为研究整数中偶数所占的比例，我们考察比率 $E(x)/x$：

$$\frac{E(3)}{3} = \frac{1}{3}, \quad \frac{E(4)}{4} = \frac{1}{2}, \quad \frac{E(5)}{5} = \frac{2}{5}, \cdots, \frac{E(100)}{100} = \frac{1}{2}, \frac{E(101)}{101} = \frac{50}{101}, \cdots.$$

比率 $E(x)/x$ 总是等于 1/2 肯定不成立，但是当 $x$ 很大时，$E(x)/x$ 接近于 1/2 是成立的. 如果了解一点微积分知识，你会意识到我们在设法说明

90

$$\lim_{x \to \infty} \frac{E(x)}{x} = \frac{1}{2} {}^{\ominus}.$$

这个陈述恰说明 $x$ 越来越大时 $E(x)/x$ 与 1/2 间的距离越来越接近于 0.

下面，我们对素数做相同的事情. 素数计数函数被称为 $\pi(x)$，其中 $\pi$ 是"prime"的缩写. （希腊字母 $\pi$ 的这种用法与数 3.141 59… 没有关系.）因此，

$$\pi(x) = \#\{素数\ p : p \leqslant x\}.$$

例如，$\pi(10) = 4$，这是因为小于 10 的素数是 2，3，5，7. 类似地，小于 60 的素数是

$$2,3,5,7,11,13,17,19,23,29,31,37,41,43,47,53,59,$$

所以，$\pi(60) = 17$. 下表给出了 $\pi(x)$ 与比率 $\pi(x)/x$ 的值.

| $x$ | 10 | 25 | 50 | 100 | 200 | 500 | 1000 | 5000 |
|---|---|---|---|---|---|---|---|---|
| $\pi(x)$ | 4 | 9 | 15 | 25 | 46 | 95 | 168 | 669 |
| $\pi(x)/x$ | 0.400 | 0.360 | 0.300 | 0.250 | 0.230 | 0.190 | 0.168 | 0.134 |

似乎 $x$ 越来越大时 $\pi(x)/x$ 越来越小. 假设这种模式继续下去，我们就有理由说"大多数整数不是素数". 这就进一步提出 $\pi(x)/x$ 以怎样的速度减小的问题. 下述著名结果给出了答案，它是 19 世纪数论取得的最高成就之一.

---

⊖ 这个数学表述读作"当 $x$ 趋于 $\infty$ 时，$E(x)/x$ 的极限等于 1/2."

**定理 13. 1(素数定理)**　当 $x$ 很大时，小于 $x$ 的素数个数近似等于 $x/\ln(x)$. 换句话说，

$$\lim_{x\to\infty}\frac{\pi(x)}{x/\ln(x)}=1.$$

$\ln(x)$ 是以 $e=2.718\,281\,8\cdots$⊖为底的 $x$ 的对数，称为 $x$ 的自然对数. 下面是比较 $\pi(x)$ 与 $x/\ln(x)$ 值的表：

91

| $x$ | 10 | 100 | 1000 | $10^4$ | $10^6$ | $10^9$ |
|---|---|---|---|---|---|---|
| $\pi(x)$ | 4 | 25 | 168 | 1229 | 78 498 | 50 847 534 |
| $x/\ln(x)$ | 4. 34 | 21. 71 | 144. 76 | 1085. 74 | 72 382. 41 | 48 254 942. 43 |
| $\pi(x)/(x/\ln(x))$ | 0. 921 | 1. 151 | 1. 161 | 1. 132 | 1. 084 | 1. 054 |

　　大约在 1800 年，通过检查类似的但比较短的表，高斯与勒让德独立地提出素数定理成立的猜想. 几乎过去一个世纪还没有人加以证明. 1896 年阿达马(Jacques Hadamard)与 Ch. de la vallée Poussin 各自努力证明了素数定理. 正如狄利克雷定理一样，证明要用复分析方法(即复变函数论). 在 1948 年埃德斯(Paul Erdös)与塞尔伯格(Atle Selberg)发现了素数定理的"初等"证明. 他们的证明是初等的仅指不需要复分析方法，并不意味着容易，因此不可能在此展示细节.

　　使人有点惊讶的是证明有关整数的定理，如狄利克雷定理与素数定理，数学家不得不使用微积分作为工具. 被称为解析数论的数学分支专用微积分方法证明数论定理.

　　有许多著名的涉及素数的未解决问题，我们在此叙述三个这样的问题及其简史来结束本章.

**猜想 13. 2(哥德巴赫猜想)**　每个偶数 $n\geqslant 4$ 可表成两个素数之和.

　　哥德巴赫在 1742 年 6 月 7 日给欧拉的一封信中提出这个猜想. 不难验证哥德巴赫猜想对前几个偶数成立. 例如，

$$4=2+2,\quad 6=3+3,\quad 8=3+5,\quad 10=3+7,\quad 12=5+7,$$
$$14=3+11,\quad 16=3+13,\quad 18=5+13,\quad 20=7+13,\cdots.$$

这就对直到 20 的偶数验证了哥德巴赫猜想. 使用计算机人们已对 $2\cdot 10^{10}$ 以下的偶数验证了哥德巴赫猜想. 数学家甚至能够证明与哥德巴赫猜想相似的结论. 这是支持哥德巴赫猜想的有力证据. 1937 年，维诺格拉朵夫(I. M. Vinogradov)证明了每个(充分大的)奇数 $n$ 可表成三个素数之和. 1966 年，陈景润证明了每个(充分大的)偶数可表成 $p+a$ 的形式，其中 $p$ 是素数，$a$ 是素数或两个素数的乘积.

92

**猜想 13. 3(孪生素数猜想)**　存在无穷多个素数 $p$ 使得 $p+2$ 也是素数.

----

　⊖　如果你不熟悉自然对数，可认为 $\ln(x)$ 近似等于 $2.302\,59\log(x)$，其中 $\log(x)$ 是以 10 为底的常用对数. 自然对数在数学与科学中是非常重要的，大多数科学计算器都有特殊按钮计算它. 自然对数"自然"出现在诸如人口增长、利息支付、放射性材料的衰减等涉及复合增长的问题中. 这种广泛应用的函数也出现在素数计数这样的纯数学问题中，这是一个奇妙的事实.

素数很不规则,相邻两个素数间常常会有很大的间隙. 例如,素数 370 261 之后紧接着 111 个合数. 换句话说,似乎有相当多的场合使素数 $p$ 紧随另一个素数 $p+2$. (当然 $p+1$ 不是素数,因为它是偶数.)这些数对被称为孪生素数,孪生素数猜想说明孪生素数表没有结束. 前几个孪生素数是

$(3,5)$,   $(5,7)$,   $(11,13)$,   $(17,19)$,   $(29,31)$,   $(41,43)$,   $(59,61)$,   $(71,73)$,
$(101,103)$   $(107,109)$,   $(137,139)$,   $(149,151)$,   $(179,181)$,   $(191,193)$,
$(197,199)$,   $(227,229)$,   $(239,241)$,   $(269,271)$,   $(281,283)$,   $(311,313)$.

如哥德巴赫猜想那样,人们使用计算机查找大的孪生素数,其中包括由像

$$242\ 206\ 083 \cdot 2^{38\ 880} - 1 \quad 与 \quad 242\ 206\ 083 \cdot 2^{38\ 880} + 1$$

组成的巨大孪生素数对. 作为支持猜想成立的进一步证据,陈景润于 1966 年证明存在无穷多个素数 $p$ 使得 $p+2$ 是素数或两个素数的乘积. ⊖

**猜想 13.4( $N^2+1$ 猜想)** 存在无穷多个形如 $N^2+1$ 的素数.

如果 $N$ 是奇数,则 $N^2+1$ 是偶数,所以它不可能是素数(除非 $N=1$). 然而,如果 $N$ 是偶数,则 $N^2+1$ 似乎经常是素数. $N^2+1$ 猜想说明这种情况无穷次发生. 前几个这种形式的素数是

$$2^2+1=5, \quad 4^2+1=17, \quad 6^2+1=37, \quad 10^2+1=101,$$
$$14^2+1=197, \quad 16^2+1=257, \quad 20^2+1=401, \quad 24^2+1=577,$$
$$26^2+1=677, \quad 36^2+1=1297, \quad 40^2+1=1601.$$

目前已知的最好结果由 Hendrik Iwaniec 于 1978 年证明. 他证明存在无穷多个 $N$ 使得 $N^2+1$ 是素数或两个素数的乘积.

尽管没有人知道是否存在无穷多个孪生素数或无穷多个形如 $N^2+1$ 的素数,但是,数学家猜测它们的计数函数很相像. 设

$$T(x) = \#\{使得 \ p+2 \ 也是素数的素数 \ p \leqslant x\},$$
$$S(x) = \#\{使得 \ p \ 的形式为 \ N^2+1 \ 的素数 \ p \leqslant x\}.$$

人们猜测

$$\lim_{x \to \infty} \frac{T(x)}{x/(\ln x)^2} = C \quad 与 \quad \lim_{x \to \infty} \frac{S(x)}{\sqrt{x}/\ln x} = C'.$$

要确切叙述数 $C$ 与 $C'$ 有点复杂. 例如,$C$ 近似等于 0.660 16.

## 习题

**13.1** (a)用计数函数 $F(x) = \#\{$正整数 $n \leqslant x : n \equiv 2 \pmod 5\}$ 解释为什么陈述"五分之一的整数是模 5 余 2"有意义.

(b)用计数函数 $S(x) = \#\{$小于 $x$ 的平方数$\}$ 解释为什么陈述"大多数整数不是平方数"有意义.

---

⊖ 2013 年张益唐在孪生素数猜想上取得重大突破,他证明了有无穷多对相邻素数使其差不超过 7000 万. 使用 J. Maynard 的新方法,上界 7000 万已被 P. Nielsen 降到 246. ——译者注

求 $x$ 的简单函数, 使得当 $x$ 很大时它近似等于 $S(x)$.

**13.2** (a) 验证 70 与 100 之间的每个偶数可表成两个素数之和.

(b) 有多少种不同方法可将 70 表成两个素数之和 $70 = p + q (p \leq q)$ 呢? 对于 90 的相同问题呢? 对于 98 的相同问题呢?

**13.3** 数 $n!$ ($n$ 的阶乘)是 1 到 $n$ 的所有整数的乘积. 例如, $4! = 1 \cdot 2 \cdot 3 \cdot 4 = 24$, $7! = 1 \cdot 2 \cdot 3 \cdot 4 \cdot 5 \cdot 6 \cdot 7 = 5040$. 如果 $n \geq 2$, 证明所有整数

$$n! + 2, \quad n! + 3, \quad n! + 4, \cdots, n! + (n-1), n! + n$$

都是合数.

**13.4** (a) 你认为存在无穷多个形如 $N^2 + 2$ 的素数吗?

(b) 你认为存在无穷多个形如 $N^2 - 2$ 的素数吗?

(c) 你认为存在无穷多个形如 $N^2 + 3N + 2$ 的素数吗?

(d) 你认为存在无穷多个形如 $N^2 + 2N + 2$ 的素数吗? 94

**13.5** 素数定理说明小于 $x$ 的素数个数近似等于 $x/\ln(x)$. 这道习题要求解释为什么某些陈述看起来是合理的. 不必写下正规的数学证明, 而是用尽可能令人信服的语言加以解释, 为什么素数定理使得下述每个陈述合情合理.

(a) 如果随机地取一个 1 与 $x$ 之间的整数, 则取到素数的概率大约是 $1/\ln(x)$.

(b) 如果随机地取 1 与 $x$ 之间的两个整数, 则取到两个数都是素数的概率大约是 $1/(\ln x)^2$.

(c) 1 与 $x$ 之间的孪生素数的个数近似等于 $x/(\ln x)^2$. (注意, 这解释了关于孪生素数计数函数 $T(x)$ 所猜测的极限公式.)

**13.6** (这道习题适用于具备微积分知识的读者.) 素数定理说明当 $x$ 很大时, 素数计数函数 $\pi(x)$ 近似等于 $x/\ln x$. 结果表明 $\pi(x)$ 更接近于定积分 $\int_2^x \mathrm{d}t/\ln(t)$.

(a) 证明

$$\lim_{x \to \infty} \left( \int_2^x \frac{\mathrm{d}t}{\ln(t)} \right) \Big/ \left( \frac{x}{\ln(x)} \right) = 1.$$

这意味着当 $x$ 很大时, $\int_2^x \mathrm{d}t/\ln(t)$ 与 $x/\ln x$ 近似相等. (提示: 利用洛必达法则和微积分第二基本定理.)

(b) 可以证明

$$\int \frac{\mathrm{d}t}{\ln(t)} = \ln(\ln(t)) + \ln(t) + \frac{(\ln(t))^2}{2 \cdot 2!} + \frac{(\ln(t))^3}{3 \cdot 3!} + \frac{(\ln(t))^4}{4 \cdot 4!} + \cdots.$$

利用这个级数计算 $\int_2^x \mathrm{d}t/\ln(t)$ 在 $x = 10, 100, 1000, 10^4, 10^6, 10^9$ 时的数值. 比较所得到的 $\pi(x)$ 的值与第 13 章的表给出的 $x/\ln(x)$ 的值. 哪一个更接近 $\pi(x)$, 是积分 $\int_2^x \mathrm{d}t/\ln(t)$ 还是函数 $x/\ln(x)$ 呢? (解答该问题可以使用便携式计算器, 但你也许更喜欢使用计算机或可编程计算器.)

(c) 对 (b) 中的级数求微分, 证明导数实际上等于 $1/\ln(t)$. (提示: 利用 $e^x$ 的级数.) 95

# 第14章 梅森素数

本章我们研究形如 $a^n - 1 (n \geq 2)$ 的素数. 例如, 31 就是这样的素数, 因为 $31 = 2^5 - 1$. 第一步观察某些数据.

| | | | |
|---|---|---|---|
| $2^2 - 1 = 3$ | $2^3 - 1 = 7$ | $2^4 - 1 = 3 \cdot 5$ | $2^5 - 1 = 31$ |
| $3^2 - 1 = 2^3$ | $3^3 - 1 = 2 \cdot 13$ | $3^4 - 1 = 2^4 \cdot 5$ | $3^5 - 1 = 2 \cdot 11^2$ |
| $4^2 - 1 = 3 \cdot 5$ | $4^3 - 1 = 3^2 \cdot 7$ | $4^4 - 1 = 3 \cdot 5 \cdot 17$ | $4^5 - 1 = 3 \cdot 11 \cdot 31$ |
| $5^2 - 1 = 2^3 \cdot 3$ | $5^3 - 1 = 2^2 \cdot 31$ | $5^4 - 1 = 2^4 \cdot 3 \cdot 13$ | $5^5 - 1 = 2^2 \cdot 11 \cdot 71$ |
| $6^2 - 1 = 5 \cdot 7$ | $6^3 - 1 = 5 \cdot 43$ | $6^4 - 1 = 5 \cdot 7 \cdot 37$ | $6^5 - 1 = 5^2 \cdot 311$ |
| $7^2 - 1 = 2^4 \cdot 3$ | $7^3 - 1 = 2 \cdot 3^2 \cdot 19$ | $7^4 - 1 = 2^5 \cdot 3 \cdot 5^2$ | $7^5 - 1 = 2 \cdot 3 \cdot 2801$ |
| $8^2 - 1 = 3^2 \cdot 7$ | $8^3 - 1 = 7 \cdot 73$ | $8^4 - 1 = 3^2 \cdot 5 \cdot 7 \cdot 13$ | $8^5 - 1 = 7 \cdot 31 \cdot 151$ |

容易观察到 $a$ 是奇数时 $a^n - 1$ 是偶数, 从而不可能是素数. 由表格可以看出 $a^n - 1$ 总是被 $a - 1$ 整除. 这的确成立. 使用几何级数求和公式

$$x^n - 1 = (x - 1)(x^{n-1} + x^{n-2} + \cdots + x^2 + x + 1) \qquad \text{(几何级数)}$$

可证明这是正确的.

要验证这个几何级数公式, 我们展开右边的乘积. 于是

$$(x - 1)(x^{n-1} + x^{n-2} + \cdots + x^2 + x + 1)$$
$$= x \cdot (x^{n-1} + x^{n-2} + \cdots + x^2 + x + 1) - 1 \cdot (x^{n-1} + x^{n-2} + \cdots + x^2 + x + 1)$$
$$= (x^n + x^{n-1} + \cdots + x^3 + x^2 + x) - (x^{n-1} + x^{n-2} + \cdots + x^2 + x + 1)$$
$$= x^n - 1,$$

因为所有其他项被消去.

使用 $x = a$ 的几何级数公式立得 $a^n - 1$ 总是被 $a - 1$ 整除. 所以 $a^n - 1$ 是合数, 除非 $a - 1 = 1$, 即除非 $a = 2$.

然而, 即使 $a = 2$, 数 $2^n - 1$ 也常常是合数. 我们再观察一些数据:

| $n$ | 2 | 3 | 4 | 5 | 6 | 7 | 8 | 9 | 10 |
|---|---|---|---|---|---|---|---|---|---|
| $2^n - 1$ | 3 | 7 | $3 \cdot 5$ | 31 | $3^2 \cdot 7$ | 127 | $3 \cdot 5 \cdot 17$ | $7 \cdot 73$ | $3 \cdot 11 \cdot 31$ |

这个短表蕴涵下述事实:

当 $n$ 是偶数时, $2^n - 1$ 被 $3 = 2^2 - 1$ 整除.

当 $n$ 被 3 整除时, $2^n - 1$ 被 $7 = 2^3 - 1$ 整除.

当 $n$ 被 5 整除时, $2^n - 1$ 被 $31 = 2^5 - 1$ 整除.

所以我们猜测如果 $n$ 被 $m$ 整除, 则 $2^n - 1$ 被 $2^m - 1$ 整除.

如果已做出这种观察, 则容易证明它是成立的. 所以, 假设 $n$ 分解成 $n = mk$, 则 $2^n = 2^{mk} = (2^m)^k$. 使用 $x = 2^m$ 的几何级数公式得

$$2^n - 1 = (2^m)^k - 1 = (2^m - 1)((2^m)^{k-1} + (2^m)^{k-2} + \cdots + (2^m)^2 + (2^m) + 1).$$

这证明了如果 $n$ 是合数，则 $2^n - 1$ 是合数. 我们已证明下述事实.

**命题 14.1** 如果对整数 $a \geq 2$ 与 $n \geq 2$，$a^n - 1$ 是素数，则 $a$ 必等于 2 且 $n$ 一定是素数.

这表明如果对形如 $a^n - 1$ 的素数感兴趣的话，我们就仅需考虑 $a = 2$ 与 $n$ 是素数的情形. 形如 $2^p - 1$ 的素数叫做梅森素数. 前几个梅森素数是

$$2^2 - 1 = 3, \quad 2^3 - 1 = 7, \quad 2^5 - 1 = 31, \quad 2^7 - 1 = 127, \quad 2^{13} - 1 = 8191.$$

当然，并非每个形如 $2^p - 1$ 的数都是素数. 例如

$$2^{11} - 1 = 2047 = 23 \cdot 89, \quad 2^{29} - 1 = 536\,870\,911 = 233 \cdot 1103 \cdot 2089.$$

梅森素数以神父梅森(Marin Mersenne，1588—1648)命名，他在 1644 年断言

$$p = 2,3,5,7,13,17,19,31,67,127,257$$

时 $2^p - 1$ 是素数，且这些是使得 $2^p - 1$ 为素数的仅有的小于 258 的素数. 不知道梅森是如何发现这些"事实"的，因为结果表明他的列表不完全正确. 使得 $2^p - 1$ 是素数的小于 10 000 的素数 $p$ 的完全列表为$^{\ominus}$

$$p = 2,3,5,7,13,17,19,31,61,89,107,127,521,607,1279,2203,2281,$$
$$3217,4253,4423,9689,9941.$$

大数的素性检测是一个非平凡问题. 的确，直到 1876 年卢卡斯(E. Lucas)才证明了 $2^{127} - 1$ 是素数. 卢卡斯的具有 39 位数字的素数保持最大已知素数的记录一直到 20 世纪 50 年代才被打破. 这时，由于电子计算机的问世，具有数百位数字的大数的素性检测成为可能. 表 14.1 列出了近些年来使用计算机发现的梅森素数以及其发现者的姓名. 最大已知素数的位数超过 1200 万.

表 14.1  已知 $2^p - 1$ 是素数的素数 $p \geq 500$

| $p$ | 发现者 | 时间 |
| --- | --- | --- |
| 521，607，1279，2203，2281 | Robinson | 1952 |
| 3217 | Riesel | 1957 |
| 4253，4423 | Hurwitz | 1961 |
| 9689，9941，11 213 | Gillies | 1963 |
| 19 937 | Tuckerman | 1971 |
| 21 707 | Noll，Nickel | 1978 |
| 23 209 | Noll | 1979 |
| 44 497 | Noll，Slowinski | 1979 |
| 86 243 | Slowinski | 1982 |
| 110 503 | Colquitt，Welsch | 1988 |
| 132 049 | Slowinski | 1983 |
| 216 091 | Slowinski | 1985 |
| 756 839 | Slowinski，Gage | 1992 |
| 859 433 | Slowinski，Gage | 1994 |
| 1 257 787 | Slowinski，Gage | 1996 |
| 1 398 269 | Armengaud | 1996 |

---

$\ominus$  注意梅森实际上犯了 5 个错误，他丢掉了三个(61，89，107)，搞错了两个(67，257).

（续）

| $p$ | 发现者 | 时间 |
|---|---|---|
| 2 976 221 | Spence | 1997 |
| 3 021 377 | Clarkson | 1998 |
| 6 972 593 | Hajratwala | 1999 |
| 13 466 917 | Cameron | 2001 |
| 20 996 011 | Shafer | 2003 |
| 24 036 583 | Findley | 2004 |
| 25 964 951 | Nowak | 2005 |
| 30 402 457 | Boone，Cooper | 2005 |
| 32 582 657 | Boone，Cooper | 2006 |
| 37 156 667 | Elvenich | 2008 |
| 42 643 801 | Strindmo | 2009 |
| 43 112 609 | Smith | 2008 |

表 14.1 中最后的梅森素数<sup>⊖</sup>是使用 Woltman 的"大型因特网梅森素数搜索"（GIMPS）的部分专用软件发现的. 读者也可以从 GIMPS 网址

www. mersenne. org/prime. htm

下载软件加入寻求打破素数世界纪录<sup>⊖</sup>的搜索中来. 关于梅森素数的历史与话题可参看

www. utm. edu/research/primes/mersenne. shtml

当然，尽管查看世界上已知的最大素数表比较有意思，但发现更多的梅森素数没有太大的数学意义，数学上更令人感兴趣的是下述问题，其答案尚未知晓.

**问题 14. 2** 存在无穷多个梅森素数吗？

## 习题

**14. 1** 如果对某个整数 $a \geqslant 2$ 与 $n \geqslant 1$，$a^n + 1$ 是素数，证明 $n$ 一定是 2 的幂次.

**14. 2** 设 $F_k = 2^{2^k} + 1$. 例如 $F_1 = 5$，$F_2 = 17$，$F_3 = 257$，$F_4 = 65\,537$. 费马认为所有 $F_k$ 可能是素数. 但是，欧拉于 1732 年证明 $F_5$ 可分解成 $641 \cdot 6\,700\,417$，1880 年 Landry 证明 $F_6$ 是合数. 形如 $F_k$ 的素数被称为费马素数. 证明如果 $k \neq m$，则数 $F_k$ 与 $F_m$ 没有公因数，即证明 $\gcd(F_k, F_m) = 1$.（提示：如果 $k > m$，证明 $F_m$ 整除 $F_k - 2$.）

**14. 3** 数 $3^n - 1$ 不是素数（如果 $n \geqslant 2$），这是因为它们总是偶数. 然而，有时出现 $(3^n - 1)/2$ 是素数的情况. 例如，$(3^3 - 1)/2 = 13$ 是素数.

(a) 求形如 $(3^n - 1)/2$ 的另一个素数.

(b) 如果 $n$ 是偶数，证明 $(3^n - 1)/2$ 总被 4 整除，从而不可能是素数.

(c) 用类似方法证明：如果 $n$ 是 5 的倍数，则 $(3^n - 1)/2$ 不是素数.

(d) 你认为存在无穷多个形如 $(3^n - 1)/2$ 的素数吗？

98
∼
99

100

---

# 第15章 梅森素数与完全数

古希腊人注意到数6有惊人的性质. 如果取6的真因数, 即除6本身外的因数, 将它们加起来就回到数6. 因此, 6的真因数是1, 2, 3, 相加这些因数就得到

$$1 + 2 + 3 = 6.$$

呈现这种特性的数很稀少, 观察一些例子就可看到:

| $n$ | $n$ 的真因数之和 | |
|---|---|---|
| 6 | $1+2+3=6$ | 和正好相等(完全数!) |
| 10 | $1+2+5=8$ | 和太小 |
| 12 | $1+2+3+4+6=16$ | 和太大 |
| 15 | $1+3+5=9$ | 和太小 |
| 20 | $1+2+4+5+10=22$ | 和太大 |
| 28 | $1+2+4+7+14=28$ | 和正好相等(完全数!) |
| 45 | $1+3+5+9+15=33$ | 和太小 |

希腊人称这些特殊数为完全数, 即完全数是等于其真因数之和的数. 到目前为止, 我们已发现两个完全数6与28. 还有其他的吗?

希腊人知道求某些完全数的方法, 非常有趣的是他们的方法与我们前一章研究的梅森素数密切相关. 下述论断是欧几里得《几何原本》第9卷的命题36.

**定理15.1(欧几里得完全数公式)** 如果 $2^p - 1$ 是素数, 则 $2^{p-1}(2^p - 1)$ 是完全数.

前两个梅森素数是 $3 = 2^2 - 1$ 与 $7 = 2^3 - 1$. 将欧几里得完全数公式应用到这两个梅森素数就得到已知的两个完全数

$$2^{2-1}(2^2 - 1) = 6 \quad 与 \quad 2^{3-1}(2^3 - 1) = 28.$$

下一个梅森素数是 $2^5 - 1 = 31$, 欧几里得公式给出新的完全数

$$2^{5-1}(2^5 - 1) = 496.$$

要验证496是完全数, 我们将它的真因数相加. 分解 $496 = 2^4 \cdot 31$ 得到496的真因数是

$$1, 2, 2^2, 2^3, 2^4 \quad 与 \quad 31, 2 \cdot 31, 2^2 \cdot 31, 2^3 \cdot 31.$$

我们可把这些数相加, 但为了说明一般方法, 分两步求和. 首先

$$1 + 2 + 2^2 + 2^3 + 2^4 = 31.$$

其次,

$$31 + 2 \cdot 31 + 2^2 \cdot 31 + 2^3 \cdot 31 = 31(1 + 2 + 2^2 + 2^3) = 31 \cdot 15.$$

现在相加这两个数得 $31 + 31 \cdot 15 = 31 \cdot 16 = 496$, 所以496确实是完全数.

使用相同的思路可容易地验证欧几里得完全数公式在一般情况下成立. 设 $q = 2^p - 1$, 我们需要验证 $2^{p-1}q$ 是完全数. $2^{p-1}q$ 的真因数是

$$1, 2, 4, \cdots, 2^{p-1} \quad 与 \quad q, 2q, 4q, \cdots, 2^{p-2}q.$$

使用前一章的几何级数公式将这些数相加. 几何级数公式(稍作重排)说明

$$1 + x + x^2 + \cdots + x^{n-1} = \frac{x^n - 1}{x - 1}.$$

令 $x = 2$，$n = p$ 得

$$1 + 2 + 4 + \cdots + 2^{p-1} = \frac{2^p - 1}{2 - 1} = 2^p - 1 = q.$$

可用 $x = 2$，$n = p - 1$ 的公式计算

$$q + 2q + 2^2 q + \cdots + 2^{p-2} q = q(1 + 2 + 2^2 + \cdots + 2^{p-2}) = q\left(\frac{2^{p-1} - 1}{2 - 1}\right) = q(2^{p-1} - 1).$$

如果将 $2^{p-1} q$ 的所有真因数相加，可得

$$1 + 2 + 4 + \cdots + 2^{p-1} + q + 2q + 2^2 q + \cdots + 2^{p-2} q = q + q(2^{p-1} - 1) = 2^{p-1} q.$$

这就证明了 $2^{p-1} q$ 是完全数.

我们可用欧几里得完全数公式得到更多的完全数. 事实上，求得一个梅森素数就得到一个完全数. 以这种方法所得的前几个完全数列在下表. 正如我们看到的，这些数增加得相当快.

| $p$ | 2 | 3 | 5 | 7 | 13 | 17 |
|---|---|---|---|---|---|---|
| $2^{p-1}(2^p - 1)$ | 6 | 28 | 496 | 8128 | 33 550 336 | 8 589 869 056 |

我们也可以列出大得惊人的完全数. 例如

$$2^{756\,838}(2^{756\,839} - 1) \quad \text{与} \quad 2^{859\,432}(2^{859\,433} - 1)$$

是完全数. 后者超过 50 万位！

在这一点上，自然要问的问题是欧几里得完全数公式是否表示了所有完全数. 换句话说，每个完全数是 $2^{p-1}(2^p - 1)$ 形式（$2^p - 1$ 是素数）吗？或者，存在其他完全数吗？在欧几里得去世近 2000 年后，欧拉证明欧几里得公式至少给出所有偶完全数.

**定理 15.2（欧拉完全数定理）** 如果 $n$ 是偶完全数，则 $n$ 形如

$$n = 2^{p-1}(2^p - 1),$$

其中 $2^p - 1$ 是梅森素数.

我们将在本章末尾证明欧拉定理，但首先需要讨论证明所需的函数. 这个函数用希腊字母 $\sigma$ 表示，即

$$\sigma(n) = n \text{ 的所有因数之和（包括 1 与 } n\text{）}.$$

下面是一些例子：

$$\sigma(6) = 1 + 2 + 3 + 6 = 12$$
$$\sigma(8) = 1 + 2 + 4 + 8 = 15$$
$$\sigma(18) = 1 + 2 + 3 + 6 + 9 + 18 = 39.$$

我们也可以给出一般公式. 例如，如果 $p$ 是素数，则其因数仅是 1 与 $p$，因此 $\sigma(p) = p + 1$. 更一般地，素数幂 $p^k$ 的因数是 $1, p, p^2, \cdots, p^k$，所以

$$\sigma(p^k) = 1 + p + p^2 + \cdots + p^k = \frac{p^{k+1} - 1}{p - 1}.$$

为进一步研究 $\sigma$ 函数，我们制作其值的短表.

| | | | | |
|---|---|---|---|---|
| $\sigma(1)=1$ | $\sigma(2)=3$ | $\sigma(3)=4$ | $\sigma(4)=7$ | $\sigma(5)=6$ |
| $\sigma(6)=12$ | $\sigma(7)=8$ | $\sigma(8)=15$ | $\sigma(9)=13$ | $\sigma(10)=18$ |
| $\sigma(11)=12$ | $\sigma(12)=28$ | $\sigma(13)=14$ | $\sigma(14)=24$ | $\sigma(15)=24$ |
| $\sigma(16)=31$ | $\sigma(17)=18$ | $\sigma(18)=39$ | $\sigma(19)=20$ | $\sigma(20)=42$ |
| $\sigma(21)=32$ | $\sigma(22)=36$ | $\sigma(23)=24$ | $\sigma(24)=60$ | $\sigma(25)=31$ |
| $\sigma(26)=42$ | $\sigma(27)=40$ | $\sigma(28)=56$ | $\sigma(29)=30$ | $\sigma(30)=72$ |
| $\sigma(31)=32$ | $\sigma(32)=63$ | $\sigma(33)=48$ | $\sigma(34)=54$ | $\sigma(35)=48$ |
| $\sigma(36)=91$ | $\sigma(37)=38$ | $\sigma(38)=60$ | $\sigma(39)=56$ | $\sigma(40)=90$ |
| $\sigma(41)=42$ | $\sigma(42)=96$ | $\sigma(43)=44$ | $\sigma(44)=84$ | $\sigma(45)=78$ |
| $\sigma(46)=72$ | $\sigma(47)=48$ | $\sigma(48)=124$ | $\sigma(49)=57$ | $\sigma(50)=93$ |
| $\sigma(51)=72$ | $\sigma(52)=98$ | $\sigma(53)=54$ | $\sigma(54)=120$ | $\sigma(55)=72$ |
| $\sigma(56)=120$ | $\sigma(57)=80$ | $\sigma(58)=90$ | $\sigma(59)=60$ | $\sigma(60)=168$ |
| $\sigma(61)=62$ | $\sigma(62)=96$ | $\sigma(63)=104$ | $\sigma(64)=127$ | $\sigma(65)=84$ |

检查本表会发现 $\sigma(mn)$ 常常等于乘积 $\sigma(m)\sigma(n)$，经过进一步分析后，我们注意到当 $m$ 与 $n$ 互素时，这似乎成立. 因此，$\sigma$ 函数似乎服从第 11 章研究的 $\phi$ 函数的同样的乘法公式. 我们一起叙述这个法则与 $\sigma(p^k)$ 的公式.

**定理 15.3($\sigma$ 函数公式)** （a）如果 $p$ 是素数，$k \geqslant 1$，则

$$\sigma(p^k) = 1 + p + p^2 + \cdots + p^k = \frac{p^{k+1}-1}{p-1}.$$

（b）如果 $\gcd(m, n) = 1$，则

$$\sigma(mn) = \sigma(m)\sigma(n).$$

104

正如 $\phi$ 函数一样，我们可使用 $\sigma$ 函数公式容易地计算大数值 $n$ 的 $\sigma(n)$ 值. 例如

$$\sigma(16\,072) = \sigma(2^3 \cdot 7^2 \cdot 41) = \sigma(2^3) \cdot \sigma(7^2) \cdot \sigma(41)$$

$$= (1 + 2 + 2^2 + 2^3)(1 + 7 + 7^2)(1 + 41) = 15 \cdot 57 \cdot 42 = 35\,910,$$

$$\sigma(800\,000) = \sigma(2^8 \cdot 5^5) = \left(\frac{2^9 - 1}{2 - 1}\right)\left(\frac{5^6 - 1}{5 - 1}\right)$$

$$= 511 \cdot \frac{15\,624}{4} = 1\,995\,966.$$

此时，你可能期望我说明如何证明 $\sigma$ 函数的乘积公式. 但是我不会这样做! 现在你已在数论中取得足够进步，是你像数学家[○]那样开始行动的时候了. 所以，我要求你对互素的整数 $m$ 与 $n$，证明公式 $\sigma(mn) = \sigma(m)\sigma(n)$. 如果你最初没有成功，别泄气，也别放弃. 我给你的建议是，当你设法给出一般证明之前，尝试发现公式成立的原因. 例

---

[○] 一旦你决定接受，你的任务就是证明 $\sigma$ 函数的乘法公式. 如果你停止努力的话，我们将不得不否认你的实际能力. 祝你好运!

如，首先观察是两个素数乘积的数，比如 $21 = 3 \cdot 7$ 与 $65 = 5 \cdot 13$，列出它们的因数. 这能使你证明当 $p$ 与 $q$ 是不同素数时，$\sigma(pq) = \sigma(p)\sigma(q)$. 然后尝试有两个或三个因数的 $m$ 与 $n$，设法观察 $m$ 与 $n$ 的因数怎样搭配以得到 $mn$ 的因数. 如果你能够准确叙述这些，则应该能证明 $\sigma(mn) = \sigma(m)\sigma(n)$，切记需要使用 $m$ 与 $n$ 互素的事实.

$\sigma$ 函数与完全数如何联系呢？如果 $n$ 的因数（除 $n$ 自身外）之和等于 $n$，则数 $n$ 是完全数. 函数 $\sigma(n)$ 是 $n$ 的因数（包括 $n$）之和，所以有个"额外的" $n$. 因此，当 $\sigma(n) = 2n$ 时，$n$ 恰好是完全数.

105 下面证明偶完全数的欧拉公式，为了方便，我们将定理重述于此.

**定理 15.4（欧拉完全数定理）** 如果 $n$ 是偶完全数，则 $n$ 形如
$$n = 2^{p-1}(2^p - 1),$$
其中 $2^p - 1$ 是梅森素数.

**证明** 假设 $n$ 是偶完全数. $n$ 是偶数说明可将它分解成
$$n = 2^k m, \quad k \geq 1 \text{ 且 } m \text{ 是奇数}.$$
下面用 $\sigma$ 函数公式计算 $\sigma(n)$：

$$
\begin{aligned}
\sigma(n) &= \sigma(2^k m) && \text{因为 } n = 2^k m, \\
&= \sigma(2^k)\sigma(m) && \text{使用 } \sigma \text{ 的乘法公式与事实 } \gcd(2^k, m) = 1, \\
&= (2^{k+1} - 1)\sigma(m) && \text{使用 } p = 2 \text{ 时 } \sigma(p^k) \text{ 的公式}.
\end{aligned}
$$

但由假设 $n$ 是完全数，这意味着 $\sigma(n) = 2n = 2^{k+1} m$. 所以得到 $\sigma(n)$ 的两种不同表示，且它们必相等：
$$2^{k+1} m = (2^{k+1} - 1)\sigma(m).$$

显然 $2^{k+1} - 1$ 是奇数，且 $(2^{k+1} - 1)\sigma(m)$ 是 $2^{k+1}$ 的倍数，所以 $2^{k+1}$ 必整除 $\sigma(m)$. 换句话说，存在整数 $c$ 使得 $\sigma(m) = 2^{k+1} c$. 将其代入前面的等式得
$$2^{k+1} m = (2^{k+1} - 1)\sigma(m) = (2^{k+1} - 1)2^{k+1} c,$$
从两边消去 $2^{k+1}$ 得 $m = (2^{k+1} - 1)c$. 概括地说，我们已证明存在整数 $c$ 使得
$$m = (2^{k+1} - 1)c \quad \text{且} \quad \sigma(m) = 2^{k+1} c.$$

接下来通过假设 $c > 1$ 并推出错误结论来证明 $c = 1$.（这种方法称作"反证法"）假设 $c > 1$，则 $m = (2^{k+1} - 1)c$ 被不同的数 $1$，$c$，$m$ 整除.（注意：数 $n$ 是偶数的事实说明 $k \geq 1$，所以 $c$ 与 $m$ 不同.）当然，$m$ 也可能被其他数整除，不论何种情况，可求得
106
$$\sigma(m) \geq 1 + c + m = 1 + c + (2^{k+1} - 1)c = 1 + 2^{k+1} c.$$
然而，我们还知道 $\sigma(m) = 2^{k+1} c$，所以
$$2^{k+1} c \geq 1 + 2^{k+1} c.$$
因此 $0 \geq 1$，这是荒谬的. 这个矛盾表明 $c$ 必等于 $1$，即
$$m = (2^{k+1} - 1) \quad \text{且} \quad \sigma(m) = 2^{k+1} = m + 1.$$

哪些数 $m$ 具有性质 $\sigma(m) = m + 1$？显然，是其因数仅为 $1$ 与 $m$ 的数，否则它们的因

数之和比较大. 换句话说, 当 $m$ 是素数时恰好有 $\sigma(m) = m + 1$. 现在我们已经证明了如果 $n$ 是偶完全数, 则

$$n = 2^k(2^{k+1} - 1) , \quad 2^{k+1} - 1 \text{ 是素数.}$$

由第 14 章得, 如果 $2^{k+1} - 1$ 是素数, 则 $k + 1$ 本身必是素数, 即 $k + 1 = p$. 所以每个偶完全数形如 $n = 2^{p-1}(2^p - 1)$, 其中 $2^p - 1$ 是梅森素数. 这就完成了欧拉完全数定理的证明.

□

欧拉完全数定理给出了所有偶完全数的漂亮描述, 但没有涉及有关奇完全数的任何东西.

**问题 15.5(奇完全数难题)**　存在奇完全数吗?

直到今天, 虽然一直没有间断尝试, 但没有人发现奇完全数. 很多数学家已写了许多研究论文(在最近 50 年有 50 多篇论文)来研究这一问题, 且目前人们已知道不存在小于 $10^{300}$ 的奇完全数. 然而, 还没有人能够结论性地证明奇完全数不存在, 因此到目前为止, 奇完全数像是诗中的小矮人:

昨晚我在楼梯上遇到,

一个原本不在那儿的小矮人.

今天他没在那里出现.

我但愿他真的消失.

——无名氏

如果用小整数做一些试验, 可能会猜测: 对所有奇数 $n$, 都有 $\sigma(n) < 2n$. 如果这个猜测成立, 可证明不存在奇完全数. 但这个猜测并不成立. 它的第一个反例为 $n =$ 945 $= 3^3 \cdot 5 \cdot 7$, 注意 $\sigma(945) = 1920$. 这个例子告诫我们即使对大量的小数值进行过检验, 仍未必是真理. 基于数值数据提出猜想完全可行, 但数学家坚持要求严格的证明, 因为这样的数据会给人以误导.

| 107 |

## 习题

**15.1**　如果 $m$ 与 $n$ 是整数且 $\gcd(m, n) = 1$, 证明 $\sigma(mn) = \sigma(m)\sigma(n)$.

**15.2**　计算下述 $\sigma$ 函数的值:

(a)$\sigma(10)$　　(b)$\sigma(20)$　　(c)$\sigma(1728)$

**15.3**　(a)证明 3 的幂次不可能是完全数.

(b)更一般地, 如果 $p$ 是奇素数, 证明幂 $p^k$ 不可能是完全数.

(c)证明形如 $3^i \cdot 5^j$ 的数不可能是完全数.

(d)更一般地, 如果 $p$ 是大于 3 的奇素数, 证明积 $3^i p^j$ 不可能是完全数.

(e)再更一般地, 证明如果 $p$ 与 $q$ 是不同奇素数, 则形如 $p^i q^j$ 的数不可能是完全数.

**15.4**　证明形如 $3^m \cdot 5^n \cdot 7^k$ 的数不可能是完全数.

**15.5**　证明平方数不可能是完全数. [提示: 计算头几个 $n$ 的 $\sigma(n^2)$ 值, 这些值是奇数还是偶数?]

**15.6**　完全数等于它的因数(除它本身外)之和. 如果我们关注的是乘积而不是和, 则当一个数的所有因数(除它本身外)之积等于原来的数时, 便称这个数为积完全数. 例如,

| $m$ | 因数乘积 | |
|-----|---------|---|
| 6 | $1 \cdot 2 \cdot 3 = 6$ | 积完全数 |
| 9 | $1 \cdot 3 = 3$ | 积太小 |
| 12 | $1 \cdot 2 \cdot 3 \cdot 4 \cdot 6 = 144$ | 积太大 |
| 15 | $1 \cdot 3 \cdot 5 = 15$ | 积完全数 |

所以 6 与 15 是积完全数, 而 9 与 12 不是.

(a) 列出 2 与 50 之间的所有积完全数.

(b) 描述所有积完全数. 你的描述应该是很准确的, 使得能够容易解决如"35 710 是积完全数吗?"以及"求大于 10 000 的积完全数"这样的问题.

(c) 证明(b)中的描述是正确的.

**15.7** (a) 编写程序计算 $\sigma(n)$. $\sigma(n)$ 是 $n$ 的所有因数(包括 1 与 $n$ 本身)之和. 通过将 $n$ 分解成素数乘积来计算 $\sigma(n)$, 而不是直接求 $n$ 的所有因数再将它们加起来.

108

(b) 如你所知, 如果 $\sigma(n) = 2n$, 则希腊人称 $n$ 为完全数. 如果 $\sigma(n) > 2n$, 则称 $n$ 为过剩数. 如果 $\sigma(n) < 2n$, 则称 $n$ 为不足数. 求 2 与 100 之间有多少个 $n$ 是完全数、过剩数与不足数. 显然, 完全数很少. 你认为哪一种数更为普遍, 是过剩数还是不足数? 扩展你的表格到 $100 < n \leqslant 200$, 观察你的猜测是否仍成立.

**15.8** 如果 $m$ 的真因数之和等于 $n$, 而 $n$ 的真因数之和也等于 $m$($n$ 的真因数是不包含 $n$ 本身的所有因数), 则希腊人称两个数 $m$ 与 $n$ 是亲和数对. 第一个亲和数对(仅这一对(就我们所知)是古希腊时期发现的)是(220, 284). 因为

$$284 = 1 + 2 + 4 + 5 + 10 + 11 + 20 + 22 + 44 + 55 + 110 \quad \text{(220 的因数)}$$
$$220 = 1 + 2 + 4 + 71 + 142 \quad \text{(284 的因数)},$$

所以这对是亲和数.

(a) 证明 $m$ 与 $n$ 是亲和数对当且仅当 $\sigma(n)$ 与 $\sigma(m)$ 都等于 $m + n$.

(b) 验证下述每一对构成亲和数对.

$$(220, 284), \quad (1184, 1210), \quad (2620, 2924), \quad (5020, 5564), \quad (6232, 6368),$$
$$(10\,744, 10\,856), \quad (12\,285, 14\,595).$$

(c) 有一种产生亲和数对的法则, 但它不能产生所有亲和数对. 该法则由 Abu-Hasan Thabit ben Korrah 于大约 19 世纪首先发现, 后来被其他人再次发现, 其中包括费马与笛卡儿. 该法则要求观察三个数

$$p = 3 \cdot 2^{e-1} - 1,$$
$$q = 2p + 1 = 3 \cdot 2^e - 1,$$
$$r = (p+1)(q+1) - 1 = 9 \cdot 2^{2e-1} - 1.$$

如果 $p$, $q$, $r$ 恰好都是奇素数, 则 $m = 2^e pq$ 与 $n = 2^e r$ 是亲和数对. 证明 Thabit ben Korrah 方法给出亲和数对.

(d) Thabit ben Korrah 方法在 $e = 2$ 时给出数对(220, 284). 使用这种方法求第二对亲和数对. 如果你有机会用计算机进行因数分解, 尝试用 Thabit ben Korrah 方法求其他亲和数对.

**15.9** 设

$$s(n) = \sigma(n) - n = n \text{ 的真因数之和},$$

即 $s(n)$ 等于除 $n$ 本身外 $n$ 的所有因数之和. 如果 $s(n) = n$, 则 $n$ 是完全数. 因此, 如果 $s(m) = n$ 与 $s(n) = m$, 则 $(m, n)$ 是亲和数对. 更一般地, 一列数 $n_1$, $n_2$, $\cdots$, $n_t$ 称为 ($t$ 阶)友好数列,

如果

$$s(n_1) = n_2, \quad s(n_2) = n_3, \quad \cdots, \quad s(n_{t-1}) = n_t, \quad s(n_t) = n_1.$$

109

（这种数列的旧名字叫整除圈．）例如，数列

14 316， 19 116， 31 704， 47 616， 83 328， 177 792， 295 488， 629 072， 589 786， 294 896，
358 336， 418 904， 366 556， 274 924， 275 444， 243 760， 376 736， 381 028， 285 778，
152 990， 122 410， 97 946， 48 976， 45 946， 22 976， 22 744， 19 916， 17 716

是 28 阶友好数列．

(a) 存在包含一个小于 16 000 的数的另一个友好数列，它是 5 阶的．求这 5 个数．

(b) 直到 1970 年，已知的至少 3 阶的友好数列只有上述 5 阶与 28 阶两个例子．下一个这样的数列是 4 阶的，其中最小数大于 1 000 000，求这个数列．

(c) 求 9 阶友好数列，其中最小数大于 800 000 000．这是仅知的 9 阶的例子．

(d) 求 6 阶友好数列，其中最小数大于 90 000 000 000．有两个已知的 6 阶的例子，这是最小的．

110

# 第 16 章 幂模 $m$ 与逐次平方法

如何计算

$$5^{100\,000\,000\,000\,000} \pmod{12\,830\,603}$$

呢? 如果 $1\,280\,603$ 是素数, 你会设法使用费马小定理(第 9 章), 即使不是素数, 也可以利用欧拉公式(第 10 章). 事实上, $12\,830\,603 = 3571 \cdot 3593$ 且

$$\phi(12\,830\,603) = \phi(3571)\phi(3593) = 3570 \cdot 3592 = 12\,823\,440.$$

欧拉公式告诉我们, 对任何 $a$ 与 $m$, 若 $\gcd(a, m) = 1$, 则

$$a^{\phi(m)} \equiv 1 \pmod{m}.$$

所以可利用事实

$$100\,000\,000\,000\,000 = 7\,798\,219 \cdot 12\,823\,440 + 6\,546\,640$$

来"简化"我们的问题:

$$5^{100\,000\,000\,000\,000} = (5^{12\,823\,440})^{7\,798\,219} \cdot 5^{6\,546\,640}$$
$$\equiv 5^{6\,546\,640} \pmod{12\,830\,603}.$$

现在"只"需计算 5 的 $6\,546\,640$ 次幂, 然后用模 $12\,930\,603$ 进行简化. 不幸的是, 数 $5^{6\,546\,640}$ 有 400 多万位数, 即使用计算机计算也是很困难的. 后面要对有数百位数的 $a$, $k$ 与 $m$ 计算 $a^k \pmod{m}$, 在这种情况下, $a^k$ 的位数比已知宇宙的亚原子粒子个数还多! 我们需要寻找更好的方法.

你很可能会问为什么人们要计算这么大的幂. 进行大数计算⊖除了自身的兴趣(如果有的话)外, 还有很实用的理由. 正如我们在后面将看到的, 可以使用 $a^k \pmod{m}$ 的计算来加密和解密信息. 足以令人惊讶的是, 产生的密码使得用目前所知最先进的破译密码技术也不能破译. 既然已引起了你的好奇心, 我们将使用本章剩余篇幅以及下一章来讨论如何计算模 $m$ 的高次幂与高次根. 然后在第 18 章, 解释如何使用这种计算创建"不可破"密码.

用来计算 $a^k \pmod{m}$ 的一个巧妙想法叫做逐次平方法. 在叙述一般方法之前, 我们通过计算

$$7^{327} \pmod{853}$$

来体现这种思想. 第一步创建表格, 给出 7, $7^2$, $7^4$, $7^8$, $7^{16}$, $\cdots \pmod{853}$ 的值. 注意到要得到表中的每个项, 我们仅仅需要平方前面的数. 进而, 由于在平方前总是模 853 进行简化, 所以从未使数大于 $853^2$. 下面是 $7^{2^k} \pmod{853}$ 的列表.

$$7^1 \equiv 7 \equiv 7 \pmod{853}$$
$$7^2 \equiv (7^1)^2 \equiv 7^2 \equiv 49 \equiv 49 \pmod{853}$$
$$7^4 \equiv (7^2)^2 \equiv 49^2 \equiv 2401 \equiv 695 \pmod{853}$$

$$7^8 \equiv (7^4)^2 \equiv 695^2 \equiv 483\ 025 \equiv 227 \pmod{853}$$
$$7^{16} \equiv (7^8)^2 \equiv 227^2 \equiv 51\ 529 \equiv 349 \pmod{853}$$
$$7^{32} \equiv (7^{16})^2 \equiv 349^2 \equiv 121\ 801 \equiv 675 \pmod{853}$$
$$7^{64} \equiv (7^{32})^2 \equiv 675^2 \equiv 455\ 625 \equiv 123 \pmod{853}$$
$$7^{128} \equiv (7^{64})^2 \equiv 123^2 \equiv 15\ 129 \equiv 628 \pmod{853}$$
$$7^{256} \equiv (7^{128})^2 \equiv 628^2 \equiv 394\ 384 \equiv 298 \pmod{853}$$

下一步, 将指数 327 表成 2 的幂次和. 这种表示叫做 327 的二进制展开. 小于 327 的 2 的最大次幂是 $2^8 = 256$, 所以表成 $327 = 256 + 71$. 则小于 71 的 2 的最大次幂是 $2^6 = 64$, 于是 $327 = 256 + 64 + 7$, 等等. |112|

$$327 = 256 + 71 = 256 + 64 + 7 = 256 + 64 + 4 + 3 = 256 + 64 + 4 + 2 + 1.$$

现在使用 327 的二进制展开式计算

$$7^{327} = 7^{256+64+4+2+1} = 7^{256} \cdot 7^{64} \cdot 7^4 \cdot 7^2 \cdot 7^1 \equiv 298 \cdot 123 \cdot 695 \cdot 49 \cdot 7 \pmod{853}.$$

上一行数取自我们前面计算的 7 的幂次表.

要完成 $7^{327} \pmod{853}$ 的计算, 我们只需要乘这 5 个数 $298 \cdot 123 \cdot 695 \cdot 49 \cdot 7$, 然后用模 853 进行简化. 如果所有 5 个数的乘积对我们的尝试太大, 则可以乘前两个数, 用模 853 简化, 再与第三个数相乘, 再用模 853 简化, 等等. 按照这种方式, 我们从不需要对任何大于 $853^2$ 的数进行计算. 因此

$$298 \cdot 123 \cdot 695 \cdot 49 \cdot 7 \equiv 828 \cdot 695 \cdot 49 \cdot 7 \equiv 538 \cdot 49 \cdot 7 \equiv 772 \cdot 7 \equiv 286 \pmod{853}.$$

计算完成!

$$7^{327} \equiv 286 \pmod{853}.$$

这似乎有大量的计算, 但是, 假设换成直接计算 $7^{327} \pmod{853}$: 首先计算 $7^{327}$, 然后除以 853 并取余数. 用小型计算机能做此项工作, 我们有

$$7^{327} = 22\ 236\ 123\ 868\ 955\ 180\ 582\underbrace{\cdots\cdots\cdots\cdots}_{\text{省略237位数}}32\ 584\ 937\ 995\ 509\ 879\ 543$$

$$= 286 \pmod{853},$$

正如你可看到的, 这个数相当大. 当 $k$ 有(比如说)20 位时, 则准确计算 $a^k$ 是完全不可行的, 当 $k$ 有成百上千位(构造安全密码所需要的)时, 就更不可能了.

另一方面, 即使 $k$ 有成百上千位, 也可用逐次平方法来计算 $a^k \pmod{m}$, 因为对该方法的仔细分析表明要用大约 $\log_2(k)$ 步来计算 $a^k \pmod{m}$. 我们在此不进行这种分析, 但观察到 $\log_2(k)$ 大约是 $k$ 的位数的 3. 322 倍, 所以如果 $k$ 有(比如说)1000 位, 则使用大约 3322 步来计算 $a^k \pmod{m}$. 诚然, 对手工计算来说, 这些步骤有点多, 但即使在小型台式计算机上, 这也是瞬间的事情. 从时间上看, 我的高级计算机(为技术需要, 1500 兆赫奔腾芯片)运用逐次平方法计算 |113|

$$7^{10^{200\,000}} \equiv 787 \pmod{853}, \quad \text{用时 0. 36 秒,}$$
$$7^{10^{2\,000\,000}} \equiv 303 \pmod{853}, \quad \text{用时 4. 48 秒.}$$

下面叙述用逐次平方法计算幂的一般方法.

**算法 16. 1(逐次平方计算 $a^k \pmod{m}$)** 用下述步骤计算 $a^k \pmod{m}$ 的值:

1. 将 $k$ 表成 2 的幂次和:
$$k = u_0 + u_1 \cdot 2 + u_2 \cdot 2^2 + u_3 \cdot 2^3 + \cdots + u_r \cdot 2^r,$$
其中每个 $u_i$ 是 0 或 1. (这种表示式叫做 $k$ 的二进制展开.)

2. 使用逐次平方法制作模 $m$ 的 $a$ 的幂次表.
$$a^1 \equiv A_0 \pmod{m}$$
$$a^2 \equiv (a^1)^2 \equiv A_0^2 \equiv A_1 \pmod{m}$$
$$a^4 \equiv (a^2)^2 \equiv A_1^2 \equiv A_2 \pmod{m}$$
$$a^8 \equiv (a^4)^2 \equiv A_2^2 \equiv A_3 \pmod{m}$$
$$\vdots$$
$$a^{2^r} \equiv (a^{2^{r-1}})^2 \equiv A_{r-1}^2 \equiv A_r \pmod{m}$$

注意要计算表的每一行, 仅需要取前一行最末的数, 平方它然后用模 $m$ 简化. 也注意到表有 $r+1$ 行, 其中 $r$ 是第 1 步中 $k$ 的二进制展开式中 2 的最高指数.

3. 乘积
$$A_0^{u_0} \cdot A_1^{u_1} \cdot A_2^{u_2} \cdots A_r^{u_r} \pmod{m}$$
同余于 $a^k \pmod{m}$. 注意到所有 $u_i$ 是 0 或 1, 因此这个数实际上是 $u_i$ 等于 1 的那些 $A_i$ 的乘积.

|114|

**证明**  该算法为什么可行呢? 我们计算
$$a^k = a^{u_0 + u_1 \cdot 2 + u_2 \cdot 2^2 + u_3 \cdot 2^3 + \cdots + u_r \cdot 2^r} \qquad \text{使用第一步,}$$
$$= a^{u_0} \cdot (a^2)^{u_1} \cdot (a^{2^2})^{u_2} \cdots (a^{2^r})^{u_r}$$
$$= A_0^{u_0} \cdot A_1^{u_1} \cdot A_2^{u_2} \cdots A_r^{u_r} \pmod{m} \qquad \text{使用第二步的表.} \qquad \square$$

如前所述, 计算大幂 $a^k$ (模 $m$) 在构造安全密码中有实际用途. 为了构造密码必须求一些大素数, 比如说 100 位与 200 位之间的素数. 这就出现如何检查已知数 $m$ 是否为素数的问题. 可靠但低效率的方法是试着用不超过 $\sqrt{m}$ 的每个数去除, 查看能否找到因数. 如果没有找到, 则 $m$ 是素数. 不幸的是, 这种方法即使对中等大小的 $m$ 也不实用.

使用逐次平方法与费马小定理(第 9 章), 无需求任何因数, 我们通常就可证明数 $m$ 是合数! 原理如下. 取小于 $m$ 的数 $a$. 首先计算 $\gcd(a, m)$. 如果大于 1, 则已找到 $m$ 的一个因数, 所以 $m$ 是合数, 证明完成. 另一方面, 如果 $\gcd(a, m) = 1$, 则使用逐次平方法计算
$$a^{m-1} \pmod{m}.$$
费马小定理表明如果 $m$ 是素数, 则答案是 1; 如果答案不是 1, 则实际上无需求任何因数就知道 $m$ 是合数.

下面是一个例子. 使用逐次平方法计算
$$2^{283\,976\,710\,803\,262} \equiv 280\,196\,559\,097\,287 \pmod{283\,976\,710\,803\,263},$$
所以 $283\,976\,710\,803\,263$ 肯定不是素数. 事实上, 其素数分解是
$$283\,976\,710\,803\,263 = 104\,623 \cdot 90\,437 \cdot 30\,013.$$

下面考虑 $m = 630\,249\,099\,481$. 用逐次平方法求得

$$2^{630\,249\,099\,480} \equiv 1 \pmod{630\,249\,099\,481}$$

与

$$3^{630\,249\,099\,480} \equiv 1 \pmod{630\,249\,099\,481}.$$ 115

这说明 630 249 099 481 是素数吗？未必是，但有可能是. 如果检查 $a = 5$，7，11 时的 $a^{m-1} \pmod{m}$，再次得到 1（我们所达到的），则我们更加相信 630 249 099 481 是素数. 按照这种方式使用费马小定理，不可能结论性地证明一个数是素数；但是如果对许多 $a$ 有 $a^{m-1} \equiv 1 \pmod{m}$，则我们肯定相信 $m$ 就是素数. 这就解释了费马小定理和逐次平方法如何被用来证明一些数是合数而强烈表明另一些数是素数. 不幸的是，的确存在合数 $m$ 使得对所有 $a$，$\gcd(a, m) = 1$，有 $a^{m-1} \equiv 1 \pmod{m}$. 这样的 $m$ 被称为卡米歇尔数. 在习题 10.3 中已证明最小的卡米歇尔数是 561. 我们在第 19 章将进一步研究卡米歇尔数以及素性测试.

## 习题

**16.1** 使用逐次平方法计算下述幂.
(a) $5^{13} \pmod{23}$ (b) $28^{749} \pmod{1147}$

**16.2** 本章讲述的逐次平方法可以相当有效地计算 $a^k \pmod{m}$，但它确实包含创建模 $m$ 的 $a$ 的幂次的表格.
(a) 证明下述算法也可计算 $a^k \pmod{m}$ 的值. 该算法是进行逐次平方的更有效的方法，非常适合在计算机上进行.

> (1) 置 $b = 1$
> (2) 当 $k \geq 1$ 时，循环
>     (3) 如果 $k$ 是奇数，则置 $b = a \cdot b \pmod{m}$
>     (4) 置 $a = a^2 \pmod{m}$
>     (5) 置 $k = k/2$（如果 $k$ 是奇数，转下）
> (6) 结束循环
> (7) 转到 $b$ 的值（$b$ 等于 $a^k \pmod{m}$）

(b) 使用你选取的计算机语言，在计算机上完成上述算法程序.
(c) 使用你的程序计算下述值：
(i) $2^{1000} \pmod{2379}$ (ii) $567^{1234} \pmod{4321}$ (iii) $47^{258\,008} \pmod{1\,315\,171}$.

**16.3** (a) 用逐次平方法计算 $7^{7386} \pmod{7387}$. 7387 是素数吗？
(b) 用逐次平方法计算 $7^{7392} \pmod{7393}$. 7393 是素数吗？ 116

**16.4** 编写程序验证 $n$ 是合数还是可能素数. 选取 2 与 $n-1$ 之间的 10 个随机数 $a_1$，$a_2$，$\cdots$，$a_{10}$，对每个 $a_i$ 计算 $a_i^{n-1} \pmod{n}$. 对任何 $a_i$，如果 $a_i^{n-1} \not\equiv 1 \pmod{n}$，转到信息"$n$ 是合数". 对所有 $a_i$，如果 $a_i^{n-1} \equiv 1 \pmod{n}$，转到信息"$n$ 可能是素数".
将这个程序合并到因数分解程序（习题 7.7），构成验证大数是素数的方法.

**16.5** 用逐次平方法计算 $2^{9990} \pmod{9991}$，再用你的答案说明你是否相信 9991 是素数. 117

# 第 17 章　计算模 $m$ 的 $k$ 次根

前一章学习了当 $k$ 与 $m$ 很大时，如何计算模 $m$ 的 $k$ 次幂. 现在从反方向推进，试着计算模 $m$ 的 $k$ 次根. 换句话说，要求由已知数 $b$ 来求同余式

$$x^k \equiv b \pmod{m}$$

的解. 我们可尝试代入 $x = 0$，1，2，$\cdots$ 直到求得解，但如果 $m$ 很大，可能耗费很长时间. 已经证实，如果已知 $\phi(m)$ 的值，则可相当容易地计算 $b$ 模 $m$ 的 $k$ 次根. 通常，我们先用例子来说明求解的方法.

要解同余式

$$x^{131} \equiv 758 \pmod{1073}.$$

第一步计算 $\phi(1073)$. 将 1073 分解成素数的乘积后，可使用第 11 章 $\phi$ 的公式来进行. 这是很容易做的：$1073 = 29 \cdot 37$，所以 $\phi(1073) = \phi(29)\phi(37) = 28 \cdot 36 = 1008$.

下一步求方程

$$ku - \phi(m)v = 1, \quad 即求方程 \ 131u - 1008v = 1$$

的（正）整数解. 我们已知解存在，因为本例中，$\gcd(k, \phi(m)) = \gcd(131, 1008) = 1$，第 6 章叙述的方法使我们求得解 $u = 731$，$v = 95$. 实际上，第 6 章的方法给出解

$$131 \cdot (-277) + 1008 \cdot 36 = 1.$$

要得到 $u$ 与 $v$ 的正整数值，我们修正这个解，

$$u = -277 + 1008 = 731, \quad v = -36 + 131 = 95.$$

方程

$$131 \cdot 731 - 1008 \cdot 95 = 1$$

给出了解原问题的关键.

取 $x^{131}$，将它 $u$ 次方，即 731 次方. 注意

$$(x^{131})^{731} = x^{131 \cdot 731} = x^{1 + 1008 \cdot 95} = x \cdot (x^{1008})^{95}.$$

但是 $1008 = \phi(1073)$，欧拉公式（第 10 章）告诉我们

$$x^{1008} \equiv 1 \pmod{1073}.$$

这意味着 $(x^{131})^{731} \equiv x \pmod{1073}$. 所以，如果将同余式 $x^{131} \equiv 758 \pmod{1073}$ 两边 731 次方，则得

$$x \equiv (x^{131})^{731} \equiv 758^{731} \pmod{1073}.$$

下面，仅需要使用逐次平方法（第 16 章）计算数 $758^{731} \pmod{1073}$. 得到的答案是 $x \equiv 905 \pmod{1073}$. 最后，作为验证，可用逐次平方法来证明 $905^{131}$ 确实与 $758 \pmod{1073}$ 同余.

下面则是计算模 $m$ 的根的一般方法.

**算法 17.1（如何计算模 $m$ 的 $k$ 次根）** 设 $b$，$k$ 与 $m$ 是已知整数，满足

$$\gcd(b, m) = 1 \quad 与 \quad \gcd(k, \phi(m)) = 1.$$

下述步骤给出同余式

$$x^k \equiv b \pmod{m}$$

的解.

　　1. 计算 $\phi(m)$. (见第 11 章.)

　　2. 求满足 $ku - \phi(m)v = 1$ 的正整数 $u$ 与 $v$. (见第 6 章. 另一种叙述方法是 $u$ 为满足 $ku \equiv 1 \pmod{\phi(m)}$ 的正整数, 所以 $u$ 实际上是 $k \pmod{\phi(m)}$ 的逆.)

119

　　3. 用逐次平方法计算 $b^u \pmod{m}$. (见第 16 章.)所得值给出解 $x$.

　　为什么可行呢? 我们需要证明 $x = b^u$ 是同余式 $x^k \equiv b \pmod{m}$ 的解.

$$
\begin{aligned}
x^k = \left(b^u\right)^k &\qquad \text{将 } x = b^u \text{ 代入 } x^k, \\
&= b^{uk} \\
&= b^{1+\phi(m)v} &\qquad \text{由第 2 步的 } ku - \phi(m)v = 1, \\
&= b \cdot \left(b^{\phi(m)}\right)^v \\
&\equiv b \pmod{m} &\qquad \text{由欧拉公式(第 10 章)} b^{\phi(m)} \equiv 1 \pmod{m}.
\end{aligned}
$$

这就完成了 $x = b^u$ 是同余式 $x^k \equiv b \pmod{m}$ 所求解的证明.　　　　　□

　　即使对很大的数 $k$ 与 $m$, 第 16 章的逐次平方法也是计算幂 $a^k \pmod{m}$ 的完全实用的方法. 求模 $m$ 的 $k$ 次根的方法常常有效吗? 换句话说, 解 $x^k \equiv b \pmod{m}$ 实际上困难吗? 我们倒过来观察这三个步骤. 第 3 步讲述用逐次平方法计算 $b^u \pmod{m}$, 所以不会引起问题. 第 2 步要求解 $ku - \phi(m)v = 1$. 即使对大数值的 $k$ 与 $\phi(m)$, 第 6 章讲述的解这种方程的方法也是相当奏效的, 因为这种方法基于欧几里得算法.

　　最后, 我们观察第 1 步——求 $\phi(m)$ 的值. 如果已知 $m$ 分解成素数, 则使用第 11 章的公式很容易计算出 $\phi(m)$. 然而, 如果 $m$ 很大, 则分解 $m$(如果可能的话)是极其困难的. 例如, 假设要求解同余式

$$x^{3\,968\,039} \equiv 34\,781 \pmod{27\,040\,397}.$$

如果没有计算机, 可能要花费许多时间将 27 040 397 分解成两个素数乘积 27 040 397 = 4409 · 6133, 所以

$$\phi(27\,040\,397) = 4408 \cdot 6132 = 27\,029\,856.$$

如果计算了 $\phi(m)$, 可进行第 2 步:

$$3\,968\,039 \cdot 17\,881\,559 - 27\,029\,856 \cdot 2\,625\,050 = 1,$$

然后进行第 3 步:

$$x \equiv 34\,781^{17\,881\,559} \equiv 22\,929\,826 \pmod{27\,040\,397},$$

120

就求得解.

　　下面, 想象一下, 如果不是选取仅 8 位数的 $m$, 而是取两个素数 $p$ 与 $q$, 每个都有 100 位数, 并置 $m = pq$. 则解 $x^k \equiv b \pmod{m}$ 对你来说实际上是不可能的, 除非告诉你 $p$ 与 $q$ 的数值, 因为如果不知道 $p$ 与 $q$ 的值, 则不可能求出 $\phi(m)$ 的值.

　　总之, 如果能够计算 $\phi(m)$ 的话, 本章讲述了解

$$x^k \equiv b \pmod{m}$$

的实用而有效的方法. 不幸的是, 如果不能计算 $\phi(m)$, 则该方法不能进行, 但是, 恰恰是这种"弱点"在下一章被用来构造极其安全的密码体制.

## 习题

**17.1** 解同余式 $x^{329} \equiv 452 \pmod{1147}$. (提示: 1147 不是素数. )

**17.2** (a)解同余式 $x^{113} \equiv 347 \pmod{463}$.
(b)解同余式 $x^{275} \equiv 139 \pmod{588}$.

**17.3** 在本章我们讲述了如何计算 $b$ 模 $m$ 的 $k$ 次根, 但是, 你可能会自问是否 $b$ 有多于一个的 $k$ 次根. 的确可能! 例如, 如果 $a$ 是 $b$ 模 $m$ 的平方根, 则显然 $-a$ 也是 $b$ 模 $m$ 的平方根.
(a)设 $b$, $k$ 与 $m$ 是整数, 满足
$$\gcd(b,m) = 1 \quad 与 \quad \gcd(k,\phi(m)) = 1.$$
证明 $b$ 恰好有一个模 $m$ 的 $k$ 次根.
(b)假设换成 $\gcd(k, \phi(m)) > 1$. 证明 $b$ 没有模 $m$ 的 $k$ 次根, 或者 $b$ 至少有两个模 $m$ 的 $k$ 次根. (这是目前资料中涉及的困难问题. )
(c)如果 $m = p$ 是素数, 观察例子, 试求 $b$ 模 $p$ 的 $k$ 次根的个数的公式(假设至少有一个根).

**17.4** 求解 $x^k \equiv b \pmod{m}$ 的方法是: 首先求满足 $ku - \phi(m)v = 1$ 的整数 $u$ 与 $v$, 然后可知解为 $x \equiv b^u \pmod{m}$. 然而, 我们仅证明如果 $\gcd(b, m) = 1$, 则方法可行, 因为可使用欧拉公式 $b^{\phi(m)} \equiv 1 \pmod{m}$.
(a)如果 $m$ 是不同素数的乘积, 证明即使 $\gcd(b, m) > 1$, $x \equiv b^u \pmod{m}$ 也总是 $x^k \equiv b \pmod{m}$ 的解.
121 (b)证明我们的方法对同余式 $x^5 \equiv 6 \pmod{9}$ 不可行.

**17.5** (a)试用本章的方法计算 23 模 1279 的平方根. (数 1279 是素数. )为什么会出错呢?
(b)一般地, 如果 $p$ 是奇素数, 解释为什么本章的方法不能用来求模 $p$ 的平方根. 我们将在下一章研究模 $p$ 的平方根问题.
(c)更一般地, 如果 $\gcd(k, \phi(m))$ 大于 1, 解释为什么计算模 $m$ 的 $k$ 次根方法不可行.

122 🖳 **17.6** 编写求解 $x^k \equiv b \pmod{m}$ 的程序. 为用户提供用来计算 $\phi(m)$ 的因数分解 $m$ 的选择.

# 第18章 幂、根与不可破密码

在前两章，我们学习了如何计算特别大的数模 $m$ 的幂和根. 简而言之，对 $a$, $k$ 与 $m$ 的任何值，我们知道如何计算 $a^k \pmod{m}$；如果我们能计算 $\phi(m)$，就知道如何解 $x^k \equiv b \pmod{m}$. 这是我们对信息进行加密和解密<sup>⊖</sup>的基本思想.

对信息加密的第一步是将信息转换成数串. 我们用最简单可行的方法进行这项工作. 设 $A = 11$，$B = 12$，$\cdots$，$Z = 36$. 下面是便于使用的表格：

| A | B | C | D | E | F | G | H | I | J | K | L | M |
|----|----|----|----|----|----|----|----|----|----|----|----|----|
| 11 | 12 | 13 | 14 | 15 | 16 | 17 | 18 | 19 | 20 | 21 | 22 | 23 |

| N | O | P | Q | R | S | T | U | V | W | X | Y | Z |
|----|----|----|----|----|----|----|----|----|----|----|----|----|
| 24 | 25 | 26 | 27 | 28 | 29 | 30 | 31 | 32 | 33 | 34 | 35 | 36 |

例如，信息"To be or not to be"变成

$$\begin{array}{ccccccccccccc} T & O & B & E & O & R & N & O & T & T & O & B & E \\ 30 & 25 & 12 & 15 & 25 & 28 & 24 & 25 & 30 & 30 & 25 & 12 & 15 \end{array}$$

所以，我们的信息是数串 30 251 215 252 824 253 030 251 215. 当然，在某种意义上，现在信息已被加密，因为这种数串适合将信息隐蔽起来. 但是，即使一个业余密码爱好者也能够在几分钟里破译这种简单的密码<sup>⊖</sup>.

现在我们解释加密与解密过程的关键. 首先选取两个（大）素数 $p$ 与 $q$. 接下来，将它们相乘得到模 $m = pq$. 也可计算

$$\phi(m) = \phi(p)\phi(q) = (p-1)(q-1),$$

选取与 $\phi(m)$ 互素的整数 $k$. 现在我们向全世界公开数 $m$ 与 $k$，但是，对 $p$ 与 $q$ 的值保密. 要给我们发送信息的任何人使用 $m$ 与 $k$ 值，并按下述方法对信息加密.

首先，他们将信息转换成如上所述的数串. 其次，他们观察数 $m$ 并将数串分段成小于 $m$ 的数. 例如，如果 $m$ 是一个百万级的数，他们将信息写成 6 位数的表. 于是，他们的信息是数 $a_1$, $a_2$, $\cdots$, $a_r$ 的表. 下一步，使用逐次平方法计算 $a_1^k \pmod{m}$，$a_2^k \pmod{m}$，$\cdots$，$a_r^k \pmod{m}$. 这些值构成数 $b_1$, $b_2$, $\cdots$, $b_r$ 的新表. 这个表是加密的信息. 换句话说，发送给我们的信息是数 $b_1$, $b_2$, $\cdots$, $b_r$ 的表.

当我们接收到这些信息后，怎么解密呢？已发给我们的数 $b_1$, $b_2$, $\cdots$, $b_r$，需要恢复成数 $a_1$, $a_2$, $\cdots$, $a_r$. 每个 $b_i$ 同余于 $a_i^k \pmod{m}$，所以要求 $a_i$，需要解同余式 $x^k \equiv$

---

⊖ 从技术上讲，我们在本章所讲述的是密码，而不是代码，实际上是在对信息进行加密与解密. 历史上，码这个单词涉及用单个符号或数代替完整字词的方法，而密码用个别字母作为基本单位. 最近，字码还有另一层的数学含义. 为便于叙述，我们不区分代码与密码这两个术语.

⊖ 我们可指定一个数（如99）来表示空格，甚至能够指定一些数来表示各种标点符号. 但是，为简单起见，我们忽略这些细节，仅用挤在一起的字母来表达信息.

$b_i \pmod{m}$. 这恰好是前一章已解决的问题，假设能够计算 $\phi(m)$. 但是，我们已知 $p$ 与 $q$ 的值且 $m = pq$，因此容易计算

$$\phi(m) = \phi(p)\phi(q) = (p-1)(q-1) = pq - p - q + 1 = m - p - q + 1.$$

现在正需要应用第 17 章的方法解每个同余式 $x^k \equiv b_i \pmod{m}$. 解是数 $a_1$，$a_2$，$\cdots$，$a_r$，则容易得到这个数串并恢复原来的信息.

下面用素数 $p = 12\,553$ 与 $q = 13\,007$ 说明加密和解密过程. 将它们乘起来得模 $m = pq = 163\,276\,871$，且为了便于今后使用，得出

$$\phi(m) = (p-1)(q-1) = 163\,251\,312.$$

我们还需要选取与 $\phi(m)$ 互素的 $k$，因此取 $k = 79\,921$. 总之，我们已选取

$$p = 12\,553, \quad q = 13\,007, \quad m = pq = 163\,276\,871, \quad k = 79\,921.$$

现在，假设要发送信息"To be or not to be". 如前所述，这个信息变成数串

$$30\,251\,215\,252\,824\,253\,030\,251\,215.$$

数 $m$ 是 9 位数，所以将信息分成 8 位数段：

$$30\,251\,215, \quad 25\,282\,425, \quad 30\,302\,512, \quad 15.$$

下面，使用逐次平方法得到每个数模 $m$ 的 $k$ 次幂：

$$30\,251\,215^{79\,921} \equiv 149\,419\,241 \pmod{163\,276\,871}$$
$$25\,282\,425^{79\,921} \equiv 62\,721\,998 \pmod{163\,276\,871}$$
$$30\,302\,512^{79\,921} \equiv 118\,084\,566 \pmod{163\,276\,871}$$
$$15^{79\,921} \equiv 40\,481\,382 \pmod{163\,276\,871}$$

已加密信息是数表

$$149\,419\,241, \quad 62\,721\,998, \quad 118\,084\,566, \quad 40\,481\,382.$$

现在，我们设法解密一段新信息. 午夜后有人敲你的门，神秘信使送来下述密电：

$$145\,387\,828, \quad 47\,164\,891, \quad 152\,020\,614, \quad 27\,279\,275, \quad 353\,56\,191.$$

毫不犹豫地，你急忙取出便携式数论解码本开始工作起来. 一次一个数，你使用第 17 章的方法解同余式：

$$x^{79\,921} \equiv 145\,387\,828 \pmod{163\,276\,871} \implies x \equiv 30\,182\,523$$
$$x^{79\,921} \equiv 47\,164\,891 \pmod{163\,276\,871} \implies x \equiv 26\,292\,524$$
$$x^{79\,921} \equiv 152\,020\,614 \pmod{163\,276\,871} \implies x \equiv 19\,291\,924$$
$$x^{79\,921} \equiv 27\,279\,275 \pmod{163\,276\,871} \implies x \equiv 30\,282\,531$$
$$x^{79\,921} \equiv 35\,356\,191 \pmod{163\,276\,871} \implies x \equiv 122\,215$$

这就给出数串

$$30\,182\,523\,262\,925\,241\,929\,192\,430\,282\,531\,122\,215,$$

于是，你使用数字-字母替换表来实施最终解密步骤.

| 30 | 18 | 25 | 23 | 26 | 29 | 25 | 24 | 19 | 29 | 19 | 24 | 30 | 28 | 25 | 31 | 12 | 22 | 15 |
|----|----|----|----|----|----|----|----|----|----|----|----|----|----|----|----|----|----|----|
| T  | H  | O  | M  | P  | S  | O  | N  | I  | S  | I  | N  | T  | R  | O  | U  | B  | L  | E  |

适当断句后，你读到

"Thompson is in trouble"（汤姆森遇险），

然后你出去准备营救他.

这种加密方案安全吗？假设你截获一条信息，你知道它是用模 $m$ 与指数 $k$ 加密的.
对你来说，破译密码读出信息有多难呢？目前，解密的唯一方法是寻找 $\phi(m)$ 的值，然
后使用刚才叙述的解密过程. 如果 $m$ 是两个素数 $p$ 与 $q$ 的乘积，则

$$\phi(m) = (p-1)(q-1) = pq - p - q + 1 = m - p - q + 1.$$

由于你已知 $m$ 的值，只需求 $p+q$ 的值. 但是，如果能求出 $p+q$，则也可确定 $p$ 与 $q$，因
为它们是二次方程

$$X^2 - (p+q)X + m = 0$$

的根. 所以，为了解密截获的信息，你必须寻找 $m$ 的因数 $p$ 与 $q$.

如果 $m$ 不太大，比如说是 5 位或 10 位数，则计算机几乎马上就可求得因数. 使用
数论中更高级的方法，数学家发明了分解更大数的技术，比如说 50 到 100 位数. 如果你
取的是小于 50 位数的素数 $p$ 与 $q$，你的密码会不安全. 然而，如果你取的素数（比如说）
是 100 位，则目前没有人能够解密你的信息，除非你向他们公开 $p$ 与 $q$ 的值. 当然，未
来的数学发展能够使人们分解 200 位数. 但是，你仅需要取 200 位的素数 $p$ 与 $q$，400 位
数模 $m$ 将再次使你的信息安全. 该加密方案潜在的思想很简单：将两个大数乘起来容
易，但将大数因数分解很难.

本章讲述的密码学方法称为公钥密码体制. 这个名称反映了以下事实：由模 $m$ 与指
数 $k$ 组成的加密密钥可公布于众，而解密方法却是安全的. 这种思想（即可能存在编码
使得在知道加密过程的情况下仍无法解密）是 Whitfield Diffie 与 Matin Hellman 于 1976 年
提出的，Diffie 与 Hellman 给出了这种公钥密码体制工作原理的描述，第二年，Ron
Rivest、Adi Shamir 与 Leonard Adleman 给出了一种实用的公钥密码体制. 我们在本章叙
述的思想称为 RSA 公钥密码体制，以纪念这三位发明者.

126

## 习题

**18.1** 解密用模 $m = 7081$ 与指数 $k = 1789$ 发送的下述信息（注意首先需要将 $m$ 分解因数）：

5192, 2604, 4222

**18.2** 如果你不幸选取与 $m$ 不互素的信息 $a$，则可能出现 RSA 解密体制不工作的情况. 当然，如果
$m = pq$ 且 $p$ 与 $q$ 很大，则这种情况不太可能发生.
(a) 证明 RSA 解密体制事实上对所有信息 $a$ 确实可行，不管它们是否与 $m$ 有公因数.
(b) 更一般地，证明 RSA 解密体制对所有信息 $a$ 都可行，只要 $m$ 是不同素数的乘积.
(c) 给出 $m = 18$ 与 $a = 3$ 的例子，使得 RSA 解密体制不可行. （切记：选取的 $k$ 必须与 $\phi(m) = 6$
互素.）

**18.3** 撰写关于下述一个或多个课题的短小报告.
(a) 公钥密码学的历史.
(b) RSA 公钥密码体制.

(c)公钥数字签名.

(d)廉价不可破密码可用性的政治和社会效果与政府反响.

**18.4** 如果你喜欢使用计算机,下面是两段较长的要解密的信息.

(a)已给你发送下述信息:

5 272 281 348,  21 089 283 929,  3 117 723 025,  26 844 144 908,  22 890 519 533,

26 945 939 925,  27 395 704 341,  2 253 724 391,  1 481 682 985,  2 163 791 130,

13 583 590 307,  5 838 404 872,  12 165 330 281,  28 372 578 777,  7 536 755 222.

它是使用 $p = 187\,963$,$q = 163\,841$,$m = pq = 30\,796\,045\,883$ 与 $k = 48\,611$ 进行加密的. 请解密这段信息.

(b)你截获了下述信息,已知此信息使用模 $m = 956\,331\,992\,007\,843\,552\,652\,604\,425\,031\,376\,690$

127

367 与指数 $k = 12\,398\,737$ 进行加密. 请破译并解密信息:

821 566 670 681 253 393 182 493 050 080 875 560 504,  87 074 173 129 046 399 720 949 786 958 511 391 052,

552 100 909 946 781 566 365 272 088 688 468 880 029,  491 078 995 197 839 451 033 115 784 866 534 122 828,

172 219 665 767 314 444 215 921 020 847 762 293 421.

(这道习题的材料可在前言所列的网页上找到.)

**18.5** 编写程序完成 RSA 密码体制. 程序要尽可能地适合用户. 特别地,加密者应该能够用文字打印信息,包括间隔与标点符号;类似地,解密者应该看到以文字、间隔与标点符号形式出现的信息.

**18.6** 由于在密码学中的重要性,分解大数因数问题在近几年已有许多研究. 查找出下述一种因数分解法,写出其工作原理的简短叙述. (这些方法的信息从数论教科书与网上可得到.)

(a)Pollard $\rho$ 方法(这是希腊字母 $\rho$).

(b)Pollard $\rho - 1$ 方法.

(c)二次筛因数分解法.

(d)Lenstra 椭圆曲线因数分解法.

(e)数域筛法.

(最后两种方法需要高级思想,所以,在弄懂之前需要学习椭圆曲线或数域的知识.)数域筛法是目前所知的最有效的因数分解法,能够分解超过 150 位的数.

**18.7** 编写计算机程序,完成前一习题中的因数分解法,如 Pollard $\rho$ 方法、Pollard $\rho - 1$ 方法或二次筛法. 使用该程序分解下述各数.

(a)47 386 483 629 775 753

128

(b)1 834 729 514 979 351 371 768 185 745 442 640 443 774 091

# 第 19 章　素性测试与卡米歇尔数

素数是整数的基本构件. 无穷多素数展现出的某些模式特性可以说是整个数论甚至是数学所有领域中最深刻、最优美的. 素数(尤其是大素数)具有其实用的一面, 如我们在第 18 章构造 RSA 密码体制时所看到的. 这使我们思考下述问题:

**怎样判别一个(大)整数是不是素数呢?**

对小的整数 $n$, 如 8629, 8633 与 8641, 我们可简单地检查直至 $\sqrt{n}$ 的所有可能的(素)因数, 或者找到因数或者最后断定 $n$ 是素数. 按这种方法, 我们发现 8629 与 8641 是素数; 而 8633 可分解成 $89 \cdot 97$, 所以它不是素数.

对大素数, 如

$$m = 113\,736\,947\,625\,310\,405\,231\,177\,973\,028\,344\,375\,862\,964\,001$$

与

$$n = 113\,736\,947\,625\,310\,405\,231\,177\,973\,028\,344\,375\,862\,953\,603,$$

试验直至这个平方根的所有可能因数, 即使使用计算机工作量也太大. 然而, 在第 16 章看到(在计算机上)将数自乘到非常高的幂次并按非常大的数取模则不太困难. 例如, 用计算机花费很少时间就可计算出

$$2^m = 2^{113\,736\,947\,625\,310\,405\,231\,177\,973\,028\,344\,375\,862\,964\,001}$$

$$\equiv 39\,241\,970\,815\,393\,499\,060\,120\,043\,692\,630\,615\,961\,790\,020 \pmod{m}.$$

初看起来, 这似乎在做完全无用的计算, 但事实上它有很大的现实意义.

为了解释其中的原因, 我们回忆一下费马小定理(定理 9.1): 如果 $p$ 是素数, 则[一]对每个整数 $a$,

$$a^p \equiv a \pmod{p}.$$

因此, $2^m$ 不与 2 (mod $m$) 同余的事实告诉我们 $m$ 肯定不是素数. 我们可毫不含糊地断言: 不同余式 $2^m \not\equiv 2 \pmod{m}$ 构成 $m$ 不是素数的证明. 结论之强令人惊讶. 我们已证明 $m$ 不是素数, 尽管不知道如何分解 $m$; $m$ 是合数的证明确实没有提供任何能帮助我们寻求因数的线索[二], 这告诫我们常常无需分解一个数就可得知它为合数.

现在考虑数

$$n = 113\,736\,947\,625\,310\,405\,231\,177\,973\,028\,344\,375\,862\,953\,603.$$

如果进行类似计算, 可求得

$$2^n = 2^{113\,736\,947\,625\,310\,405\,231\,177\,973\,028\,344\,375\,862\,953\,603} \equiv 2 \pmod{n}.$$

能用费马小定理得到 $n$ 是素数的结论吗? 绝对不行, 费马小定理此时失效, 所以我们试

---

[一] 定理 9.1 实际上是说, 如果 $p \nmid a$, 则有 $a^{p-1} \equiv 1 \pmod{p}$. 我们将费马小定理的这种版本乘以 $a$ 是为了得到一个对所有整数 $a$ 都成立的陈述. 这种形式在本章使用起来更方便.

[二] 数 $m$ 是下述两个相当大的素数的乘积: $40\,103\,836\,670\,582\,470\,495\,139\,653$ 与 $2\,836\,061\,511\,010\,998\,317$.

验更多的数，比如说到 $a = 100$，可得

130

$$3^n \equiv 3 \ (\text{mod } n), \quad 4^n \equiv 4 \ (\text{mod } n), \quad 5^n \equiv 5 \ (\text{mod } n), \cdots, \quad 100^n \equiv 100 \ (\text{mod } n).$$

我们仍不能用费马小定理得到 $n$ 是素数的结论，但是，对 $a$ 的 99 个不同值，$a^n \equiv a \ (\text{mod } n)$ 暗示 $n$ 是"可能"素数.

这是个很奇怪的断言，一个数怎样能成为"可能素数"呢？要么是素数要么不是素数；不可能星期二与星期四是素数，而其余五天是合数⊖.

假设我们将数 $n$ 看作一种自然现象，并用实验科学家的精神研究 $n$. 通过选取数 $a$ 的不同值并计算 $a^n (\text{mod } n)$ 的值进行试验. 如果单个试验产生除 $a$ 外的任何数，则得到 $n$ 肯定是合数的结论. 所以，有理由相信，每进行一次试验，确实会得到一个数值 $a$ 作为我们收集 $n$ 是素数的"证据".

通过观察 $a$ 的 $n$ 次幂不等于 $a$ 的那些值，我们可在坚实的基础上进行这种推理. 如果

$$a^n \not\equiv a \ (\text{mod } n),$$

则我们说数 $a$ 是 $n$ 的证据. 这是 $a$ 的一个极好的名称，因为如果数 $n$ 试着扮演素数的角色，检察官可将 $a$ 放在证据位置证明 $n$ 实际上是合数.

如果 $n$ 是素数，则显然没有证据. 下面列出了直到 20 的所有数 $n$ 的证据表，它表明合数有相当多的证据.

| $n$ | $n$ 的证据 | $n$ | $n$ 的证据 |
| --- | --- | --- | --- |
| 3 | 素数 | 13 | 素数 |
| 4 | 2, 3 | 14 | 2, 3, 4, 5, 6, 9, 10, 11, 12, 13 |
| 5 | 素数 | 15 | 2, 3, 7, 8, 12, 13 |
| 6 | 2, 5 | 16 | 2, 3, 4, 5, 6, 7, 8, 9, 10, 11, 12, 13, 14, 15 |
| 7 | 素数 | 17 | 素数 |
| 8 | 2, 3, 4, 5, 6, 7 | 18 | 2, 3, 4, 5, 6, 7, 8, 11, 12, 13, 14, 15, 16, 17 |
| 9 | 2, 3, 4, 5, 6, 7 | 19 | 素数 |
| 10 | 2, 3, 4, 7, 8, 9 | 20 | 2, 3, 4, 6, 7, 8, 9, 10, 11, 12, 13, 14, |
| 11 | 素数 | | 15, 17, 18, 19 |
| 12 | 2, 3, 5, 6, 7, 8, 10, 11 | | |

要进一步支持这种观测，我们随机地选取 100 与 1000 之间的一些合数，数数它们有多少证据. 我们也给出 1 与 $n$ 之间作为证据的数所占的百分比.

---

⊖ Humpty Dumpty 得意地说："当我使用用数时，正是按我的意愿选取——既不多也不少."
Alice 说："问题在于你是否能对数做出不同的解释."
Dumpty 回答说，"问题是谁更精通数."
或者正如哈姆雷特所说，"天上刮西北风的时候，我才发疯；风从南方吹过来的时候，我能分辨出素数与合数."

| $n$ | 287 | 190 | 314 | 586 | 935 | 808 | 728 | 291 |
|---|---|---|---|---|---|---|---|---|
| 证据的数目 | 278 | 150 | 310 | 582 | 908 | 804 | 720 | 282 |
| 证据的百分比(%) | 96.9 | 78.9 | 98.7 | 99.3 | 97.1 | 99.5 | 98.9 | 96.9 |

看起来如果 $n$ 是合数，则 $a$ 的大多数值可作为证据. 例如，如果 $n=287$，并且如果选取 $a$ 的随机值，则 $a$ 是 $n$ 为合数的证据有 96.9% 的机会. 因此，要证明 $n$ 是合数无需进行很多试验.

我们所有的证据和常识似乎表明合数有许多证据. 但是，这真的成立吗？如果开始制作有证据的所有数的表格，则最终会陷入 $n=561$ 的糟糕境地. 因为 $561=3\cdot11\cdot17$，所以这是合数，但不幸的是，561 甚至没有一个证据！验证 561 没有证据的一条途径是对 $a$ 的所有 561 个值计算 $a^n \pmod n$. 我们采用一个比较容易的方法. 要证明

131
↓
132

$$a^{561} \equiv a \pmod{561},$$

只要证明

$$a^{561} \equiv a \pmod 3, \quad a^{561} \equiv a \pmod{11}, \quad a^{561} \equiv a \pmod{17}$$

就足够了，因为如果一个数被 3，11，17 整除，则也被它们的乘积 $3\cdot11\cdot17$ 整除. 对第一个同余式，注意到如果 3 整除 $a$，则两边是 0，而如果 3 不整除 $a$，则可用费马小定理 $a^2 \equiv 1 \pmod 3$ 计算

$$a^{561} = a^{2\cdot280+1} = (a^2)^{280}\cdot a \equiv 1\cdot a \equiv a \pmod 3.$$

用同样的方法可验证第二与第三个同余式. 因此要么 11 整除 $a$，两边模 11 是 0，要么使用同余式 $a^{10}\equiv 1 \pmod{11}$ 计算

$$a^{561} = a^{10\cdot56+1} = (a^{10})^{56}\cdot a \equiv 1\cdot a \equiv a \pmod{11}.$$

最后，要么 17 整除 $a$，两边模 17 等于 0，要么使用 $a^{16}\equiv 1 \pmod{17}$ 计算

$$a^{561} = a^{16\cdot35+1} = (a^{16})^{35}\cdot a \equiv 1\cdot a \equiv a \pmod{17}.$$

从而，合数 561 没有证据.

1910 年，这个例子与 14 个其他例子首先引起了卡米歇尔的注意，所以用卡米歇尔来命名这种数. 卡米歇尔数是这样的合数 $n$，即对每个整数 $1\le a\le n$，都有

$$a^n \equiv a \pmod n.$$

换句话说，卡米歇尔数是可冒充素数的一种合数，因为它没有合数特征的证据. 我们已看到 561 是卡米歇尔数，事实上它是最小的卡米歇尔数.

下面是直到 10 000 的所有卡米歇尔数的完全列表：

$$561, \quad 1105, \quad 1729, \quad 2465, \quad 2821, \quad 6601, \quad 8911.$$

分解它们，

$$561 = 3\cdot11\cdot17, \quad 1105 = 5\cdot13\cdot17, \quad 1729 = 7\cdot13\cdot19,$$

$$2465 = 5\cdot17\cdot29, \quad 2821 = 7\cdot13\cdot31, \quad 6601 = 7\cdot23\cdot41, \quad 8911 = 7\cdot19\cdot67.$$

133

我们马上观察到表中的每个数是三个不同奇素数的乘积. 所以可提出猜想：卡米歇尔数总是三个不同奇素数的乘积.

我们的猜想不太好，因为

$$62\,745 = 3 \cdot 5 \cdot 47 \cdot 89$$

是四个素数乘积的卡米歇尔数. 这并不意味着我们应该放弃猜想，而仅仅是必须做一些修改. 注意我们的猜想实际上是三个猜想：卡米歇尔数恰好有三个素因数，素因数是不同的，素因数是奇数. 所以我们丢弃错误的部分而分别叙述其他两个部分：

（A）每个卡米歇尔数是奇数.

（B）每个卡米歇尔数是不同素数的乘积.

现在证明这两个断言. 对于（A），使用卡米歇尔同余式

$$a^n \equiv a \pmod{n}, \quad a = n - 1 \equiv -1 \pmod{n},$$

得

$$(-1)^n \equiv -1 \pmod{n}.$$

这蕴涵 $n$ 是奇数（或 $n = 2$）.

下面证明（B）. 假设 $n$ 是卡米歇尔数. 设 $p$ 是整除 $n$ 的素数. $p^{e+1}$ 是整除 $n$ 的 $p$ 的最大幂次. 我们要证明 $e$ 是 0. $n$ 是卡米歇尔数的事实表明对 $a$ 的每个值，$a^n \equiv a \pmod{n}$. 特别地，对 $a = p^e$ 这是成立的，所以

$$p^{en} \equiv p^e \pmod{n}.$$

因此，$n$ 整除差 $p^{en} - p^e$，由假设 $p^{e+1}$ 整除 $n$，得到 $p^{e+1}$ 整除 $p^{en} - p^e$ 的结论. 从而，

$$\frac{p^{en} - p^e}{p^{e+1}} = \frac{p^{en-e} - 1}{p}$$

是整数. 这可能成立的唯一途径是 $e = 0$，这就完成了（B）的证明.

卡米歇尔数的两个性质（A）与（B）是有用的，但是，如果能够发现简单方法来检验一个数是否是卡米歇尔数则会更有用. 前面对 561 是卡米歇尔数的验证提供了一个线索. 不验证 $a^n \equiv a \pmod{n}$，而是对整除 $n$ 的每个素数 $p$，验证 $a^n \equiv a \pmod{p}$. 然后将模 $p$ 的同余式与费马小定理进行比较，给出 $p$ 与 $n$ 之间的关系式. 结论是下面叙述并证明的卡米歇尔数判别法.

**定理 19.1（卡米歇尔数的考塞特判别法）**  设 $n$ 是合数. 则 $n$ 是卡米歇尔数当且仅当它是奇数，且整除 $n$ 的每个素数 $p$ 满足下述两个条件：

（1）$p^2$ 不整除 $n$.

（2）$p - 1$ 整除 $n - 1$.

**证明**  首先假设 $n$ 是合数，进而假设 $n$ 的每个素因数 $p$ 满足条件（1）与（2）. 要证明 $n$ 是卡米歇尔数. 我们的证明使用前面证明 561 是卡米歇尔数的相同论证.

将 $n$ 分解成素数的乘积

$$n = p_1 p_2 p_3 \cdots p_r,$$

由条件（1）得 $p_1$，$p_2$，$\cdots$，$p_r$ 是互不相同的素数，由条件（2）得每个 $p_i - 1$ 整除 $n - 1$，所以对每个 $i$，可分解因数

$$n - 1 = (p_i - 1)k_i, \quad \text{其中 } k_i \text{ 是某整数.}$$

现在任取一个整数 $a$，计算 $a^n \pmod{p_i}$ 的值如下：首先，如果 $p_i$ 整除 $a$，则显然有

$$a^n \equiv 0 \equiv a \pmod{p_i}.$$

否则 $p_i$ 不整除 $a$，我们可用费马小定理计算

$$
\begin{aligned}
a^n &= a^{(p_i-1)k_i+1} & &\text{因为 } n - 1 = (p_i - 1)k_i, \\
&= \left(a^{p_i-1}\right)^{k_i} \cdot a \\
&\equiv 1^{k_i} \cdot a \pmod{p_i} & &\text{由费马小定理得 } a^{p_i-1} \equiv 1 \pmod{p_i}, \\
&\equiv a \pmod{p_i}.
\end{aligned}
$$

现在我们已证明对每个 $i = 1, 2, \cdots, r$，

$$a^n \equiv a \pmod{p_i}.$$

换句话说，$a^n - a$ 被每个素数 $p_1, p_2, \cdots, p_r$ 整除，从而它被乘积 $n = p_1 p_2 \cdots p_r$ 整除. （注意此处使用了 $p_1, p_2, \cdots, p_r$ 互不相同的事实.）因此，

$$a^n \equiv a \pmod{n},$$

由于我们已证明对每个整数 $a$ 结论成立，所以这就完成了 $n$ 是卡米歇尔数的证明.

这就证明了考塞特 (Korselt) 判别法的一半：满足条件 (1) 与 (2) 的奇合数是卡米歇尔数. 另一方面，我们在前面证明了每个卡米歇尔数满足条件 (1)，在习题 19.1 中，要求你证明卡米歇尔数满足条件 (2). □

为说明考塞特判别法的用处，我们验证前面给出的两个例子实际上是卡米歇尔数. 首先，考塞特判别法告诉我们 $1729 = 7 \cdot 13 \cdot 19$ 是卡米歇尔数，因为

$$\frac{1729 - 1}{7 - 1} = 288, \quad \frac{1729 - 1}{13 - 1} = 144, \quad \frac{1729 - 1}{19 - 1} = 96.$$

其次，$62745 = 3 \cdot 5 \cdot 47 \cdot 89$ 是卡米歇尔数，因为

$$\frac{62745 - 1}{3 - 1} = 31372, \quad \frac{62745 - 1}{5 - 1} = 15686, \quad \frac{62745 - 1}{47 - 1} = 1364, \quad \frac{62745 - 1}{89 - 1} = 713.$$

在卡米歇尔 1910 年的论文中，他猜测存在无穷多个卡米歇尔数. （当然，他没有称这种数为卡米歇尔数！）这个猜想 70 多年没有人证明，最后由 W. R. Alford、A. Granville 与 C. Pomerance 于 1994 年证明.

卡米歇尔数存在的事实意味着我们需要一个更好的检验合数的办法. 合数的拉宾-米勒测试是基于下述事实.

**定理 19.2 (素数的一个性质)**　设 $p$ 是奇素数，记

$$p - 1 = 2^k q, \quad q \text{ 是奇数.}$$

设 $a$ 是不被 $p$ 整除的整数. 则下述两个条件之一成立：

(i) $a^q$ 模 $p$ 余 1.

(ii) 数 $a^q, a^{2q}, a^{2^2 q}, \cdots, a^{2^{k-1}q}$ 之一模 $p$ 余 $-1$.

**证明**  费马小定理告诉我们 $a^{p-1} \equiv 1 \pmod{p}$. 这意味着当我们观察数表

$$a^q, \quad a^{2q}, \quad a^{4q}, \quad \cdots, \quad a^{2^{k-1}q}, \quad a^{2^kq}$$

时, 得到表中的最后一个数模 $p$ 余 1(因为 $2^kq$ 等于 $p-1$). 进而, 表中的每个数是前一个数的平方. 因此下述两种可能之一必成立:

(i)表中的第一个数模 $p$ 余 1.

(ii)表中的一些数模 $p$ 不余 1, 但平方后它就模 $p$ 余 1. 具有这种特点的数与 $-1$ 模 $p$ 同余, 所以在这种情况下, 表包含 $-1 \pmod{p}$.

这就完成了证明.                                                                            □

从上面素数的性质出发, 我们得到被称为拉宾-米勒测试的合数试验. 于是, 如果 $n$ 是奇素数, 且 $n$ 没有定理 19.2 中描述的素数性质, 则它必是合数. 进而, 对 $a$ 的许多不同值, 如果 $n$ 确实具有上面的素数性质, 则 $n$ 可能是素数.

**定理 19.3(合数的拉宾-米勒测试)**  设 $n$ 是奇素数, 记 $n-1 = 2^kq$, $q$ 是奇数. 对不被 $n$ 整除的某个 $a$, 如果下述两个条件都成立, 则 $n$ 是合数.

(a)$a^q \not\equiv 1 \pmod{n}$,

(b)对所有 $i = 0, 1, 2, \cdots, k-1$, $a^{2^iq} \not\equiv -1 \pmod{n}$.

我们已经证明拉宾-米勒测试可行, 因为如果 $n$ 满足(a)与(b), 则 $n$ 不满足定理 19.2 中所描述的素数性质, 所以 $n$ 必是合数. 注意拉宾-米勒测试在计算机上会很快且很容易地进行, 因为在计算 $a^q \pmod{n}$ 之后, 可简单算出模 $n$ 的平方.

对任意选取的 $a$, 拉宾-米勒测试结论性地证明 $n$ 是合数, 或表明 $n$ 可能是素数. $n$ 的合数性的拉宾-米勒证据是拉宾-米勒测试能成功证明 $n$ 是合数的数 $a$. 拉宾-米勒测试如此有用的理由归于下述事实, 在许多高等教科书中都有其证明.

| 如果 $n$ 是奇合数, 则 1 与 $n-1$ 之间至少有 75% 的数可作为 $n$ 的拉宾-米勒证据. |
|---|

换句话说, 每个合数有许多拉宾-米勒证据来说明它的合数性, 所以, 不存在拉宾-米勒测试的任何"卡米歇尔型数".

例如, 如果随机选取 $a$ 的 100 个不同值, 其中没有 $n$ 的拉宾-米勒证据, 则 $n$ 是合数的概率⊖小于 $0.25^{100}$, 它近似等于 $6 \cdot 10^{-61}$. 如果你觉得这会冒太多风险, 你总可以试 $a$ 的另外几百个值. 在实践中, 如果 $n$ 是合数, 则仅需几次拉宾-米勒测试总能揭示这个事实.

为举例说明, 我们将 $a = 2$ 的拉宾-米勒测试应用到数 561, 可以回顾它是一个卡米

---

⊖ 此处有一点欺骗行为. 我们真正需要计算的被称为条件概率, 本例中是指 100 个 $a$ 值都不是证据时 $n$ 为合数的概率. 这个概率的正确上界大约是 $0.25^{100} \cdot \ln(n)$.

歇尔数. 我们有 $n - 1 = 560 = 2^4 \cdot 35$，所以计算

$$2^{35} \equiv 263 \ (\text{mod } 561),$$

$$2^{2 \cdot 35} \equiv 263^2 \equiv 166 \ (\text{mod } 561),$$

$$2^{4 \cdot 35} \equiv 166^2 \equiv 67 \ (\text{mod } 561),$$

$$2^{8 \cdot 35} \equiv 67^2 \equiv 1 \ (\text{mod } 561).$$

第一个数 $2^{35} \ (\text{mod } 561)$ 既不是 1 也不是 $-1$，其他数不是 $-1$，所以 2 是 561 为合数这一事实的拉宾-米勒证据.

作为第二个例子，取较大数 $n = 172\,947\,529$. 我们有

$$n - 1 = 172\,947\,528 = 2^3 \cdot 21\,618\,441.$$

应用 $a = 17$ 的拉宾-米勒测试，在第一步得

$$17^{21\,618\,441} \equiv 1 \ (\text{mod } 172\,947\,529),$$

所以，17 不是 $n$ 的拉宾-米勒证据. 下面我们试验 $a = 3$，但是

$$3^{21\,618\,441} \equiv -1 \ (\text{mod } 172\,947\,529),$$

所以，3 也不是拉宾-米勒证据. 此时，我们可能怀疑 $n$ 是素数，但如果试验另一个值，如 $a = 23$，可求得

$$23^{21\,618\,441} \equiv 40\,063\,806 \ (\text{mod } 172\,947\,529),$$

$$23^{2 \cdot 21\,618\,441} \equiv 2\,257\,065 \ (\text{mod } 172\,947\,529),$$

$$23^{4 \cdot 21\,618\,441} \equiv 1 \ (\text{mod } 172\,947\,529),$$

所以 23 是 $n$ 实际上为合数的拉宾-米勒证据. 事实上，$n$ 是卡米歇尔数，但 $n$ 不那么容易(手工)分解.

## 习题

**19.1** 设 $n$ 是卡米歇尔数，$p$ 是整除 $n$ 的素数.

(a)通过证明 $p - 1$ 整除 $n - 1$ 来完成考塞特判别法的证明. (提示：我们在第 28 章将证明对每个素数 $p$，至少存在一个数 $g$，其幂 $g$，$g^2$，$g^3$，$\cdots$，$g^{p-1}$ 都是模 $p$ 不同余的(这样的数称为原根). 为求解这个问题，试将 $a = g$ 代入卡米歇尔同余式 $a^n \equiv a \ (\text{mod } n)$.)

(b)证明 $p - 1$ 实际上整除比较小的数 $\dfrac{n}{p} - 1$.

**19.2** 存在仅有两个素因数的卡米歇尔数吗? 寻找一个例子或证明其不存在.

**19.3** 使用考塞特判别法确定下述哪些数是卡米歇尔数.

(a)1105    (b)1235    (c)2821    (d)6601    (e)8911    (f)10 659

(g)19 747    (h)105 545    (i)126 217    (j)162 401    (k)172 081    (l)188 461

**19.4** 假设选取 $k$ 使得三个数 $6k + 1$，$12k + 1$，$18k + 1$ 都是素数.

(a)证明它们的乘积 $n = (6k + 1)(12k + 1)(18k + 1)$ 是卡米歇尔数.

(b)找出使该方法有效的前 5 个 $k$ 值，并给出该方法产生的卡米歇尔数.

**19.5** 找出一个能表成 5 个素数乘积的卡米歇尔数.

**19.6** (a)编写计算机程序，用考塞特判别法检验数 $n$ 是否是卡米歇尔数.

(b)在前面我们列出了小于 10 000 的所有卡米歇尔数. 使用你的程序扩展该表到 100 000.

139

(c)使用你的程序求大于 1 000 000 的最小卡米歇尔数.

**19.7** (a)设 $n = 1105$，所以 $n - 1 = 2^4 \cdot 69$. 计算

$$2^{69} \pmod{1105}, \quad 2^{2 \cdot 69} \pmod{1105}, \quad 2^{4 \cdot 69} \pmod{1105}, \quad 2^{8 \cdot 69} \pmod{1105}$$

的值，并使用拉宾-米勒测试得出 $n$ 是合数的结论.

(b)使用 $a = 2$ 的拉宾-米勒测试证明 $n = 294\,409$ 是合数. 然后求 $n$ 的因数分解，并证明它是卡米歇尔数.

(c)对于 $n = 118\,901\,521$ 重复(b).

**19.8** 编写较大整数的拉宾-米勒测试程序，用它研究下述数中哪些为合数.

(a)155 196 355 420 821 961

(b)155 196 355 420 821 889

(c)285 707 540 662 569 884 530 199 015 485 750 433 489

140

(d)285 707 540 662 569 884 530 199 015 485 751 094 149

# 第20章 模 $p$ 平方剩余

在第 8 章中我们已经学会如何解线性同余式

$$ax \equiv c \pmod{m},$$

现在决定转向到二次同余式方程. 在接下来的三章中, 我们致力于回答下述类型的问题:

- 3 是否与某个数的平方模 7 同余?
- 同余式 $x^2 \equiv -1 \pmod{13}$ 是否有解?
- 对哪些素数 $p$, 同余式 $x^2 \equiv 2 \pmod{p}$ 有解?

对前两个问题, 我们可以立即做出回答. 要检验 3 是否与某个数的平方模 7 同余, 只需先分别计算出数 0~6 的平方, 再模 7 简化, 然后检查简化后的数中是否有 3. 于是

$$0^2 \equiv 0 \pmod{7}$$
$$1^2 \equiv 1 \pmod{7}$$
$$2^2 \equiv 4 \pmod{7}$$
$$3^2 \equiv 2 \pmod{7}$$
$$4^2 \equiv 2 \pmod{7}$$
$$5^2 \equiv 4 \pmod{7}$$
$$6^2 \equiv 1 \pmod{7}.$$

我们看到 3 不会与某个平方数模 7 同余. 类似地, 如果计算出数 0~12 的平方, 再模 13 简 141
化, 我们会发现同余式 $x^2 \equiv -1 \pmod{13}$ 有两个解: $x \equiv 5 \pmod{13}$ 和 $x \equiv 8 \pmod{13}$ [一].

像通常一样, 我们需要先看一些数据, 然后才能开始寻找模式并做出猜想. 对 $p = 5, 7, 11$ 和 13, 下面的表格给出了模 $p$ 的所有平方剩余.

| $b$ | $b^2$ |
|---|---|
| 0 | 0 |
| 1 | 1 |
| 2 | 4 |
| 3 | 4 |
| 4 | 1 |

模 5

| $b$ | $b^2$ |
|---|---|
| 0 | 0 |
| 1 | 1 |
| 2 | 4 |
| 3 | 2 |
| 4 | 2 |
| 5 | 4 |
| 6 | 1 |

模 7

| $b$ | $b^2$ |
|---|---|
| 0 | 0 |
| 1 | 1 |
| 2 | 4 |
| 3 | 9 |
| 4 | 5 |
| 5 | 3 |
| 6 | 3 |
| 7 | 5 |
| 8 | 9 |
| 9 | 4 |
| 10 | 1 |

模 11

| $b$ | $b^2$ |
|---|---|
| 0 | 0 |
| 1 | 1 |
| 2 | 4 |
| 3 | 9 |
| 4 | 3 |
| 5 | 12 |
| 6 | 10 |
| 7 | 10 |
| 8 | 12 |
| 9 | 3 |
| 10 | 9 |
| 11 | 4 |
| 12 | 1 |

模 13

---

⊖ 在 19 世纪的很长一段时间内, 数学家们对数 $\sqrt{-1}$ 这个概念感到很不安. 现在的称呼"虚数"仍然反映了那种忧虑. 但是, 如果考虑模, 比如模 13, 那么 $\sqrt{-1}$ 就没有任何神秘之处了. 事实上, 5 和 8 都是 -1 模 13 的平方根.

从这些表中，我们可以明显看出一些有趣的模式．例如，每个平方剩余(0 除外)似乎恰好出现两次．比如，对模 11，5 是 4 和 7 的平方剩余，而对模 13，3 是 4 和 9 的平方剩余．事实上，如果我们从中间折叠每张表，作为平方剩余的数字在最上端和最下端是相同的．

如何用公式描述这个模式呢？我们说数 $b$ 的平方剩余与数 $p-b$ 的平方剩余是模 $p$ 相同的．事实上，我们已经用公式表达了这个模式，它是很容易证明的．即

142

$$(p - b)^2 = p^2 - 2pb + b^2 \equiv b^2 \pmod{p}.$$

因此，如果要列出模 $p$ 的所有(非零)平方剩余，只需计算出其中的一半：

$$1^2 \pmod{p}, 2^2 \pmod{p}, 3^2 \pmod{p}, \cdots, \left(\frac{p-1}{2}\right)^2 \pmod{p}.$$

我们的目的是发现模式，以便用来区分模 $p$ 的平方剩余与非平方剩余．最后，将会导出整个数论中最漂亮的定理之一——二次互反律．但是，首先要给我们所要研究的数指定一些名称．

与一个平方数模 $p$ 同余的不是 $p$ 倍数的数称为模 $p$ 的二次剩余(也叫平方剩余)．不与任何一个平方数模 $p$ 同余的数称为模 $p$ 的(二次)非剩余(也叫平方非剩余)．我们将二次剩余简记为 QR，而二次非剩余简记为 NR．与 0 模 $p$ 同余的数既不是二次剩余，也不是二次非剩余．

我们用表格中的数据为例来说明这些术语：3 和 12 是模 13 的 QR，而 2 和 5 是模 13 的 NR．注意：之所以 2 和 5 是 NR，是因为 2 和 5 不在模 13 的平方剩余列表中出现．模 13 的所有 QR 的集合是{1，3，4，9，10，12}，所有 NR 的集合是{2，5，6，7，8，11}．类似地，模 7 的 QR 的集合是{1，2，4}，而模 7 的 NR 的集合是{3，5，6}．

注意到模 13 的二次剩余有 6 个，二次非剩余有 6 个；模 7 的二次剩余有 3 个，二次非剩余有 3 个．利用已经得到的式子$(p-b)^2 \equiv b^2 \pmod{p}$，我们可很容易地证明模任意(奇)素数的二次剩余的个数与二次非剩余的个数是相等的．

**定理 20.1** 设 $p$ 为一个奇素数，则恰有$\frac{p-1}{2}$个模 $p$ 的二次剩余，且恰有$\frac{p-1}{2}$个模 $p$ 的二次非剩余．

**证明** 二次剩余是非零数，它们是模 $p$ 平方剩余，因此它们是下面这些数：

$$1^2, 2^2, \cdots, (p - 1)^2 \pmod{p}.$$

但是，我们前面已说明，只需计算到一半，

$$1^2, 2^2, \cdots, \left(\frac{p-1}{2}\right)^2 \pmod{p},$$

因为如果计算出余下的平方剩余

143

$$\left(\frac{p+1}{2}\right)^2, \cdots, (p-2)^2, (p-1)^2 \pmod{p},$$

则会出现与前面顺序颠倒的相同的数. 因此, 要证明恰好有 $\dfrac{p-1}{2}$ 个二次剩余, 只需验证 $1^2$, $2^2$, $\cdots$, $\left(\dfrac{p-1}{2}\right)^2$ 模 $p$ 是两两不同的.

假设 $b_1$ 与 $b_2$ 都是 1 到 $\dfrac{p-1}{2}$ 之间的数, 且满足 $b_1^2 \equiv b_2^2 \pmod{p}$. 我们要证明 $b_1 = b_2$. 条件 $b_1^2 \equiv b_2^2 \pmod{p}$ 说明

$$p \text{ 整除 } b_1^2 - b_2^2 = (b_1 - b_2)(b_1 + b_2).$$

然而, $b_1 + b_2$ 是 2 到 $p-1$ 之间的数, 因此不可能被 $p$ 整除. 故 $p$ 必整除 $b_1 - b_2$, 但是 $|b_1 - b_2| < (p-1)/2$, 所以 $b_1 - b_2$ 可被 $p$ 整除的唯一方式只能是 $b_1 = b_2$. 这就证明了 $1^2$, $2^2$, $\cdots$, $\left(\dfrac{p-1}{2}\right)^2$ 模 $p$ 是两两不同的, 因此恰好有 $\dfrac{p-1}{2}$ 个模 $p$ 的二次剩余. 现在只需注意到 1 到 $p-1$ 之间有 $p-1$ 个数. 如果它们中的一半是二次剩余, 则剩下的另一半必是二次非剩余. $\square$

假设取两个二次剩余并对它们作乘积, 那么得到的是一个 QR 还是一个 NR, 或者有时得到 QR 有时得到 NR 呢? 例如, 3 和 10 是模 13 的 QR, 它们的积 $3 \cdot 10 = 30 \equiv 4 \pmod{13}$ 也是模 13 的 QR. 事实上, 对这个问题不需要计算便有明确的答案, 因为两个平方数的乘积一定是平方数. 我们可以给出如下的正式证明. 假定 $a_1$, $a_2$ 都是模 $p$ 的 QR, 即存在数 $b_1$ 和 $b_2$, 使得 $a_1 \equiv b_1^2 \pmod{p}$, $a_2 \equiv b_2^2 \pmod{p}$. 将这两个同余式相乘, 得到 $a_1 a_2 = (b_1 b_2)^2 \pmod{p}$, 此即表明 $a_1 a_2$ 是一个 QR.

如果对一个 QR 和一个 NR 作乘积, 或是对两个 NR 作乘积, 那么情况就不太明了. 下面是一些例子, 其中采用了前面表格中的数据:

| $QR \times NR \equiv ?? \pmod{p}$ | | $NR \times NR \equiv ?? \pmod{p}$ | |
|---|---|---|---|
| $2 \times 5 \equiv 3 \pmod 7$ | NR | $3 \times 5 \equiv 1 \pmod 7$ | QR |
| $5 \times 6 \equiv 8 \pmod{11}$ | NR | $6 \times 7 \equiv 9 \pmod{11}$ | QR |
| $4 \times 5 \equiv 7 \pmod{13}$ | NR | $5 \times 11 \equiv 3 \pmod{13}$ | QR |
| $10 \times 7 \equiv 5 \pmod{13}$ | NR | $7 \times 11 \equiv 12 \pmod{13}$ | QR |

因此, 将一个二次剩余与一个二次非剩余相乘, 似乎得到一个二次非剩余, 而两个二次非剩余的乘积似乎是一个二次剩余. 若用符号表示, 可以写成

$$QR \times QR = QR, \quad QR \times NR = NR, \quad NR \times NR = QR.$$

我们已知第一个关系式是正确的. 现在验证另两个关系式.

144

**定理 20.2 (二次剩余乘法法则——版本 1)** 设 $p$ 为奇素数, 则

(i) 两个模 $p$ 的二次剩余的积是二次剩余.

(ii) 二次剩余与二次非剩余的积是二次非剩余.

(iii) 两个二次非剩余的积是二次剩余.

这三条法则可用符号表示如下:

$$QR \times QR = QR, \quad QR \times NR = NR, \quad NR \times NR = QR.$$

**证明**   我们已经知道 $QR \times QR = QR$. 下面假设 $a_1$ 是一个 QR, 比如 $a_1 \equiv b_1^2 \pmod{p}$, 且设 $a_2$ 是一个 NR. 我们假设 $a_1 a_2$ 是一个 QR 并由此导出矛盾. $a_1 a_2$ 是 QR 这一假设意味着存在某个整数 $b_3$ 使 $a_1 a_2$ 与 $b_3^2$ 同余, 所以有

$$b_3^2 \equiv a_1 a_2 \equiv b_1^2 a_2 \pmod{p}.$$

因为 $p$ 不整除 $a_1$ 且 $a_1 = b_1^2$, 所以 $\gcd(b_1, p) = 1$. 因此由线性同余式定理(定理 8.1), 我们可以找出 $b_1 \pmod{p}$ 的逆. 换句话说, 可以找出某个 $c_1$ 使得 $c_1 b_1 \equiv 1 \pmod{p}$. 将上面的同余式两边同乘 $c_1^2$ 可得

$$c_1^2 b_3^2 \equiv c_1^2 a_1 a_2 \equiv (c_1 b_1)^2 a_2 \equiv a_2 \pmod{p}.$$

于是 $a_2 \equiv (c_1 b_3)^2 \pmod{p}$ 是一个 QR, 与 $a_2$ 是 NR 矛盾. 这就证明了

$$QR \times NR = NR.$$

还剩下两个 NR 的乘积需要处理. 设 $a$ 是一个 NR, 考虑下述值的集合:

$$a, 2a, 3a, \cdots, (p-2)a, (p-1)a \pmod{p}.$$

由前面已使用的论证方法(见引理 9.2)可知, 上面这些值恰是 $1, 2, \cdots, p-1$ 以某种不同顺序的重排. 特别地, 这些数中包括 $\frac{1}{2}(p-1)$ 个 QR 和 $\frac{1}{2}(p-1)$ 个 NR. 然而, 正如我们已经证明的那样, 每次将 $a$ 乘以 QR 便得到一个 NR, 所以 $\frac{1}{2}(p-1)$ 个积

$$a \times QR$$

已经给出了表中的 $\frac{1}{2}(p-1)$ 个 NR. 因此, 当 $a$ 乘以 NR 时, 唯一的可能就是它等于列表中的一个 QR, 因为 $a \times QR$ 已经用完了列表中的所有 NR.   □

以上我们证明了二次剩余的乘法法则, 现在观察下面的公式:

$$QR \times QR = QR, \quad QR \times NR = NR, \quad NR \times NR = QR.$$

这些法则会让你想起什么吗? 如果没有, 下面是一个提示. 假定用数字代替符号 QR 与 NR, 什么数字会有效呢? 对了, 符号 QR 如同 $+1$ 而符号 NR 如同 $-1$. 注意到有点神秘的第三条法则——两个二次非剩余的乘积是一个二次剩余, 这反映了同样神秘的法则 $(-1) \times (-1) = +1$ [⊖].

勒让德(Adrien-Marie Legendre)观察到 QR 与 NR 的性质同 $+1$ 与 $-1$ 的性质类似, 于

---

⊖  你可能不再认为公式 $(-1) \times (-1) = +1$ 是神秘的了, 因为你对它已很熟悉. 但是, 当你第一次见到它时, 应该感觉到它的神秘. 停下来思考一下, 并没有什么明显的原因说两个负数的乘积必须是正数. 你能对 $(-1) \times (-1)$ 必等于 $+1$ 给出一个有说服力的证明吗?

是他引入了下面非常有用的符号.

    $a$ 模 $p$ 的勒让德符号是

$$\left(\frac{a}{p}\right) = \begin{cases} 1 & \text{若 } a \text{ 是模 } p \text{ 的二次剩余,} \\ -1 & \text{若 } a \text{ 是模 } p \text{ 的二次非剩余.} \end{cases}$$

    例如, 采用前面表格中的数据, 有

$$\left(\frac{3}{13}\right) = 1, \quad \left(\frac{11}{13}\right) = -1, \quad \left(\frac{2}{7}\right) = 1, \quad \left(\frac{3}{7}\right) = -1.$$

利用勒让德符号, 二次剩余的乘法法则可用一个公式表出.

    **定理 20.3(二次剩余乘法法则——版本 2)**    设 $p$ 为奇素数, 则

$$\left(\frac{a}{p}\right)\left(\frac{b}{p}\right) = \left(\frac{ab}{p}\right).$$

    勒让德符号在计算中非常有用. 例如, 假定想知道 75 是不是模 97 的平方剩余, 可以计算

$$\left(\frac{75}{97}\right) = \left(\frac{3 \cdot 5 \cdot 5}{97}\right) = \left(\frac{3}{97}\right)\left(\frac{5}{97}\right)\left(\frac{5}{97}\right) = \left(\frac{3}{97}\right).$$

[146]

注意到 $\left(\dfrac{5}{97}\right)$ 是 $+1$ 还是 $-1$ 无关紧要, 因为它出现两次, 且 $(+1)^2 = (-1)^2 = 1$. 现在我们观察到 $10^2 \equiv 3 \pmod{97}$, 所以 3 是一个 QR. 因此

$$\left(\frac{75}{97}\right) = \left(\frac{3}{97}\right) = 1.$$

当然, 我们能够判断出 3 是模 97 的一个 QR 有些幸运. 有没有一种方法可以不靠幸运或反复试验就能计算出像 $\left(\dfrac{3}{97}\right)$ 这样的勒让德符号呢? 答案是肯定的, 我们将在后续的章节进行讨论.

## 习题

**20.1** 列出模 19 的所有二次剩余与二次非剩余.

**20.2** 对每个奇素数 $p$, 考虑下面两个数

$$A = \text{模 } p \text{ 的所有满足 } 1 \leqslant a < p \text{ 的二次剩余 } a \text{ 的和,}$$
$$B = \text{模 } p \text{ 的所有满足 } 1 \leqslant a < p \text{ 的二次非剩余 } a \text{ 的和.}$$

例如, 若 $p = 11$, 则二次剩余为

$1^2 \equiv 1 \pmod{11}$,   $2^2 \equiv 4 \pmod{11}$,   $3^2 \equiv 9 \pmod{11}$,   $4^2 \equiv 5 \pmod{11}$,   $5^2 \equiv 3 \pmod{11}$,

因此

$$A = 1 + 4 + 9 + 5 + 3 = 22, \quad B = 2 + 6 + 7 + 8 + 10 = 33.$$

(a) 对所有满足 $p < 20$ 的奇素数列出 $A$ 和 $B$.

(b) $A + B$ 的值等于多少? 证明你的猜测.

(c) 计算 $A \pmod{p}$ 和 $B \pmod{p}$. 寻找模式并证明之. 〔提示: 参见习题 7.4, $1^2 + 2^2 + \cdots + n^2$

的公式也许有用.]

(d)收集更多的资料并给出判别 $p$ 是否满足 $A=B$ 的准则. 阅读完第 21 章后，证明你的猜测.

(e)编写一个计算机程序计算 $A$ 与 $B$，并用它对奇素数 $p \leqslant 100$ 制作表格. 若 $A \neq B$，$A$ 与 $B$ 哪一个会更大呢？是 $A$ 还是 $B$？尝试证明你的猜测，不过预先提醒一下，这是一个很难的问题.

**20.3** 数 $a$ 称为模 $p$ 的三次剩余(或立方剩余)，是指它与一个立方数模 $p$ 同余，也就是说，存在一个数 $b$ 使得 $a \equiv b^3 \pmod{p}$.

(a)对 $p=5$，$7$，$11$，$13$，列出模 $p$ 的所有三次剩余.

(b)找出两个数 $a_1$ 和 $b_1$，使 $a_1$，$b_1$ 都不是模 19 的三次剩余，但 $a_1 b_1$ 是模 19 的三次剩余. 类似地，找出两个数 $a_2$ 和 $b_2$，使 $a_2$，$b_2$，$a_2 b_2$ 都不是模 19 的三次剩余.

147

(c)若 $p \equiv 2 \pmod 3$，对哪些 $a$ 是三次剩余作一个猜测并证明之.

# 第21章 −1 是模 $p$ 平方剩余吗? 2 呢

在前一章中, 对各种素数 $p$, 我们讨论了模 $p$ 的二次剩余和二次非剩余. 例如, 制作了一个模 13 的平方剩余表格, 从表中可以看出 3 和 12 是模 13 的 QR, 而 2 和 5 是模 13 的 NR.

为了与数学的所有优良传统保持一致, 我们倒过来看这个问题. 原来是对给定的素数 $p$, 列出所有是 QR 和 NR 的 $a$. 现在我们给定 $a$, 看看对哪些素数 $p$, $a$ 是 QR. 为弄清问题所在, 我们先从 $a = -1$ 开始. 我们要回答的问题如下:

对哪些素数 $p$, $-1$ 是 QR?

也可以将这个问题以其他方式表达, 比如"对哪些素数 $p$, 同余式 $x^2 \equiv -1 \pmod{p}$ 有解?"或"对哪些素数 $p$, $\left(\dfrac{-1}{p}\right) = 1$?"

一如既往, 我们在做出假设之前需要一些数据. 对于一些较小的素数 $p$, 可以制作 $1^2$, $2^2$, $3^2$, $\cdots \pmod{p}$ 的表格, 并检查其中是否有数与 $-1$ 模 $p$ 同余, 这样便可毫不费力地回答上面的问题. 例如, $-1$ 不是模 3 的平方剩余, 因为 $1^2 \not\equiv -1 \pmod 3$, $2^2 \not\equiv -1 \pmod 3$, 而 $-1$ 是模 5 的平方剩余, 因为 $2^2 \equiv -1 \pmod 5$. 下面是一张更详细的列表.

| $p$ | 3 | 5 | 7 | 11 | 13 | 17 | 19 | 23 | 29 | 31 |
|---|---|---|---|---|---|---|---|---|---|---|
| $x^2 \equiv -1 \pmod p$ 的解 | NR | 2, 3 | NR | NR | 5, 8 | 4, 13 | NR | NR | 12, 17 | NR |

从上面的表中, 我们可以编辑出如下数据:

对 $p = 5$, 13, 17, 29, $-1$ 是二次剩余.

对 $p = 3$, 7, 11, 19, 23, 31, $-1$ 是二次非剩余.

不难看出如下模式: 若 $p$ 与 1 模 4 同余, 则 $-1$ 似乎是模 $p$ 的二次剩余; 若 $p$ 与 3 模 4 同余, 则 $-1$ 似乎是二次非剩余. 可用勒让德符号来表示这个猜测:

$$\left(\frac{-1}{p}\right) \overset{?}{=} \begin{cases} 1 & \text{若 } p \equiv 1 \pmod 4, \\ -1 & \text{若 } p \equiv 3 \pmod 4. \end{cases}$$

我们对以下几种情况验证此猜测. 接下来的两个素数 37 和 41 都是模 4 余 1 的, 果然,

$$x^2 \equiv -1 \pmod{37} \text{ 有解 } x \equiv 6, 31 \pmod{37},$$

$$x^2 \equiv -1 \pmod{41} \text{ 有解 } x \equiv 9, 32 \pmod{41}.$$

类似地, 再接下来的两个素数 43 和 47 都是模 4 余 3 的, 并且可以验证 $-1$ 是模 43 和 47 的二次非剩余. 我们的猜测看起来是正确的.

用来证明猜想的工具可称为"费马小定理的平方根". 你很可能会问, 如何取一个定理的平方根呢? 回忆一下, 费马小定理(第 9 章)是指

$$a^{p-1} \equiv 1 \pmod{p}.$$

当然，我们并不是真的取此定理的平方根，而是取 $a^{p-1}$ 的平方根，看看此值为多少．因此，我们要回答下面的问题：

设 $A = a^{(p-1)/2}$，　$A \pmod{p}$ 的值是多少？

很显然，若对 $A$ 平方，则由费马小定理有

$$A^2 = a^{p-1} \equiv 1 \pmod{p}.$$

因此，$p$ 整除 $A^2 - 1 = (A-1)(A+1)$，从而要么 $p$ 整除 $A-1$，要么 $p$ 整除 $A+1$．（注意我们是如何使用关于素数性质的引理 7.1 的．）因此，$A$ 必与 1 或 $-1$ 同余．

下面是 $p$，$a$，$A$ 的一些随机取值．为方便比较，我们也给出了勒让德符号 $\left(\dfrac{a}{p}\right)$ 的值．你看出什么模式了吗？

| $p$ | 11 | 31 | 47 | 97 | 173 | 409 | 499 | 601 | 941 | 1223 |
|---|---|---|---|---|---|---|---|---|---|---|
| $a$ | 3 | 7 | 10 | 15 | 33 | 78 | 33 | 57 | 222 | 129 |
| $A \pmod{p}$ | 1 | 1 | $-1$ | $-1$ | 1 | $-1$ | 1 | $-1$ | 1 | 1 |
| $\left(\dfrac{a}{p}\right)$ | 1 | 1 | $-1$ | $-1$ | 1 | $-1$ | 1 | $-1$ | 1 | 1 |

当 $a$ 是二次剩余时，似乎是 $A \equiv 1 \pmod{p}$；当 $a$ 是二次非剩余时，似乎是 $A \equiv -1 \pmod{p}$．换句话说，$A \pmod{p}$ 与勒让德符号 $\left(\dfrac{a}{p}\right)$ 似乎有相同的值．我们利用计数方法来证明这个被称为欧拉准则的论断．

**定理 21.1（欧拉准则）** 设 $p$ 为奇素数，则

$$a^{(p-1)/2} \equiv \left(\frac{a}{p}\right) \pmod{p}.$$

**证明** 首先假设 $a$ 是一个二次剩余，比如 $a \equiv b^2 \pmod{p}$．则由费马小定理（定理 9.1）可知

$$a^{(p-1)/2} \equiv (b^2)^{(p-1)/2} = b^{p-1} \equiv 1 \pmod{p}.$$

因此，$a^{(p-1)/2} \equiv \left(\dfrac{a}{p}\right) \pmod{p}$，这是 $a$ 为二次剩余时的欧拉准则．

下面考虑同余式

$$X^{(p-1)/2} - 1 \equiv 0 \pmod{p}.$$

我们刚才已证明，每个二次剩余都是这个同余式的解，并且由定理 20.1 可知，恰有 $\dfrac{1}{2}(p-1)$ 个二次剩余．由模 $p$ 多项式根定理（定理 8.2）可知，这个多项式同余式至多有 $\dfrac{1}{2}(p-1)$ 个不同的解．因此

$$\{X^{(p-1)/2} - 1 \equiv 0 \ (\mathrm{mod}\ p) \ \text{的解}\} = \{\text{模}\ p\ \text{的二次剩余}\}.$$

设 $a$ 是一个二次非剩余. 由费马小定理可知 $a^{p-1} \equiv 1 \ (\mathrm{mod}\ p)$, 所以

$$0 \equiv a^{p-1} - 1 \equiv (a^{(p-1)/2} - 1)(a^{(p-1)/2} + 1) \ (\mathrm{mod}\ p).$$

150

第一个因子模 $p$ 不等于零, 因为我们已经证明 $X^{(p-1)/2} - 1 \equiv 0 \ (\mathrm{mod}\ p)$ 的解都是二次剩余. 因此, 第二个因子必模 $p$ 为零. 从而

$$a^{(p-1)/2} \equiv -1 = \left(\frac{a}{p}\right) (\mathrm{mod}\ p).$$

这就证明欧拉准则对二次非剩余也成立.                                       □

利用欧拉准则, 很容易确定 $-1$ 是不是模 $p$ 的二次剩余. 例如, 如果想知道 $-1$ 是不是模 $p = 6911$ 的平方剩余, 只需计算

$$(-1)^{(6911-1)/2} = (-1)^{3455} = -1.$$

由欧拉准则可知

$$\left(\frac{-1}{6911}\right) \equiv -1 \ (\mathrm{mod}\ 6911).$$

但 $\left(\dfrac{a}{p}\right)$ 只能是 $+1$ 或 $-1$, 因此必有 $\left(\dfrac{-1}{6911}\right) = -1$. 故 $-1$ 是模 6911 的二次非剩余.

类似地, 对素数 $p = 7817$, 有

$$(-1)^{(7817-1)/2} = (-1)^{3908} = 1.$$

因此, $\left(\dfrac{-1}{7817}\right) = 1$, 故 $-1$ 是模 7817 的二次剩余. 注意, 虽然我们知道同余式

$$x^2 \equiv -1 \ (\mathrm{mod}\ 7817)$$

有解, 但还没有有效的方法将解求出. 它的解其实是 $x \equiv 2564 \ (\mathrm{mod}\ 7817)$ 和 $x \equiv 5253 \ (\mathrm{mod}\ 7817)$.

正如上面两例所表明的那样, 利用欧拉准则可以完全确定哪些素数以 $-1$ 为二次剩余. 这个优美的结果正是二次互反律的第一部分内容, 它回答了本章标题中提出的第一个问题.

**定理 21.2(二次互反律——第 I 部分)** 设 $p$ 为奇素数, 则

$$p \equiv 1 \ (\mathrm{mod}\ 4) \ \text{时}\ -1\ \text{是模}\ p\ \text{的二次剩余},$$
$$p \equiv 3 \ (\mathrm{mod}\ 4) \ \text{时}\ -1\ \text{是模}\ p\ \text{的二次非剩余}.$$

换句话说, 用勒让德符号可以表示为

$$\left(\frac{-1}{p}\right) = \begin{cases} 1 & \text{当}\ p \equiv 1 \ (\mathrm{mod}\ 4) \ \text{时}, \\ -1 & \text{当}\ p \equiv 3 \ (\mathrm{mod}\ 4) \ \text{时}. \end{cases}$$

151

**证明** 由欧拉准则, 有

$$(-1)^{(p-1)/2} \equiv \left(\frac{-1}{p}\right) \ (\mathrm{mod}\ p).$$

首先假定 $p \equiv 1 \ (\mathrm{mod}\ 4)$, 比如说 $p = 4k + 1$, 则

$$(-1)^{(p-1)/2} = (-1)^{2k} = 1, \quad \text{故 } 1 \equiv \left(\frac{-1}{p}\right) \pmod{p}.$$

但 $\left(\frac{-1}{p}\right)$ 只能是 1 或 $-1$，因此 $\left(\frac{-1}{p}\right)$ 必等于 1. 这就证明了当 $p \equiv 1 \pmod 4$ 时，$\left(\frac{-1}{p}\right) = 1$.

再假定 $p \equiv 3 \pmod 4$，比如说 $p = 4k+3$，则

$$(-1)^{(p-1)/2} = (-1)^{2k+1} = -1, \quad \text{故} \quad -1 \equiv \left(\frac{-1}{p}\right) \pmod{p}.$$

这表明 $\left(\frac{-1}{p}\right)$ 必等于 $-1$，从而完成了二次互反律(第 I 部分)的证明.　　□

我们可以利用二次互反律的第 I 部分来回答第 12 章遗留的一个问题. 你可能还记得，我们曾证明存在无穷多个素数与 3 模 4 同余，但对模 4 余 1 的素数留下了一个类似的未解决的问题.

**定理 21.3(模 4 余 1 素数定理)**　*存在无穷多个素数与 1 模 4 同余.*

**证明**　假定已给定一列素数 $p_1$，$p_2$，$\cdots$，$p_r$，它们都是模 4 余 1 的. 我们将在这列素数之外找出一个新的模 4 余 1 的素数. 重复这个过程，便可得到具有任意给定长度的素数列.

考虑数

$$A = (2p_1p_2\cdots p_r)^2 + 1.$$

我们知道 $A$ 可以分解为素数的乘积，设为

$$A = q_1q_2\cdots q_s.$$

显然，$q_1$，$q_2$，$\cdots$，$q_s$ 不在我们原来的素数列中，因为每个 $p_i$ 都不整除 $A$. 因此，只需证明至少有一个 $q_i$ 是模 4 余 1 的. 事实上，我们将看到，每个 $q_i$ 都是模 4 余 1 的.

首先注意到 $A$ 是奇数，所以每个 $q_i$ 都是奇数. 其次，每个 $q_i$ 整除 $A$，因此

$$(2p_1p_2\cdots p_r)^2 + 1 = A \equiv 0 \pmod{q_i}.$$

这意味着 $x = 2p_1p_2\cdots p_r$ 是同余式

$$x^2 \equiv -1 \pmod{q_i}$$

的解，因此 $-1$ 是模 $q_i$ 的二次剩余. 由二次互反律知 $q_i \equiv 1 \pmod 4$.　　□

利用上面定理证明中的方法，可以产生一列模 4 余 1 的素数. 若从 $p_1 = 5$ 开始，则产生 $A = (2p_1)^2 + 1 = 101$，所以得到第 2 个素数为 $p_2 = 101$. 接着产生

$$A = (2p_1p_2)^2 + 1 = 1\,020\,101,$$

它仍是素数，所以第 3 个素数为 $p_3 = 1\,020\,101$. 再进一步，

$$A = (2p_1p_2p_3)^2 + 1$$
$$= 1\,061\,522\,231\,810\,040\,101$$
$$= 53 \cdot 1613 \cdot 12\,417\,062\,216\,309.$$

注意到素数 53、1613 和 12 417 062 216 309 都是模 4 余 1 的，正如理论所预测的那样.

我们已经成功地回答了本章标题中的第一个问题，现在转入讨论第二个问题，即考虑 $a = 2$ 这一所有素数中"最奇特"的素数. 正如对 $a = -1$ 所做的那样，我们想寻找使得 2 为模 $p$ 的二次剩余的那些素数 $p$ 的简单特征. 你能从下面的数据中发现模式吗？其中，若 2 是模 $p$ 的二次剩余，则标有 $x^2 \equiv 2$ 的那一行中给出了 $x^2 \equiv 2 \pmod{p}$ 的解，而若 2 是二次非剩余，则标有 NR.

| $p$ | 3 | 5 | 7 | 11 | 13 | 17 | 19 | 23 | 29 | 31 |
|---|---|---|---|---|---|---|---|---|---|---|
| $x^2 \equiv 2$ | NR | NR | 3, 4 | NR | NR | 6, 11 | NR | 5, 18 | NR | 8, 23 |

| $p$ | 37 | 41 | 43 | 47 | 53 | 59 | 61 | 67 | 71 | 73 |
|---|---|---|---|---|---|---|---|---|---|---|
| $x^2 \equiv 2$ | NR | 17, 24 | NR | 7, 40 | NR | NR | NR | NR | 12, 59 | 32, 41 |

| $p$ | 79 | 83 | 89 | 97 | 101 | 103 | 107 | 109 | 113 | 127 |
|---|---|---|---|---|---|---|---|---|---|---|
| $x^2 \equiv 2$ | 9, 70 | NR | 25, 64 | 14, 83 | NR | 38, 65 | NR | NR | 51, 62 | 16, 111 |

153

根据 2 是否为二次剩余，将上面的素数分成两列.

对于 $p = 7$, 17, 23, 31, 41, 47, 71, 73, 79, 89, 97, 103, 113, 127, 2 是二次剩余；

对于 $p = 3$, 5, 11, 13, 19, 29, 37, 43, 53, 59, 61, 67, 83, 101, 107, 109, 2 是二次非剩余.

对 $a = -1$，结果表明 $p$ 模 4 的同余类是至关重要的. 如果我们模 4 简化上面两列中的素数，有没有类似的模式呢？下面是模 4 简化的结果.

7, 17, 23, 31, 41, 47, 71, 73, 79, 89, 97, 103, 113, 127
$$\equiv 3, 1, 3, 3, 1, 3, 3, 1, 3, 1, 1, 3, 1, 3 \pmod 4,$$
3, 5, 11, 13, 19, 29, 37, 43, 53, 59, 61, 67, 83, 101, 107, 109
$$\equiv 3, 1, 3, 1, 3, 1, 1, 3, 1, 3, 1, 3, 3, 1, 3, 1 \pmod 4.$$

看起来前景不太乐观. 也许我们应该尝试模 3 简化：

7, 17, 23, 31, 41, 47, 71, 73, 79, 89, 97, 103, 113, 127
$$\equiv 1, 2, 2, 1, 2, 2, 2, 1, 1, 2, 1, 1, 2, 1 \pmod 3,$$
3, 5, 11, 13, 19, 29, 37, 43, 53, 59, 61, 67, 83, 101, 107, 109
$$\equiv 0, 2, 2, 1, 1, 2, 1, 1, 2, 2, 1, 1, 2, 2, 2, 1 \pmod 3.$$

前景仍无改观. 在放弃之前再做一次尝试吧. 如果我们模 8 简化会发生什么情况？

7, 17, 23, 31, 41, 47, 71, 73, 79, 89, 97, 103, 113, 127
$$\equiv 7, 1, 7, 7, 1, 7, 7, 1, 7, 1, 1, 7, 1, 7 \pmod 8,$$
3, 5, 11, 13, 19, 29, 37, 43, 53, 59, 61, 67, 83, 101, 107, 109
$$\equiv 3, 5, 3, 5, 3, 5, 5, 3, 5, 3, 5, 3, 3, 5, 3, 5 \pmod 8.$$

找到了! 第一列中全是 1 和 7, 而第二列中全是 3 和 5, 这绝不是巧合. 它表明了一般的规则: 当 $p$ 模 8 余 1 或 7 时, 2 是模 $p$ 的二次剩余; 当 $p$ 模 8 余 3 或 5 时, 2 是模 $p$ 的二次非剩余. 用勒让德符号表示, 可以写为

$$\left(\frac{2}{p}\right) \overset{?}{=} \begin{cases} 1 & \text{当 } p \equiv 1 \text{ 或 } 7 \pmod 8 \text{ 时,} \\ -1 & \text{当 } p \equiv 3 \text{ 或 } 5 \pmod 8 \text{ 时.} \end{cases}$$

154

能利用欧拉准则来证明上述猜测吗? 不幸的是, 答案是否定的, 或者说至少不是显然的, 因为似乎并没有简单的方法去计算 $2^{(p-1)/2} \pmod p$. 然而, 如果我们回顾并检查第 9 章中费马小定理的证明, 将会看到: 取出数 1, 2, $\cdots$, $p-1$, 将每个数与 $a$ 相乘, 然后再把所得的各个乘积全部相乘, 便会得到一个可以提出的因子 $a^{p-1}$. 为了利用欧拉准则, 我们只希望提出 $\frac{1}{2}(p-1)$ 个 $a$ 的因子, 因此不取所有 1 到 $p$ 的数, 而只取所有 1 到 $\frac{1}{2}(p-1)$ 的数. 下面利用由高斯提出的这种思想来确定 2 是不是模 13 的二次剩余.

我们先取 1 到 12 中的一半的数: 1, 2, 3, 4, 5, 6. 若每个数都乘以 2, 再把所得乘积全部相乘, 可以得到

$$\begin{aligned} 2 \cdot 4 \cdot 6 \cdot 8 \cdot 10 \cdot 12 &= (2 \cdot 1)(2 \cdot 2)(2 \cdot 3)(2 \cdot 4)(2 \cdot 5)(2 \cdot 6) \\ &= 2^6 \cdot 1 \cdot 2 \cdot 3 \cdot 4 \cdot 5 \cdot 6 \\ &= 2^6 \cdot 6!. \end{aligned}$$

注意因子 $2^6 = 2^{(13-1)/2}$, 它正是我们真正感兴趣的数.

高斯的想法是取数 2, 4, 6, 8, 10, 12, 把其中每一个模 13 简化, 得到 $-6$ 到 6 之间的数. 前三个数保持原样, 后三个数需减去 13 才能简化到 $-6$ 到 6 之间. 于是

$$2 \equiv 2 \pmod{13} \qquad 4 \equiv 4 \pmod{13} \qquad 6 \equiv 6 \pmod{13}$$
$$8 \equiv -5 \pmod{13} \quad 10 \equiv -3 \pmod{13} \quad 12 \equiv -1 \pmod{13}.$$

将上面的式子相乘, 得到

$$\begin{aligned} 2 \cdot 4 \cdot 6 \cdot 8 \cdot 10 \cdot 12 &= 2 \cdot 4 \cdot 6 \cdot (-5) \cdot (-3) \cdot (-1) \\ &= (-1)^3 \cdot 2 \cdot 4 \cdot 6 \cdot 5 \cdot 3 \cdot 1 \\ &= -6! \pmod{13}. \end{aligned}$$

让 $2 \cdot 4 \cdot 6 \cdot 8 \cdot 10 \cdot 12 \pmod{13}$ 的两个值相等, 得到

$$2^6 \cdot 6! \equiv -6! \pmod{13}.$$

这表明 $2^6 \equiv -1 \pmod{13}$, 故由欧拉准则知 2 是模 13 的二次非剩余.

我们用同样的思想来检查 2 是不是模 17 的二次剩余. 取数 1 到 8, 每个数与 2 相乘, 再把所得乘积全部相乘, 用两种不同方式计算所得乘积. 第一种方式得到

155

$$2 \cdot 4 \cdot 6 \cdot 8 \cdot 10 \cdot 12 \cdot 14 \cdot 16 = 2^8 \cdot 8!.$$

对于第二种方式, 我们将这些数模 17 简化, 使其落入 $-8$ 到 8 之间, 于是

$$2 \equiv 2 \pmod{17} \qquad 4 \equiv 4 \pmod{17} \qquad 6 \equiv 6 \pmod{17}$$

$$8 \equiv 8 \pmod{17} \qquad 10 \equiv -7 \pmod{17} \qquad 12 \equiv -5 \pmod{17}$$
$$14 \equiv -3 \pmod{17} \qquad 16 \equiv -1 \pmod{17}.$$

把上面的式子相乘可得

$$2 \cdot 4 \cdot 6 \cdot 8 \cdot 10 \cdot 12 \cdot 14 \cdot 16 \equiv 2 \cdot 4 \cdot 6 \cdot 8 \cdot (-7) \cdot (-5) \cdot (-3) \cdot (-1)$$
$$\equiv (-1)^4 \cdot 8! \pmod{17}.$$

因此, $2^8 \cdot 8! \equiv (-1)^4 \cdot 8! \pmod{17}$, 从而 $2^8 \equiv 1 \pmod{17}$, 故 2 是模 17 的二次剩余.

现在我们来更一般地考虑一下高斯的方法. 设 $p$ 是任一奇素数. 为使公式更简单, 令

$$P = \frac{p-1}{2}.$$

从偶数 2, 4, 6, $\cdots$, $p-1$ 开始, 将它们相乘, 并从每个数中提出因子 2, 可得

$$2 \cdot 4 \cdot 6 \cdots (p-1) = 2^{(p-1)/2} \cdot 1 \cdot 2 \cdot 3 \cdots \frac{p-1}{2} = 2^P \cdot P!.$$

下一步是对 2, 4, 6, $\cdots$, $p-1$ 模 $p$ 简化, 使其全部落在 $-P$ 到 $P$ 之间, 即 $-(p-1)/2$ 到 $(p-1)/2$ 之间. 前几个数不会改变, 而从数列中的某一项开始所有数都大于 $(p-1)/2$, 这些大数需要减去 $p$. 注意到负号的个数正是需要减去 $p$ 的数的个数, 即

$$负号的个数 = (2,4,6,\cdots,(p-1) \text{ 中大于 } \frac{1}{2}(p-1) \text{ 的数的个数}).$$

下面的图解可能有助于解释这个过程.

$$\underbrace{2 \cdot 4 \cdot 6 \cdot 8 \cdot 10 \cdot 12 \cdots}_{\leqslant (p-1)/2 \text{的数不变}} \mid \underbrace{\cdots (p-5) \cdot (p-3) \cdot (p-1)}_{> (p-1)/2 \text{的每个数需减去} p}$$

比较这两个乘积, 可得

$$2^P \cdot P! = 2 \cdot 4 \cdot 6 \cdots (p-1) \equiv (-1)^{(负号的个数)} \cdot P! \pmod{p},$$

156

从两边约去 $P!$ 可得基本公式

$$2^{(p-1)/2} \equiv (-1)^{(负号的个数)} \pmod{p}.$$

利用这个公式, 容易证明前面的猜测, 从而回答了本章标题中的第二个问题.

**定理 21.4(二次互反律——第 II 部分)** 设 $p$ 为奇素数, 则当 $p$ 模 8 余 1 或 7 时, 2 是模 $p$ 的二次剩余; 当 $p$ 模 8 余 3 或 5 时, 2 是模 $p$ 的二次非剩余. 用勒让德符号表示为

$$\left( \frac{2}{p} \right) = \begin{cases} 1 & \text{当 } p \equiv 1 \text{ 或 } 7 \pmod 8 \text{ 时,} \\ -1 & \text{当 } p \equiv 3 \text{ 或 } 5 \pmod 8 \text{ 时.} \end{cases}$$

**证明** 根据 $p \pmod 8$ 的取值, 有 4 种情况需要考虑, 我们考虑其中两种情况, 另外两种情况的证明留给读者.

先考虑 $p \equiv 3 \pmod 8$, 比如说 $p = 8k+3$. 我们需要列出数 2, 4, $\cdots$, $p-1$, 并考虑其中大于 $\frac{1}{2}(p-1)$ 的数的个数. 此时, $p-1 = 8k+2$, 于是 $\frac{1}{2}(p-1) = 4k+1$, 因此, 分界线如下所示:

$$2 \cdot 4 \cdot 6 \cdots 4k \ \Big| \ (4k+2) \cdot (4k+4) \cdots (8k+2).$$

我们需要计算竖线右边有多少个数. 也就是说, 在 $4k+2$ 与 $8k+2$ 之间有多少个偶数? 答案是 $2k+1$ 个. (如果你对此不太清楚, 可以对一些具体的 $k$ 值计算一下, 你就会明白为什么 $2k+1$ 是正确的.) 这表明有 $2k+1$ 个负号, 因此由上面的基本公式可得

$$2^{(p-1)/2} \equiv (-1)^{2k+1} \equiv -1 \pmod{p}.$$

由欧拉准则知 2 是二次非剩余. 因此, 我们证明了对任何模 8 余 3 的素数 $p$, 2 是模 $p$ 的二次非剩余.

再考虑模 8 余 7 的素数, 比如说 $p = 8k+7$. 此时, 偶数 2, 4, $\cdots$, $p-1$ 是从 2 到 $8k+6$ 的数, 中点是 $\frac{1}{2}(p-1) = 4k+3$. 分界线可表示为

$$2 \cdot 4 \cdot 6 \cdots (4k+2) \ \Big| \ (4k+4) \cdot (4k+6) \cdots (8k+6).$$

在竖线右边恰有 $2k+2$ 个数, 因此有 $2k+2$ 个负号. 由此可得

$$2^{(p-1)/2} \equiv (-1)^{2k+2} \equiv 1 \pmod{p},$$

由欧拉准则知 2 是二次剩余. 这就证明了对任何模 8 余 7 的素数 $p$, 2 是模 $p$ 的二次剩余. □

157

## 习题

**21.1** 确定下述各同余式是否有解. (所有的模都是素数.)

(a) $x^2 \equiv -1 \pmod{5987}$            (b) $x^2 \equiv 6780 \pmod{6781}$

(c) $x^2 + 14x - 35 \equiv 0 \pmod{337}$        (d) $x^2 - 64x + 943 \equiv 0 \pmod{3011}$

(提示: 对 (c), 用二次求根公式求出所需要的模 337 的二次方根. 对 (d), 方法类似.)

**21.2** 从 $p_1 = 17$ 开始, 利用模 4 余 1 素数定理中描述的方法产生一列模 4 余 1 的素数.

**21.3** 下面列出了最初的几个素数, 其中一列以 3 为二次剩余, 另一列以 3 为二次非剩余.

二次剩余: $p = 11$, 13, 23, 37, 47, 59, 61, 71, 73, 83, 97, 107, 109

二次非剩余: $p = 5$, 7, 17, 19, 29, 31, 41, 43, 53, 67, 79, 89, 101, 103, 113, 127

对各种不同的 $m$, 尝试对上面的素数进行模 $m$ 简化, 直到发现一种模式为止, 并给出一个猜想说明哪些素数以 3 为二次剩余.

**21.4** 对模 8 余 1 和模 8 余 5 的素数, 完成二次互反律第 II 部分的证明.

**21.5** 利用二次互反律 (第 II 部分) 证明中的思想, 证明下述两个论断.

(a) 若 $p \equiv 1 \pmod{5}$, 则 5 是模 $p$ 的二次剩余.

(b) 若 $p \equiv 2 \pmod{5}$, 则 5 是模 $p$ 的二次非剩余.

(提示: 将数 5, 10, 15, $\cdots$, $\frac{5}{2}(p-1)$ 简化到 $-\frac{1}{2}(p-1)$ 到 $\frac{1}{2}(p-1)$ 之间, 并检查其中负数的个数.)

**21.6** 在习题 20.2 中, 我们将 $A$, $B$ 分别定义为模 $p$ 的所有二次剩余以及所有二次非剩余的和. 该习题的 (d) 部分要求找出满足 $A = B$ 的 $p$ 的条件. 利用本节的材料证明你的判别准则是正确的.

158

(提示: 你所需要的重要事实是使 $-1$ 为二次剩余的条件.)

# 第 22 章　二次互反律

对一个给定的数 $a$，我们要确定哪些素数 $p$ 以 $a$ 为二次剩余．在前一章中解决了 $a = -1$ 和 $a = 2$ 时的问题．在这两种情形中，我们发现可以对一些较小的 $m$，具体地说，$m = 4$ 或 $m = 8$，通过查看 $p \pmod{m}$ 来确定 $a$ 是不是模 $p$ 的二次剩余．

现在要解决的是其他 $a$ 值的勒让德符号 $\left(\dfrac{a}{p}\right)$ 的计算问题．例如，假设要求计算 $\left(\dfrac{70}{p}\right)$．可利用二次剩余乘法法则（第 20 章）来计算

$$\left(\frac{70}{p}\right) = \left(\frac{2 \cdot 5 \cdot 7}{p}\right) = \left(\frac{2}{p}\right)\left(\frac{5}{p}\right)\left(\frac{7}{p}\right).$$

我们已经知道如何计算 $\left(\dfrac{2}{p}\right)$，剩下的问题是计算 $\left(\dfrac{5}{p}\right)$ 和 $\left(\dfrac{7}{p}\right)$．

一般地，如果想对任意的 $a$ 计算 $\left(\dfrac{a}{p}\right)$，可以从将 $a$ 分解为素数乘积开始．设

$$a = q_1 q_2 \cdots q_r.$$

（某些 $q_i$ 可以相同．）由二次剩余乘法法则可得

$$\left(\frac{a}{p}\right) = \left(\frac{q_1}{p}\right)\left(\frac{q_2}{p}\right)\cdots\left(\frac{q_r}{p}\right).$$

这就意味着：如果知道如何对素数 $q$ 计算 $\left(\dfrac{q}{p}\right)$，就能对任意的 $a$ 计算 $\left(\dfrac{a}{p}\right)^{\ominus}$．因为到目前为止，我们对 $\left(\dfrac{q}{p}\right)$（固定 $q$，变动 $p$）还没有做任何事情，所以，现在是整理资料并用之做出某些猜测的时候了$^{\ominus}$．下面的表格对所有不超过 37 的奇素数 $p,q$，给出了勒让德符号 $\left(\dfrac{q}{p}\right)$ 的值．

159

### 勒让德符号 $\left(\dfrac{q}{p}\right)$ 的值

| $p$ ╲ $q$ | 3 | 5 | 7 | 11 | 13 | 17 | 19 | 23 | 29 | 31 | 37 |
|---|---|---|---|---|---|---|---|---|---|---|---|
| 3 | | $-1$ | 1 | $-1$ | 1 | $-1$ | 1 | $-1$ | $-1$ | 1 | 1 |
| 5 | $-1$ | | $-1$ | 1 | $-1$ | $-1$ | 1 | $-1$ | 1 | 1 | $-1$ |
| 7 | $-1$ | $-1$ | | 1 | $-1$ | $-1$ | $-1$ | 1 | 1 | $-1$ | 1 |

---

$\ominus$　这是素数是数论基本构件这一原理的又一个例子．因此，如果能对所有素数解决某一问题，那么，通常会在对所有整数解决这个问题的路上走得顺畅．

$\ominus$　"是时候了，"海象说道，"让我们谈天说地，谈论鞋子、素数、二次剩余，还有卷心菜和国王．"

（续）

| p \ q | 3 | 5 | 7 | 11 | 13 | 17 | 19 | 23 | 29 | 31 | 37 |
|---|---|---|---|---|---|---|---|---|---|---|---|
| 11 | 1 | 1 | −1 |  | −1 | −1 | −1 | 1 | −1 | 1 | 1 |
| 13 | 1 | −1 | −1 | −1 |  | 1 | −1 | 1 | 1 | −1 | −1 |
| 17 | −1 | −1 | −1 | −1 | 1 |  | 1 | −1 | −1 | −1 | −1 |
| 19 | −1 | 1 | 1 | 1 | −1 | 1 |  | −1 | 1 | −1 | 1 |
| 23 | 1 | −1 | −1 | −1 | 1 | −1 | −1 |  | 1 | 1 | −1 |
| 29 | −1 | 1 | 1 | −1 | 1 | −1 | 1 | 1 |  | −1 | −1 |
| 31 | −1 | 1 | 1 | −1 | −1 | 1 | 1 | −1 | −1 |  | −1 |
| 37 | 1 | −1 | 1 | 1 | −1 | −1 | −1 | −1 | −1 | −1 |  |

在继续阅读之前，我们应当花点时间研究一下这个表格并试图发现一些模式，如果不能立即发现答案也不要着急，隐藏在这个表格中的重要模式有点精妙. 但是我们将会发现，亲自努力揭开这个谜是非常值得的，因为这将使我们和勒让德、高斯一起享受发现的激动之情.

既然已经做出了自己的猜测，我们就一起来检查一下这个表格. 我们打算比较它的行与列，或者说，将这个表沿对角线反射后比较相应的元素. 例如，$p=5$ 的行为

| $q$ | 3 | 5 | 7 | 11 | 13 | 17 | 19 | 23 | 29 | 31 | 37 |
|---|---|---|---|---|---|---|---|---|---|---|---|
| $\left(\dfrac{q}{5}\right)$ | −1 |  | −1 | 1 | −1 | −1 | 1 | −1 | 1 | 1 | −1 |

类似地，$q=5$ 的列（横着写以节省空间）为

| $p$ | 3 | 5 | 7 | 11 | 13 | 17 | 19 | 23 | 29 | 31 | 37 |
|---|---|---|---|---|---|---|---|---|---|---|---|
| $\left(\dfrac{5}{p}\right)$ | −1 |  | −1 | 1 | −1 | −1 | 1 | −1 | 1 | 1 | −1 |

它们相匹配! 因此，我们可以猜测

$$\left(\frac{5}{p}\right) = \left(\frac{p}{5}\right)$$

对所有素数 $p$ 成立. 你看出这样的法则如何有用了吗？我们正在寻找一种方法来计算勒让德符号 $\left(\dfrac{5}{p}\right)$，这是一个困难的问题. 但勒让德符号 $\left(\dfrac{p}{5}\right)$ 是容易计算的，因为它仅仅依赖于 $p \pmod 5$ 的值. 换句话说，我们知道

$$\left(\frac{p}{5}\right) = \begin{cases} 1 & \text{当 } p \equiv 1 \text{ 或 } 4 \pmod 5 \text{ 时,} \\ -1 & \text{当 } p \equiv 2 \text{ 或 } 3 \pmod 5 \text{ 时.} \end{cases}$$

如果猜想 $\left(\dfrac{5}{p}\right) = \left(\dfrac{p}{5}\right)$ 是正确的，那么我们将会知道，比如说，5 是模 3593 的二次非剩

余，因为

$$\left(\frac{5}{3593}\right) = \left(\frac{3593}{5}\right) = \left(\frac{3}{5}\right) = -1.$$

类似地，

$$\left(\frac{5}{3889}\right) = \left(\frac{3889}{5}\right) = \left(\frac{4}{5}\right) = 1,$$

因此，5 应该是模 3889 的二次剩余. 果然，我们发现 $5 \equiv 2901^2 \pmod{3889}$.

受此鼓舞，我们也许会猜测

$$\left(\frac{q}{p}\right) = \left(\frac{p}{q}\right)$$

对所有素数 $p$，$q$ 成立. 可是，这个猜测即使对表中第一行和第一列也不成立. 例如，

$$\left(\frac{3}{7}\right) = -1 \quad 而 \quad \left(\frac{7}{3}\right) = 1.$$

因此，$\left(\frac{q}{p}\right)$ 有时等于 $\left(\frac{p}{q}\right)$，有时则等于 $-\left(\frac{p}{q}\right)$. 下表将有助于我们找到一个法则来说明 [161] $\left(\frac{q}{p}\right)$ 与 $\left(\frac{p}{q}\right)$ 何时相同，何时相反.

| p \ q | 3 | 5 | 7 | 11 | 13 | 17 | 19 | 23 | 29 | 31 | 37 |
|---|---|---|---|---|---|---|---|---|---|---|---|
| 3 | | ♡ | ★ | ★ | ♡ | ♡ | ★ | ★ | ♡ | ★ | ♡ |
| 5 | ♡ | | ♡ | ♡ | ♡ | ♡ | ♡ | ♡ | ♡ | ♡ | ♡ |
| 7 | ★ | ♡ | | ★ | ♡ | ♡ | ★ | ★ | ♡ | ★ | ♡ |
| 11 | ★ | ♡ | ★ | | ♡ | ♡ | ★ | ★ | ♡ | ★ | ♡ |
| 13 | ♡ | ♡ | ♡ | ♡ | | ♡ | ♡ | ♡ | ♡ | ♡ | ♡ |
| 17 | ♡ | ♡ | ♡ | ♡ | ♡ | | ♡ | ♡ | ♡ | ♡ | ♡ |
| 19 | ★ | ♡ | ★ | ★ | ♡ | ♡ | | ★ | ♡ | ★ | ♡ |
| 23 | ★ | ♡ | ★ | ★ | ♡ | ♡ | ★ | | ♡ | ★ | ♡ |
| 29 | ♡ | ♡ | ♡ | ♡ | ♡ | ♡ | ♡ | ♡ | | ♡ | ♡ |
| 31 | ★ | ♡ | ★ | ★ | ♡ | ♡ | ★ | ★ | ♡ | | ♡ |
| 37 | ♡ | ♡ | ♡ | ♡ | ♡ | ♡ | ♡ | ♡ | ♡ | ♡ | |

注：表中 ♡ 表示 $\left(\frac{q}{p}\right) = \left(\frac{p}{q}\right)$，★ 表示 $\left(\frac{q}{p}\right) = -\left(\frac{p}{q}\right)$.

观察此表，我们可以取出对应行、列全是 ♡ 的素数：
$$p = 5, 13, 17, 29, 37.$$
对应行、列不完全相同（即含有 ★ 的行和列）的素数有
$$p = 3, 7, 11, 19, 23, 31.$$

根据前面的经验，这两个素数列没有任何神秘之处：前者由模 4 余 1 的素数组成，后者由模 4 余 3 的素数组成.

因此，我们的第一个猜想是，如果 $p \equiv 1 \pmod 4$ 或 $q \equiv 1 \pmod 4$，则它们所对应的行、列都相同. 可将这个猜想用勒让德符号表示.

**猜想**  如果 $p \equiv 1 \pmod 4$ 或 $q \equiv 1 \pmod 4$，那么 $\left(\dfrac{q}{p}\right) = \left(\dfrac{p}{q}\right)$.

如果 $p$ 和 $q$ 都是模 4 余 3 的素数又会怎样呢？通过观察表格，我们发现在每个例子中 $\left(\dfrac{q}{p}\right)$ 和 $\left(\dfrac{p}{q}\right)$ 都相反. 这就导致我们做进一步猜想.

**猜想**  如果 $p \equiv 3 \pmod 4$ 且 $q \equiv 3 \pmod 4$，那么 $\left(\dfrac{q}{p}\right) = -\left(\dfrac{p}{q}\right)$.

这两个猜想的关系构成了二次互反律的核心.

**定理 22.1（二次互反律）**  设 $p$，$q$ 是不同的奇素数，则

$$\left(\frac{-1}{p}\right) = \begin{cases} 1 & \text{当 } p \equiv 1 \pmod 4 \text{ 时,} \\ -1 & \text{当 } p \equiv 3 \pmod 4 \text{ 时.} \end{cases}$$

$$\left(\frac{2}{p}\right) = \begin{cases} 1 & \text{当 } p \equiv 1 \text{ 或 } 7 \pmod 8 \text{ 时,} \\ -1 & \text{当 } p \equiv 3 \text{ 或 } 5 \pmod 8 \text{ 时.} \end{cases}$$

$$\left(\frac{q}{p}\right) = \begin{cases} \left(\dfrac{p}{q}\right) & \text{当 } p \equiv 1 \pmod 4 \text{ 或 } q \equiv 1 \pmod 4 \text{ 时,} \\ -\left(\dfrac{p}{q}\right) & \text{当 } p \equiv 3 \pmod 4 \text{ 且 } q \equiv 3 \pmod 4 \text{ 时.} \end{cases}$$

我们已经证明了二次互反律对于 $\left(\dfrac{-1}{p}\right)$ 和 $\left(\dfrac{2}{p}\right)$ 的情形. 对于 $\left(\dfrac{p}{q}\right)$ 与 $\left(\dfrac{q}{p}\right)$ 之间的关系有许多不同的证明方法，但没有一种证法是容易的. 下一章我们将介绍艾森斯坦的证明. 欧拉和拉格朗日首先提出二次互反律，但直到 1801 年，高斯在他的名著《算术探讨》(Disquisitiones Arithmeticae)中才第一次给出证明. 高斯 19 岁时就独立发现了二次互反律，且一生当中给出了 7 种不同的证明！后来，19 世纪的数学家提出并证明了三次和四次互反律，这些成果又被包含于从 19 世纪 90 年代到 20 世纪 20 年代和 30 年代由希尔伯特(David Hilbert)、阿廷(Emil Artin)和其他一些数学家发展起来的类域论中. 在 20 世纪 60 年代和 70 年代中，大批数学家提出了对类域论进行巨大推广的一系列猜想，今天我们称之为朗兰兹(Langlands)纲领. 怀尔斯(Andrew Wiles)于 1995 年证明的基本定理只是朗兰兹纲领的一个小片段，但它足以解决有 350 多年之久的费马"大定理".

**卡尔·弗里德里希·高斯**(Carl Friedrich Gauss, 1777—1855)  卡尔·弗里德里希·高斯是迄今为止最伟大的数学家之一，也许是历史上最好的数论学家. 孩提时代的高斯就是一位数学天才，其数学成就给他的家庭、朋友和老师都留下了深刻的印象，其数学才能与日俱增. 他在数论方面最有影响力的工作

于 1801 年发表在《算术探讨》中. 这本书中包含了二次互反理论、数的二进制表示以及其他一些内容. 书中的许多资料都远远领先于他的时代, 因此, 为今后一个半世纪的数论学家指明了前进的方向. 除了在数论方面的工作外, 高斯在数学的许多其他领域, 包括几何学、微分方程, 也做出了重要贡献. 而且, 他在物理学和天文学方面也有许多发现, 其中包括计算行星轨道的方法. 他曾于 1801 年用此方法计算了新发现的小行星谷神星(Ceres)的位置. 他在诸如晶体学、光学、流体物理学等许多不同领域也发表了重要论文. 1833 年, 他和韦伯(Wilhelm Weber)一起发明了电磁电报. 他一生只发表了 155 篇论著, 但他一生的工作是如此惊人, 以至于从 1863 年开始, 直到 1933 年才将他的全集出版完毕.

二次互反律不仅是关于数的一个漂亮而精妙的理论描述, 而且还是确定一个数是不是二次剩余的实用工具. 从本质上说, 它使我们能翻转勒让德符号 $\left(\dfrac{q}{p}\right)$, 用 $\pm\left(\dfrac{p}{q}\right)$ 来代替它, 然后可以模 $q$ 简化 $p$, 并不断重复此过程. 这样就导致求勒让德符号的元素越来越小, 因此, 最终得到一个能够计算的勒让德符号. 下面是一个每一步都有详细理由的例子.

$$\left(\frac{14}{137}\right)=\left(\frac{2}{137}\right)\left(\frac{7}{137}\right) \quad \text{二次剩余乘法法则,}$$

$$=\left(\frac{7}{137}\right) \qquad \text{因为 } 137\equiv 1\ (\mathrm{mod}\ 8),\text{由二次互反律得}\left(\frac{2}{137}\right)=1,$$

$$=\left(\frac{137}{7}\right) \qquad \text{二次互反律,}137\equiv 1\ (\mathrm{mod}\ 4),$$

$$=\left(\frac{4}{7}\right) \qquad 137 \text{ 模 } 7 \text{ 化简,}$$

$$=1 \qquad 4=2^2 \text{ 当然是平方数.}$$

因此, 14 是模 137 的二次剩余. 事实上, 同余式 $x^2\equiv 14\ (\mathrm{mod}\ 137)$ 的解为 $x\equiv 39\ (\mathrm{mod}\ 137)$ 和 $x\equiv 98\ (\mathrm{mod}\ 137)$.

下面是第二个例子, 说明了符号是如何多次来回变化的.

$$\left(\frac{55}{179}\right)=\left(\frac{5}{179}\right)\left(\frac{11}{179}\right)$$

$$=\left(\frac{179}{5}\right)\times(-1)\times\left(\frac{179}{11}\right) \qquad \text{因为 } 5\equiv 1\ (\mathrm{mod}\ 4) \text{ 且 } 11\equiv 179\equiv 3\ (\mathrm{mod}\ 4),$$

$$=\left(\frac{4}{5}\right)\times(-1)\times\left(\frac{3}{11}\right) \qquad \text{因为 } 179\equiv 4\ (\mathrm{mod}\ 5) \text{ 且 } 179\equiv 3\ (\mathrm{mod}\ 11),$$

$$=1\times(-1)\times\left(\frac{3}{11}\right) \qquad \text{因为 } 4=2^2 \text{ 是平方数,}$$

$$=1\times(-1)\times(-1)\times\left(\frac{11}{3}\right) \qquad \text{因为 } 3\equiv 11\equiv 3\ (\mathrm{mod}\ 4),$$

$$=1 \times (-1) \times (-1) \times \left(\frac{2}{3}\right) \qquad \text{因为 } 11 \equiv 2 \pmod 3,$$

$$=1 \times (-1) \times (-1) \times (-1) \qquad \text{因为 2 是模 3 的二次非剩余},$$

$$= -1.$$

因此，55 是模 179 的二次非剩余.

通常有多种方法应用二次互反律来计算勒让德符号 $\left(\dfrac{a}{p}\right)$，例如，应用等式 $\left(\dfrac{p}{q}\right) = \left(\dfrac{p-q}{q}\right)$. 因此，我们可计算 $\left(\dfrac{299}{397}\right)$ 如下：

$$\left(\frac{299}{397}\right) = \left(\frac{13}{397}\right)\left(\frac{23}{397}\right) = \left(\frac{397}{13}\right)\left(\frac{397}{23}\right) = \left(\frac{7}{13}\right)\left(\frac{6}{23}\right)$$

$$= \left(\frac{13}{7}\right)\left(\frac{2}{23}\right)\left(\frac{3}{23}\right) = \left(\frac{-1}{7}\right) \times 1 \times -\left(\frac{23}{3}\right) = -1 \times -\left(\frac{2}{3}\right) = -1,$$

或者可以计算如下：

$$\left(\frac{299}{397}\right) = \left(\frac{-98}{397}\right) = \left(\frac{-1}{397}\right)\left(\frac{2}{397}\right)\left(\frac{7}{397}\right)^2 = 1 \times (-1) \times (\pm 1)^2 = -1.$$

当然，尽管方法不同，但最后的结果总是相同的.

二次互反律提供了一种非常有效的方法来计算勒让德符号 $\left(\dfrac{a}{p}\right)$，甚至对非常大的 $a$

165 和 $p$ 也如此. 事实上，计算 $\left(\dfrac{a}{p}\right)$ 的步数大约等于 $p$ 的位数. 因此，计算几百位数的勒让德符号也是可能的. 我们不想花费时间去举这样一个例子，但给出下面这个更合适的例子.

$$\left(\frac{37\,603}{48\,611}\right) = \left(\frac{31}{48\,611}\right)\left(\frac{1213}{48\,611}\right) = -\left(\frac{48\,611}{31}\right)\left(\frac{48\,611}{1213}\right)$$

$$= -\left(\frac{3}{31}\right)\left(\frac{91}{1213}\right) = \left(\frac{31}{3}\right)\left(\frac{7}{1213}\right)\left(\frac{13}{1213}\right)$$

$$= \left(\frac{1}{3}\right)\left(\frac{1213}{7}\right)\left(\frac{1213}{13}\right) = \left(\frac{2}{7}\right)\left(\frac{4}{13}\right) = 1$$

因此，37 603 是模 48 611 的一个二次剩余.

计算 $\left(\dfrac{a}{p}\right)$ 的最困难之处不是二次互反律的使用，而是在使用二次互反律之前，必须对 $a$ 因式分解. 在上面的例子中，要做一些工作才能认识到 37 603 可分解为 $31 \times 1213$，如果 $a$ 有几百位数，可能实际中无法分解 $a$. 令人吃惊的是，不做任何困难的因式分解也可能计算 $\left(\dfrac{a}{p}\right)$. 想法是：对任意的正奇数 $a$ 直接使用二次互反律，而完全不顾 $a$ 是否为素数. 和通常一样，如果 $a$ 和 $p$ 都模 4 余 3，那么翻转以后必须加上负号. 更一般地，

对任意的整数 $a$ 和正奇数 $b$, 可以给勒让德符号 $\left(\dfrac{a}{b}\right)$ 指定一个值. (这种广义勒让德符号常称作雅可比符号.)首先将 $b$ 分解为素数的乘积, $b = p_1 p_2 \cdots p_r$, 然后定义 $\left(\dfrac{a}{b}\right)$ 为勒让德符号的积:

$$\left(\frac{a}{b}\right) = \left(\frac{a}{p_1}\right)\left(\frac{a}{p_2}\right)\cdots\left(\frac{a}{p_r}\right).$$

我们可通过反复使用下面的广义二次互反律来计算勒让德符号或雅可比符号.

**定理 22.2(广义二次互反律)** 设 $a$, $b$ 为正奇数, 则

$$\left(\frac{-1}{b}\right) = \begin{cases} 1 & \text{当 } b \equiv 1 \ (\bmod\ 4) \text{ 时,} \\ -1 & \text{当 } b \equiv 3 \ (\bmod\ 4) \text{ 时.} \end{cases}$$

$$\left(\frac{2}{b}\right) = \begin{cases} 1 & \text{当 } b \equiv 1 \text{ 或 } 7 \ (\bmod\ 8) \text{ 时,} \\ -1 & \text{当 } b \equiv 3 \text{ 或 } 5 \ (\bmod\ 8) \text{ 时.} \end{cases}$$

$$\left(\frac{a}{b}\right) = \begin{cases} \left(\dfrac{b}{a}\right) & \text{当 } a \equiv 1 \ (\bmod\ 4) \text{ 或 } b \equiv 1 \ (\bmod\ 4) \text{ 时,} \\ -\left(\dfrac{b}{a}\right) & \text{当 } a \equiv b \equiv 3 \ (\bmod\ 4) \text{ 时.} \end{cases}$$

166

足以令人惊奇的是, 如果使用这些规则和乘法公式 $\left(\dfrac{a_1 a_2}{b}\right) = \left(\dfrac{a_1}{b}\right)\left(\dfrac{a_2}{b}\right)$ 以及 $\left(\dfrac{a}{b}\right)$ 只依赖于 $a \ (\bmod\ b)$ 取值的事实, 我们最终能对勒让德符号得到正确的值. 唯一需要说明的是, 我们只允许对正奇数 $a$ 翻转 $\left(\dfrac{a}{b}\right)$, 而这一点是极为重要的. 如果 $a$ 是偶数, 则必须先分解出 $\left(\dfrac{2}{b}\right)$ 的幂; 如果 $a$ 是负的, 则必须分解出 $\left(\dfrac{-1}{b}\right)$.

我们通过重新计算前面的例子来说明新的、改进过的二次互反律.

$$\left(\frac{37\,603}{48\,611}\right) = -\left(\frac{48\,611}{37\,603}\right) = -\left(\frac{11\,008}{37\,603}\right) = -\left(\frac{2^8 \cdot 43}{37\,603}\right) = -\left(\frac{43}{37\,603}\right)$$

$$= \left(\frac{37\,603}{43}\right) = \left(\frac{21}{43}\right) = \left(\frac{43}{21}\right) = \left(\frac{1}{21}\right) = 1.$$

尽管这样做可能看起来没有比前面的计算过程短多少, 但它实际上只需要较小的工作量, 因为我们不必寻求 37 603 的素数分解.

我们刚刚证明了 37 603 是模 48 611 的一个二次剩余, 因此同余式

$$x^2 \equiv 37\,603 \ (\bmod\ 48\,611)$$

有解(事实上有两个解). 可是, 以上所做的一切还不能帮助我们求出这两个解, 尽管结果表明 $x \equiv 17\,173 (\bmod\ 48\,611)$ 和 $x \equiv 31\,438 \ (\bmod\ 48\,611)$ 就是它的两个解. 然而, 确实存在更好的方法来实际求出同余式 $x^2 \equiv a \ (\bmod\ p)$ 的解. 并且对某类特殊的素数, 有可能明确写出同余式的解, 参看习题 22.7 和 22.8.

我们通过证明广义二次互反律(定理 22.2)的第 1 部分来结束本章, 并将第 2 部分和第 3 部分的证明留给读者(习题 22.6). 现在给定一个正奇数 $b$, 我们要计算 $\left(\dfrac{-1}{b}\right)$. 当 $b$ 分解成素数的乘积时, 一些因数模 4 余 1, 而另一些因数模 4 余 3, 比如说

$$b = p_1 p_2 \cdots p_r q_1 q_2 \cdots q_s, \quad p_i \equiv 1 \ (\mathrm{mod}\ 4), \quad q_j \equiv 3 \ (\mathrm{mod}\ 4).$$

观察到

167

$$b \equiv \begin{cases} 1 \ (\mathrm{mod}\ 4) & \text{当 } s \text{ 为偶数时,} \\ 3 \ (\mathrm{mod}\ 4) & \text{当 } s \text{ 为奇数时.} \end{cases}$$

由雅可比符号的定义可知

$$\left(\frac{-1}{b}\right) = \left(\frac{-1}{p_1}\right)\left(\frac{-1}{p_2}\right)\cdots\left(\frac{-1}{p_r}\right)\left(\frac{-1}{q_1}\right)\left(\frac{-1}{q_2}\right)\cdots\left(\frac{-1}{q_s}\right).$$

二次互反律的原始版本(定理 22.1)告诉我们 $\left(\dfrac{-1}{p_i}\right) = 1$, $\left(\dfrac{-1}{q_j}\right) = -1$, 故

$$\left(\frac{-1}{b}\right) = (-1)^s = \begin{cases} 1 & \text{当 } s \text{ 为偶数时,} \\ -1 & \text{当 } s \text{ 为奇数时.} \end{cases}$$

将此与前面关于 $b \ (\mathrm{mod}\ 4)$ 的描述作比较, 我们就证明了

$$b \equiv 1 \ (\mathrm{mod}\ 4) \Leftrightarrow s \text{ 为偶数} \Leftrightarrow \left(\frac{-1}{b}\right) = 1,$$

$$b \equiv 3 \ (\mathrm{mod}\ 4) \Leftrightarrow s \text{ 为奇数} \Leftrightarrow \left(\frac{-1}{b}\right) = -1.$$

这正是我们想要的结果.

## 习题

**22.1** 利用二次互反律计算下述勒让德符号.

(a) $\left(\dfrac{85}{101}\right)$    (b) $\left(\dfrac{29}{541}\right)$    (c) $\left(\dfrac{101}{1987}\right)$    (d) $\left(\dfrac{31\,706}{43\,789}\right)$

**22.2** 同余式

$$x^2 - 3x - 1 \equiv 0 \ (\mathrm{mod}\ 31\,957)$$

有解吗? (提示: 利用二次公式求出需要对其取模 31 957 的平方根的数.)

**22.3** 证明: 存在无穷多个模 3 余 1 的素数. (提示: 参见第 21 章"模 4 余 1 定理"的证明, 利用 $A = (2p_1 p_2 \cdots p_r)^2 + 3$, 并试着找出一个整除 $A$ 的恰当的素数.)

**22.4** 设 $p$ 是一个素数($p \neq 2$ 且 $p \neq 5$), $A$ 是某个给定的数. 假定 $p$ 整除 $A^2 - 5$. 证明: $p \equiv 1 \ (\mathrm{mod}\ 5)$ 或 $p \equiv 4 \ (\mathrm{mod}\ 5)$.

168 💻 **22.5** 编写一个利用二次互反律计算勒让德符号 $\left(\dfrac{a}{p}\right)$ 或者雅可比符号 $\left(\dfrac{a}{b}\right)$ 的程序.

**22.6** (a) 证明广义二次互反律(定理 22.2)的第 2 部分, 即证明: 当 $b \equiv 1$ 或 $7 \ (\mathrm{mod}\ 8)$ 时, $\left(\dfrac{2}{b}\right) = 1$,

当 $b \equiv 3$ 或 $5 \pmod 8$ 时, $\left(\dfrac{2}{b}\right) = -1$.

(b)证明广义二次互反律(定理 22.2)的第 3 部分, 即证明: 当 $a$ 或 $b$ 模 4 余 1 时 $\left(\dfrac{a}{b}\right) = \left(\dfrac{b}{a}\right)$,

当 $a$, $b$ 都模 4 余 3 时 $\left(\dfrac{a}{b}\right) = -\left(\dfrac{b}{a}\right)$.

**22.7** 设 $p$ 是一个满足 $p \equiv 3 \pmod 4$ 的素数, 并假定 $a$ 是模 $p$ 的一个二次剩余.

(a)证明: $x = a^{(p+1)/4}$ 是同余式

$$x^2 \equiv a \pmod p$$

的一个解. 这就给出了对模 4 余 3 的素数求模 $p$ 平方根的一个明确的方法.

(b)求同余式 $x^2 \equiv 7 \pmod{787}$ 的一个解. (答案要求介于 1 和 786 之间. )

**22.8** 设 $p$ 是满足 $p \equiv 5 \pmod 8$ 的素数, 并设 $a$ 是模 $p$ 的一个二次剩余.

(a)证明:

$$x = a^{(p+3)/8} \quad \text{或} \quad x = 2a \cdot (4a)^{(p-5)/8}$$

中的一个值是同余式

$$x^2 \equiv a \pmod p$$

的一个解. 这就给出了对模 8 余 5 的素数求模 $p$ 平方根的一个明确的方法.

(b)求同余式 $x^2 \equiv 5 \pmod{541}$ 的一个解. (答案应介于 1 和 540 之间. )

(c)求同余式 $x^2 \equiv 13 \pmod{653}$ 的一个解. (答案应介于 1 和 652 之间. )

**22.9** 设 $p$ 是模 8 余 5 的素数. 利用前面习题中所描述的方法和逐次平方方法编写一个程序求解同余式

$$x^2 \equiv a \pmod p.$$

输出应当是满足 $0 \le x < p$ 的一个解. 一定要检验 $a$ 是不是二次剩余, 如果不是二次剩余则给出错误信息. 用你的程序求解下述同余式:

$$x^2 \equiv 17 \pmod{1021}, \quad x^2 \equiv 23 \pmod{1021}, \quad x^2 \equiv 31 \pmod{1021}.$$

**22.10** 如果 $a^{m-1} \not\equiv 1 \pmod m$, 则由费马小定理可知 $m$ 是合数. 另一方面, 即使

$$a^{m-1} \equiv 1 \pmod m$$

对某些(或全部)满足 $(a, m) = 1$ 的 $a$ 成立, 我们也不能断定 $m$ 是素数. 本习题描述了一种利用二次互反律来检验一个数是否可能为素数的方法. (你可以将该方法与第 19 章中描述的拉宾－米勒测试作一下比较. )

(a)欧拉准则告诉我们, 如果 $p$ 是素数, 则

$$a^{(p-1)/2} \equiv \left(\dfrac{a}{p}\right) \pmod p.$$

利用逐次平方方法计算 $11^{864} \pmod{1729}$, 并利用二次互反律计算 $\left(\dfrac{11}{1729}\right)$. 它们一致吗? 关于 1729 的可能素性, 你能得出什么结论?

(b)利用逐次平方方法计算

$$2^{(1\,293\,337-1)/2} \pmod{1\,293\,337} \quad \text{和} \quad 2^{1\,293\,336} \pmod{1\,293\,337}.$$

关于 1 293 337 的可能素性, 你能得出什么结论?

169

170

# 第 23 章　二次互反律的证明

二次互反律(定理 22.1)有 3 部分. 第 1 部分告诉我们何时 $-1$ 是模 $p$ 的平方剩余, 第 2 部分告诉我们何时 2 是模 $p$ 的平方剩余, 而第 3 部分则将作为模 $q$ 平方剩余的 $p$ 与作为模 $p$ 的平方剩余的 $q$ 联系起来. 我们已在第 21 章证明了二次互反律的前两部分. 第 3 部分是说

$$\left(\frac{p}{q}\right)\left(\frac{q}{p}\right) = (-1)^{\frac{p-1}{2}\cdot\frac{q-1}{2}}$$

对奇素数 $p$, $q$ 成立, 它的证明更困难一些. 本章我们基于第 2 部分的证明思想给出第 3 部分的艾森斯坦证法. 然而, 如果你现在想跳过证明, 则可以直接进入下一章. 当你准备完成二次互反律的证明时再回到这里.

艾森斯坦的证明要用到高斯准则, 这在第 21 章计算 $\left(\dfrac{2}{p}\right)$ 时已经讨论过. 设 $p$ 为奇素数, $a$ 是不被 $p$ 整除的任一整数. 为方便起见, 记

$$P = \frac{p-1}{2}.$$

考虑下面这列数

$$a, 2a, 3a, \cdots, Pa,$$

并将其模 $p$ 简化到 $-P$ 与 $P$ 之间. 一些简化后的值为正数, 而另一些则为负数. 令

$$\mu(a,p) = \left(\begin{array}{c} a, 2a, 3a, \cdots, Pa \text{ 模 } p \text{ 简化到 } -P \text{ 与 } P \\ \text{之间后变成负数的那些整数的个数} \end{array}\right).$$

举例说明高斯 $\mu$ 值的计算. 对 $p = 13$, $a = 7$, 有 $P = (13-1)/2 = 6$. 我们从下面六个数开始:

$$1 \cdot 7, \ 2 \cdot 7, \ 3 \cdot 7, \ 4 \cdot 7, \ 5 \cdot 7, \ 6 \cdot 7$$

并将它们模 13 简化到 $-6$ 与 6 之间, 得到

$$1 \cdot 7 = 7 \equiv -6 \pmod{13} \qquad 4 \cdot 7 = 28 \equiv 2 \pmod{13}$$
$$2 \cdot 7 = 14 \equiv 1 \pmod{13} \qquad 5 \cdot 7 = 35 \equiv -4 \pmod{13}$$
$$3 \cdot 7 = 21 \equiv -5 \pmod{13} \qquad 6 \cdot 7 = 42 \equiv 3 \pmod{13}$$

有 3 个剩余是负的, 所以 $\mu(7, 13) = 3$.

高斯准则是说 $\mu(a, p)$ 可以用来确定 $a$ 是否是模 $p$ 的平方剩余. 下面我们叙述并证明高斯准则. (在第 21 章我们证明了 $a = 2$ 时的高斯准则.)

**定理 23.1(高斯准则)** 设 $p$ 为奇素数, $a$ 是不被 $p$ 整除的整数, $\mu(a, p)$ 由前面的公式所定义的数, 则

$$\left(\frac{a}{p}\right) = (-1)^{\mu(a,p)}.$$

在开始证明高斯准则前，我们先证明一个引理用来描述 $a$，$2a$，$3a$，$\cdots$，$Pa$ 模 $p$ 简化后的取值情况.

**引理 23.2** 当 $a$，$2a$，$3a$，$\cdots$，$Pa$ 模 $p$ 简化到 $-P$ 与 $P$ 之间时，简化后的值是 $\pm 1$，$\cdots$，$\pm P$ 按某种顺序的排列，每个数以带正号的形式或带负号的形式出现一次.

**证明** 我们将每个乘积 $ka$ 表成

$$ka = pq_k + r_k, \quad -P \leq r_k \leq P.$$

假设有两个 $r_k$ 的值相等或相差一个符号，比如 $r_i = er_j$，$e = \pm 1$，则

$$ia - eja = (pq_i + r_i) - e(pq_j + r_j) = p(q_i - eq_j),$$

所以 $p$ 整除 $(i - ej)a$. 但 $p$ 是素数且 $a$ 不被 $p$ 整除，所以我们得到 $p$ 整除 $i - ej$. 然而，

$$|i - ej| \leq |i| + |ej| = i + j \leq P + P = p - 1.$$

因此，$i - ej$ 被 $p$ 整除的唯一方式是 $i - ej = 0$. 因为 $e = \pm 1$ 且 $i$，$j$ 是正整数，故有 $i = j$.

于是，我们证明了即使改变它们的符号，$r_1$，$r_2$，$\cdots$，$r_P$ 也是互不相同的. 因为这些数都在 $-P$ 与 $P$ 之间且不为零，故可知，$1$，$2$，$\cdots$，$P$ 要么以带正号的形式要么以带负号的形式在 $r_1$，$r_2$，$\cdots$，$r_P$ 中恰出现一次.          $\square$

我们现在利用该引理证明高斯准则，后面还要用这个引理去证明一个重要的公式，它是二次互反律的艾森斯坦证法所必需的.

**高斯准则(定理 23.1)的证明** 取一列数 $a$，$2a$，$3a$，$\cdots$，$Pa$ 并将它们乘起来，乘积等于

$$a \cdot 2a \cdot 3a \cdots Pa = a^P(1 \cdot 2 \cdot 3 \cdots P) = a^P \cdot P!. \qquad (*)$$

另一方面，由引理 23.2 可知

$$a \cdot 2a \cdot 3a \cdots Pa \equiv (\pm 1) \cdot (\pm 2 \cdot (\pm 3) \cdots (\pm P) \pmod{p},$$

其中取负号的项数为 $\mu(a, p)$，因为 $\mu(a, p)$ 正是这样定义的. 故

$$a \cdot 2a \cdot 3a \cdots Pa \equiv (-1)^{\mu(a,p)}(1 \cdot 2 \cdot 3 \cdots P) \pmod{p}$$
$$\equiv (-1)^{\mu(a,p)} P! \pmod{p}. \qquad (**)$$

比较公式 $(*)$ 和同余式 $(**)$ 可得

$$a^P P! \equiv (-1)^{\mu(a,p)} P! \pmod{p}.$$

数 $P!$ 不能被 $p$ 整除，所以我们将它从同余式两边消去，得到

$$a^P \equiv (-1)^{\mu(a,p)} \pmod{p}.$$

最后，由欧拉准则(定理 21.1)可得

$$a^P \equiv \left(\frac{a}{p}\right) \pmod{p},$$

(记住 $P = (p-1)/2$)，所以

$$\left(\frac{a}{p}\right) \equiv (-1)^{\mu(a,p)} \pmod{p}.$$

也就是说，$\left(\frac{a}{p}\right) - (-1)^{\mu(a,p)}$ 能被 $p$ 整除. 但 $\left(\frac{a}{p}\right) - (-1)^{\mu(a,p)}$ 只能等于 $-2$，$0$ 或 $2$，而

[173] $p \geqslant 3$，故得 $\left(\dfrac{a}{p}\right) - (-1)^{\mu(a,p)} = 0$. 这就完成了高斯准则的证明.                □

二次互反律的艾森斯坦证明需要使用一个很实用的小工具，叫做地板函数或最大整数函数. 对于实数 $t$，它表示为 $\lfloor t \rfloor$，其定义为

$$\lfloor t \rfloor = (满足 \ n \leqslant t \ 的最大整数 \ n).$$

例如，

$$\lfloor 5.7 \rfloor = 5, \quad \lfloor -1.3 \rfloor = -2, \quad \left\lfloor \dfrac{22}{7} \right\rfloor = 3, \quad \lfloor 4 \rfloor = 4.$$

我们现在证明艾森斯坦的一个恒等式，它在二次互反律恒等式的证明中起到关键作用.

**引理 23.3** 设 $p$ 为奇素数，令 $P = \dfrac{p-1}{2}$，$a$ 是不被 $p$ 整除的奇数，$\mu(a, p)$ 是前面定义过并在高斯准则中出现过的量. 则有

$$\sum_{k=1}^{P} \left\lfloor \dfrac{ka}{p} \right\rfloor \equiv \mu(a,p) \pmod 2.$$

在证明引理之前，我们先用 $a = 7$，$p = 13$ 举例说明. 此时 $P = 6$，所以和为

$$\sum_{k=1}^{6} \left\lfloor \dfrac{7k}{13} \right\rfloor = \left\lfloor \dfrac{7}{13} \right\rfloor + \left\lfloor \dfrac{14}{13} \right\rfloor + \left\lfloor \dfrac{21}{13} \right\rfloor + \left\lfloor \dfrac{28}{13} \right\rfloor + \left\lfloor \dfrac{35}{13} \right\rfloor + \left\lfloor \dfrac{42}{13} \right\rfloor$$
$$= 0 + 1 + 1 + 2 + 2 + 3$$
$$= 9.$$

本章早些时候我们已计算出 $\mu(7, 13) = 3$. 注意到该和虽然不等于 $\mu(7, 13)$，但它们模 2 同余，因为它们都是奇数.

**引理 23.3 的证明** 正如引理 23.2 的证明一样，我们将每个乘积 $ka$ 表成

$$ka = q_k p + r_k, \quad -P < r_k < P.$$

两边用 $p$ 除可得

$$\dfrac{ka}{p} = q_k + \dfrac{r_k}{p}, \quad -\dfrac{1}{2} < \dfrac{r_k}{p} < \dfrac{1}{2}.$$

两边取地板函数可得

[174]
$$\left\lfloor \dfrac{ka}{p} \right\rfloor = \begin{cases} q_k & 若 \ r_k > 0, \\ q_k - 1 & 若 \ r_k < 0. \end{cases}$$

因此，如果对 $k = 1, 2, \cdots, P$ 将 $\left\lfloor \dfrac{ka}{p} \right\rfloor$ 的值相加，就有

$$\sum_{k=1}^{P} \left\lfloor \dfrac{ka}{p} \right\rfloor = \sum_{k=1}^{P} q_k - (r_k \ 为负数的 \ k \ 的个数) \tag{+}$$
$$= \sum_{k=1}^{P} q_k - \mu(a,p).$$

我们最后的任务是计算和 $q_1 + \cdots + q_P$，其实只需模 2 计算. 注意到如果对公式

$$ka = q_k p + r_k$$

模 2 简化并利用 $a, p$ 都是奇数的事实，就可得

$$k \equiv q_k + r_k \pmod 2.$$

关于 $k$ 求和得

$$\sum_{k=1}^{P} k \equiv \sum_{k=1}^{P} q_k + \sum_{k=1}^{P} r_k \pmod 2. \qquad (++)$$

然而，引理 23.2 告诉我们，$r_1, r_2, \cdots, r_P$ 等于 $\pm 1, \pm 2, \cdots, \pm P$ 按某种顺序的排列，1 到 $P$ 中的每个数要么以带正号的形式要么以带负号的形式恰出现一次. 因为是模 2 计算，所以符号已无关紧要. 由此可得

$$\sum_{k=1}^{P} r_k \equiv 1 + 2 + \cdots + P \pmod 2.$$

换句话说，在同余式 $(++)$ 中出现的和 $\sum k$ 与 $\sum r_k$ 是模 2 同余的，故可得

$$\sum_{k=1}^{P} q_k \equiv 0 \pmod 2.$$

现在对 $(+)$ 式两边模 2 简化，得到

$$\sum_{k=1}^{P} \left\lfloor \frac{ka}{p} \right\rfloor = \sum_{k=1}^{P} q_k - \mu(a,p) \equiv \mu(a,p) \pmod 2,$$

这正是我们试图证明的结论. □ | 175 |

**二次互反律的证明** 现在我们已拥有证明二次互反律所需的所有工具. 证明要用到一点几何知识. 设 $p, q$ 是奇素数，令

$$P = \frac{p-1}{2}, \quad Q = \frac{q-1}{2}.$$

考虑 $xy$-平面上以 $(0, 0)$，$\left(\frac{p}{2}, 0\right)$，$\left(\frac{p}{2}, \frac{q}{2}\right)$ 为顶点的三角形 $T(p, q)$，见图 23.1. 我们将计算三角形 $T(p, q)$ 内的整坐标点的个数. 例如，图 23.1 中三角形包含 19 个整点，因为我们只计算严格位于三角形内部的点，而不考虑底部线段上的点.

可以这样计算 $T(p, q)$ 中的整点：先考虑 $x = 1$ 上点的个数，再考虑 $x = 2$ 上点的个数，等等. 三角形 $T(p, q)$ 的斜边位于直线

$$y = \frac{q}{p} x$$

上，所以，对 $x = 1$，我们得到 $\left\lfloor \frac{q}{p} \right\rfloor$ 个点，对 $x = 2$，得到 $\left\lfloor \frac{2q}{p} \right\rfloor$ 个点，等等. 换句话说

$$(三角形 T(p,q) 中的整点个数) = \sum_{k=1}^{P} \left\lfloor \frac{kq}{p} \right\rfloor.$$

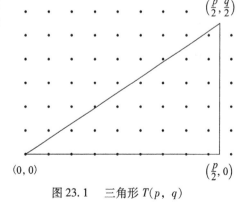

图 23.1 三角形 $T(p, q)$

图 23.2 中左边的三角形用 $q=7$，$p=13$ 说明了这个公式．计算图中每个列上的整点可知，三角形 $T(7,13)$ 中整点个数为

$$\left\lfloor \frac{7}{13} \right\rfloor + \left\lfloor \frac{14}{13} \right\rfloor + \left\lfloor \frac{21}{13} \right\rfloor + \left\lfloor \frac{28}{13} \right\rfloor + \left\lfloor \frac{35}{13} \right\rfloor + \left\lfloor \frac{42}{13} \right\rfloor = 0 + 1 + 1 + 2 + 2 + 3 = 9.$$

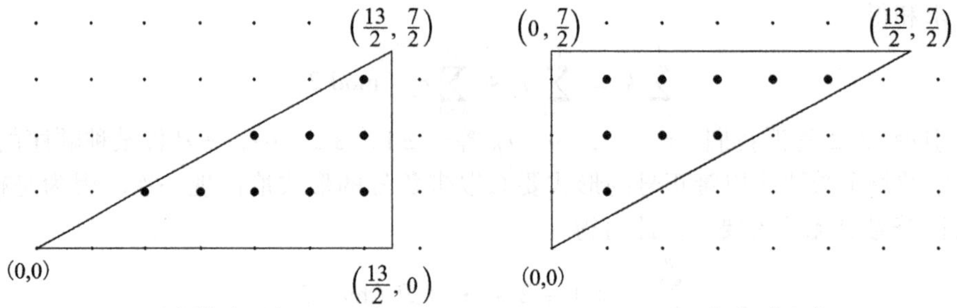

图 23.2  计数三角形中的整点

回到一般情形，接着计算以 $(0,0)$，$\left(0,\dfrac{q}{2}\right)$，$\left(\dfrac{q}{2},\dfrac{p}{2}\right)$ 为顶点的三角形 $T'(p,q)$ 中的整点个数．图 23.2 中右边的三角形 $T'(13,7)$ 对此做了举例说明．我们从水平方向上来计算 $T'(p,q)$ 中的整点个数：先计算 $y=1$ 上的整点个数，再计算 $y=2$ 上的整点个数，等等．重复前面的论证可得

$$(三角形\ T'(p,q)\ 中的整点个数) = \sum_{k=1}^{Q} \left\lfloor \frac{kp}{q} \right\rfloor.$$

例如，图 23.2 中三角形 $T'(13,7)$ 中的整点个数（从水平方向上按行计数）为

$$\left\lfloor \frac{13}{7} \right\rfloor + \left\lfloor \frac{26}{7} \right\rfloor + \left\lfloor \frac{39}{7} \right\rfloor = 1 + 3 + 5 = 9.$$

将三角形 $T(p,q)$ 与 $T'(p,q)$ 中整点个数公式与引理 23.3 中的公式作比较，得到

$$(T'(p,q)\ 中整点个数) + (T(q,p)\ 中整点个数) = \sum_{k=1}^{Q} \left\lfloor \frac{kp}{q} \right\rfloor + \sum_{k=1}^{P} \left\lfloor \frac{kq}{p} \right\rfloor$$

$$\equiv \mu(p,q) + \mu(q,p) \pmod 2.$$

证明的结尾简明而巧妙．考虑两个三角形 $T(q,p)$ 与 $T'(p,q)$．它们合起来组成一个以 $(0,0)$，$\left(\dfrac{p}{2},0\right)$，$\left(0,\dfrac{q}{2}\right)$，$\left(\dfrac{p}{2},\dfrac{q}{2}\right)$ 为顶点的长方形，见图 23.3．这个长方形中

的整点个数很容易计算．长方形包含 $\left\lfloor \dfrac{p}{2} \right\rfloor$ 个整点列，每列包含 $\left\lfloor \dfrac{q}{2} \right\rfloor$ 个整点，所以

$$(T'(p,q)\ 中整点个数) + (T(q,p)\ 中整点个数) = \left(\begin{array}{c} 以\ (0,0),\left(\dfrac{p}{2},0\right),\left(0,\dfrac{q}{2}\right),\left(\dfrac{p}{2},\dfrac{q}{2}\right) \\ 为顶点的长方形中整点的个数 \end{array}\right)$$

$$= \left\lfloor \frac{p}{2} \right\rfloor \cdot \left\lfloor \frac{q}{2} \right\rfloor$$

$$= \frac{p-1}{2} \cdot \frac{q-1}{2}.$$

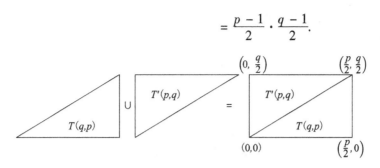

图 23.3 由 $T(q,\ p)$ 与 $T'(p,\ q)$ 组成长方形

[应当注意的是，长方形对角线上仅有的整点是$(0,0)$，这是因为对角线上的点都在直线 $y = \dfrac{q}{p}x$ 上，而这条直线上的整点都具有形式$(kp,\ kq)$，$k$ 为整数.]

将此公式与前面的两个三角形中整点个数的和公式作比较，就可得到

$$\mu(q,p) + \mu(p,q) \equiv \frac{p-1}{2} \cdot \frac{q-1}{2} \ (\mathrm{mod}\ 2).$$

剩下的事就是利用高斯准则(定理 23.1)计算

$$\left(\frac{p}{q}\right)\left(\frac{q}{p}\right) = (-1)^{\mu(p,q)} \cdot (-1)^{\mu(q,p)} = (-1)^{\mu(p,q)+\mu(q,p)} = (-1)^{\frac{p-1}{2} \cdot \frac{q-1}{2}}.$$

这就完成了二次互反律第 3 部分的证明.  □

## 习题

**23.1** 计算下列值.

(a) $\left\lfloor -\dfrac{7}{3} \right\rfloor$     (b) $\left\lfloor \sqrt{23} \right\rfloor$     (c) $\left\lfloor \pi^2 \right\rfloor$     (d) $\left\lfloor \dfrac{\sqrt{73}}{\sqrt[3]{19}} \right\rfloor$

178

**23.2** 本题要求研究函数

$$f(x) = \lfloor 2x \rfloor - 2\lfloor x \rfloor$$

的某些性质，其中 $x$ 可取任意实数.

(a)如果 $n$ 是整数，$f(x)$ 与 $f(x+n)$ 的值是如何联系的?

(b)对于 0 与 1 之间的一些 $x$ 值，计算 $f(x)$ 的值，并给出一个关于 $f(x)$ 取值的猜测.

(c)证明(b)中的猜测.

**23.3** 本题要求研究函数

$$g(x) = \lfloor x \rfloor + \left\lfloor x + \frac{1}{2} \right\rfloor$$

的某些性质，其中 $x$ 可取任意实数.

(a)计算下列 $g(x)$ 的值：

$$g(0),\ \ g(0.25),\ \ g(0.5),\ \ g(1),\ \ g(2),\ \ g(2.5),\ \ g(2.499).$$

(b)利用(a)中的结果，做出猜测：$g(x) = \lfloor kx \rfloor$ 对特殊的 $k$ 值成立.

(c)证明(b)中的猜测是正确的.

(d)找出并证明一个关于下列函数的公式：

$$g(x) = \lfloor x \rfloor + \left\lfloor x + \frac{1}{3} \right\rfloor + \left\lfloor x + \frac{2}{3} \right\rfloor.$$

(e)更一般地，对固定整数 $N \geqslant 1$，找出并证明一个关于下列函数的公式：

$$g(x) = \lfloor x \rfloor + \left\lfloor x + \frac{1}{N} \right\rfloor + \left\lfloor x + \frac{2}{N} \right\rfloor + \cdots + \left\lfloor x + \frac{N-1}{N} \right\rfloor.$$

**23.4** 设 $p$ 为奇素数，$P = \dfrac{p-1}{2}$，$a$ 是不能被 $p$ 整除的偶数.

(a)证明

$$\sum_{k=1}^{P} \left\lfloor \frac{ka}{p} \right\rfloor \equiv \frac{p^2-1}{8} + \mu(a,p) \pmod{2}.$$

（提示：当 $a$ 是奇数时，我们在引理 23.3 中证明了一个类似的同余式.）

(b)特别地，取 $a = 2$，利用(a)和高斯准则(定理 23.1)证明

$$\left( \frac{2}{p} \right) = (-1)^{(p^2-1)/8}.$$

（提示：当 $1 \leqslant k \leqslant P$ 时，$\lfloor 2k/p \rfloor$ 的值是多少？）

**23.5** 设 $a$，$b$ 为正整数，$T$ 是以 $(0,0)$，$(a,0)$，$(a,b)$ 为顶点的三角形. 考虑下面三个量：

$A =$ 三角形 $T$ 的面积，

$N =$ 三角形 $T$ 内的整点个数，

$B =$ 三角形 $T$ 的边界上的整点个数.

例如，如果 $a = 6$，$b = 2$，则有下面的图

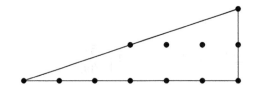

所以

$$A = \frac{6 \cdot 2}{2} = 6, \quad N = 2, \quad B = 10.$$

(a)画出 $a = 5$，$b = 3$ 的图，并用它计算 $A$，$N$，$B$ 的值，然后计算 $A - N - \dfrac{1}{2}B$.

(b)对 $a = 6$，$b = 4$，重复(a)中的工作.

(c)在(a)和(b)中数据的基础上，做出一个有关 $A$，$N$，$B$ 的猜测.

(d)证明你的猜测是正确的. （提示：用三角形的两个拷贝组成一个长方形.）

# 第24章 哪些素数可表成两个平方数之和

虽然我们对同余式的探讨是有趣的，但毋庸置疑的是，数论中的根本问题是关于自然数的问题. 同余式

$$A \equiv B \pmod{M}$$

好是好，它告诉我们差 $A - B$ 是 $M$ 的倍数，但它不能比作实际等式

$$A = B.$$

有一种考虑同余式的方法，就是将它们看作是实际等式的近似. 这样的近似思想不可小视，它们有其内在的趣味，而且常被用作构造实际等式的工具. 这就是本章所采用的途径：使用二次互反律这个关于同余式的定理作为工具在整数之间建立等式.

我们处理的问题如下：

> 哪些整数能写成两个平方数之和?

例如，5，10 和 65 都是两个平方数之和，因为

$$5 = 2^2 + 1^2, \quad 10 = 3^2 + 1^2, \quad 65 = 7^2 + 4^2.$$

另一方面，3，19 和 154 都不能写成两个平方数之和，为看清这一点，以 19 为例，我们只需检验以下各差：

$$19 - 1^2 = 18, \quad 19 - 2^2 = 15, \quad 19 - 3^2 = 10, \quad 19 - 4^2 = 3$$

它们中没有一个是平方数. 一般地，为检验一个给定的数 $m$ 是不是两个平方数之和，可列出

$$m - 0^2, m - 1^2, \quad m - 2^2, \quad m - 3^2, \quad m - 4^2, \cdots$$

直到得到一个平方数或负数为止$^{\ominus}$.

和通常一样，我们从一个短表开始寻找模式.

### 能表成两个平方数之和的数

| | | | | |
|---|---|---|---|---|
| $1 = 1^2 + 0^2$ | 11 NO | 21 NO | 31 NO | $41 = 4^2 + 5^2$ |
| $2 = 1^2 + 1^2$ | 12 NO | 22 NO | $32 = 4^2 + 4^2$ | 42 NO |
| 3 NO | $13 = 2^2 + 3^2$ | 23 NO | 33 NO | 43 NO |
| $4 = 0^2 + 2^2$ | 14 NO | 24 NO | $34 = 3^2 + 5^2$ | 44 NO |
| $5 = 1^2 + 2^2$ | 15 NO | $25 = 3^2 + 4^2$ | 35 NO | $45 = 3^2 + 6^2$ |
| 6 NO | $16 = 0^2 + 4^2$ | $26 = 1^2 + 5^2$ | $36 = 0^2 + 6^2$ | 46 NO |
| 7 NO | $17 = 1^2 + 4^2$ | 27 NO | $37 = 1^2 + 6^2$ | 47 NO |
| $8 = 2^2 + 2^2$ | $18 = 3^2 + 3^2$ | 28 NO | 38 NO | 48 NO |
| $9 = 0^2 + 3^2$ | 19 NO | $29 = 2^2 + 5^2$ | 39 NO | $49 = 0^2 + 7^2$ |
| $10 = 1^2 + 3^2$ | $20 = 2^2 + 4^2$ | 30 NO | $40 = 2^2 + 6^2$ | $50 = 5^2 + 5^2$ |

由上表，我们可以分别列出能表成和不能表成两个平方数之和的数.

---

$\ominus$ 实际上，只需对 0 到 $\sqrt{m/2}$ 之间的所有 $a$ 检验 $m - a^2$ 是不是平方数. 你能看出为什么这样就足够了吗?

| 能表成两个平方数之和的数 | 1, 2, 4, 5, 8, 9, 10, 13, 16, 17, 18, 20, 25, 26, 29, 32, 34, 36, 37, 40, 41, 45, 49, 50 |
|---|---|
| 不能表成两个平方数之和的数 | 3, 6, 7, 11, 12, 14, 15, 19, 21, 22, 23, 24, 27, 28, 30, 31, 33, 35, 38, 39, 42, 43, 44, 46, 47, 48 |

你能发现什么模式吗?

一个立即可观察到的结果是,任一模 4 余 3 的数都不能表成两个平方数之和. 看一下表中的前两列,我们或许会猜想,如果 $m \equiv 1 \pmod 4$,则 $m$ 可表成两个平方数之和. 但此猜想是不正确的,因为 21 就不是两个平方数之和. 另一个例外是 33. 然而,21 = 3 × 7 和 33 = 3 × 11 都是合数. 如果只查看素数,我们发现表中满足

$$p \equiv 1 \pmod 4$$

[182]

的每个素数确实是两个平方数之和. 此观察结果使我们想起数论研究中的"素数探路": 总是从研究素数开始. 这样做的原因有两个:第一,对素数通常容易发现模式. 第二, 对素数而言的模式常可用来推出对所有整数成立的模式,因为算术基本定理(第 7 章)告诉我们,素数是所有整数的基本构件.

既然我们已决定专心研究素数,便对更多的素数编辑一张表并看看哪些素数能表成两个平方数之和.

**能表成两个平方数之和的素数**

| | | | | |
|---|---|---|---|---|
| $2 = 1^2 + 1^2$ | 31  NO | $73 = 3^2 + 8^2$ | 127  NO | 179  NO |
| 3  NO | $37 = 1^2 + 6^2$ | 79  NO | 131  NO | $181 = 9^2 + 10^2$ |
| $5 = 1^2 + 2^2$ | $41 = 4^2 + 5^2$ | 83  NO | $137 = 4^2 + 11^2$ | 191  NO |
| 7  NO | 43  NO | $89 = 5^2 + 8^2$ | 139  NO | $193 = 7^2 + 12^2$ |
| 11  NO | 47  NO | $97 = 4^2 + 9^2$ | $149 = 7^2 + 10^2$ | $197 = 1^2 + 14^2$ |
| $13 = 2^2 + 3^2$ | $53 = 2^2 + 7^2$ | $101 = 1^2 + 10^2$ | 151  NO | 199  NO |
| $17 = 1^2 + 4^2$ | 59  NO | 103  NO | $157 = 6^2 + 11^2$ | 211  NO |
| 19  NO | $61 = 5^2 + 6^2$ | 107  NO | 163  NO | 223  NO |
| 23  NO | 67  NO | $109 = 3^2 + 10^2$ | 167  NO | 227  NO |
| $29 = 2^2 + 5^2$ | 71  NO | $113 = 7^2 + 8^2$ | $173 = 2^2 + 13^2$ | $229 = 2^2 + 15^2$ |

由此可得下面两列素数.

| 能表成两个平方数之和的素数 | 2, 5, 13, 17, 29, 37, 41, 53, 61, 73, 89, 97, 101, 109, 113, 137, 149, 157, 173, 181, 193, 197, 229 |
|---|---|
| 不能表成两个平方数之和的素数 | 3, 7, 11, 19, 23, 31, 43, 47, 59, 67, 71, 79, 83, 103, 107, 127, 131, 139, 151, 163, 167, 179, 191, 199, 211, 223, 227 |

猜想是显然的:模 4 余 1 的素数似乎能写成两个平方数之和,而模 4 余 3 的素数则好像不能. (我们忽略了 2,2 能表成两个平方数之和,但它有点异常.)本章余下部分将致力于讨论和证明这个猜想.

**定理 24.1（素数的两个平方数之和定理）** 设 $p$ 是素数，则 $p$ 是两个平方数之和的充要条件是

$$p \equiv 1 \pmod 4 \quad (\text{或 } p = 2).$$

两平方数之和定理实际上由两个陈述组成.

**陈述 1** 如果 $p > 2$ 是两个平方数之和，则 $p \equiv 1 \pmod 4$.

**陈述 2** 如果 $p \equiv 1 \pmod 4$，则 $p$ 是两个平方数之和.

在这两个陈述中，一个相当容易证明，而另一个的证明则相当困难. 在没有真正尝试证明之前，你能猜出哪个简单哪个困难吗？这不是一个无聊或愚蠢的问题. 在我们试图证明一个数学命题之前，它能帮助我们了解证明的可能难度，或像数学家所说的，了解命题的深度. 有深度的定理的证明比"浅显"定理的证明可能需要更有力的工具和更多的努力，就像建摩天大楼需要专门的机械设备和巨大的努力，而做一个鸟笼只需要锤子和钉子就足够了.

因此，我们的问题是："陈述 1 和陈述 2 哪一个更有深度？"从直觉上看，如果用容易的断言去证明困难的断言，则命题是有深度的. 陈述 1 和陈述 2 涉及以下两个断言.

**断言 A** $p$ 是两个平方数之和.

**断言 B** $p \equiv 1 \pmod 4$.

显然，断言 B 是较容易的，因为对任意给定的素数 $p$，很容易验证它是否模 4 余 1. 另一方面，断言 A 是较难的，因为可能需要大量的工作才能验证给定的素数 $p$ 是不是两个平方数之和. 因此，陈述 1 说明如果有深度的断言 A 为真，则容易的断言 B 也为真. 这表明陈述 1 不会太难证明. 陈述 2 说明如果容易的断言 B 为真，则有深度的断言 A 亦真. 这表明陈述 2 的证明可能是困难的.

既然我们知道陈述 1 应当易证，就先来证明它. 已知 $p$ 是两个平方数之和，设

$$p = a^2 + b^2.$$

我们还知道 $p$ 是奇数，因此 $a$，$b$ 必定一奇一偶. 必要时交换 $a$，$b$，不妨设 $a$ 为奇数，$b$ 为偶数，比如说

$$a = 2n + 1, \quad b = 2m.$$

于是

$$p = a^2 + b^2 = (2n+1)^2 + (2m)^2 = 4n^2 + 4n + 1 + 4m^2 \equiv 1 \pmod 4.$$

这正是我们试图证明的结果.

在给出陈述 1 的这个非常容易的证明后，接着要给出一个较复杂的证明. 为什么要用复杂的证明代替容易的证明呢？答案之一是，较复杂的证明往往可应用在简单证明不起作用的情况.

上述容易的证明是对给定的公式 $p = a^2 + b^2$ 进行模 4 简化，得到关于 $p$ 模 4 的结果. 这是很自然的处理方式. 我们的新证法是对式子 $p = a^2 + b^2$ 模 $p$ 简化. 由此可得

$$0 \equiv a^2 + b^2 \pmod p, \quad \text{因此 } -a^2 \equiv b^2 \pmod p.$$

接着对两边取勒让德符号.

$$\left(\frac{-a^2}{p}\right) = \left(\frac{b^2}{p}\right)$$

$$\left(\frac{-1}{p}\right)\left(\frac{a}{p}\right)^2 = \left(\frac{b}{p}\right)^2$$

$$\left(\frac{-1}{p}\right) = 1$$

于是, $-1$ 是模 $p$ 的二次剩余, 由二次互反律(第 22 章)可得 $p \equiv 1 \pmod 4$. 第二个证明特别有趣, 因为我们通过模 $p$ 简化得到了模 4 的信息.

   陈述 2(每个模 4 余 1 的素数都能表成两平方数之和)的证明是较为困难的. 我们所给出的证明是基于费马著名的递降法, 其本质上是属于欧拉的. 我们先描述费马递降法的基本思想, 因为一旦理解了这个概念, 具体的细节将变得不再可怕.

   假设 $p \equiv 1 \pmod 4$, 要将 $p$ 表成两平方数之和. 我们先处理不太麻烦的工作, 将 $p$ 的某个倍数表成两个平方数之和, 而不是立即试图写出 $p = a^2 + b^2$. 例如, 由二次互反律知 $x^2 \equiv -1 \pmod p$ 有一解, 比如说 $x = A$, 则 $A^2 + 1^2$ 是 $p$ 的倍数. 因此, 我们从

$$A^2 + B^2 = Mp$$

开始, 其中 $A$, $B$, $M$ 为整数. 如果 $M = 1$, 则证明已完成. 因此, 我们假设 $M \geq 2$.

   费马才华横溢的想法是用 $A$, $B$, $M$ 发现新的整数 $a$, $b$ 和 $m$ 使得

$$a^2 + b^2 = mp \quad \text{且} \quad m \leq M - 1.$$

当然, 如果 $m = 1$, 则证明完成. 如果 $m \geq 2$, 则对 $a$, $b$, $m$ 可再次使用费马递降程序来找到 $p$ 的更小的倍数, 使其能表成两个平方数之和. 不断重复此过程, 我们最终得到 $p$ 本身能表成两个平方数之和.

   这个描述省略了一个"次要的"细节: 如何利用已知数 $A$, $B$, $M$ 来产生新的数 $a$, $b$, $m$. 在描述这一证明的关键之前, 我们暂时离开主题, 看一个漂亮的(且有用的)恒等式.

   这个恒等式是说, 如果两个数都能表成两平方数之和, 则它们的乘积也能表成两平方数之和.

$$(u^2 + v^2)(A^2 + B^2) = (uA + vB)^2 + (vA - uB)^2.$$

一旦这个恒等式写出来之后, 其证明没有任何困难之处. (当初发现这个恒等式是另一回事, 我们将在本章末对其进行讨论.)例如, 将右边乘积展开可得

$$(uA + vB)^2 + (vA - uB)^2$$
$$= (u^2A^2 + 2uAvB + v^2B^2) + (v^2A^2 - 2vAuB + u^2B^2)$$
$$= u^2A^2 + v^2B^2 + v^2A^2 + u^2B^2$$
$$= (u^2 + v^2)(A^2 + B^2).$$

   现在我们准备描述将素数

$$p \equiv 1 \pmod 4$$

表成两平方数之和的费马递降法. 如前所述, 该思想从能表成两平方数之和的某个 $Mp$

开始，通过巧妙的处理找到 $p$ 的更小倍数，使其仍能表成两平方数之和. 为了有助于理解这些不同的步骤，我们运用一般程序解决下面的例子：

$$a^2 + b^2 = 881.$$

递降程序展示在下面的表中. 在继续往下进行之前，务必一步步仔细查看此表.

下面描述的递降程序将最初的等式

$$387^2 + 1^2 = 170 \cdot 881$$

简化为 881 的更小倍数

$$107^2 + 2^2 = 13 \cdot 881.$$

186

**递降程序**

| $p = 881$ | $p$ 为任一模 4 余 1 的素数 |
|---|---|
| 写 $$387^2 + 1^2 = 170 \cdot 881, \ 170 < 881$$ | 写 $$A^2 + B^2 = Mp, \ M < p$$ |
| 选取数 47，1，使得 $$47 \equiv 387 \ (\bmod \ 170)$$ $$1 \equiv 1 \ (\bmod \ 170)$$ $$-\frac{170}{2} \leqslant 47,1 \leqslant \frac{170}{2}$$ | 选取数 $u$，$v$，使得 $$u \equiv A \ (\bmod \ M)$$ $$v \equiv B \ (\bmod \ M)$$ $$-\frac{1}{2}M \leqslant u,v \leqslant \frac{1}{2}M$$ |
| 观察到 $$47^2 + 1^2 \equiv 387^2 + 1^2 \equiv 0 \ (\bmod \ 170)$$ | 观察到 $$u^2 + v^2 = A^2 + B^2 \equiv 0 \ (\bmod \ M)$$ |
| 所以可写 $$47^2 + 1^2 = 170 \cdot 13$$ $$387^2 + 1^2 = 170 \cdot 881$$ | 所以可写 $$u^2 + v^2 = Mr(1 \leqslant r < M)$$ $$A^2 + B^2 = Mp$$ |
| 相乘可得 $$(47^2 + 1^2)(387^2 + 1^2) = 170^2 \cdot 13 \cdot 881$$ | 相乘可得 $$(u^2 + v^2)(A^2 + B^2) = M^2 rp$$ |
| 利用恒等式 $(u^2 + v^2)(A^2 + B^2) = (uA + vB)^2 + (vA - uB)^2$ | |
| $$(47 \cdot 387 + 1 \cdot 1)^2 + (1 \cdot 387 - 47 \cdot 1)^2$$ $$= 170^2 \cdot 13 \cdot 881$$ $$\underbrace{18\,190^2} + \underbrace{340^2} = 170^2 \cdot 13 \cdot 881$$ 皆能被170整除 | $$\underbrace{(uA + vB)^2}_{} + \underbrace{(vA - uB)^2}_{}$$ 皆能被M整除 $$= M^2 rp$$ |
| 用 $170^2$ 去除 $$\left(\frac{18\,190}{170}\right)^2 + \left(\frac{340}{170}\right)^2 = 13 \cdot 881$$ $$107^2 + 2^2 = 13 \cdot 881$$ 由此得到能表成两平方数之和的 881 的更小倍数 | 用 $M^2$ 去除 $$\left(\frac{uA + vB}{M}\right)^2 + \left(\frac{vA - uB}{M}\right)^2 = rp$$ 由此得到能表成两平方数之和的 $p$ 的更小倍数 |
| 重复此过程，直到 $p$ 本身能表成两平方数之和 | |

187

为了将 881 表成两平方数之和，我们对 $107^2 + 2^2 = 13 \cdot 881$ 反复使用递降程序. 由此可得

| | |
|---|---|
| $p = 881$ | $p$ 为任一模 4 余 1 的素数 |
| $107^2 + 2^2 = 13 \cdot 881$ <br> $3 \equiv 107 \pmod{13}$ <br> $2 \equiv 2 \pmod{13}$ | $A^2 + B^2 = Mp$ <br> $u \equiv A \pmod{M}$ <br> $v \equiv B \pmod{M}$ |
| $3^2 + 2^2 = 13 \cdot 1$ | $u^2 + v^2 = Mr$ |
| $(3^2 + 2^2)(107^2 + 2^2) = 13^2 \cdot 1 \cdot 881$ | $(u^2 + v^2)(A^2 + B^2) = M^2 rp$ |
| 利用恒等式 $(u^2 + v^2)(A^2 + B^2) = (uA + vB)^2 + (vA - uB)^2$ | |
| $(3 \cdot 107 + 2 \cdot 2)^2 + (2 \cdot 107 - 3 \cdot 2)^2$ <br> $= 13^2 \cdot 881$ <br> $325^2 + 208^2 = 13^2 \cdot 881$ | $(uA + vB)^2 + (vA - uB)^2 = M^2 rp$ |
| 用 $13^2$ 去除 <br> $25^2 + 16^2 = 881$ | 用 $M^2$ 去除 <br> $\left(\dfrac{uA + vB}{M}\right)^2 + \left(\dfrac{vA - uB}{M}\right)^2 = rp$ |

递降程序的第二次使用给出了原问题的解,

$$881 = 25^2 + 16^2.$$

当然, 对于像 881 这样较小的数, 通过试验法可能更容易求解. 但 $p$ 一旦很大, 递降程序无疑更加有效. 事实上, 每运用一次递降程序, $p$ 的倍数至少减半.

为说明递降程序确实有效, 我们需要证明五个断言. 第一步, 需要找出数 $A$, $B$ 使得

(i) $A^2 + B^2 = Mp$ 且 $M < p$.

为此, 取同余式

$$x^2 \equiv -1 \pmod{p}$$

的一个解 $x$ 使得 $1 \leqslant x < p$. 由二次互反律可知, 以上同余式有解$^{\ominus}$, 因为我们假定 $p \equiv 1 \pmod{4}$. 于是, 令 $A = x$, $B = 1$, 则 $A^2 + B^2$ 被 $p$ 整除. 而且

$$M = \frac{A^2 + B^2}{p} \leqslant \frac{(p-1)^2 + 1^2}{p} = p - \frac{2p - 2}{p} < p.$$

在递降程序的第二步, 我们选取 $u$, $v$ 使其满足

$$u \equiv A \pmod{M}, \quad v \equiv B \pmod{M}, \quad -\frac{1}{2}M \leqslant u, v \leqslant \frac{1}{2}M.$$

于是有

$$u^2 + v^2 \equiv A^2 + B^2 \equiv 0 \pmod{M},$$

因此, $u^2 + v^2$ 能被 $M$ 整除, 设 $u^2 + v^2 = Mr$. 其余四个需要验证的陈述如下:

188

---

$\ominus$ 实际上, 求解 $x^2 \equiv -1 \pmod{p}$ 的一个容易的方法是对随机选取的 $a$, 计算 $b \equiv a^{(p-1)/4} \pmod{p}$. 由欧拉公式(第 21 章)知 $b^2 \equiv \left(\dfrac{a}{p}\right) \pmod{p}$, 因此, $a$ 的每次选取有 50% 的成功机会.

(ii) $r \geq 1$.

(iii) $r < M$.

(iv) $uA + vB$ 能被 $M$ 整除.

(v) $vA - uB$ 能被 $M$ 整除.

我们按相反的顺序来验证它们. 为证明 (v), 我们计算

$$vA - uB \equiv B \cdot A - A \cdot B \equiv 0 \pmod{M}.$$

类似地, 对 (iv) 有

$$uA + vB \equiv A \cdot A + B \cdot B \equiv Mp \equiv 0 \pmod{M}.$$

对 (iii), 我们利用 $-M/2 \leq u, v \leq M/2$ 来估计

$$r = \frac{u^2 + v^2}{M} \leq \frac{(M/2)^2 + (M/2)^2}{M} = \frac{M}{2} < M.$$

注意, 这实际上证明了 $r \leq M/2$, 因此, 每使用递降程序一次, $p$ 的倍数至少减半.

最后, 为证明 (ii), 我们需要验证 $r \neq 0$. 因此假设 $r = 0$, 看看会导致什么结果. 如果 $r = 0$, 则 $u^2 + v^2 = 0$, 故必有 $u = v = 0$. 但 $u \equiv A \pmod{M}$, $v \equiv B \pmod{M}$, 所以 $A, B$ 都能被 $M$ 整除. 这表明 $A^2 + B^2$ 能被 $M^2$ 整除. 但 $A^2 + B^2 = Mp$, 所以 $M$ 必整除素数 $p$. 我们还知道 $M < p$, 所以必有 $M = 1$. 这表明 $A^2 + B^2 = p$, 我们已将 $p$ 表成了两个平方数之和! 于是, 要么 (ii) 成立, 要么 $A^2 + B^2 = p$, 从而不必在第一步中使用递降程序.

这就证明了递降程序总是有效的, 因此, 也就完成了素数的两平方数之和定理两部分的证明.

189

## 关于平方和与复数的题外话

恒等式

$$(u^2 + v^2)(A^2 + B^2) = (uA + vB)^2 + (vA - uB)^2 \qquad (*)$$

将两平方数之和的乘积表成两平方数之和, 这是非常有用的, 在下一章中我们将发现它的进一步的用途. 你或许很想知道此恒等式从何而来. 答案就在复数王国中. 复数是形如

$$z = x + iy$$

的数, 其中 i 是 $-1$ 的平方根. 只要记住将 $i^2$ 用 $-1$ 替代, 两复数的乘法便和通常的乘法一样. 于是

$$(x_1 + iy_1)(x_2 + iy_2) = x_1 x_2 + ix_1 y_2 + iy_1 x_2 + i^2 y_1 y_2$$
$$= (x_1 x_2 - y_1 y_2) + i(x_1 y_2 + y_1 x_2).$$

复数也有绝对值,

$$|z| = |x + iy| = \sqrt{x^2 + y^2}.$$

该公式是将 $z = x + iy$ 想象成与坐标平面中的点 $(x, y)$ 相对应, 则 $|z|$ 恰好是从 $z$ 到原点 $(0, 0)$ 的距离. 于是, 恒等式 $(*)$ 来自下述事实:

**积的绝对值等于绝对值的积.**

换句话说，$|z_1 z_2| = |z_1| \cdot |z_2|$. 将其用 $x$，$y$ 写出可得

$$|(x_1 + iy_1)(x_2 + iy_2)| = |x_1 + iy_1| \cdot |x_2 + iy_2|$$

$$|(x_1 x_2 - y_1 y_2) + i(x_1 y_2 + y_1 x_2)| = |x_1 + iy_1| \cdot |x_2 + iy_2|$$

$$\sqrt{(x_1 x_2 - y_1 y_2)^2 + (x_1 y_2 + y_1 x_2)^2} = \sqrt{x_1^2 + y_1^2}\sqrt{x_2^2 + y_2^2}.$$

如果将上面最后一个方程的两边平方，则正好得到原来的恒等式（其中 $x_1 = u$，$y_1 = v$，$x_2 = A$，$y_2 = -B$）.

还有一个属于欧拉的、涉及四个平方数之和的类似恒等式：

$$(a^2 + b^2 + c^2 + d^2)(A^2 + B^2 + C^2 + D^2)$$

$$= (aA + bB + cC + dD)^2 + (aB - bA - cD + dC)^2$$

$$+ (aC + bD - cA - dB)^2 + (aD - bC + cB - dA)^2.$$

这个复杂的恒等式与四元数⊖理论有联系，正如我们上述的恒等式与复数相联系一样. 遗憾的是，对于三个平方数的和没有类似的恒等式. 的确，将一个整数表成三个平方数之和比将整数表成两个或四个平方数之和要困难得多.

## 习题

**24.1** (a)列出小于50且能表成 $p = a^2 + ab + b^2$ 的所有素数 $p$. 例如，$p = 7$ 能表成 $7 = 2^2 + 2 \cdot 1 + 1^2$，而 11 却不能表成这种形式. 尝试寻找模式并猜测哪些素数能表成这种形式.（你能证明你的猜测至少是部分正确的吗？）

(b)对能表成 $p = a^2 + 2b^2$ 形式⊖的素数考虑同样的问题.

**24.2** 如果素数 $p$ 能表成 $p = a^2 + 5b^2$ 的形式，证明

$$p \equiv 1 \text{ 或 } 9 \pmod{20}.$$

（当然，$5 = 0^2 + 5 \cdot 1^2$ 除外.）

**24.3** 从等式

$$557^2 + 55^2 = 26 \cdot 12\,049$$

出发，两次利用递降程序，将 12 049 表成两个平方数之和.

**24.4** (a)从 $259^2 + 1^2 = 34 \cdot 1973$ 出发，利用递降程序将素数 1973 表成两个平方数之和.

(b)从 $261^2 + 947^2 = 10 \cdot 96\,493$ 出发，利用递降程序将素数 96 493 表成两个平方数之和.

**24.5** (a)哪些小于 100 的素数 $p$ 能写成三个平方数之和，即

$$p = a^2 + b^2 + c^2?$$

（允许 $a$，$b$，$c$ 中的一个为零. 比如，$5 = 2^2 + 1^2 + 0^2$ 是三个平方数之和.）

(b)以你在(a)中所收集的数据为基础，试做出一个描述哪些素数能写成三个平方数之和的猜

---

⊖ 四元数是形如 $a + ib + jc + kd$ 的数，其中 i，j，k 是 $-1$ 的三个不同的平方根，满足像 $ij = k = -ji$ 这样奇怪的乘法法则.

⊖ 哪些素数能表成 $p = a^2 + nb^2$ 的形式，这个问题已被广泛研究，并与许多数学分支有联系. 关于这个话题，甚至有一本完整的书《$x^2 + ny^2$ 型素数》(Primes of the Form $x^2 + ny^2$)，作者是 David Cox (John Wiley & Sons, 1989).

想. 你的猜想应包含以下两个陈述, 空格处需要你填上:

191

(i) 如果 $p$ 满足＿＿＿＿＿＿＿, 则 $p$ 是三个平方数之和.

(ii) 如果 $p$ 满足＿＿＿＿＿＿＿, 则 $p$ 不是三个平方数之和.

(c) 证明 (b) 中猜想的第 (ii) 部分. (你也许会试图证明 (b) 中的第 (i) 部分, 但提醒一下, 它相当困难.)

**24.6** (a) 设整数 $c \geqslant 2$ 使得同余式 $x^2 \equiv -1 \pmod{c}$ 有解. 证明 $c$ 是两个平方数之和. (提示: 证明前面描述的递降程序仍然有效.)

(b) 从方程 $14^2 + 57^2 = 53 \cdot 65$ 出发, 对 $c = 65$ 进行递降讨论, 将 65 表成两个平方数之和. (注意, 65 不是素数.)

(c) 满足 $c \equiv 1 \pmod 4$ 的每个整数 $c \geqslant 2$ 都能表成两个平方数之和吗? 如果不能, 请给出一个反例, 并说明递降程序为何失效.

**24.7** 编写一个通过尝试 $x = 0, 1, 2, 3, \cdots$, 并检验 $n - x^2$ 是否为完全平方数来求解方程 $x^2 + y^2 = n$ 的程序. 在有解的情况下, 你的程序应返回所有满足 $x \leqslant y$ 的解. 如果无解, 则应返回恰当的信息.

**24.8** (a) 编写一个利用费马递降程序对素数 $p \equiv 1 \pmod 4$ 求解 $x^2 + y^2 = p$ 的程序. 输入应包含素数 $p$ 和一个满足

$$A^2 + B^2 \equiv 0 \pmod p$$

的数对 $(A, B)$.

(b) 当 $p \equiv 5 \pmod 8$ 时, 修改你的程序使得用户可以不必输入 $(A, B)$. 首先, 应用逐次平方法计算 $A \equiv -2 \cdot (-4)^{(p-5)/8} \pmod p$. 然后有 $A^2 + 1 \equiv 0 \pmod p$ (参见习题 22.8). 因此可以用 $(A, 1)$ 作为初始值来执行递降程序.

192

# 第25章 哪些数能表成两个平方数之和

在上一章中我们对哪些素数能表成两个平方数之和的问题给出了明确的回答，本章对任意自然数考虑同样的问题. 我们的策略有悠久而辉煌的历史，可概括如下：

**分而治之！**

当然，"分"并不是将问题本身分开，而是将问题分解成易于处理的小块，"治"是指对每一小块问题求解. 但是这两步可能引起冲突，所以必须有第三步：把各小块求解合起来成为原问题的解. 这个统一步骤使用上一章所述的两平方数之和的乘积还是两平方数之和这个恒等式：

$$(u^2 + v^2)(A^2 + B^2) = (uA + vB)^2 + (vA - uB)^2. \qquad (*)$$

下面是将 $m$ 表成两平方数之和的步骤：

    **分割任务**：将 $m$ 分解成素数的乘积 $m = p_1 p_2 \cdots p_r$.

    **逐一求解**：将每个素数 $p_i$ 表成两个平方数之和.

    **汇总统一**：反复使用恒等式 $(*)$ 将 $m$ 表成两个平方数之和.

从素数的两平方数之和定理（定理 24.1）我们能确切知道"逐一求解"这一步何时起作用，因为每个素数 $p$ 是两个平方数之和的充要条件是 $p = 2$ 或 $p \equiv 1 \pmod 4$. 例如，为了将 10 表成两个平方数之和，先将 10 分解成 $10 = 2 \cdot 5$，再将 2 和 5 表成两平方数之和，

$$2 = 1^2 + 1^2, \quad 5 = 2^2 + 1^2,$$

然后利用恒等式将它们结合起来：

$$10 = 2 \cdot 5 = (1^2 + 1^2)(2^2 + 1^2) = (2 + 1)^2 + (2 - 1)^2 = 3^2 + 1^2.$$

下面是一个更复杂的例子. 我们要将 $m = 1105$ 表成两个平方数之和.

    **分割任务**：分解 $m = 1105 = 5 \cdot 13 \cdot 17$.

    **逐一求解**：将每个素数 $p$ 表成两平方数之和.

$$5 = 2^2 + 1^2, \quad 13 = 3^2 + 2^2, \quad 17 = 4^2 + 1^2$$

    **汇总统一**：反复利用恒等式 $(*)$ 将 $m$ 表成两平方数之和.

$$
\begin{aligned}
m = 1105 &= 5 \cdot 13 \cdot 17 \\
&= (2^2 + 1^2)(3^2 + 2^2)(4^2 + 1^2) \\
&= ((6 + 2)^2 + (3 - 4)^2)(4^2 + 1^2) \\
&= (8^2 + 1^2)(4^2 + 1^2) \\
&= (32 + 1)^2 + (4 - 8)^2 \\
&= 33^2 + 4^2
\end{aligned}
$$

如果 $m$ 的每个素因子都可表成两平方数之和，则我们的分割、求解、统一策略是成功的. 我们知道哪些素数可表成两平方数之和，因此，如果 $m$ 可分解成

$$m = p_1^{k_1} p_2^{k_2} p_3^{k_3} \cdots p_k^{k_r},$$

其中每个素数或为 2 或为模 4 余 1, 就有办法将 $m$ 表成两平方数之和.

然而, 如果回顾上一章的列表, 我们会发现还有另外一些 $m$ 可表成两平方数之和. 例如,

$$9 = 3^2 + 0^2, \quad 18 = 3^2 + 3^2, \quad 45 = 6^2 + 3^2.$$

发生什么事了? 注意上述每个例子中 $m$ 都能被 $3^2$ 整除且 $m = a^2 + b^2$ 中的 $a$, $b$ 都可被 3 整除. 如果将这三个例子用 $3^2$ 除便得到

$$1 = \frac{9}{3^2} = \frac{3^2 + 0^2}{3^2} = 1^2 + 0^2,$$

$$2 = \frac{18}{3^2} = \frac{3^2 + 3^2}{3^2} = 1^2 + 1^2,$$

$$5 = \frac{45}{3^2} = \frac{6^2 + 3^2}{3^2} = 2^2 + 1^2.$$

换句话说, 这三个例子由

$$1 = 1^2 + 0^2, \quad 2 = 1^2 + 1^2, \quad 5 = 2^2 + 1^2$$

两边同时乘上 $3^2$ 得到.

我们可以将此推广到一般情形. 任给 $m = a^2 + b^2$, 两边同乘 $d^2$ 可得

$$d^2 m = (da)^2 + (db)^2.$$

于是, 如果 $m$ 是两平方数之和, 则对任意 $d$, $d^2 m$ 也是两平方数之和. 另一方面, 如果 $m = a^2 + b^2$ 且 $a = dA$, $b = dB$ 有一个公因子 $d$, 则可以提出 $d^2$ 而得到

$$m = d^2 (A^2 + B^2).$$

于是, $m$ 可被 $d^2$ 整除, 且 $m/d^2$ 是两平方数之和.

这就意味着, 当我们试图将 $m$ 表成两平方数之和时, 可以不考虑 $m$ 的平方因子. 换句话说, 取整数 $m$ 并将其分解为

$$m = p_1 p_2 \cdots p_r M^2,$$

其中素因子 $p_1$, $p_2$, $\cdots$, $p_r$ 互不相同. 如果 $p_1$, $p_2$, $\cdots$, $p_r$ 都能表成两平方数之和, 则 $m$ 就能表成两平方数之和. 例如, 考虑 $m = 252\,000$. 将 $m$ 分解为

$$m = 252\,000 = 2^5 \cdot 3^2 \cdot 5^3 \cdot 7 = 2 \cdot 5 \cdot 7 \cdot (2^2 \cdot 3 \cdot 5)^2 = 2 \cdot 5 \cdot 7 \cdot 60^2.$$

因为素数 7 不能表成两平方数之和, 所以 $m$ 不能表成两平方数之和(参见习题 25.4).

再看另一个例子, 取 $m = 25\,798\,500$. 则

$$m = 25\,798\,500 = 2^2 \cdot 3^4 \cdot 5^3 \cdot 7^2 \cdot 13 = 5 \cdot 13 \cdot (2 \cdot 3^2 \cdot 5 \cdot 7)^2 = 5 \cdot 13 \cdot 630^2.$$

这时, 5 和 13 都能表成两平方数之和, 且易得 $65 = 5 \cdot 13 = 8^2 + 1^2$. 两边同乘 $630^2$ 即得

$$m = 65 \cdot 630^2 = (8 \cdot 630)^2 + (1 \cdot 630)^2 = 5040^2 + 630^2.$$

在这一章中, 我们对哪些数可表成两平方数之和给出了明确的回答. 我们将以上结果总结为下述定理. 该定理还包含了一些更有趣的事实, 其证明留作习题, 参见习题 25.4 和习题 25.5.

**定理 25.1**(两平方数之和定理) 设 $m$ 是正整数.

(a)将 $m$ 分解为

$$m = p_1 p_2 \cdots p_r M^2,$$

其中 $p_1$，$p_2$，$\cdots$，$p_r$ 是互不相同的素因子，则 $m$ 可表成两个平方数之和的充要条件是每个 $p_i$ 或为 2 或为模 4 余 1.

(b) $m$ 能表成两平方数之和 $m = a^2 + b^2$ 且 $\gcd(a, b) = 1$，当且仅当以下两个条件之一成立：

(i) $m$ 是奇数且 $m$ 的每个素因子都模 4 余 1.

(ii) $m$ 是偶数，$m/2$ 是奇数且 $m/2$ 的每个素因子都模 4 余 1.

## 勾股数组回顾

回顾⊖一下，勾股数组是满足方程

$$a^2 + b^2 = c^2$$

的正整数三元组 $(a, b, c)$，如果 $\gcd(a, b) = 1$，则称这样的三元组为本原的. 现在我们可以完整描述所有能在一个本原勾股数组中作为斜边 $c$ 的数.

勾股数组定理是说，每个本原勾股数组可通过选取互素的奇数 $s > t \geq 1$，并令

$$a = st, \quad b = \frac{s^2 - t^2}{2}, \quad c = \frac{s^2 + t^2}{2}$$

得到. 因此，我们现在寻求存在 $s$，$t$ 使 $c = (s^2 + t^2)/2$ 的所有正整数 $c$ 的一个描述. 换句话说，$c$ 是一个本原勾股数组的斜边当且仅当方程

$$2c = s^2 + t^2$$

有互素的奇整数解 $s$，$t$.

注意，首先 $c$ 必须为奇数(在第 2 章中已证明). 因此，我们要问的是，哪些奇数 $c$ 的 2 倍(即 $2c$)能表成两个互素整数的平方和. 由两平方数之和的定理可知，解决此问题的充要条件是 $c$ 的每个素因子都模 4 余 1. 下面的定理给出了我们所证明的结论.

**定理 25.2(毕达哥拉斯斜边命题)**  $c$ 是一个本原勾股数组斜边的充要条件是：$c$ 是模 4 余 1 的素数的乘积.

例如，$c = 1479$ 不能作为本原勾股数组的斜边，因为 $1479 = 3 \cdot 17 \cdot 29$. 另一方面，$c = 1105$ 可作为一条斜边，因为 $1105 = 5 \cdot 13 \cdot 17$. 此外，我们还可以通过解 $s^2 + t^2 = 2c$ 求出 $s$ 和 $t$ 的值，并用它们求出相应的 $a$ 和 $b$. 于是，由本章前面的 $1105 = 33^2 + 4^2$ 可得

$$2c = 2 \cdot 1105 = (1^2 + 1^2)(33^2 + 4^2) = 37^2 + 29^2.$$

由于 $s = 37$，$t = 29$，因此 $a = st = 1073$，$b = (s^2 - t^2)/2 = 264$. 这就得出了我们想要的以 1105 为斜边的本原勾股数组 $(1073, 264, 1105)$.

---

⊖  在这个场合下，"回顾⋯⋯"是一种委婉的说法，意指"现在是重读第 2 章并复习勾股数组定理的好时机".

## 习题

**25.1** 对下面给出的每个 $m$，将 $m$ 表成两平方数之和或者说明不能表示的原因.

  (a)4370  (b)1885  (c)1189  (d)3185

**25.2** 对下面给出的每个 $c$，求出以 $c$ 为斜边的一个本原勾股数组或者说明不能求出的原因.

  (a)4370  (b)1885  (c)1189  (d)3185

**25.3** 求出两对互素的正整数 $(a, c)$ 使得 $a^2 + 5929 = c^2$. 你能求出使 $\gcd(a, c) > 1$ 的解吗？

**25.4** 本习题将完成两平方数之和定理(定理 25.1)第一部分的证明. 设 $m$ 为正整数且 $m$ 可分解为 $m = p_1 p_2 \cdots p_r M^2$，其中 $p_1, p_2, \cdots, p_r$ 是互不相同的素数. 如果某个 $p_i$ 模 4 余 3，证明 $m$ 不能表成两平方数之和.

**25.5** 本习题将完成两平方数之和定理(定理 25.1)第二部分的证明. 设 $m$ 是正整数.

  (a)如果 $m$ 是奇数且 $m$ 的每个素因子都模 4 余 1，证明 $m$ 能表成两平方数之和 $m = a^2 + b^2$ 且 $\gcd(a, b) = 1$.

  (b)如果 $m$ 为偶数，$m/2$ 为奇数且 $m/2$ 的每个素因子都模 4 余 1，证明 $m$ 能表成两平方数之和 $m = a^2 + b^2$ 且 $\gcd(a, b) = 1$.

  (c)如果 $m$ 能表成两平方数之和 $m = a^2 + b^2$ 且 $\gcd(a, b) = 1$，证明 $m$ 必是(a)或(b)中所描述的正整数之一.    $\boxed{197}$

**25.6** 对任意正整数 $m$，令

$$S(m) = 将 m 表成 m = a^2 + b^2 且 a \geqslant b \geqslant 0 的方法数.$$

例如，

$$S(5) = 1, \quad 因为 5 = 2^2 + 1^2,$$
$$S(65) = 2, \quad 因为 65 = 8^2 + 1^2 = 7^2 + 4^2,$$

而 $S(15) = 0$.

  (a)计算下述各值:

   (i)$S(10)$  (ii)$S(70)$  (iii)$S(130)$  (iv)$S(1105)$

  (b)如果 $p$ 为素数且 $p \equiv 1 \pmod{4}$，那么 $S(p)$ 的值是多少？证明你的答案是正确的.

  (c)设 $p, q$ 是不同的素数，且都模 4 余 1，则 $S(pq)$ 的值是多少？证明你的答案是正确的.

  (d)更一般地，如果 $p_1, \cdots, p_r$ 是互不相同的素数，且都模 4 余 1，那么 $S(p_1 p_2 \cdots p_r)$ 的值是多少？证明你的答案是正确的.

**25.7** 编写一个通过将 $n$ 分解成素数乘积来求解 $x^2 + y^2 = n$ 的程序，先用递降法(习题 24.8)解出每个 $u^2 + v^2 = p$，再将它们合起来求出 $(x, y)$.    $\boxed{198}$

# 第26章 像1，2，3一样简单

许多数论断言具有以下形式：

> 某某陈述对每个自然数 $n$ 都成立.

下面是一些有趣的例子. <sub>⊖</sub>

- $1^2 + 2^2 + \cdots + n^2 = \dfrac{2n^3 + 3n^2 + n}{6}$ 对每个自然数 $n \in \mathbb{N}$ 成立.

- 每个自然数 $n$ 都等于一些素数的乘积.

- 每个自然数 $n$ 都等于至多 4 个平方数之和.

很容易验证这些陈述对任一特殊的 $n$ 值都成立. 例如，当 $n = 12$ 时，它们都成立，因为

$$1^2 + 2^2 + \cdots + 12^2 = 650 = \frac{2 \cdot 12^3 + 3 \cdot 12^2 + 12}{6},$$

$$12 = 2 \cdot 2 \cdot 3,$$

$$12 = 1^2 + 1^2 + 1^2 + 3^2.$$

但是，即使我们验证这些陈述对许多 $n$ 值（比如对所有 $n \leqslant 1000$）都成立，仍不能证明它们对所有 $n$ 值都成立.

当然，你也许会说，验证一个陈述对所有 $n \leqslant 1000$ 成立为这个陈述恒成立提供了令
199 人信服的证据. 但任何有限个论据不能构成一个令人无可辩驳的证明，而且历史表明即使大量的证据也可能使人误入歧途.

假设要证明公式

$$1^2 + 2^2 + \cdots + n^2 = \frac{2n^3 + 3n^2 + n}{6} \qquad\qquad (*)$$

对每个 $n \in \mathbb{N}$ 成立，我们可以从检验最初几个 $n$ 值成立开始，

$$1^2 = 1 = \frac{2 \cdot 1^3 + 3 \cdot 1^2 + 2}{6},$$

$$1^2 + 2^2 = 5 = \frac{2 \cdot 2^3 + 3 \cdot 2^2 + 2}{6},$$

$$1^2 + 2^2 + 3^2 = 14 = \frac{2 \cdot 3^3 + 3 \cdot 3^2 + 3}{6}.$$

假设已对直到 $n = 99$ 的值验证了公式 $(*)$ 是成立的，我们要验证公式 $(*)$ 对 $n =$

---

⊖ 我们将在这一章证明第一个陈述，第二个陈述已在第 7 章证明，第三个陈述叫做拉格朗日 4 平方和定理. 我们不打算证明拉格朗日定理，但在第 25 章我们证明一个属于费马的两平方和定理.

100 也成立．如果从头开始，那么计算左边的和式 $1^2 + 2^2 + \cdots + 100^2$ 要做很多工作．但如果机智一点，就会利用（＊）式对 $n = 99$ 成立这一事实进行简化计算．于是我们假设已证明公式

$$1^2 + 2^2 + \cdots + 99^2 = \frac{2 \cdot 99^3 + 3 \cdot 99^2 + 99}{6} = 328\,350,$$

则可以用这个式子来简化 $n = 100$ 时（＊）式左边的计算：

$$1^2 + 2^2 + \cdots + 100^2 = (1^2 + 2^2 + \cdots + 99^2) + 100^2 = 328\,350 + 100\,00 = 338\,350.$$

于是我们检验 $n = 100$ 时（＊）式的右边，得到同样的值：

$$\frac{2 \cdot 100^3 + 3 \cdot 100^2 + 100}{6} = 338\,350.$$

既然我们已处理了情况 $n = 100$，就可以用它来处理情况 $n = 101$，然后可以利用情况 $n = 101$ 去处理情况 $n = 102$，等等．这正是数学归纳法原理所蕴含的思想.

**步骤 I（初始步）** 检查初始情况 $n = 1$.

**步骤 II（归纳步）** 假设我们对直到 $n$ 的所有值完成了证明，并利用这个假设（称为归纳假设）证明 $n + 1$ 时的陈述.

如果能完成这两个步骤，则我们试图证明的数学陈述对 $n$ 的所有值成立，你看出为什么了吗？由步骤 I 它对 $n = 1$ 成立．因为 $n = 1$ 成立，所以步骤 II 告诉我们它对 $n = 2$ 成立．接着步骤 II 又告诉我们它对 $n = 3$ 成立，等等.

为了看清归纳法在实践中如何有效，我们证明前面给出的平方和公式（＊）．我们要证明的陈述是公式

$$\mathcal{S}(n) : 1^2 + 2^2 + \cdots + n^2 \overset{?}{=} \frac{2n^3 + 3n^2 + n}{6}.$$

先考虑初始情况 $n = 1$，即验证陈述 $\mathcal{S}(1)$ 成立：

$$1^2 = 1 \text{ 且 } \frac{2 \cdot 1^3 + 3 \cdot 1^2 + 1}{6} = 1.$$

下面假设已证明陈述 $\mathcal{S}(n)$，我们要证明陈述 $\mathcal{S}(n+1)$ 也成立．论证如下：

首先计算陈述 $\mathcal{S}(n+1)$ 中公式的左边：

$$\underbrace{1^2 + 2^2 + \cdots + n^2}_{\substack{\text{这个量等于} \frac{1}{6}(2n^3 + 3n^2 + n)，\text{因}\\ \text{为归纳假设是陈述} \mathcal{S}(n) \text{成立}}} + (n+1)^2 = \frac{2n^3 + 3n^2 + n}{6} + (n+1)^2 = \frac{2n^3 + 9n^2 + 13n + 6}{6}.$$

其次计算陈述 $\mathcal{S}(n+1)$ 中公式的右边：

$$\frac{2(n+1)^3 + 3(n+1)^2 + (n+1)}{6} = \frac{2n^3 + 9n^2 + 13n + 6}{6}.$$

比较两次计算结果，就证明了

$$1^2 + 2^2 + \cdots + n^2 + (n+1)^2 = \frac{2(n+1)^3 + 3(n+1)^2 + (n+1)}{6},$$

这就证明陈述 $S(n+1)$ 是成立的. 现在我们证明了:

- 陈述 $S(1)$ 成立.
- 如果陈述 $S(n)$ 成立,则陈述 $S(n+1)$ 也成立.

由归纳法,这就证明了 $S(n)$ 对每个自然数 $n$ 都成立.

**归纳法的另一个版本** 归纳法有另一个版本,叫做完全归纳法或强归纳法. 在这个版本中,假设已证明对不超过 $N$ 的所有 $n$ 值陈述都成立,并利用这个假设证明陈述对 $n=N+1$ 也成立. 因此,完全归纳法需要下面两个步骤:

**步骤 I (初始步)** 检查初始情况 $n=1^\ominus$.

**步骤 II (归纳步)** 假设已对满足 $1 \leqslant n \leqslant N$ 的所有 $n$ 完成了陈述的证明,并利用这个假设证明陈述对 $n=N+1$ 成立.

在第 7 章证明每个整数 $n \geqslant 2$ 都可以表成素数的乘积时,我们已经使用了完全归纳法. 为了更正式地说明完全归纳法如何起作用,我们简要回顾一下证明.

要证明的陈述是

$$\mathcal{P}(n): n \text{ 是素数的乘积}.$$

我们要证明 $\mathcal{P}(n)$ 对所有 $n \geqslant 2$ 成立,因此,此时的初始步是证明 $\mathcal{P}(2)$ 成立. 但 $\mathcal{P}(2)$ 显然成立,因为 2 本身就是素数.

现在作归纳假设: $\mathcal{P}(n)$ 对所有 $2 \leqslant n \leqslant N$ 成立,我们要证明 $\mathcal{P}(N+1)$ 成立. 若 $N+1$ 是素数,则证明已完成. 否则, $N+1$ 可以分解为 $N+1=ab$, $2 \leqslant a$, $b \leqslant n$. 由归纳假设, $\mathcal{P}(a)$ 与 $\mathcal{P}(b)$ 都成立,所以 $a$, $b$ 都是素数的乘积,因此 $N+1=ab$ 也是素数的乘积,由归纳法,这就完成了 $\mathcal{P}(n)$ 对所有 $n$ 成立的证明.

**为什么试验不能等同于证明?** 如前面所承诺的,我们给出一些错误陈述的例子,尽管大量数据表明它们是成立的. 回顾第 13 章,素数计数函数 $\pi(x)$ 表示小于或等于 $x$ 的素数的个数. 我们已经证明,不仅存在无穷多个素数,而且存在无穷多个模 4 余 1 的素数,也存在无穷多个模 4 余 3 的素数. (后者即定理 12.2,前者即定理 21.3.)

19 世纪 50 年代,切比雪夫曾注意到,模 4 余 3 的素数似乎比模 4 余 1 的素数更普遍. 为研究这个现象,我们将素数计数函数分成两半:

$$\pi_1(x) = \text{不超过 } x \text{ 且满足 } p \equiv 1 \pmod 4 \text{ 的素数 } p \text{ 的个数},$$

$$\pi_3(x) = \text{不超过 } x \text{ 且满足 } p \equiv 3 \pmod 4 \text{ 的素数 } p \text{ 的个数}.$$

经过适量的工作,可以验证

$$\pi_3(x) > \pi_1(x) \text{ 对所有 } x \leqslant 10\,000 \text{ 成立}.$$

这就提供了适度可信的证据表明 $\pi_3(x)$ 总大于 $\pi_1(x)$,但利奇 (Leech) 在 1957 年证明了$^\ominus$

---

⊖ 有些作者省略了初始步,代之以从 $N=0$ 开始的归纳步. 注意, $N=0$ 时的归纳假设空虚地成立,因此 $N=0$ 时的归纳相当于直接证明 $n=1$ 时的陈述,这本质上就是初始步.

⊖ 早在 1914 年,李特尔伍德就证明了随着 $x$ 的增加,差 $\pi_3(x) - \pi_1(x)$ 在正值与负值之间来回摆动无穷多次!

$$\pi_1(26\,861) = 1473, \quad \pi_3(26\,861) = 1472.$$

如果我们模 3 考察素数，情况就更加显著. 令

$$\pi_{(1 \bmod 3)}(x) = \text{不超过 } x \text{ 且满足 } p \equiv 1\ (\bmod\ 3) \text{ 的素数 } p \text{ 的个数},$$

$$\pi_{(2 \bmod 3)}(x) = \text{不超过 } x \text{ 且满足 } p \equiv 2\ (\bmod\ 3) \text{ 的素数 } p \text{ 的个数}.$$

试验表明，$\pi_{(2 \bmod 3)}(x) > \pi_{(1 \bmod 3)}(x)$ 对直到 6000 亿的 $x$ 都成立！的确，

$$\pi_{(2 \bmod 3)}(x) \geqslant \pi_{(1 \bmod 3)}(x) \text{ 对所有 } x \leqslant 608\,981\,813\,028 \text{ 成立},$$

但在 1978 年，Bays 和 Hudson 证明了

$$\pi_{(1 \bmod 3)}(608\,981\,813\,029) > \pi_{(2 \bmod 3)}(608\,981\,813\,029).$$

因此，尽管实验方法在作猜测时是有用的，但这些例子说明了为什么数学家在接受一个数学陈述为真理前坚持要有严格的证明.

## 习题

**26.1** 利用归纳法证明下列陈述.

(a)$1^3 + 2^3 + \cdots + n^3 = \dfrac{n^2\,(n+1)^2}{4}$.

(b)$1 \cdot 2 + 2 \cdot 3 + 3 \cdot 4 + \cdots + (n-1)n = \dfrac{n^3 - n}{3}$.

(c)$T_1 + T_2 + \cdots + T_n = \dfrac{n(n+1)(n+2)}{6}$，其中 $T_n = \dfrac{n(n+1)}{2}$ 是第 $n$ 个三角数.（我们在第 1 章中曾讨论过三角数，在第 31 章中我们将对这个主题进行更详细的讨论.）

(d)对每个自然数 $n$，将

$$1 + \frac{1}{2} + \frac{1}{3} + \cdots + \frac{1}{n} = \frac{A_n}{B_n}$$

表成既约分数. 证明分母 $B_n$ 能整除 $n!$.（虽然这个陈述有其他证明方法，但你应该用归纳法给出证明.）

**26.2** 斐波那契数列 1，1，2，3，5，8，13，21，$\cdots$ 的定义如下：令 $F_1 = F_2 = 1$，数列中后面的项由公式

$$F_{n+2} = F_{n+1} + F_n$$

确定.（口头表达为：每一项都是前面两项的和.）用归纳法证明

$$F_1 + F_2 + F_3 + \cdots + F_n = F_{n+2} - 1 \text{ 对所有自然数 } n \text{ 成立}.$$

我们将在第 39 章更详细地讨论斐波那契数列.

**26.3** 使用归纳法时，初始步可以从 $n = 1$ 以外的每个值开始. 例如，用归纳法证明

$$n! \leqslant \frac{n^n}{2^n} \text{ 对所有 } n \geqslant 6 \text{ 成立}.$$

**26.4** 考虑多项式

$$F(x) = x^2 - x - 41.$$

它在自然数处的最初几个取值如下：

| $n$ | 1 | 2 | 3 | 4 | 5 | 6 | 7 | 8 | 9 | 10 |
|---|---|---|---|---|---|---|---|---|---|---|
| $F(n)$ | 41 | 43 | 47 | 53 | 61 | 71 | 83 | 97 | 113 | 131 |

203

它们都是素数. 这看起来不同寻常, 因此我们再检验下 10 个值:

| $n$ | 11 | 12 | 13 | 14 | 15 | 16 | 17 | 18 | 19 | 20 |
|---|---|---|---|---|---|---|---|---|---|---|
| $F(n)$ | 151 | 173 | 197 | 223 | 251 | 281 | 313 | 347 | 383 | 421 |

它们仍然都是素数!

(a) 计算 $F(n)$ 的下 10 个值, 即计算 $F(21)$, $F(22)$, $\cdots$, $F(30)$. 它们都是素数吗?

|204| (b) 你认为 $F(n)$ 对每个自然数 $n$ 都是素数吗?

**26.5** 对"其他行星上存在生命"给出一个归纳证明! 更准确地说, 考虑下述陈述:

> $\mathscr{L}(n)$: 给定 $n$ 个行星构成的集合, 如果其中一个行星
> 上有生命, 则集合中所有行星上都有生命.

我们将用归纳法证明: 陈述 $\mathscr{L}(n)$ 对所有自然数 $n$ 成立.

从初始步 $\mathscr{L}(1)$ 开始. $\mathscr{L}(1)$ 断言: 如果有一个行星, 并且该行星上有生命, 那么该行星上有生命. 因此 $\mathscr{L}(1)$ 当然成立.

下面归纳假设 $\mathscr{L}(n)$ 成立, 现考虑包含 $n+1$ 个行星的集合, 其中至少有一个行星上有生命. 设 $P_1$, $\cdots$, $P_{n+1}$ 是集合中的行星, 且 $P_1$ 上有生命. 考虑子集 $\{P_1, P_2, \cdots, P_n\}$. 这是一个包含 $n$ 个行星的集合, 至少有一个行星上有生命, 所以, 由归纳假设, $P_1$, $P_2$, $\cdots$, $P_n$ 上都有生命. 再考虑子集 $\{P_1, P_3, \cdots, P_{n+1}\}$, 这也是一个包含 $n$ 个行星的集合, 至少有一个行星上有生命, 所以再次利用归纳假设可知, 这些行星上都有生命. 我们已经证明了行星 $P_1$, $P_2$, $\cdots$, $P_{n+1}$ 上都有生命, 所以证明了陈述 $\mathscr{L}(n+1)$ 是成立的.

这就归纳证明了陈述 $\mathscr{L}(n)$ 对所有自然数 $n$ 成立. 现考虑行星集合

$$\{水星, 金星, 地球, 火星, 木星, 土星\}.$$

这是一个行星集合, 至少有一个行星上有生命, 所以刚才的归纳证明非常有说服力地表明火星上有生命 (水星、金星等行星上也有生命).

|205| 这个结论正确吗? 如果不正确, 则我们的归纳证明必定在某处发生了错误. 错在哪里?

# 第27章  欧拉 φ 函数与因数和

在第15章研究完全数时，我们使用了函数 $\sigma(n)$，$\sigma(n)$ 定义为 $n$ 的所有因数和. 现在，我们提议做个也许看起来很奇怪的试验. 取 $n$ 的所有因数，将欧拉 φ 函数应用到每个因数，再把欧拉 φ 函数值相加，然后观察所得到的结果.

我们由例子开始，比如 $n=15$. 15 的因数是 1，3，5，15. 首先求欧拉 φ 函数在 1，3，5，15 处的值，

$$\phi(1) = 1, \quad \phi(3) = 2, \quad \phi(5) = 4, \quad \phi(15) = 8.$$

下面将这些值相加得到

$$\phi(1) + \phi(3) + \phi(5) + \phi(15) = 1 + 2 + 4 + 8 = 15.$$

结果是 15，与开始的数正好一致. 但这肯定是个巧合.

我们试验有许多因数的大数，比如说 $n=315$. 315 的因数是

$$1,3,5,7,9,15,21,35,45,63,105,315,$$

如果求欧拉 φ 函数的值并相加，可得

$$\phi(1) + \phi(3) + \phi(5) + \phi(7) + \phi(9) + \phi(15) + \phi(21)$$
$$+ \phi(35) + \phi(45) + \phi(63) + \phi(105) + \phi(315)$$
$$=1 + 2 + 4 + 6 + 6 + 8 + 12 + 24 + 24 + 36 + 48 + 144 = 315.$$

再次以开始的数结束. 这看起来就不是巧合了. 我们甚至可做下述猜测.

**猜测**  设 $d_1$，$d_2$，$\cdots$，$d_r$ 是整除 $n$ 的数，其中包括 1 与 $n$. 则

$$\phi(d_1) + \phi(d_2) + \cdots + \phi(d_r) = n.$$

如何证明我们的猜测是正确的呢？最容易验证的情况是 $n$ 有很少的因数. 例如，假设取 $n=p$，其中 $p$ 是素数. $p$ 的因数是 1 与 $p$，可得 $\phi(1) = 1$ 与 $\phi(p) = p-1$. 相加得

$$\phi(1) + \phi(p) = 1 + (p-1) = p.$$

所以，我们验证了 $n$ 是素数时的猜测.

下面试一试 $n=p^2$. $p^2$ 的因数是 1，$p$ 与 $p^2$，由第 11 章得 $\phi(p^2) = p^2 - p$，所以可求得

$$\phi(1) + \phi(p) + \phi(p^2) = 1 + (p-1) + (p^2 - p) = p^2.$$

注意各项是如何消去直到仅剩下 $p^2$ 的.

被这些成功所激励，我们设法验证 $n=p^k$ 是素数幂次时的猜测. $p^k$ 的因数是 1，$p$，$p^2$，$\cdots$，$p^k$. 在第 11 章我们已经知道了素数幂次的欧拉 φ 函数公式：$\phi(p^i) = p^i - p^{i-1}$. 用这个公式可以计算

$$\phi(1) + \phi(p) + \phi(p^2) + \cdots + \phi(p^{k-1}) + \phi(p^k)$$
$$=1 + (p-1) + (p^2 - p) + \cdots + (p^{k-1} - p^{k-2}) + (p^k - p^{k-1})$$
$$=p^k.$$

各项再次消去，正好剩下 $p^k$. 我们已对 $n$ 为素数幂次的情形验证了上述猜测.

如果 $n$ 不是素数幂次，则情况有点复杂. 像往常一样，我们由最简单的情况开始. 假设 $n = pq$ 是两个不同素数的乘积，则 $n$ 的因数是 1，$p$，$q$，$pq$，因此需要求和

$$\phi(1) + \phi(p) + \phi(q) + \phi(pq).$$

在第 11 章我们证明了如果 $m$ 与 $n$ 互素，则欧拉 $\phi$ 函数满足乘法公式 $\phi(mn) = \phi(m)\phi(n)$. 特别地，$p$ 与 $q$ 互素，所以 $\phi(pq) = \phi(p)\phi(q)$. 这意味着

$$\phi(1) + \phi(p) + \phi(q) + \phi(pq)$$
$$= 1 + \phi(p) + \phi(q) + \phi(p)\phi(q)$$
$$= (1 + \phi(p))(1 + \phi(q))$$
$$= pq,$$

这恰好是我们所想要的.

用这个例子作为导引，下面准备处理一般情况. 对任意整数 $n$，定义函数 $F(n)$：

$$F(n) = \phi(d_1) + \phi(d_2) + \cdots + \phi(d_r), \quad \text{其中 } d_1, d_2, \cdots, d_r \text{ 是 } n \text{ 的因数.}$$

我们的目的是证明对每个数 $n$，$F(n) = n$. 第一步，验证函数 $F$ 满足乘法公式.

**引理 27.1** 如果 $\gcd(m, n) = 1$，则 $F(mn) = F(m)F(n)$.

**证明** 设

$$d_1, d_2, \cdots, d_r \text{ 是 } n \text{ 的因数}$$

且

$$e_1, e_2, \cdots, e_s \text{ 是 } m \text{ 的因数.}$$

$m$ 与 $n$ 互素的事实揭示了 $mn$ 的因数恰好是各种乘积

$$d_1 e_1, d_1 e_2, \cdots, d_1 e_s, d_2 e_1, d_2 e_2, \cdots, d_2 e_s, \cdots, d_r e_1, d_r e_2, \cdots, d_r e_s.$$

进而，每个 $d_i$ 与每个 $e_j$ 互素，所以 $\phi(d_i e_j) = \phi(d_i)\phi(e_j)$. 利用这些事实，我们可以计算

$$F(mn) = \phi(d_1 e_1) + \cdots + \phi(d_1 e_s) + \phi(d_2 e_1) + \cdots + \phi(d_2 e_s) + \cdots + \phi(d_r e_1) + \cdots + \phi(d_r e_s)$$
$$= \phi(d_1)\phi(e_1) + \cdots + \phi(d_1)\phi(e_s) + \phi(d_2)\phi(e_1) + \cdots + \phi(d_2)\phi(e_s)$$
$$+ \cdots + \phi(d_r)\phi(e_1) + \cdots + \phi(d_r)\phi(e_s)$$
$$= (\phi(d_1) + \phi(d_2) + \cdots + \phi(d_r)) \cdot (\phi(e_1) + \phi(e_2) + \cdots + \phi(e_s))$$
$$= F(m)F(n).$$

这就完成了引理的证明. □

利用该引理，证明欧拉 $\phi$ 函数的下述求和公式就很简单了.

**定理 27.2（欧拉 $\phi$ 函数求和公式）** 设 $d_1$，$d_2$，$\cdots$，$d_r$ 是 $n$ 的因数，则

$$\phi(d_1) + \phi(d_2) + \cdots + \phi(d_r) = n.$$

**证明** 设 $F(n) = \phi(d_1) + \phi(d_2) + \cdots + \phi(d_r)$，我们需要验证 $F(n)$ 总等于 $n$. 前面对 $\phi(1) + \phi(p) + \phi(p^2) + \cdots + \phi(p^k)$ 的计算表明对素数幂次，$F(p^k) = p^k$. 现在将 $n$ 分解成素数幂的乘积，比如说 $n = p_1^{k_1} p_2^{k_2} \cdots p_r^{k_r}$. 不同的素数幂彼此互素，所以，可用 $F$ 的乘法公式计算

$$F(n) = F(p_1^{k_1} p_2^{k_2} \cdots p_r^{k_r})$$

$$= F(p_1^{k_1}) F(p_2^{k_2}) \cdots F(p_r^{k_r}) \qquad 由乘法公式,$$

$$= p_1^{k_1} p_2^{k_2} \cdots p_r^{k_r} \qquad 对素数幂, F(p^k) = p^k,$$

$$= n. \qquad\qquad\qquad\qquad\qquad\qquad \square$$

## 习题

**27.1** 满足乘法公式

$$f(mn) = f(m)f(n), \quad 对所有整数 m 与 n, \gcd(m,n) = 1,$$

的函数 $f(n)$ 称为积性函数. 例如, 我们已得知欧拉函数 $\phi(n)$ 是积性函数(第 11 章), 因数和函数 $\sigma(n)$ 是积性函数(第 15 章).

现在假设 $f(n)$ 是积性函数, 定义新函数

$$g(n) = f(d_1) + f(d_2) + \cdots + f(d_r), \quad 其中 d_1, d_2, \cdots, d_r 是 n 的因数.$$

证明 $g(n)$ 是积性函数.

**27.2** 刘维尔函数 $\lambda(n)$ 定义为将 $n$ 分解成素数乘积 $n = p_1^{k_1} p_2^{k_2} \cdots p_r^{k_r}$, 然后令

$$\lambda(n) = (-1)^{k_1 + k_2 + \cdots + k_r}.$$

(设 $\lambda(1) = 1$.) 例如, 要计算 $\lambda(1728)$, 可分解因数 $1728 = 2^6 \cdot 3^3$, 则 $\lambda(1728) = (-1)^{6+3} = (-1)^9 = -1$.

(a) 计算下述刘维尔函数的值: $\lambda(30)$, $\lambda(504)$, $\lambda(60\,750)$.

(b) 证明 $\lambda(n)$ 是习题 27.1 中定义的积性函数, 即证明:

如果 $\gcd(m, n) = 1$, 则 $\lambda(mn) = \lambda(m)\lambda(n)$.

(c) 使用刘维尔 $\lambda$ 函数定义新函数 $G(n)$:

$$G(n) = \lambda(d_1) + \lambda(d_2) + \cdots + \lambda(d_r), \quad 其中 d_1, d_2, \cdots, d_r 是 n 的因数.$$

计算 $G(n)$ 的值, $1 \leqslant n \leqslant 18$.

[209]

(d) 利用(c)中的计算(如果需要的话, 再另计算)进行 $G(n)$ 值的猜测. 对更多的 $n$ 值验证你的猜测. 用你的猜测求 $G(62\,141\,689)$ 与 $G(60\,119\,483)$ 的值.

(e) 证明(d)中你的猜测是正确的.

**27.3** 设 $d_1, d_2, \cdots, d_r$ 是整除 $n$ 的整数, 包括 1 与 $n$. $t$ 幂次 $\sigma$ 函数 $\sigma_t(n)$ 等于 $n$ 的各因数的 $t$ 次方之和, 即

$$\sigma_t(n) = d_1^t + d_2^t + \cdots + d_r^t.$$

例如, $\sigma_2(10) = 1^2 + 2^2 + 5^2 + 10^2 = 130$. 当然, $\sigma_1(n)$ 恰好是我们熟知的函数 $\sigma(n)$.

(a) 计算 $\sigma_2(12)$, $\sigma_3(10)$ 和 $\sigma_0(18)$ 的值.

(b) 证明 $\gcd(m, n) = 1$ 时, $\sigma_t(mn) = \sigma_t(m)\sigma_t(n)$. 换句话说, 证明 $\sigma_t$ 是积性函数. 如果 $m$ 与 $n$ 不互素, 这个公式仍成立吗?

(c) 在第 15 章我们证明了 $\sigma(p^k) = (p^{k+1} - 1)/(p - 1)$. 求 $\sigma_t(p^k)$ 的类似公式, 并用它计算 $\sigma_4(2^6)$.

(d) 函数 $\sigma_0(n)$ 是数 $n$ 的不同因数的个数. 对 $\sigma_0$, (c)中的公式成立吗? 如果不成立, 给出 $\sigma_0(p^k)$ 的正确公式. 用你的公式与(b)求 $\sigma_0(42\,336\,000)$ 的值.

**27.4** 设 $n$ 是正整数. 如果分数

$$\frac{1}{n}, \frac{2}{n}, \frac{3}{n}, \cdots, \frac{n-1}{n}, \frac{n}{n}$$

都化成既约分数，则它们的分母都是 $n$ 的因数. 对 $n$ 的每个因数，用 $N(d)$ 表示既约分数列中分母恰好等于 $d$ 的分数的个数.

(a)设 $d_1$, $d_2$, $\cdots$, $d_r$ 是整除 $n$ 的所有正整数，包括 1 和 $n$. 和式

$$N(d_1) + N(d_2) + \cdots + N(d_r)$$

的值是多少？

(b)对 $n=12$，将分数 $\frac{1}{12}$, $\frac{2}{12}$, $\cdots$, $\frac{12}{12}$ 表成既约分数，并计算 $N(1)$, $N(2)$, $N(3)$, $N(4)$, $N(6)$, $N(12)$.

(c)证明 $N(n) = \phi(n)$.

(d)更一般地，证明 $N(d) = \phi(d)$ 对 $n$ 的每个因数 $d$ 成立.

(e)利用(a)和(d)给出欧拉 $\phi$ 函数求和公式(定理 27.2)的另一个证明.

210

# 第28章　幂模 $p$ 与原根

如果 $a$ 与 $p$ 互素，费马小定理（第9章）告诉我们
$$a^{p-1} \equiv 1 \pmod{p}.$$
当然，很可能 $a$ 的某个小幂次就与 1 模 $p$ 同余. 例如，$2^3 \equiv 1 \pmod 7$. 另一方面，可能存在一些需要求出全部 $p-1$ 个幂次的 $a$ 的值. 例如，3 的幂次模 7 依次给出：
$$3^1 \equiv 3 \pmod 7, \quad 3^2 \equiv 2 \pmod 7, \quad 3^3 \equiv 6 \pmod 7,$$
$$3^4 \equiv 4 \pmod 7, \quad 3^5 \equiv 5 \pmod 7, \quad 3^6 \equiv 1 \pmod 7.$$
因此，需要求出 3 的全部 6 个幂次，我们才能得到 $1 \pmod 7$.

我们再观察一些例子，看是否可以发现某种模式. 表 28.1 列出了同余于 $1 \pmod p$ 的 $a$ 的最小幂次，其中素数 $p = 5$，7，11，每个 $a$ 在 1 与 $p-1$ 之间. 我们可进行两项观察.

1. 使得 $a^e \equiv 1 \pmod p$ 的最小指数 $e$ 似乎整除 $p-1$.

2. 总有一些 $a$ 需要指数 $p-1$.

表 28.1　模 $p$ 余 1 的 $a$ 的最小幂

| $p = 5$ | $p = 7$ | $p = 11$ |
|---|---|---|
| $1^1 \equiv 1 \pmod 5$ | $1^1 \equiv 1 \pmod 7$ | $1^1 \equiv 1 \pmod{11}$ |
| $2^4 \equiv 1 \pmod 5$ | $2^3 \equiv 1 \pmod 7$ | $2^{10} \equiv 1 \pmod{11}$ |
| $3^4 \equiv 1 \pmod 5$ | $3^6 \equiv 1 \pmod 7$ | $3^5 \equiv 1 \pmod{11}$ |
| $4^2 \equiv 1 \pmod 5$ | $4^3 \equiv 1 \pmod 7$ | $4^5 \equiv 1 \pmod{11}$ |
| | $5^6 \equiv 1 \pmod 7$ | $5^5 \equiv 1 \pmod{11}$ |
| | $6^2 \equiv 1 \pmod 7$ | $6^{10} \equiv 1 \pmod{11}$ |
| | | $7^{10} \equiv 1 \pmod{11}$ |
| | | $8^{10} \equiv 1 \pmod{11}$ |
| | | $9^5 \equiv 1 \pmod{11}$ |
| | | $10^2 \equiv 1 \pmod{11}$ |

因为在本章研究这种最小指数，所以给它一个名称. $a$ 模 $p$ 的次数（或阶）指
$$e_p(a) = （使得 a^e \equiv 1 \pmod p 的最小指数 e \geqslant 1）.$$
（注意只允许 $a$ 与 $p$ 互素.）

参照表 28.1，我们看出，比如说 $e_5(2) = 4$，$e_7(4) = 3$ 与 $e_{11}(7) = 10$. 费马小定理表明 $a^{p-1} \equiv 1 \pmod p$，所以得 $e_p(a) \leqslant p-1$. 第一个观察是 $e_p(a)$ 似乎整除 $p-1$. 第二个观察是似乎总有一些 $a$ 使得 $e_p(a) = p-1$. 我们准备验证这两个观察是正确的. 从第一个开始，这是两个中比较容易的.

**定理 28.1（次数整除性质）**　设 $a$ 是不被素数 $p$ 整除的整数，假设 $a^n \equiv 1 \pmod p$，则次数 $e_p(a)$ 整除 $n$. 特别地，次数 $e_p(a)$ 总整除 $p-1$.

**证明**　次数 $e_p(a)$ 的定义告诉我们

$$a^{e_p(a)} \equiv 1 (\bmod\ p),$$

211 ～ 212

并且假设 $a^n \equiv 1 (\bmod\ p)$. 我们用 $n$ 除以 $e_p(a)$ 得到商和余数:

$$n = e_p(a)q + r, \quad 0 \le r < e_p(a).$$

则

$$1 \equiv a^n \equiv a^{e_p(a)q+r} \equiv (a^{e_p(a)})^q \cdot a^r \equiv 1^q \cdot a^r \equiv a^r\ (\bmod\ p).$$

由定义, $e_p(a)$ 是满足 $a^e \equiv 1\ (\bmod\ p)$ 的最小正指数, 而 $r < e_p(a)$, 故必有 $r = 0$. 因此 $n = e_p(a)q$. 这表明 $e_p(a)$ 整除 $n$.

最后, 费马小定理(第 9 章)告诉我们 $a^{p-1} \equiv 1 (\bmod\ p)$, 因此取 $n = p-1$ 就得到结论: $e_p(a)$ 整除 $p-1$. □

下一个任务是观察具有最大可能次数 $e_p(a) = p-1$ 的数. 如果 $a$ 是这样的数, 则幂

$$a, a^2, a^3, \cdots, a^{p-3}, a^{p-2}, a^{p-1} (\bmod\ p)$$

必须都是模 $p$ 不同的. (如果幂不是全不相同, 则对某指数 $1 \le i < j \le p-1$ 有 $a^i \equiv a^j (\bmod\ p)$, 这意味着 $a^{j-i} \equiv 1 (\bmod\ p)$, 其中指数 $j-i$ 小于 $p-1$.) 这样的数对我们来说是很重要的, 为此给它起个名字.

---

具有最高次数 $e_p(g) = p-1$ 的数 $g$ 称为模 $p$ 的原根.

---

回顾 $p = 5$, 7, 11 的表, 我们看出 2 与 3 是模 5 的原根, 3 与 5 是模 7 的原根, 2, 6, 7 与 8 是模 11 的原根.

下面, 我们得到本章最重要的结果.

**定理 28. 2(原根定理)**　每个素数 $p$ 都有原根. 更精确地, 有恰好 $\phi(p-1)$ 个模 $p$ 的原根.

例如, 原根定理说明有 $\phi(10) = 4$ 个模 11 的原根, 果然可得模 11 的原根是数 2, 6, 7, 8. 类似地, 定理说明有 $\phi(36) = 12$ 个模 37 的原根, 有 $\phi(9906) = 3024$ 个模 9907 的原根. 事实上, 模 37 的原根是 12 个数 2, 5, 13, 15, 17, 18, 19, 20, 22, 24, 32, 35. 我们不会用许多版面列出模 9907 的 3024 个原根. 原根定理的一个缺陷是它没有给

213

出求模 $p$ 原根的具体方法. 我们能做的是逐个检查 $a = 2$, $a = 3$, $a = 5$, $a = 6$, $\cdots$, 直到求得使得 $e_p(a) = p-1$ 的 $a$ 的值. (你知道为什么 4 不可能是原根吗?)然而, 一旦求得模 $p$ 的一个原根, 就不难求得所有其他原根(见习题 28. 5).

**原根定理的证明**　我们使用数论中最有效的技巧之一——计数来证明原根定理. 计数的使用已在定理 11. 1 的证明中得到展示. 对于当前的证明, 我们将取一个数集, 并用两种不同方法数这个集合中元素的个数. 用两种不同方法计数, 然后比较结果的这种思想广泛应用于数论(实际上所有数学领域)中.

对 1 与 $p-1$ 之间的每个数 $a$, 次数 $e_p(a)$ 整除 $p-1$. 所以, 对整除 $p-1$ 的每个数 $d$, 我们也许会问有多少个 $a$ 其次数 $e_p(a)$ 等于 $d$. 记这个数为 $\psi(d)$. 换句话说,

$$\psi(d) = (使得 1 \leqslant a < p \text{ 且 } e_p(a) = d \text{ 成立的 } a \text{ 的个数}).$$

特别地，$\psi(p-1)$ 是模 $p$ 的原根的个数.

设 $n$ 是整除 $p-1$ 的任何整数，比如说 $p-1 = nk$. 则可将多项式 $X^{p-1} - 1$ 分解成

$$X^{p-1} - 1 = X^{nk} - 1$$
$$= (X^n)^k - 1$$
$$= (X^n - 1)((X^n)^{k-1} + (X^n)^{k-2} + \cdots + (X^n)^2 + X^n + 1).$$

我们数一下这些多项式模 $p$ 有多少个根.

首先，注意到

$$X^{p-1} - 1 \equiv 0 \pmod{p} \text{ 恰好有 } p-1 \text{ 个解},$$

因为费马小定理告诉我们 $X = 1, 2, 3, \cdots, p-1$ 是所有解. 另一方面，模 $p$ 多项式根定理（定理 28.2）告诉我们，$D$ 次整系数多项式模 $p$ 至多有 $D$ 个根，所以

$$X^n - 1 \equiv 0 \pmod{p}$$

至多有 $n$ 个解，且

$$(X^n)^{k-1} + (X^n)^{k-2} + \cdots + X^n + 1 \equiv 0 \pmod{p}$$

至多有 $nk - n$ 个解.

现在我们知道

$$\underbrace{X^{p-1} - 1}_{\text{模 } p \text{ 恰好有 } p-1 = nk \text{ 个根}} = \underbrace{(X^n - 1)}_{\text{模 } p \text{ 至多有 } n \text{ 个根}} \underbrace{((X^n)^{k-1} + (X^n)^{k-2} + \cdots + X^n + 1)}_{\text{模 } p \text{ 至多有 } nk-n \text{ 个根}}.$$

使上式成立的仅有办法是 $X^n - 1$ 模 $p$ 恰好有 $n$ 个根，否则的话右边没有足够多的根. 这就证明了下述重要事实：

214

---

如果 $n$ 整除 $p-1$，则同余式 $X^n - 1 \equiv 0 \pmod{p}$ 恰好有 $n$ 个根满足 $0 \leqslant X < p$.

---

现在我们用不同方法计数 $X^n - 1 \equiv 0 \pmod{p}$ 的解的个数. 如果 $X = a$ 是解，则 $a^n \equiv 1 \pmod{p}$，因此由次数整除性定理得到 $e_p(a)$ 整除 $n$. 如果观察 $n$ 的因数，且对 $n$ 的每个因数 $d$，我们取使得 $e_p(a) = d$ 的那些 $a$，则可得到同余式 $X^n - 1 \equiv 0 \pmod{p}$ 的所有解. 换句话说，如果 $d_1, d_2, \cdots, d_r$ 是 $n$ 的因数，则 $X^n - 1 \equiv 0 \pmod{p}$ 的解的个数等于

$$\psi(d_1) + \psi(d_2) + \cdots + \psi(d_r).$$

现在，我们已用两种不同方法数出 $X^n - 1 \equiv 0 \pmod{p}$ 的解的个数. 首先，证明了有 $n$ 个解；其次，证明有 $\psi(d_1) + \psi(d_2) + \cdots + \psi(d_r)$ 个解. 这两个数必然相同，所以仅仅通过计算解的个数便可证明下述优美的公式：

设 $n$ 整除 $p-1$，且设 $d_1, d_2, \cdots, d_r$ 是 $n$ 的因数，其中包括 $1$ 与 $n$. 则

$$\psi(d_1) + \psi(d_2) + \cdots + \psi(d_r) = n.$$

这个公式看起来很熟悉，它恰好与第 27 章证明的欧拉 $\phi$ 函数公式相同. 我们现在利用 $\phi$ 与 $\psi$ 均满足这个公式的事实来证明 $\phi$ 与 $\psi$ 实际上是相等的.

我们的第一个观察是 $\phi(1) = 1$ 与 $\psi(1) = 1$，所以对 $n = 1$ 证明完成. 下面证明当

$n=q$是素数时，$\phi(q)=\psi(q)$. $q$ 的因数是 1 与 $q$，所以
$$\phi(q)+\phi(1)=q=\psi(q)+\psi(1).$$
但是，我们已知 $\phi(1)=\psi(1)=1$，因此两边减去 1 得 $\phi(q)=\psi(q)$.

$n=q^2$ 的情况如何证明呢? $q^2$ 的因数是 1，$q$ 与 $q^2$，因此
$$\phi(q^2)+\phi(q)+\phi(1)=q^2=\psi(q^2)+\psi(q)+\psi(1).$$
但是，我们已知 $\phi(q)=\psi(q)$ 与 $\phi(1)=\psi(1)$，因此从两边消去它们得 $\phi(q^2)=\psi(q^2)$.

类似地，如果对两个不同素数 $q_1$ 与 $q_2$ 有 $n=q_1q_2$，则 $n$ 的因数是 1，$q_1$，$q_2$ 与 $q_1q_2$. 这就给出
$$\phi(q_1q_2)+\phi(q_1)+\phi(q_2)+\phi(1)=q_1q_2=\psi(q_1q_2)+\psi(q_1)+\psi(q_2)+\psi(1),$$
消去已知相等的项得 $\phi(q_1q_2)=\psi(q_1q_2)$.

通过从小的 $n$ 值到较大的 $n$ 值的研究，说明了对每个 $n$ 证明 $\phi(n)=\psi(n)$ 的思路. 更正式地，我们可给出一个归纳证明. 所以，假设对所有整数 $d<n$ 已经证明了 $\phi(d)=\psi(d)$，我们尝试证明 $\phi(n)=\psi(n)$. 和往常一样，设 $d_1$，$d_2$，$\cdots$，$d_r$ 是 $n$ 的因数. 这些因数之一是 $n$ 自身，所以重新标记它们，也可假设 $d_1=n$. 使用 $\phi$ 与 $\psi$ 的求和公式，我们求得
$$\phi(n)+\phi(d_2)+\phi(d_3)+\cdots+\phi(d_r)=n=\psi(n)+\psi(d_2)+\psi(d_3)+\cdots+\psi(d_r).$$
但是，所有数 $d_2$，$d_3$，$\cdots$，$d_r$ 都严格小于 $n$，所以，由假设可知对每个 $i=2$，3，$\cdots$，$r$，$\phi(d_i)=\psi(d_i)$. 这说明我们可从等式两边消去这些值，从而得到所期望的等式 $\phi(n)=\psi(n)$.

概括地说，我们已证明对整除 $p-1$ 的每个整数 $n$，恰好有 $\phi(n)$ 个数 $a$ 使得 $e_p(a)=n$. 取 $n=p-1$，可知恰好有 $\phi(p-1)$ 个数 $a$ 使得 $e_p(a)=p-1$. 但是，满足 $e_p(a)=p-1$ 的 $a$ 是模 $p$ 的原根. 因此就证明了有 $\phi(p-1)$ 个模 $p$ 的原根. 由于数 $\phi(p-1)$ 总是至少为 1，所以我们得到每个素数至少有一个原根. 这就完成了原根定理的证明. □

原根定理告诉我们有许多模 $p$ 的原根，事实上，恰有 $\phi(p-1)$ 个. 令人遗憾的是，该定理根本就没有给出关于哪些具体的数是原根的任何信息. 假设我们转换问题，固定数 $a$，问哪些素数 $p$ 使得 $a$ 是原根. 例如，对哪些素数 $p$，2 是原根呢? 原根定理没有告诉我们任何相关信息!

下面是 2 到 100 的所有素数的次数 $e_p(2)$ 的列表，为节省空间，在此将 $e_p(2)$ 写成 $e_p$.

| | | | | | |
|---|---|---|---|---|---|
| $e_3=2$ | $e_5=4$ | $e_7=3$ | $e_{11}=10$ | $e_{13}=12$ | $e_{17}=8$ |
| $e_{19}=18$ | $e_{23}=11$ | $e_{29}=28$ | $e_{31}=5$ | $e_{37}=36$ | $e_{41}=20$ |
| $e_{43}=14$ | $e_{47}=23$ | $e_{53}=52$ | $e_{59}=58$ | $e_{61}=60$ | $e_{67}=66$ |
| $e_{71}=35$ | $e_{73}=9$ | $e_{79}=39$ | $e_{83}=82$ | $e_{89}=11$ | $e_{97}=48$ |

观察这个表可知 2 是下述素数的原根:
$$p=3,5,11,13,19,29,37,53,59,61,67,83.$$
你发现什么模式了吗? 如果没有，别泄气，还没有人发现简单的模式. 然而，20 世纪 20 年代阿廷 (Emil Artin) 提出下述猜想.

**猜想 28.3(阿廷猜想)** 有无穷多个素数 $p$ 使得 2 是模 $p$ 的原根.

当然,再没有比数 2 更特殊的了,所以阿廷还提出下述猜想.

**猜想 28.4(广义阿廷猜想)** 设整数 $a$ 不是完全平方也不等于 $-1$,则有无穷多个素数 $p$ 使得 $a$ 是模 $p$ 的原根.

虽然近几年对阿廷猜想的研究已有许多进展,但阿廷猜想仍没有解决. 例如,1967年 C. Hooley 证明:如果被称为广义黎曼假设的猜想成立的话,则广义阿廷猜想也成立. 引人注目的是,1985 年 R. Gupta、M. R. Murty 与 R. Heath-Brown 证明广义阿廷猜想至多有 3 个两两互素的反例. 当然,$a$ 的这 3 个被公认的"坏值"可能不存在,但是,还没有人知道如何证明它们不存在. 也没有人能证明 $a = 2$ 不是坏值,所以即使阿廷最初的猜想也没有被证明!

## Costas 阵列

现在我们打算描述 Costas 阵列,它是在声呐和雷达技术$^{\ominus}$中有应用的数学对象. 令人吃惊的是,Costas 阵列还与原根有联系! 为了构造 Costas 阵列,我们从盒子方阵开始,例如下面的 $6 \times 6$ 阵列,其中对行和列进行了标号:

217

```
  1 2 3 4 5 6
1 ┌─┬─┬─┬─┬─┬─┐
2 ├─┼─┼─┼─┼─┼─┤
3 ├─┼─┼─┼─┼─┼─┤
4 ├─┼─┼─┼─┼─┼─┤
5 ├─┼─┼─┼─┼─┼─┤
6 └─┴─┴─┴─┴─┴─┘
```

接着将点放入某些盒子的中心,但这些点必须服从下面的 Costas 规则:

(1)每行恰有一个点.

(2)每列恰有一个点.

(3)将所有点对之间连一条线段,则不存在两条线段具有相同的长度和相同的斜率.

填入满足规则 1 和规则 2 的点是不难的. 这样的阵列叫做置换阵. 但要满足规则 3 则相当困难. 下面是一个 6 阶 Costas 阵列和两个不是 Costas 阵列的置换阵. 对两个非 Costas 阵列的例子,我们画出了具有相同长度和斜率的线段.

Costas阵列　　　　　　非Costas阵列　　　　　　非Costas阵列

---

$\ominus$　J. P. Costas,一类具有几乎理想距离的多普勒模糊性的探测波形的研究,IEEE 会刊,72, 8(1984),996 – 1009.

Lloyd. R. Welch 发现了一个利用原根构造 $p-1$ 阶 Costas 阵列的有趣的方法，其中 $p$ 是素数. 下面是其构造方法的原理. 设 $g$ 是模 $p$ 的原根，则在第 $i$ 行、第 $j$ 列放一个点，其中 $i$ 与 $j$ 的关系是

$$j \equiv g^i \pmod{p}.$$

这里 $i$ 和 $j$ 都在 1 到 $p-1$ 之间.

取 $p=11$，$g=2$ 来说明. 先构造 2 模 11 的幂次表.

| 第 $i$ 行 | 1 | 2 | 3 | 4 | 5 | 6 | 7 | 8 | 9 | 10 |
|---|---|---|---|---|---|---|---|---|---|---|
| 第 $j$ 列 | 2 | 4 | 8 | 5 | 10 | 9 | 7 | 3 | 6 | 1 |

行和列满足 $j \equiv 2^i \pmod{11}$.

利用 Welch 的程序，这就给出了下面的 $10 \times 10$ Costas 阵列：

现在验证 Welch 构造给出 Costas 阵列. 因为 $g$ 是原根，所以 $g$，$g^2$，$\cdots$，$g^{p-1} \pmod p$ 互不相同，因此我们肯定得到一个置换阵，即所得阵列满足规则 1 和规则 2. 下面验证它还满足规则 3.

用 $D(i, j)$ 表示第 $i$ 行、第 $j$ 列中的点. 假设连接点 $D(i_1, j_1)$，$D(i_2, j_2)$ 的线段和连接点 $D(u_1, v_1)$，$D(u_2, v_2)$ 的线段有相同的长度和相同的斜率. 我们将利用这个假设导出矛盾. 我们观察到，两条线段具有相同的长度和相同的斜率当且仅当它们组成的直角三角形全等，见下图：

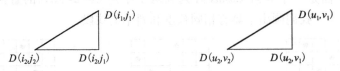

所以，两条线段具有相同的长度和相同的斜率这一假设等价于下面的断言：

$$i_2 - i_1 = u_2 - u_1, \quad j_2 - j_1 = v_2 - v_1. \qquad (*)$$

现在利用 Welch 规则 $j \equiv g^i \pmod{p}$，将其应用在下面四个点上：

$$D(i_1, j_1), D(i_2, j_2), D(u_1, v_1), D(u_2, v_2),$$

将 $(*)$ 中第二个等式重写为

$$g^{i_2} - g^{i_1} \equiv g^{u_2} - g^{u_1} \pmod{p}.$$

接着将两边提出因子, 得

$$g^{i_1}(g^{i_2 - i_1} - 1) \equiv g^{u_1}(g^{u_2 - u_1} - 1) \pmod{p}.$$

但由 ( ∗ ) 知 $i_2 - i_1 = u_2 - u_1$, 所以括号中的量是相同的, 并且它们模 $p$ 不为零, 因为我们知道 $i_1 \neq i_2$ 且 $u_1 \neq u_2$. (这里用到点不同行的假设.) 因此可以从同余式的两边消去括号中的量, 得到 $\boxed{219}$

$$g^{i_1} \equiv g^{u_1} \pmod{p}.$$

因为 $g$ 是原根, 所以有 $i_1 \equiv u_1 \pmod{p-1}$. 又因 $i_1$, $u_1$ 都在 1 与 $p-1$ 之间, 故它们必相等. 因为阵列每行中只有一个点, 故有 $D(i_1, j_1) = D(u_1, v_1)$, 再由 ( ∗ ) 式可得出 $D(i_2, j_2) = D(u_2, v_2)$. 这就与我们从两条不同的线段开始的假设矛盾, 从而完成了 Welch 程序给出 Costas 阵列的证明.

对所有素数 $p$, Welch 构造产生 $p-1$ 阶 Costas 阵列. 还有另一个构造, 对所有素数幂 $p^n$ 产生 $p-2$ 阶 Costas 阵列, 参见习题 28.18. 然而, 这两个以及其他的构造都不能给出所有可能的阶数. 目前已知直到 31 阶的 Costas 阵列都是存在的, 但不知道 32 阶和 33 阶 Costas 阵列是否存在.

## 习题

**28.1** 设 $p$ 是素数.

(a) $1 + 2 + 3 + \cdots + (p-1) \pmod{p}$ 的值是什么?

(b) $1^2 + 2^2 + 3^2 + \cdots + (p-1)^2 \pmod{p}$ 的值是什么?

(c) 对任何正整数 $k$, 求 $1^k + 2^k + 3^k + \cdots + (p-1)^k \pmod{p}$ 的值, 证明你的答案是正确的.

**28.2** 对任何整数 $a$ 与 $m$, $\gcd(a, m) = 1$, 设 $e_m(a)$ 是使得 $a^e \equiv 1 \pmod{m}$ 的最小指数 $e \geqslant 1$. 我们称 $e_m(a)$ 为 $a$ 模 $m$ 的次数.

(a) 计算下述 $e_m(a)$ 的值:

(i) $e_9(2)$　　　(ii) $e_{15}(2)$　　　(iii) $e_{16}(3)$　　　(iv) $e_{10}(3)$

(b) 证明 $e_m(a)$ 总是整除 $\phi(m)$.

**28.3** 在本习题中将研究奇数 $m$ 的 $e_m(2)$ 的值. 为节省空间, 将 $e_m(2)$ 写成 $e_m$, 因此对于本习题, $e_m$ 是模 $m$ 余 1 的 2 的最小幂次.

(a) 对每个奇数 $11 \leqslant m \leqslant 19$, 计算 $e_m$ 的值.

(b) 下面的列表给出了 3 与 149 之间所有奇数的 $e_m$ 的值(除在(a)中已做的 $11 \leqslant m \leqslant 19$ 外). $\boxed{220}$

| | | | | | | |
|---|---|---|---|---|---|---|
| $e_3 = 2$ | $e_5 = 4$ | $e_7 = 3$ | $e_9 = 6$ | $e_{11} = **$ | $e_{13} = **$ | $e_{15} = **$ |
| $e_{17} = **$ | $e_{19} = **$ | $e_{21} = 6$ | $e_{23} = 11$ | $e_{25} = 20$ | $e_{27} = 18$ | $e_{29} = 28$ |
| $e_{31} = 5$ | $e_{33} = 10$ | $e_{35} = 12$ | $e_{37} = 36$ | $e_{39} = 12$ | $e_{41} = 20$ | $e_{43} = 14$ |
| $e_{45} = 12$ | $e_{47} = 23$ | $e_{49} = 21$ | $e_{51} = 8$ | $e_{53} = 52$ | $e_{55} = 20$ | $e_{57} = 18$ |
| $e_{59} = 58$ | $e_{61} = 60$ | $e_{63} = 6$ | $e_{65} = 12$ | $e_{67} = 66$ | $e_{69} = 22$ | $e_{71} = 35$ |

$$e_{73} = 9 \qquad e_{75} = 20 \qquad e_{77} = 30 \qquad e_{79} = 39 \qquad e_{81} = 54 \qquad e_{83} = 82 \qquad e_{85} = 8$$

$$e_{87} = 28 \qquad e_{89} = 11 \qquad e_{91} = 12 \qquad e_{93} = 10 \qquad e_{95} = 36 \qquad e_{97} = 48 \qquad e_{99} = 30$$

$$e_{101} = 100 \qquad e_{103} = 51 \qquad e_{105} = 12 \qquad e_{107} = 106 \qquad e_{109} = 36 \qquad e_{111} = 36 \qquad e_{113} = 28$$

$$e_{115} = 44 \qquad e_{117} = 12 \qquad e_{119} = 24 \qquad e_{121} = 110 \qquad e_{123} = 20 \qquad e_{125} = 100 \qquad e_{127} = 7$$

$$e_{129} = 14 \qquad e_{131} = 130 \qquad e_{133} = 18 \qquad e_{135} = 36 \qquad e_{137} = 68 \qquad e_{139} = 138 \qquad e_{141} = 46$$

$$e_{143} = 60 \qquad e_{145} = 28 \qquad e_{147} = 42 \qquad e_{149} = 148$$

只要 $\gcd(m, n) = 1$，便可使用这个表，求（即猜测）用 $e_m$ 与 $e_n$ 表示的 $e_{mn}$ 的公式.

(c) 用 (b) 中猜测的公式求 $e_{11\,227}$ 的值.（注意 $11\,227 = 103 \cdot 109$.）

(d) 证明你在 (b) 中猜测的公式是正确的.

(e) 由表格猜测用 $e_p$, $p$, $k$ 表示的 $e_{p^k}$ 的公式，其中 $p$ 是奇素数. 用你的公式求 $e_{68\,921}$ 的值.（注意 $68\,921 = 41^3$.）

(f) 你能证明 (e) 中猜测的 $e_{p^k}$ 的公式是正确的吗？

**28.4** (a) 求模 13 的所有原根.

(b) 对整除 12 的每个整数 $d$，列出满足 $1 \le a < 13$ 与 $e_{13}(a) = d$ 的 $a$.

**28.5** (a) 如果 $g$ 是模 37 的原根，则数 $g^2$, $g^3$, $\cdots$, $g^8$ 中哪些是模 37 的原根？

(b) 如果 $g$ 是模 $p$ 的原根，给出一种容易使用的法则，以确定 $g^k$ 是否是模 $p$ 的原根，并证明你的法则是正确的.

(c) 假设 $g$ 是模素数 $p = 21\,169$ 的原根. 使用 (b) 中的法则来确定 $g^2$, $g^3$, $\cdots$, $g^{20}$ 中的哪些数是模 $21\,169$ 的原根.

**28.6** (a) 求小于 20 的所有素数，使得 3 是其原根.

(b) 如果你了解编写计算机程序的原理，求小于 100 的所有素数，使得 3 是其原根.

**28.7** 如果 $a = p^2$ 是完全平方数，$p$ 是奇素数，解释 $a$ 不可能是模 $p$ 的原根的原因.

**28.8** 设 $p$ 是奇素数，$g$ 是模 $p$ 的原根.

(a) 证明 $g^k$ 是模 $p$ 的二次剩余当且仅当 $k$ 是偶数.

(b) 利用 (a) 给出下述结论的一个快速证明：两个二次非剩余的积是二次剩余，更一般地，

$$\left( \frac{a}{p} \right)\left( \frac{b}{p} \right) = \left( \frac{ab}{p} \right)$$

221

(c) 利用 (a) 给出欧拉准则 $a^{(p-1)/2} \equiv \left( \dfrac{a}{p} \right) \pmod{p}$ 的一个快速证明.

**28.9** 假设 $q$ 是模 4 余 1 的素数，且 $p = 2q + 1$ 也是素数（例如，$q = 5$，$p = 11$）. 证明 2 是模 $p$ 的原根.（提示：可利用欧拉准则和二次互反律.）

**28.10** 设 $p$ 是素数，$k$ 是不被 $p$ 整除的数，$b$ 是有模 $p$ 的 $k$ 次根的数. 求 $b$ 模 $p$ 的 $k$ 次根的个数公式，并证明该公式是正确的.（提示：公式仅依赖于 $p$ 与 $k$，不依赖于 $b$.）

**28.11** 编写程序计算 $e_p(a)$，这是使得 $a^e \equiv 1 \pmod{p}$ 的最小正指数 $e$.（当然要利用事实：如果对所有 $1 \le e < p/2$ 有 $a^e \not\equiv 1 \pmod{p}$，则 $e_p(a)$ 自动等于 $p - 1$.）

**28.12** 编写程序，求给定素数 $p$ 的最小原根. 制作 100 与 200 之间以 2 为原根的所有素数的列表.

**28.13** 如果 $a$ 与 $m$, $n$ 都互素，且 $\gcd(m, n) = 1$，求用 $e_m(a)$ 与 $e_n(a)$ 表示的 $e_{mn}(a)$ 的公式.

**28.14** 对任何数 $m \ge 2$（不必是素数），我们称 $g$ 是模 $m$ 的原根，如果同余于 $1 \pmod{m}$ 的 $g$ 的最小幂次是 $\phi(m)$. 换句话说，如果 $\gcd(g, m) = 1$ 且对所有幂 $1 \le k < \phi(m)$ 有 $g^k \not\equiv 1 \pmod{m}$，则 $g$ 是模 $m$ 的原根.

(a)对每个数 $2 \leq m \leq 25$，确定是否存在模 $m$ 的原根.（如果你有计算机，对所有 $m \leq 50$，在计算机上做相同的事情.）

(b)使用(a)的数据，猜测哪些 $m$ 有原根，哪些 $m$ 没有原根.

(c)证明(b)中的猜测是正确的.

28.15 回顾置换阵的定义，它是一个每行、每列都恰有一个点的阵列.

(a) $N \times N$ 置换阵有多少个？（提示：每次在一个行中放置点，并考虑每个后继行有多少种放置点的方法.）

(b)(本习题的剩余部分是为懂得矩阵乘法的学生准备的.)我们可以通过将点用 1 替代而其余位置用 0 替代的方法将一个点阵变成一个矩阵. 例如，$6 \times 6$ 置换阵

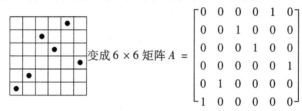

变成 $6 \times 6$ 矩阵 $A = \begin{bmatrix} 0 & 0 & 0 & 1 & 0 & 0 \\ 0 & 0 & 1 & 0 & 0 & 0 \\ 0 & 0 & 0 & 1 & 0 & 0 \\ 0 & 0 & 0 & 0 & 0 & 1 \\ 0 & 1 & 0 & 0 & 0 & 0 \\ 1 & 0 & 0 & 0 & 0 & 0 \end{bmatrix}$

计算矩阵 $A$ 的头几个幂次. 特别地，$A^6$ 的值是什么？ | 222 |

(c)设 $A$ 是一个 $N \times N$ 置换矩阵，即是由置换阵得到的矩阵. 证明：存在整数 $k \geq 1$，使得 $A^k$ 为单位矩阵.

(d)找出满足下述条件的 $N \times N$ 置换矩阵 $A$ 的一个例子：使 $A^k$ 为单位矩阵的最小正整数 $k$ 满足 $k > N$.

28.16 (a)找出所有 3 阶 Costas 阵列.

(b)写出一个 4 阶 Costas 阵列.

(c)写出一个 5 阶 Costas 阵列.

(d)写出一个 7 阶 Costas 阵列.

28.17 利用 Welch 构造找出一个 16 阶 Costas 阵列. 当然，要表明你使用了哪一个原根.

28.18 对于产生 $p-2$ 阶 Costas 阵列的 Lempel 与 Golumb 构造，本习题描述了一个特殊情形.

(a)设 $g_1$ 与 $g_2$ 是模 $p$ 的原根.（$g_1$，$g_2$ 允许相同.）证明：对每个 $1 \leq i \leq p-2$，存在唯一的 $1 \leq j \leq p-2$ 满足

$$g_1^i + g_2^j = 1.$$

(b)构造一个 $(p-2) \times (p-2)$ 阵列如下：如果 $i$，$j$ 满足 $g_1^i + g_2^j = 1.$，则将一个点放入第 $i$ 行、第 $j$ 列. 证明所得阵列是 Costas 阵列.

(c)利用 Lempel-Golumb 构造写出两个 15 阶 Costas 阵列. 对第一个阵列，使用 $g_1 = g_2 = 5$，对第二个阵列，使用 $g_1 = 3$，$g_2 = 6$. | 223 |

# 第 29 章　原根与指标

模素数 $p$ 的原根 $g$ 的优美体现在每个模 $p$ 的非零数以 $g$ 的幂次出现. 所以, 对任何数 $1 \leqslant a < p$, 我们可选择幂

$$g, g^2, g^3, g^4, \cdots, g^{p-3}, g^{p-2}, g^{p-1}$$

中恰好一个与 $a$ 模 $p$ 同余. 相应的指数被称为以 $g$ 为底的 $a$ 模 $p$ 的指标. 假设 $p$ 与 $g$ 已给定, 则记指标为 $I(a)$.

例如, 如果使用模 13 的原根 2 为底, 则因为 $2^4 = 16 \equiv 3 \pmod{13}$, 所以 $I(3) = 4$. 类似地, 由于 $2^9 = 512 \equiv 5 \pmod{13}$, 因此 $I(5) = 9$. 为求任何特定数的指标, 如 7, 只需计算幂 $2$, $2^2$, $2^3$, $\cdots \pmod{13}$, 直至得到与 7 同余的数.

另一种方法是制作 2 模 13 的所有幂的表格. 然后, 可由下表得到所要的任何信息.

**2 模 13 的幂**

| $I$ | 1 | 2 | 3 | 4 | 5 | 6 | 7 | 8 | 9 | 10 | 11 | 12 |
|---|---|---|---|---|---|---|---|---|---|---|---|---|
| $2^I(\bmod 13)$ | 2 | 4 | 8 | 3 | 6 | 12 | 11 | 9 | 5 | 10 | 7 | 1 |

例如, 为求 $I(11)$, 我们搜寻表的第二行直到找到数 11, 则指标 $I(11) = 7$ 可从第一行得到.

这表明用另一种方法重排数据也许更有用. 我们所做的是重排这些数使得第二行按照 1 到 12 的次序排列, 然后, 交换第一行和第二行. 这样得到的表的第一行具有 1 到 12 的次序, 其下面的每个数是它的指标.

**以 2 为底模 13 的指标表**

| $a$ | 1 | 2 | 3 | 4 | 5 | 6 | 7 | 8 | 9 | 10 | 11 | 12 |
|---|---|---|---|---|---|---|---|---|---|---|---|---|
| $I(a)$ | 12 | 1 | 4 | 2 | 9 | 5 | 11 | 3 | 8 | 10 | 7 | 6 |

这样, 更容易找出任何给定数的指标, 如 $I(8) = 3$ 和 $I(10) = 10$.

过去, 数论学家编写指标表用于数值计算<sup>⊖</sup>. 下述定理凸显指标对计算很有用的理由.

**定理 29.1(指标法则)**　指标满足下述法则:

(a) $I(ab) \equiv I(a) + I(b) \pmod{p-1}$ [乘积法则]

(b) $I(a^k) \equiv kI(a) \pmod{p-1}$ [幂法则]

**证明**　考虑到 $g$ 是原根, 这些法则只不过是通常的指数定律. 因此, 要证明 (a), 我们计算

$$g^{I(ab)} \equiv ab \equiv g^{I(a)} g^{I(b)} \equiv g^{I(a)+I(b)} \pmod{p}.$$

---

⊖ 1839 年, 雅可比出版《标准算术》(*Canon Arithmeticus*), 其中包含小于 1000 的所有素数的指标表. 更近地, 由 Western 与 Miller 编写的包含了直到 50 021 的所有素数的指标表在 1968 年由设在剑桥大学的英国皇家学会出版.

这意味着 $g^{I(ab)-I(a)-I(b)} \equiv 1 \pmod{p}$. 但 $g$ 是原根, 所以 $I(ab)-I(a)-I(b)$ 必是 $p-1$ 的倍数. 这就完成了(a)的证明. 要证明(b), 我们进行类似计算,

$$g^{I(a^k)} \equiv a^k \equiv (g^{I(a)})^k \equiv g^{kI(a)} \pmod{p}.$$

这蕴涵 $I(a^k)-kI(a)$ 是 $p-1$ 的倍数, 这就得到(b). □

最常犯的错误之一是在指标计算中将模 $p-1$ 替换成模 $p$ 来简化. 要牢记指标如指数那样出现, 费马小定理中的指数是 $p-1$ 而不是 $p$. 我们再说一遍:

$$\boxed{\text{总是通过模 } p-1 \text{ 来简化指标.}}$$

225

下面简要解释一下如何使用指标法则与指标表来简化计算和解同余式. 为此, 下面给出了素数 $p=37$、底为 $g=2$ 的指标表:

**以 2 为底模 37 的指标表**

| $a$ | 1 | 2 | 3 | 4 | 5 | 6 | 7 | 8 | 9 | 10 | 11 | 12 | 13 | 14 | 15 | 16 | 17 | 18 |
|---|---|---|---|---|---|---|---|---|---|---|---|---|---|---|---|---|---|---|
| $I(a)$ | 36 | 1 | 26 | 2 | 23 | 27 | 32 | 3 | 16 | 24 | 30 | 28 | 11 | 33 | 13 | 4 | 7 | 17 |
| $a$ | 19 | 20 | 21 | 22 | 23 | 24 | 25 | 26 | 27 | 28 | 29 | 30 | 31 | 32 | 33 | 34 | 35 | 36 |
| $I(a)$ | 35 | 25 | 22 | 31 | 15 | 29 | 10 | 12 | 6 | 34 | 21 | 14 | 9 | 5 | 20 | 8 | 19 | 18 |

如果要计算 $23 \cdot 19 \pmod{37}$, 不是将 23 与 19 相乘, 而是将它们的指标相加. 于是,

$$I(23 \cdot 19) \equiv I(23) + I(19) \equiv 15 + 35 \equiv 50 \equiv 14 \pmod{36}.$$

注意是模 $p-1$ 计算, 此时为模 36. 观察表求得 $I(30)=14$, 从而得到 $23 \cdot 19 \equiv 30 \pmod{37}$ 的结论.

"稍等", 你可能会提出异议, "使用指标计算乘积 $23 \cdot 19 \pmod{37}$ 很费事." 用 19 乘 23, 再用 37 除积得余数, 这样会更容易些. 有一些用指标计算幂会更有力的情况. 例如,

$$I(29^{14}) \equiv 14 \cdot I(29) \equiv 14 \cdot 21 \equiv 294 \equiv 6 \pmod{36}.$$

由表得 $I(27)=6$, 从而 $29^{14} \equiv 27 \pmod{37}$. 在此, 数 $29^{14}$ 有 21 位数, 所以我们不想手工计算 $29^{14}$ 的精确值, 而是用模 37 简化. 另一方面, 我们已知如何使用逐次平方法(第 16 章)快速计算 $29^{14} \pmod{37}$. 指标实际上真那么有用吗? 答案是指标表不但对直接计算有用, 而且是解同余式的有效工具. 我们给出两点说明.

第一个例子, 考虑同余式

$$19x \equiv 23 \pmod{37}.$$

如果 $x$ 是解, 则 $19x$ 的指标等于 23 的指标. 使用乘积法则再借助指标表, 我们可计算

$$I(19x) = I(23)$$
$$I(19) + I(x) \equiv I(23) \pmod{36}$$
$$35 + I(x) \equiv 15 \pmod{36}$$
$$I(x) \equiv -20 \equiv 16 \pmod{36}.$$

226

因此, 解的指标是 $I(x)=16$, 再查表可求得 $x \equiv 9 \pmod{37}$. 你应该把 $19x \equiv 23 \pmod{37}$ 的这个解同第 8 章叙述的更烦琐的方法相比较. 当然, 指标方法不可行, 除非你有已编纂好的指标表, 所以第 8 章的线性同余定理肯定不会过时的.

第二个例子, 我们解一个问题, 这个问题直到现在仍需要大量的冗长计算. 求同余式

$$3x^{30} \equiv 4 \ (\mathrm{mod} \ 37)$$

的所有解. 由取两边的指标开始, 使用乘积法则与幂法则.

$$I(3x^{30}) = I(4)$$

$$I(3) + 30I(x) \equiv I(4) \ (\mathrm{mod} \ 36)$$

$$26 + 30I(x) \equiv 2 \ (\mathrm{mod} \ 36)$$

$$30I(x) \equiv -24 \equiv 12 \ (\mathrm{mod} \ 36).$$

所以, 需要解同余式 $30I(x) \equiv 12 \ (\mathrm{mod} \ 36)$ 的 $I(x)$. (提醒: 两边不要除以 6 以得到 $5I(x) \equiv 2 \ (\mathrm{mod} \ 36)$, 否则会丢失一些解.) 在第 8 章我们学习了如何解这种同余式. 一般地, 如果 $\gcd(a, m)$ 整除 $c$, 则同余式 $ax \equiv c \ (\mathrm{mod} \ m)$ 有 $\gcd(a, m)$ 个解, 否则没有解. 在本例中, $\gcd(30, 36) = 6$ 确实整除 12, 所以应该有 6 个解. 使用第 8 章的方法, 或者只是用尝试法, 我们求得

$$30I(x) \equiv 12 \ (\mathrm{mod} \ 36)$$

的解为

$$I(x) \equiv 4, 10, 16, 22, 28, 34 \ (\mathrm{mod} \ 36).$$

最后, 由指标表得到 $x$ 的对应值

$$I(16) = 4, \qquad I(25) = 10, \qquad I(9) = 16,$$

$$I(21) = 22, \qquad I(12) = 28, \qquad I(28) = 34.$$

因此, 同余式 $3x^{30} \equiv 4 \ (\mathrm{mod} \ 37)$ 有 6 个解, 即

$$x \equiv 16, 25, 9, 21, 12, 28 \ (\mathrm{mod} \ 37).$$

227   很容易叙述使用指标的计算优点, 指标法则将乘法转换为加法, 将指数转换为乘法. 对此大家并不陌生, 因为它恰好与对数满足的法则

$$\log(ab) = \log(a) + \log(b) \quad \text{与} \quad \log(a^k) = k\log(a)$$

相同. 因此, 指标也被称为离散对数. 正如廉价计算器普及以前的年代用对数表进行计算那样, 在数论中用指标表进行计算. 当今, 由于台式计算机的广泛使用, 已很少使用指标表进行数值计算, 但是指标仍作为一种有用的理论工具.

的确, 在过去的几十年里, 指标理论由于在密码学中的应用而获得新生, 尽管在密码学界, 指标几乎总是被称作离散对数. 假设给定一个大素数 $p$ 以及模 $p$ 的两个数 $a$ 与 $g$. 离散对数问题 (DLP) 是求指数 $k$ 使得

$$g^k \equiv a \ (\mathrm{mod} \ p).$$

换句话说, 离散对数问题要求以 $g$ 为底的 $a$ 模 $p$ 的指标. 正如在第 16 章看到的, 如果已知 $g$ 与 $k$, 则计算 $g^k \ (\mathrm{mod} \ p)$ 要相对容易. 然而, 如果 $p$ 很大, 则在已知 $g^k \ (\mathrm{mod} \ p)$ 的值时很难求得 $k$ 的值. 这种二分法特性可用来构造公钥密码体制, 它类似于第 18 章中用分解大数的困难性来构造 RSA 密码体制. 我们在习题 29.6 中将叙述一种基于离散对数的密码体制——ElGamal 密码体制.

## 习题

**29.1** 用模 37 的指标表求下述同余式的所有解.

(a) $12x \equiv 23 \pmod{37}$

(b) $5x^{23} \equiv 18 \pmod{37}$

(c) $x^{12} \equiv 11 \pmod{37}$

(d) $7x^{20} \equiv 34 \pmod{37}$

**29.2** (a) 使用原根 3 创建模 17 的指标表.

(b) 用你的表解同余式 $4x \equiv 11 \pmod{17}$.

(c) 用你的表求同余式 $5x^6 \equiv 7 \pmod{17}$ 的所有解.

**29.3** (a) 如果 $a$ 与 $b$ 满足 $ab \equiv 1 \pmod{p}$, 那么指标 $I(a)$ 与 $I(b)$ 的相互关系如何?

(b) 如果 $a$ 与 $b$ 满足 $a + b \equiv 0 \pmod{p}$, 那么指标 $I(a)$ 与 $I(b)$ 的相互关系如何?

(c) 如果 $a$ 与 $b$ 满足 $a + b \equiv 1 \pmod{p}$, 那么指标 $I(a)$ 与 $I(b)$ 的相互关系如何?

**29.4** (a) 如果 $k$ 整除 $p-1$, 证明同余式 $x^k \equiv 1 \pmod{p}$ 恰好有 $k$ 个模 $p$ 的不同解.

(b) 更一般地, 考虑同余式

$$x^k \equiv a \pmod{p}.$$

寻找使用 $p$, $k$ 的值与指标 $I(a)$ 确定这个同余式有多少解的简单方法.

(c) 数 3 是模素数 1987 的原根. 同余式 $x^{111} \equiv 729 \pmod{1987}$ 有多少解?(提示: $729 = 3^6$.)

**29.5** 编写程序, 使得输入素数 $p$、模 $p$ 的原根 $g$ 和数 $a$, 输出指标 $I(a)$. 使用你的程序制作素数 $p = 47$ 与原根 $g = 5$ 的指标表.

**29.6** 在本习题中, 我们叙述被称为 ElGamal 密码体制的一种公钥密码体制, 它是以解离散对数问题的困难性为基础的. 设 $p$ 是大素数, $g$ 是模 $p$ 的原根. 下面是 Alice 如何创建密钥以及 Bob 如何给 Alice 发送信息的.

第一步, Alice 选取一个数 $k$ 作为她的密钥. 她计算数 $a \equiv g^k \pmod{p}$, 并公开数 $a$, 这是 Bob (或其他人) 用来给 Alice 发送信息的公钥.

现在假设 Bob 要给 Alice 发送信息 $m$, 其中 $m$ 是 2 与 $p-1$ 之间的数. 他随机选取数 $r$ 并计算两个数

$$e_1 \equiv g^r \pmod{p} \quad 与 \quad e_2 \equiv ma^r \pmod{p}.$$

Bob 发送给 Alice 数对 $(e_1, e_2)$.

最后, Alice 需要解密信息. 她首先使用密钥 $k$ 计算 $c \equiv e_1^k \pmod{p}$. 接下来她计算 $u \equiv c^{-1} \pmod{p}$. (即她使用第 8 章的方法解 $cu \equiv 1 \pmod{p}$.) 最终她算出 $v \equiv ue_2 \pmod{p}$. 我们可通过公式

$$v \equiv e_2 \cdot (e_1^{\ k})^{-1} \pmod{p}$$

综述 Alice 的计算.

(a) 证明当 Alice 完成计算时, 她计算的数 $v$ 等于 Bob 的信息 $m$.

(b) 证明如果有人了解如何解素数 $p$ 和以 $g$ 为底的离散对数问题, 则他可读出 Bob 的信息.

**29.7** 对本习题, 使用习题 29.6 叙述的 ELGamal 密码体制.

(a) Bob 要使用素数 $p = 163\ 841$ 和以 $g = 3$ 为底的 Alice 的公钥 $a = 22\ 695$ 给她发送信息 $m = 39\ 828$. 他选择使用随机数 $r = 129\ 381$. 计算他发送给 Alice 的加密信息 $(e_1, e_2)$.

(b) 假设 Bob 发送相同的信息给 Alice, 但是, 他选择 $r$ 的不同值. 密码电文会是相同的吗?

(c) Alice 已选取素数 $p = 380\ 803$ 且以 $g = 2$ 为底的密钥 $k = 278\ 374$. 她收到 Bob 的信息 (由三个信息段组成)

$$(61\ 745, 206\ 881), \quad (255\ 836, 314\ 674), \quad (108\ 147, 350\ 768).$$

解密信息, 并使用第 18 章的数字-字母转换表将它转换成字母.

228
229
230

# 第30章 方程 $X^4 + Y^4 = Z^4$

费马大定理是说，如果 $n \geqslant 3$，则方程

$$x^n + y^n = z^n$$

没有正整数解 $x$，$y$，$z$. 17 世纪中叶的某个时候，费马将他的这个陈述随手写在一本《丢番图算术》的空白处，但直到 20 世纪末才由怀尔斯首次给出肯定性证明. 在本章中将给出费马关于这个断言在特殊情形 $n = 4$ 时的证明. 事实上，我们将证明下面这个更强的结论.

**定理 30.1(指数为 4 的费马大定理)**    方程

$$x^4 + y^4 = z^2$$

没有正整数解 $x$，$y$，$z$.

**证明**    我们用费马的递降法来证明这个定理. 正如在第 24 章中将一个素数表成两个平方数之和那样，"递降"的思想是把一个较大的解递降成一个较小的解. 这种方法在此处有效吗？因为毕竟我们试图证明的是方程根本没有解.

我们要做的是假定方程存在一组正整数解 $(x, y, z)$，利用这组解去产生一组新的正整数解 $(X, Y, Z)$ 满足 $Z < z$. 重复这个过程，可得到无穷多个解

$$(x_1, y_1, z_1), (x_2, y_2, z_2), (x_3, y_3, z_3), \cdots \qquad \text{其中 } z_1 > z_2 > z_3 > \cdots.$$

[231] 当然，这完全是荒谬的，因为一个单调下降的正整数数列不可能一直继续下去. 造成这一荒谬的唯一漏洞就在于最初假设方程有解. 换句话说，这个矛盾表明方程无解.

现在给出核心细节. 假定 $(x, y, z)$ 是方程

$$x^4 + y^4 = z^2$$

的一组解，我们想要找到一组更小的解. 如果 $x$，$y$，$z$ 有公因子，可以将它提出来约去，因此，可以假定 $x$，$y$，$z$ 是互素的. 接下来，我们观察到，如果令 $a = x^2$，$b = y^2$，$c = z$，则 $(a, b, c)$ 是一个本原勾股数组，

$$a^2 + b^2 = c^2.$$

从第 2 章可知所有本原勾股数组的一般形式. 必要时交换 $x$，$y$，则存在奇数 $s$，$t$ 使得

$$x^2 = a = st, \quad y^2 = b = \frac{s^2 - t^2}{2}, \quad z = c = \frac{s^2 + t^2}{2}.$$

注意到乘积 $st$ 是奇数且等于一个平方数，而模 4 平方剩余只能是 0 或 1，故必有

$$st \equiv 1 \pmod{4}.$$

这表明 $s$ 和 $t$ 要么都是模 4 余 1，要么都是模 4 余 3. 无论哪种情况，都有

$$s \equiv t \pmod{4}.$$

接下来看看方程

$$2y^2 = s^2 - t^2 = (s - t)(s + t).$$

$s$ 和 $t$ 是互素的奇数这一事实表明 $s-t$ 和 $s+t$ 的唯一公因子是 2, 我们还知道 $s-t$ 能被 4 整除, 所以 $s+t$ 必是一个奇数的 2 倍. 进一步, 我们知道乘积 $(s-t)(s+t)$ 是一个平方数的 2 倍. 上面这些结论能够成立的唯一情形是

$$s + t = 2u^2, \quad s - t = 4v^2,$$

其中 $u$ 与 $2v$ 是互素的整数.

将 $s$, $t$ 用 $u$, $v$ 表示, 则有

$$s = u^2 + 2v^2, \quad t = u^2 - 2v^2,$$

代入 $x^2 = st$ 可得

$$x^2 = u^4 - 4v^4.$$

整理可得

$$x^2 + 4v^4 = u^4.$$

遗憾的是, 这不完全是我们所期待的方程, 因此, 我们重复上面的过程. 如果令 $A = x$, $B = 2v^2$, $C = u^2$, 则有

$$A^2 + B^2 = C^2,$$

因此, $(A, B, C)$ 是一个本原勾股数组. 再次参照第 2 章, 可找到互素的奇数 $S$ 和 $T$, 使得

$$x = A = ST, \quad 2v^2 = B = \frac{S^2 - T^2}{2}, \quad u^2 = C = \frac{S^2 + T^2}{2}.$$

由中间公式可得

$$4v^2 = S^2 - T^2 = (S - T)(S + T).$$

因为 $S$ 和 $T$ 是互素的奇数, 所以 $S-T$ 和 $S+T$ 的最大公因子是 2. 此外, 它们的乘积是一个平方数, 从而必有 $X$, $Y$, 使得

$$S + T = 2X^2, \quad S - T = 2Y^2.$$

将 $S$ 和 $T$ 用 $X$, $Y$ 表示, 则有

$$S = X^2 + Y^2, \quad T = X^2 - Y^2,$$

代入关于 $u^2$ 的公式可得

$$u^2 = \frac{S^2 + T^2}{2} = \frac{(X^2 + Y^2)^2 + (X^2 - Y^2)^2}{2} = X^4 + Y^4.$$

瞧! 我们得到原方程 $x^4 + y^4 = z^2$ 的一组新解 $(X, Y, u)$.

剩下来只要证明这个新的解比原来的解小. 由上面的各种公式可得

$$z = \frac{s^2 + t^2}{2} = \frac{(u^2 + 2v^2)^2 + (u^2 - 2v^2)^2}{2} = u^4 + 4v^4.$$

由此可见, $u$ 比 $z$ 小.      $\square$

## 习题

**30.1** 证明方程 $y^2 = x^3 + xz^4$ 无非零整数解 $x$, $y$, $z$. (提示: 假设有一组解. 先证明这组解可简化为满

足 $\gcd(x, z) = 1$ 的一组解，然后利用 $x^3 + xz^4 = x(x^2 + z^4)$ 是完全平方这一事实证明除 $x = y = 0$ 外没有其他解.)

**30.2** 马尔可夫三元组是指满足马尔可夫方程

$$x^2 + y^2 + z^2 = 3xyz$$

的正整数三元组 $(x, y, z)$. 有一个明显的马尔可夫三元组，即 $(1, 1, 1)$.

(a) 求所有满足 $x = y$ 的马尔可夫三元组.

(b) 设 $(x_0, y_0, z_0)$ 是一马尔可夫三元组. 证明下列三元组也是马尔可夫三元组：

$$F(x_0, y_0, z_0) = (x_0, z_0, 3x_0z_0 - y_0),$$
$$G(x_0, y_0, z_0) = (y_0, z_0, 3y_0z_0 - x_0),$$
$$H(x_0, y_0, z_0) = (x_0, y_0, 3x_0y_0 - z_0).$$

这给出了由已知马尔可夫三元组构造新的马尔可夫三元组的方法.

(c) 从马尔可夫三元组 $(1, 1, 1)$ 开始，反复利用 (b) 中描述的函数 $F$ 和 $G$ 构造至少 8 个新的马尔可夫三元组. 将这些三元组以如下方式画进一张图中：如果一个三元组可由另一个三元组通过 $F$ 或 $G$ 构造出来，则将这两个三元组之间连一条线段.

**30.3** 本习题继续研究习题 30.2 中的马尔可夫方程.

(a) 由马尔可夫方程的形式显然可以看出，如果 $(x_0, y_0, z_0)$ 是一个马尔可夫三元组，则将坐标重新排列得到的所有三元组也都是马尔可夫三元组. 我们称一个马尔可夫三元组 $(x_0, y_0, z_0)$ 是规范的，如果它的坐标按大小的升序排列：

$$x_0 \leq y_0 \leq z_0.$$

证明：如果 $(x_0, y_0, z_0)$ 是规范的马尔可夫三元组，则 $F(x_0, y_0, z_0)$ 和 $G(x_0, y_0, z_0)$ 都是规范的马尔可夫三元组

(b) 马尔可夫三元组 $(x_0, y_0, z_0)$ 的长度定义为它的坐标的和：

$$S(x_0, y_0, z_0) = x_0 + y_0 + z_0.$$

证明：如果 $(x_0, y_0, z_0)$ 是规范的马尔可夫三元组，则

$$S(x_0, y_0, z_0) < S(F(x_0, y_0, z_0)),$$
$$S(x_0, y_0, z_0) < S(G(x_0, y_0, z_0)),$$
$$S(x_0, y_0, z_0) > S(H(x_0, y_0, z_0)).$$

（提示：关于 $H$ 的不等式，可利用二次方程求根公式求解马尔可夫方程将 $z_0$ 用 $x_0$, $y_0$ 表出. 说明假设 $x_0 \leq y_0 \leq z_0$ 将迫使我们在求根公式中取正号.）

234

(c) 证明：每个马尔可夫三元组都可以从 $(1, 1, 1)$ 开始并反复利用函数 $F$ 和 $G$ 得到. （提示：如果 $(x_0, y_0, z_0)$ 是一个不等于 $(1, 1, 1)$ 或 $(1, 1, 2)$ 的规范马尔可夫三元组，应用映射 $H$ 并将其坐标重排得到一个长度严格变小且规范的马尔可夫三元组 $(x_1, y_1, z_1)$ 使得 $F(x_1, y_1, z_1)$ 或 $G(x_1, y_1, z_1)$ 等于 $(x_0, y_0, z_0)$.）

235

# 第31章　再论三角平方数

有些数是"有形"的，因为它们能用某种规则的图形来展示. 例如，一个平方数 $n^2$ 可排列成 $n \times n$ 的正方形. 类似地，一个三角数是指可排列成三角形的数. 下面的图形展示了前几个三角数和平方数(1 除外).

$$1 + 2 = 3 \qquad 1 + 2 + 3 = 6 \qquad 1 + 2 + 3 + 4 = 10$$

三角数

$$2^2 = 4 \qquad 3^2 = 9 \qquad 4^2 = 16$$

平方数

因此，对不同的 $m$ 值，

$$1 + 2 + 3 + \cdots + m$$

就构成了三角数. 在第 1 章中我们发现了第 $m$ 个三角数的公式，

$$1 + 2 + 3 + \cdots + m = \frac{m(m + 1)}{2}.$$

下面是前面的一些三角数和平方数的列表.

三角数　1, 3, 6, 10, 15, 21, 28, 36, 45, 55, 66, 78, 91, 105

平方数　1, 4, 9, 16, 25, 36, 49, 64, 81, 100, 121, 144, 169

在第 1 章中我们提出了"三角平方数"的问题，即找出同时是三角数的平方数. 上面这个小列表展现出两个这样的例子：1(不是很有趣)和 36. 这表明 36 个点既能排成 $6 \times 6$ 的正方形形状，又能排成 8 行的三角形形状. 第 1 章中的一个习题要我们找出一两个其他的三角平方数的例子，并思考总共有多少个这样的数. 利用随后各章所获得的数学知识，我们将给出一个找出所有三角平方数的方法.

三角数具有形式 $m(m+1)/2$，平方数具有形式 $n^2$，所以三角平方数对应方程

$$n^2 = \frac{m(m + 1)}{2}$$

的正整数解 $n$，$m$. 将上式两边同乘 8，并做一点代数运算可得

$$8n^2 = 4m^2 + 4m = (2m + 1)^2 - 1.$$

这提示我们作代换

$$x = 2m + 1, \quad y = 2n,$$

得到方程
$$2y^2 = x^2 - 1,$$
整理得
$$x^2 - 2y^2 = 1.$$

由这个方程的解可得到三角平方数

$$m = \frac{x-1}{2}, \quad n = \frac{y}{2}.$$

通过试验, 我们得到一组解 $(x, y) = (3, 2)$, 它给出了三角平方数 $(m, n) = (1,$
1). 进一步试验 (或利用 36 是三角平方数这一事实), 我们找到另一组解 $(x, y) = (17,$
12), 相应的三角平方数为 $(m, n) = (8, 6)$. 对 $y = 1, 2, 3, \cdots$, 通过用计算机验证
$1 + 2y^2$ 是否为平方数可找到更多的解. 下一个解是 $(x, y) = (99, 70)$, 它给出了一个新
的三角平方数 $(m, n) = (49, 35)$. 换句话说, 1225 是一个三角平方数, 因为

$$35^2 = 1225 = 1 + 2 + 3 + \cdots + 48 + 49.$$

可用什么工具求解方程

$$x^2 - 2y^2 = 1?$$

我们过去反复使用的一种方法是因式分解. 可是, 如果限制在整数范围内, 则 $x^2 - 2y^2$
无法分解. 但如果我们稍微开阔一下眼界, 它就可以分解成

$$x^2 - 2y^2 = (x + y\sqrt{2})(x - y\sqrt{2}).$$

例如, 解 $(x, y) = (3, 2)$ 可以写成

$$1 = 3^2 - 2 \cdot 2^2 = (3 + 2\sqrt{2})(3 - 2\sqrt{2}).$$

对上面的等式两边平方, 看看会发生什么.

$$\begin{aligned}
1 = 1^2 &= (3 + 2\sqrt{2})^2 (3 - 2\sqrt{2})^2 \\
&= (17 + 12\sqrt{2})(17 - 12\sqrt{2}) \\
&= 17^2 - 2 \cdot 12^2.
\end{aligned}$$

因此, 通过对解 $(x, y) = (3, 2)$ "平方", 我们构造出了下一个解 $(x, y) = (17, 12)$.

可以重复这个过程以找到更多的解. 例如, 对 $(x, y) = (3, 2)$ 三次方可得

$$\begin{aligned}
1 = 1^3 &= (3 + 2\sqrt{2})^3 (3 - 2\sqrt{2})^3 \\
&= (99 + 70\sqrt{2})(99 - 70\sqrt{2}) \\
&= 99^2 - 2 \cdot 70^2,
\end{aligned}$$

对 $(x, y) = (3, 2)$ 四次方可得

$$\begin{aligned}
1 = 1^4 &= (3 + 2\sqrt{2})^4 (3 - 2\sqrt{2})^4 \\
&= (577 + 408\sqrt{2})(577 - 408\sqrt{2}) \\
&= 577^2 - 2 \cdot 408^2.
\end{aligned}$$

注意到四次方给出了一个新的三角平方数 $(m, n) = (288, 204)$. 在做这一类计算时,
不必对初始解自乘得到更高次幂. 我们可以用当前解去乘初始解来得出下一个解. 因

此，要求一个 5 次幂的解，可用 4 次幂的解 $557 + 408\sqrt{2}$ 去乘初始解 $3 + 2\sqrt{2}$，可得

$$(3 + 2\sqrt{2})(577 + 408\sqrt{2}) = 3363 + 2378\sqrt{2},$$

由此得到 5 次幂的解 $(x, y) = (3363, 2378)$. 继续这个过程，可构造出一列三角平方数.

| $x$ | $y$ | $m$ | $n$ | $n^2 = \dfrac{m(m+1)}{2}$ |
|---|---|---|---|---|
| 3 | 2 | 1 | 1 | 1 |
| 17 | 12 | 8 | 6 | 36 |
| 99 | 70 | 49 | 35 | 1225 |
| 577 | 408 | 288 | 204 | 41 616 |
| 3363 | 2378 | 1681 | 1189 | 1 413 721 |
| 19 601 | 13 860 | 9800 | 6930 | 48 024 900 |
| 114 243 | 80 782 | 57 121 | 40 391 | 1 631 432 881 |
| 665 857 | 470 832 | 332 928 | 235 416 | 55 420 693 056 |

如你所见，这些三角平方数变得相当之大.

通过将 $3 + 2\sqrt{2}$ 自乘到越来越高次幂，可找到方程

$$x^2 - 2y^2 = 1$$

的越来越多的解，这就不断地给我们提供三角平方数. 因此，有无穷多个三角平方数. 这就回答了我们原来的问题. 但现在要问，这样做能不能得到所有的三角平方数. 答案是肯定的. 而且，当你知道我们用递降法去证明这个事实时也不要感到吃惊.

239

**定理 31.1（三角平方数定理）** （a）方程

$$x^2 - 2y^2 = 1$$

的每个正整数解都可通过将 $3 + 2\sqrt{2}$ 自乘得到，即解 $(x_k, y_k)$ 可以通过展开下式得到.

$$x_k + y_k\sqrt{2} = (3 + 2\sqrt{2})^k, \quad k = 1,2,3,\cdots.$$

（b）每个三角平方数 $n^2 = \dfrac{1}{2}m(m+1)$ 由

$$m = \frac{x_k - 1}{2}, \quad n = \frac{y_k}{2}, \quad k = 1,2,3,\cdots$$

给出，其中 $(x_k, y_k)$ 是由（a）得到的解.

**证明** 只需证明若 $(u, v)$ 是 $x^2 - 2y^2 = 1$ 的任一解，则它可由解 $(3, 2)$ 的幂得到，也就是说，必须证明

$$u + v\sqrt{2} = (3 + 2\sqrt{2})^k$$

对某个 $k$ 成立. 我们用递降法来证明. 以下是证明方案. 如果 $u = 3$，则必有 $v = 2$，结论显然成立. 故假设 $u > 3$，我们证明存在另一正整数解 $(s, t)$ 使得

$$u + v\sqrt{2} = (3 + 2\sqrt{2})(s + t\sqrt{2}) \quad 且 \quad s < u.$$

这样做为什么有用呢？如果 $(s, t) = (3, 2)$，则已证完；否则，$s$ 必大于 3，因此我们可以从 $(s, t)$ 开始用同样的方法得到一组新的解 $(q, r)$ 满足

$$s + t\sqrt{2} = (3 + 2\sqrt{2})(q + r\sqrt{2}) \quad 且 \quad q < s.$$

这说明

$$u + v\sqrt{2} = (3 + 2\sqrt{2})^2(q + r\sqrt{2}).$$

如果 $(q, r) = (3, 2)$，则已证完；否则，再次重复上述过程，我们发现这个过程不能无限进行下去，因为每次都得到一个新解，其中 $x$ 的值变小. 但这些值都是正整数，因此它们不能无限地持续变小，从而最终得到解 $(3, 2)$，这意味着我们最终将 $u + v\sqrt{2}$ 表成 $3 + 2\sqrt{2}$ 的幂.

［240］

因此，我们从解 $(u, v)(u > 3)$ 开始寻找一个解 $(s, t)$，它具有性质

$$u + v\sqrt{2} = (3 + 2\sqrt{2})(s + t\sqrt{2}), \quad s < u.$$

将方程的右边展开，需要对 $s, t$ 解方程

$$u + v\sqrt{2} = (3s + 4t) + (2s + 3t)\sqrt{2}.$$

也就是说，需要解方程

$$u = 3s + 4t, \quad v = 2s + 3t.$$

这很容易. 答案是

$$s = 3u - 4v, \quad t = -2u + 3v.$$

下面验证 $(s, t)$ 确实给出一组解.

$$\begin{aligned}
s^2 - 2t^2 &= (3u - 4v)^2 - 2(-2u + 3v)^2 \\
&= (9u^2 - 24uv + 16v^2) - 2(4u^2 - 12uv + 9v^2) \\
&= u^2 - 2v^2 \\
&= 1.
\end{aligned}$$

因为我们知道 $(u, v)$ 是一组解，故 $(s, t)$ 的确是一组解. 还需验证另两件事情. 首先，需验证 $s, t$ 都是正的. 其次，必须证明 $s < u$，因为我们希望新解"小于"原来的解.

易知 $s$ 是正的. 由 $u^2 = 1 + 2v^2 > 2v^2$ 可得 $u > \sqrt{2}v$，而 $3\sqrt{2} \approx 4.242$ 大于 4，故

$$s = 3u - 4v > 3\sqrt{2}v - 4v = (3\sqrt{2} - 4)v > 0.$$

［241］

证明 $t$ 为正数需要一点技巧. 以下是一种证法：

| | |
|---|---|
| $u > 3$ | 假设. |
| $u^2 > 9$ | 两边平方. |
| $9u^2 > 9 + 8u^2$ | 两边同时加上 $8u^2$. |
| $9u^2 - 9 > 8u^2$ | 将 9 移到等式另一边. |
| $u^2 - 1 > \dfrac{8}{9}u^2$ | 两边同时除以 9. |
| $2v^2 > \dfrac{8}{9}u^2$ | 因为 $u^2 - 2v^2 = 1$. |
| $v > \dfrac{2}{3}u$ | 两边除以 2 并开方. |

利用最后一个不等式，易证 $t$ 是正数.

$$t = -2u + 3v > -2u + 3 \cdot \frac{2}{3}u = 0.$$

现在我们知道 $s$，$t$ 均为正数. 因为 $u = 3s + 4t$，故可得 $s < u$，这就证明了递降过程是有效的，从而完成了三角平方数定理的证明. □

三角平方数定理表明，方程

$$x^2 - 2y^2 = 1$$

的每个正整数解 $(x_k, y_k)$ 可由下式展开得到:

$$x_k + y_k\sqrt{2} = (3 + 2\sqrt{2})^k, \quad k = 1, 2, 3, \cdots.$$

本章开头的表格清楚地表明，当 $k$ 增加时，解的大小随之迅速增加. 我们想对第 $k$ 个解到底有多大有一个更精确的直观认识. 为此，我们注意到将上式中的 $\sqrt{2}$ 换成 $-\sqrt{2}$ 后公式仍然成立. 也就是说，下式成立:

$$x_k - y_k\sqrt{2} = (3 - 2\sqrt{2})^k, \quad k = 1, 2, 3, \cdots.$$

若将两个式子相加后用 2 除，可得到关于 $x_k$ 的公式:

$$x_k = \frac{(3 + 2\sqrt{2})^k + (3 - 2\sqrt{2})^k}{2}.$$

242

类似地，若用第一式减去第二式后再用 2 除，可得关于 $y_k$ 的公式:

$$y_k = \frac{(3 + 2\sqrt{2})^k - (3 - 2\sqrt{2})^k}{2\sqrt{2}}.$$

这些关于 $x_k$，$y_k$ 的公式是很有用的，因为

$$3 + 2\sqrt{2} \approx 5.828\,43, \quad 3 - 2\sqrt{2} \approx 0.171\,57.$$

$3 - 2\sqrt{2}$ 小于 1 这一事实表明，当取 $3 - 2\sqrt{2}$ 的一个大的幂时，我们将得到一个非常小的数. 例如，

$$(3 - 2\sqrt{2})^{10} \approx 0.000\,000\,022\,1,$$

因此，

$$x_{10} \approx \frac{(3 + 2\sqrt{2})^{10}}{2} \approx 22\,619\,536.999\,999\,988\,95,$$

$$y_{10} \approx \frac{(3 + 2\sqrt{2})^{10}}{2\sqrt{2}} \approx 15\,994\,428.000\,000\,007\,815.$$

但我们知道 $x_{10}$，$y_{10}$ 为整数，故第 10 个解为

$$(x_{10}, y_{10}) = (22\,619\,537, 15\,994\,428).$$

由此可发现第 10 个三角平方数 $n^2 = m(m+1)/2$ 由下式给出:

$$n = 7\,997\,214, \quad m = 11\,309\,768.$$

从 $x_k$，$y_k$ 的公式中还可明显看出，之所以解迅速增加，是因为

$$x_k \approx \frac{1}{2}(5.828\,43)^k, \quad y_k \approx \frac{1}{2\sqrt{2}}(5.828\,43)^k.$$

因此，每个后继解比前一个解的 5 倍还要大. 从数学上讲，我们称解的大小按指数增长.

243  后面，当我们在第 41 章中研究椭圆曲线时，将看到一些方程的解甚至比指数增长还快！

## 习题

**31.1**  求出方程

$$x^2 - 5y^2 = 1$$

的四个正整数解.（提示：用试验法找到一个小的解 $(a, b)$，然后取 $a + b\sqrt{5}$ 的幂.）

**31.2**  (a)在第 24、25 章中我们研究了哪些数可以表成两个平方数之和. 编辑一些数据并尝试给出一个猜想，说明哪些数可以表成（一个或）两个三角数的和. 例如，$7 = 1 + 6$，$25 = 10 + 15$ 都是两个三角数之和，而 19 则不是.

(b)证明你在(a)中的猜想是正确的.

(c)哪些数可表成 1 个、2 个或 3 个三角数之和？

**31.3**  (a)对 $k = 0, 1, 2, 3, \cdots$，设 $(x_k, y_k)$ 是定理 31.1 中描述的方程 $x^2 - 2y^2 = 1$ 的解. 用正数填空使下式成立：

$$x_{k+1} = \underline{\quad} x_k + \underline{\quad} y_k, \quad y_{k+1} = \underline{\quad} x_k + \underline{\quad} y_k.$$

证明上述公式是正确的.

(b)用正数填空使得下面的陈述为真：如果 $(m, n)$ 给出一个三角平方数，也就是说，若 $(m, n)$ 满足 $n^2 = m(m+1)/2$，则

$$(1 + \underline{\quad}\, m + \underline{\quad}\, n, \; 1 + \underline{\quad}\, m + \underline{\quad}\, n)$$

也给出一个三角平方数.

(c)如果 $L$ 是一个三角平方数，说明为什么 $1 + 17L + 6\sqrt{L + 8L^2}$ 是下一个三角平方数.

**31.4**  数 $n$ 称为五角数是指 $n$ 个点能被排在一个（填满的）五边形里. 前 4 个五角数为 1，5，12 和 22，见图 31.1. 应该想象出每个五角形都位于下一个更大的五角形里面，第 $n$ 个五角数由边长为 $n$ 的五边形构成.

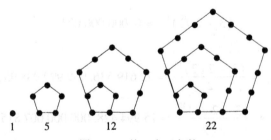

图 31.1  前 4 个五角数

(a)画出第 5 个五角数的图形.

(b)通过计算给出一种模式，并找出第 $n$ 个五角数的简单公式.

244  (c)第 10 个五角数是什么？第 100 个五角数是什么？

# 第 32 章 佩尔方程

在上一章中我们给出了方程

$$x^2 - 2y^2 = 1$$

的正整数解 $x$, $y$ 的完美描述. 这个方程是佩尔方程的特例. 佩尔(Pell)方程是指具有形式

$$x^2 - Dy^2 = 1$$

的方程, 其中 $D$ 是一个固定的正整数并且不是完全平方数.

佩尔方程有着悠久而迷人的历史, 它首次被记载在"阿基米德牛群问题"中. 该问题涉及 8 种花色的牛, 要求读者确定各种花色的牛的数量. 各种线性关系已经给出, 并且附加两个非线性条件, 一个明确要求某数是完全平方数, 另一个则要求某数是三角数. 经过一系列计算, 这一问题最终简化成求解佩尔方程

$$x^2 - 4\,729\,494y^2 = 1.$$

最小解由 Amthor 最先于 1880 年确定, 其中的 $y$ 含有 41 位数. 于是, 原来牛群问题的解有成千上万的位数! 看起来阿基米德及其同时代的人是不可能确定这个解的, 但能想到提出这样一个问题还是令人钦佩不已的.

时光飞逝, 求解佩尔方程的第一个重要进展出现于印度. 早在公元 628 年, 婆罗摩笈多就描述了如何利用佩尔方程的已知解去得到新的解. 到了公元 1150 年, 婆什迦罗给出了一种天才的方法去寻找初始解. 这个方法颇具现代味道, 令人吃惊. 遗憾的是, 这一开创性的工作在很长一段时间内一直不为欧洲知晓, 直到 17 世纪才被重新发现和取代.

**婆罗摩笈多**( Brahmagupta, 598—670 )　婆罗摩笈多是同时代印度最著名的数学家之一, 他最著名的著作是写于公元 628 年的《Brahmasphutasiddhanta》(宇宙的开始). 这本非同寻常的书中包含了对形如 $x^2 - Dy^2 = A$ 的方程, 特别是"佩尔"方程 $x^2 - Dy^2 = 1$ 的讨论. 婆罗摩笈多描述了一种用已知解创造新解的混合方法, 他将该方法称为 samasa, 他还给出了一个(有时)能得到初始解的算法.

大约 500 年后, 印度数学家婆什迦罗( Bhaskaracharya, 1114—1185 )推广了婆罗摩笈多关于佩尔方程的工作, 他描述了一个通过对原始近似解反复约化而得到真解的方法. 婆什迦罗称自己的方法为 chakravala. 现在, 这种类型的论证被称为"费马递降法". 第 24 章和第 30 章中给出了费马递降法的例子. 婆什迦罗通过解 $x^2 - 61y^2 = 1$ 说明了他的方法, 这比费马用此方程向他人挑战早了 500 年.

现代欧洲关于佩尔方程的历史始于 1657 年，当时费马向他的数学家朋友提出求解方程 $x^2 - 61y^2 = 1$ 的挑战．其中几位数学家找到了最小解

$$(x, y) = (1\ 766\ 319\ 049, 226\ 153\ 980),$$

1657 年布朗克尔(William Brouncker)描述了求解佩尔方程的一般方法，布朗克尔为了说明他的方法的有效性，仅用几个小时就求出方程

$$x^2 - 313y^2 = 1$$

的最小非平凡解

$$(32\ 188\ 120\ 829\ 134\ 849, 1\ 819\ 380\ 158\ 564\ 160).$$

沃利斯(J. Wallis)在一本关于代数与数论的书中描述了布朗克尔的方法，并且沃利斯和费马都断言佩尔方程总是有解的．欧拉错误地认为沃利斯书中的方法属于另一位英国数学家佩尔，并且正是欧拉将这个方程称为我们目前所熟知的"佩尔方程"．这个误解使佩尔获得了不朽的数学名声⊖！

|246|

假设可求得佩尔方程

$$x^2 - Dy^2 = 1$$

的一个解$(x_1, y_1)$，则可以利用上一章中对 $D = 2$ 所描述的同样方法来产生一个新的解．将已知解因式分解为

$$1 = x_1^2 - Dy_1^2 = (x_1 + y_1\sqrt{D})(x_1 - y_1\sqrt{D}),$$

两边同时平方便得到一个新的解

$$\begin{aligned}
1 = 1^2 &= (x_1 + y_1\sqrt{D})^2(x_1 - y_1\sqrt{D})^2 \\
&= ((x_1^2 + y_1^2 D) + 2x_1 y_1\sqrt{D})((x_1^2 + y_1^2 D) - 2x_1 y_1\sqrt{D}) \\
&= (x_1^2 + y_1^2 D)^2 - (2x_1 y_1)^2 D.
\end{aligned}$$

也就是说，$(x_1^2 + y_1^2 D, 2x_1 y_1)$ 是一个新解．取 3 次幂、4 次幂，等等，可以找到所需的任意多个解．

还留有两个麻烦的问题．首先，每个佩尔方程都有解吗？注意，当我们研究佩尔方程 $x^2 - 2y^2 = 1$ 时，这个问题并不存在，因为对这个特定的方程能轻易地找到解$(3, 2)$．其次，假定一个给定的佩尔方程确实有解，是否每个解都可通过对最小解取幂而得到？对于方程 $x^2 - 2y^2 = 1$，我们证明了确实如此，因为每个解都可通过 $3 + 2\sqrt{2}$ 的幂产生．下面的定理同时回答了以上两个问题．

**定理 32.1(佩尔方程定理)**　设 $D$ 是一个正整数且不是完全平方数，则佩尔方程

$$x^2 - Dy^2 = 1$$

总有正整数解．如果$(x_1, y_1)$是使 $x_1$ 最小的解，则每个解$(x_k, y_k)$可通过取幂得到：

---

⊖ 有些人生来伟大，有些人通过努力成了伟人，而有些人则被冠以数学上的伟大．为了有利于澄清历史，"佩尔方程"的一个更好的名称应为"$B^3$ 方程"，以此纪念三位姓氏以 B 开头的数学家——婆罗摩笈多(Brahmagupta)、婆什迦罗(Bhaskaracharya)和布朗克尔(Brouncker)．

$$x_k + y_k \sqrt{D} = (x_1 + y_1 \sqrt{D})^k, \quad k = 1, 2, 3, \cdots.$$

例如，佩尔方程

$$x^2 - 47y^2 = 1$$

247

的最小解为$(x, y) = (48, 7)$. 那么所有解可通过对$48 + 7\sqrt{47}$取幂得到，第二小和第三小的解分别是

$$(48 + 7\sqrt{47})^2 = 4607 + 672\sqrt{47},$$

$$(48 + 7\sqrt{47})^3 = 442\,224 + 64\,505\sqrt{47}.$$

佩尔方程定理的第二部分是说，佩尔方程的每个解是最小解的幂，其证明其实并不太难. 对任意的$D$值，可以用上一章中证明$D = 2$时的类似方法去证明. 然而，第一部分(即每个佩尔方程至少有一个解)的证明稍微有点困难，我们把这两部分的证明推后到第34章.

表32.1列出了所有$D \leqslant 75$的佩尔方程的最小解. 如你所见，有时候最小解相当小，例如，相对于方程$x^2 - 75y^2 = 1$有最小解$(26, 3)$，方程$x^2 - 72y^2 = 1$有更小的解$(17, 2)$. 另一方面，有时候最小解非常巨大. 表中显著的例子有

表 32.1　佩尔方程 $x^2 - Dy^2 = 1$ 的最小解

| $D$ | $x$ | $y$ | $D$ | $x$ | $y$ | $D$ | $x$ | $y$ |
|---|---|---|---|---|---|---|---|---|
| 1 | — | — | 26 | 51 | 10 | 51 | 50 | 7 |
| 2 | 3 | 2 | 27 | 26 | 5 | 52 | 649 | 90 |
| 3 | 2 | 1 | 28 | 127 | 24 | 53 | 66 249 | 9100 |
| 4 | — | — | 29 | 9801 | 1820 | 54 | 485 | 66 |
| 5 | 9 | 4 | 30 | 11 | 2 | 55 | 89 | 12 |
| 6 | 5 | 2 | 31 | 1520 | 273 | 56 | 15 | 2 |
| 7 | 8 | 3 | 32 | 17 | 3 | 57 | 151 | 20 |
| 8 | 3 | 1 | 33 | 23 | 4 | 58 | 19 603 | 2574 |
| 9 | — | — | 34 | 35 | 6 | 59 | 530 | 69 |
| 10 | 19 | 6 | 35 | 6 | 1 | 60 | 31 | 4 |
| 11 | 10 | 3 | 36 | — | — | 61 | 1 766 319 049 | 226 153 980 |
| 12 | 7 | 2 | 37 | 73 | 12 | 62 | 63 | 8 |
| 13 | 649 | 180 | 38 | 37 | 6 | 63 | 8 | 1 |
| 14 | 15 | 4 | 39 | 25 | 4 | 64 | — | — |
| 15 | 4 | 1 | 40 | 19 | 3 | 65 | 129 | 16 |
| 16 | — | — | 41 | 2049 | 320 | 66 | 65 | 8 |
| 17 | 33 | 8 | 42 | 13 | 2 | 67 | 48 842 | 5967 |
| 18 | 17 | 4 | 43 | 3482 | 531 | 68 | 33 | 4 |
| 19 | 170 | 39 | 44 | 199 | 30 | 69 | 7775 | 936 |
| 20 | 9 | 2 | 45 | 161 | 24 | 70 | 251 | 30 |
| 21 | 55 | 12 | 46 | 24 335 | 3588 | 71 | 3480 | 413 |
| 22 | 197 | 42 | 47 | 48 | 7 | 72 | 17 | 2 |
| 23 | 24 | 5 | 48 | 7 | 1 | 73 | 2 281 249 | 267 000 |
| 24 | 5 | 1 | 49 | — | — | 74 | 3699 | 430 |
| 25 | — | — | 50 | 99 | 14 | 75 | 26 | 3 |

$$x^2 - 61y^2 = 1 \text{ 的最小解为} (1\ 766\ 319\ 049,\ 226\ 153\ 980),$$

$$x^2 - 73y^2 = 1 \text{ 的最小解为} (2\ 281\ 249,\ 267\ 000).$$

这种现象的另一个例子是

$$x^2 - 97y^2 = 1 \text{ 的最小解为} (62\ 809\ 633, 6\ 377\ 352).$$

当然，还有一个已经提到的方程 $x^2 - 313y^2 = 1$ 同样有非常大的最小解.

关于何时最小解真的很小、何时最小解很大的问题，还没有已知的模式，已经知道方程 $x^2 - Dy^2 = 1$ 的最小解 $(x, y)$ 满足 $x < 2^D$. 但这显然不是一个很好的估计$^\ominus$. 或许你会看出一个别人没有注意的模式并利用它去证明关于佩尔方程解的至今不为人知的性质.

## 习题

**32.1**  佩尔方程是指形如 $x^2 - Dy^2 = 1$ 的方程，其中 $D$ 是一个不是完全平方数的正整数. 你能想出为什么要求 $D$ 不是完全平方数吗？假定 $D$ 是一个完全平方数，比如 $D = A^2$，你能描述方程 $x^2 - A^2y^2 = 1$ 的整数解吗？

**32.2**  求出佩尔方程 $x^2 - 22y^2 = 1$ 的一个解，满足 $x > 10^6$.

**32.3**  证明佩尔方程 $x^2 - 11y^2 = 1$ 的每个解都可由 $10 + 3\sqrt{11}$ 取幂得到. （不要仅引用佩尔方程定理. 希望你能利用第 31 章处理方程 $x^2 - 2y^2 = 1$ 的方法给出关于这个方程的证明.）

**32.4**  继续研究习题 31.4 中描述的五角数.

(a) 是否存在五角数（1 除外）同时也是三角数？有无穷多个这样的数吗？

(b) 是否存在五角数（1 除外）同时也是平方数？有无穷多个这样的数吗？

(c) 是否有一些数（1 除外）同时是三角数、平方数和五角数？有无穷多个这样的数吗？

---

$\ominus$  西格尔(C. L. Siegel)有一个关于最小解 $(x, y)$ 的更精确的界. 他证明了对每个 $D$ 都有一个正整数 $h$ 使得 $h \cdot \log(x + y\sqrt{D})$ 与 $\sqrt{D}$ 有相同的阶. 特别地，$\log x$ 和 $\log y$ 不会比 $\sqrt{D}$ 的倍数大很多. 因此，欲使 $x$，$y$ 较小，这个神秘的数 $h$（称为 $D$ 的类数）需很大. 关于类数有许多未解决的问题，其中包括高斯著名的猜想：有无穷多个 $D$ 使其类数为 1.

# 第33章 丢番图逼近

如何求出佩尔方程

$$x^2 - Dy^2 = 1$$

的一个正整数解 $x$, $y$? 因式分解

$$(x - y\sqrt{D})(x + y\sqrt{D}) = 1,$$

将 1 表成两个数的乘积，其中一个相当大，更精确地说，$x + y\sqrt{D}$ 相当大，尤其在 $x$, $y$ 很大的时候更是如此，因此，另一个因子

$$x - y\sqrt{D} = \frac{1}{x + y\sqrt{D}}$$

必定相当小.

我们利用上面的结果来研究以下问题：

能使 $x - y\sqrt{D}$ 小到何种程度？

如果能找到整数 $x$, $y$ 使 $x - y\sqrt{D}$ 非常小，则可以期望 $x$, $y$ 是佩尔方程的一个解<sup>⊖</sup>. 本章的剩余部分将专注于给出狄利克雷对于该问题的一个漂亮的解答. 下一章我们将回到对佩尔方程的讨论.

让我们从问题最容易的答案开始. 对任意正整数 $y$, 如果取 $x$ 是最接近 $y\sqrt{D}$ 的整数，那么差

$$|x - y\sqrt{D}| \text{ 至多是 } \frac{1}{2}.$$

这是因为任意一个实数都介于两个整数之间，所以该实数与较近一个整数的距离至多是 $\frac{1}{2}$.

还能做得更好吗？下面是关于 $\sqrt{13}$ 的一个简表. 对 1 到 40 之间的每个 $y$, 表中列举了与 $y\sqrt{13}$ 最接近的整数 $x$ 以及 $|x - y\sqrt{13}|$ 和 $x^2 - 13y^2$ 的值.

| $x$ | $y$ | $\lvert x - y\sqrt{13}\rvert$ | $x^2 - 13y^2$ | $x$ | $y$ | $\lvert x - y\sqrt{13}\rvert$ | $x^2 - 13y^2$ |
|---|---|---|---|---|---|---|---|
| 4 | 1 | 0.394 449 | 3.000 | 32 | 4 | 0.449 961 | -29.000 |
| 7 | 2 | 0.211 103 | -3.000 | 36 | 5 | 0.055 513 | -4.000 |
| 11 | 3 | 0.183 346 | 4.000 | 40 | 6 | 0.338 936 | 27.000 |

---

⊖ 遗憾的是，正如生活中经常发生的那样，当结果表明 $x$, $y$ 仅仅是 "佩尔型" 方程 $x^2 - Dy^2 = M$ 的解时，我们的希望落空了. 不要失望，化悲伤为欢乐. 我们可以适当地选取 $x^2 - Dy^2 = M$ 的两个解，并且非常奇妙地用它们来求 $x^2 - Dy^2 = 1$ 的解.

（续）

| $x$ | $y$ | $\lvert x - y\sqrt{13}\rvert$ | $x^2 - 13y^2$ | $x$ | $y$ | $\lvert x - y\sqrt{13}\rvert$ | $x^2 - 13y^2$ |
|---|---|---|---|---|---|---|---|
| 14 | 4 | 0.422 205 | $-12.000$ | 43 | 12 | 0.266 615 | $-23.000$ |
| 18 | 5 | 0.027 756 | $-1.000$ | 47 | 13 | 0.127 833 | 12.000 |
| 22 | 6 | 0.366 692 | 16.000 | 50 | 14 | 0.477 718 | $-48.000$ |
| 25 | 7 | 0.238 859 | $-12.000$ | 54 | 15 | 0.083 269 | $-9.000$ |
| 29 | 8 | 0.155 590 | 9.000 | 58 | 16 | 0.311 180 | 36.000 |
| 61 | 17 | 0.294 372 | $-36.000$ | 105 | 29 | 0.439 013 | 92.000 |
| 65 | 18 | 0.100 077 | 13.000 | 108 | 30 | 0.166 538 | $-36.000$ |
| 69 | 19 | 0.494 526 | 68.000 | 112 | 31 | 0.227 910 | 51.000 |
| 72 | 20 | 0.111 026 | $-16.000$ | 115 | 32 | 0.377 641 | $-87.000$ |
| 76 | 21 | 0.283 423 | 43.000 | 119 | 33 | 0.016 808 | 4.000 |
| 79 | 22 | 0.322 128 | $-51.000$ | 123 | 34 | 0.411 257 | 101.000 |
| 83 | 23 | 0.072 321 | 12.000 | 126 | 35 | 0.194 295 | $-49.000$ |
| 87 | 24 | 0.466 769 | 81.000 | 130 | 36 | 0.200 154 | 52.000 |
| 90 | 25 | 0.138 782 | $-25.000$ | 133 | 37 | 0.405 397 | $-108.000$ |
| 94 | 26 | 0.255 667 | 48.000 | 137 | 38 | 0.010 948 | $-3.000$ |
| 97 | 27 | 0.349 884 | $-68.000$ | 141 | 39 | 0.383 500 | 108.000 |
| 101 | 28 | 0.044 564 | 9.000 | 144 | 40 | 0.222 051 | $-64.000$ |

注意，正如我们所预测的那样，$(x - y\sqrt{13})$ 总是小于 $\frac{1}{2}$. 有时它接近 $\frac{1}{2}$，比如当 $y = 19$ 和 $y = 24$ 时，但有时它又很小. 例如，表中有四个例子，它们的距离都小于 $0.05$：

$$(x,y) = (18,5), \quad \lvert x - y\sqrt{13}\rvert = 0.027\,756, \quad x^2 - 13y^2 = -1,$$
$$(x,y) = (101,28), \quad \lvert x - y\sqrt{13}\rvert = 0.044\,564, \quad x^2 - 13y^2 = 9,$$
$$(x,y) = (119,33), \quad \lvert x - y\sqrt{13}\rvert = 0.016\,808, \quad x^2 - 13y^2 = 4,$$
$$(x,y) = (137,38), \quad \lvert x - y\sqrt{13}\rvert = 0.010\,948, \quad x^2 - 13y^2 = -3.$$

如果将表延伸到 $y = 200$，我们将发现下面所有的数对满足 $\lvert x - y\sqrt{13}\rvert < 0.05$：

$(18,5),(101,28),(119,33),(137,38),(155,43),(238,66),(256,71),$
$(274,76),(292,81),(375,104),(393,109),(411,114),(494,137),$
$(512,142),(530,147),(548,152),(631,175),(649,180),(667,185).$

你看出什么模式了吗？唉，我也没看出来.

由于似乎没有什么明显的模式，因此采用一种不同的方式将 $\lvert x - y\sqrt{13}\rvert$ 变小. 我们使用的方法叫做

## 鸽 笼 原 理

这个奇妙的原理是说，如果鸽子比鸽笼多，那么至少有一只笼子里有 2 只以上的鸽

子[θ]！尽管该原理看上去是明显和平凡的，但是对该原理的恰当应用能产生丰富的数学成果.

我们将要做的是寻找两个不同的倍数 $y_1 \sqrt{D}$ 和 $y_2 \sqrt{D}$，使它们的差非常接近一个整数. 为此，选择某个大数 $Y$ 并考虑如下所有的倍数：

$$0 \sqrt{D}, \quad 1 \sqrt{D}, \quad 2 \sqrt{D}, \quad 3 \sqrt{D}, \cdots, Y \sqrt{D}.$$

将每一个倍数写成一个整数与一个介于 0 和 1 之间的小数之和，

$$0 \sqrt{D} = N_0 + F_0, \quad 其中 N_0 = 0, F_0 = 0.$$

$$1 \sqrt{D} = N_1 + F_1, \quad 其中 N_1 是整数, 0 \leq F_1 < 1.$$

$$2 \sqrt{D} = N_2 + F_2, \quad 其中 N_2 是整数, 0 \leq F_2 < 1.$$

$$3 \sqrt{D} = N_3 + F_3, \quad 其中 N_3 是整数, 0 \leq F_3 < 1.$$

$$\vdots$$

$$Y \sqrt{D} = N_Y + F_Y, \quad 其中 N_Y 是整数, 0 \leq F_Y < 1.$$

我们这里的鸽子就是 $Y+1$ 个数 $F_0$, $F_1$, $\cdots$, $F_Y$. 所有的鸽子都在 0 到 1 之间，所以它们全部落在区间 $0 \leq t < 1$ 中. 我们将这个区间等分成 $Y$ 个鸽笼. 也就是说，将如下的区间取作鸽笼：

$$鸽笼 1： \quad 0/Y \leq t < 1/Y.$$

$$鸽笼 2： \quad 1/Y \leq t < 2/Y.$$

$$鸽笼 3： \quad 2/Y \leq t < 3/Y.$$

$$\vdots$$

$$鸽笼 Y： \quad (Y-1)/Y \leq t < Y/Y.$$

每只鸽子都栖息在一个鸽笼中，且鸽子的数目多于鸽笼的数目，因此，鸽笼原理确保了某个鸽笼中至少有两只鸽子. 图 33.1 举例说明了 $D = 13$，$Y = 5$ 时的鸽子和鸽笼，可以看到鸽子 0 和鸽子 5 都栖息在鸽笼 1 中.

我们现在知道有两只鸽子，比如说，鸽子 $F_m$ 和 $F_n$ 栖息在同一个鸽笼中. 将这两只鸽子做上标记使得 $m < n$. 注意到鸽笼相当狭窄，长度仅有 $1/Y$，所以 $F_m$ 与 $F_n$ 之间的距离小于 $1/Y$. 用数学术语表示出来就是

$$|F_m - F_n| < 1/Y.$$

下面利用

$$m \sqrt{D} = N_m + F_m, \quad n \sqrt{D} = N_n + F_n$$

将上述不等式改写成

$$|(m \sqrt{D} - N_m) - (n \sqrt{D} - N_n)| < 1/Y.$$

---

[θ] 鸽笼原理是城里人的叫法，它经常以抽屉原理或 Schubfachschluß 的名字在乡村中流传. 抽屉原理断言：如果放在抽屉中的物体总数比抽屉多，那么，某个抽屉中至少包含两个物体. 许多人认为与鸽笼相比，抽屉有点单调，而德语 Schubfachschluß 听起来更雅致些，我也如此认为.

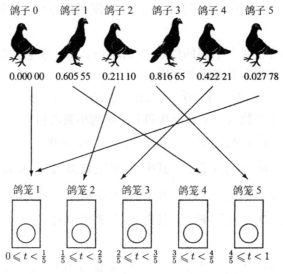

图 33.1   $D = 13$，$Y = 5$ 时的鸽子和鸽笼

将不等式左端的项重排可得

$$| (N_n - N_m) - (n - m) \sqrt{D} | < 1/Y.$$

注意到 $N_n - N_m$ 和 $n - m$ 都是（正）整数．如果分别将它们记作 $x, y$，那么就完成了使 $| x - y \sqrt{D} |$ 相当小的目标．

我们最后的任务是估计整数 $y = n - m$ 的大小．$m, n$ 的选取使得在鸽子 $F_0$，$F_1$，$\cdots$，$F_Y$ 中，鸽子 $F_m$ 和 $F_n$ 在同一个鸽笼中．特别地，$m, n$ 介于 0 和 $Y$ 之间，由于选择了 $n > m$，从而有 $0 < m < n \leq Y$．由此可知 $y$ 满足

$$0 < y \leq Y.$$

255 总之，我们已证明了对任意整数 $Y$，可以找到整数 $x, y$ 使得

$$0 < y \leq Y, \quad | x - y \sqrt{D} | < 1/Y.$$

此外，随着 $Y$ 的取值越来越大，我们可以自动得到新的 $x$ 和 $y$．这是因为对任意固定的 $x$ 和 $y$，不等式

$$| x - y \sqrt{D} | < 1/Y$$

在 $Y$ 充分大时[⊖]是不成立的．最后看到一个平凡的结果 $1/Y \leq 1/y$，这样就完成了下面狄利克雷定理的证明．

**定理 33.1（狄利克雷的丢番图逼近定理——版本 1）**　假设 $D$ 是一个非完全平方数的正整数，则存在无穷多个正整数对 $(x, y)$ 使得

$$| x - y \sqrt{D} | < 1/y.$$

---

⊖　我们含蓄地利用了 $D$ 不是完全平方数这一事实，因为如果 $D$ 是完全平方数，则 $| x - y \sqrt{D} |$ 可能等于零．

可以用 $D=13$ 时的表来说明狄利克雷的丢番图逼近定理. 表中有 7 个数对 $(x, y)$ 满足不等式

$$|x - y\sqrt{D}| < 1/y,$$

它们是

$$(4,1),(7,2),(11,3),(18,5),(36,10),(119,33),(137,38).$$

看上去好像很多, 但这样的数对实际上相当稀少[⊖]. 如果将表延伸到 $y=1000$, 我们会发现另外四个数对:

$$(256,71),(393,109),(649,180),(1298,360);$$

即使将表延伸到 $y=5000$, 也只能再得到另外四个数对:

$$(4287,1189),(4936,1369),(9223,2558),(14\ 159,3927).$$

有一个叫做丢番图逼近论的完整学科专门研究用有理数去逼近无理数. 在狄利克雷的丢番图逼近定理中, 无理数 $\sqrt{D}$ 是由有理数 $x/y$ 逼近的, 因为在狄利克雷不等式两边同除以 $y$ 可得

$$\left|\frac{x}{y} - \sqrt{D}\right| < \frac{1}{y^2}.$$

这就清楚地表明, 如果 $y$ 很大, 那么 $x/y$ 非常接近 $\sqrt{D}$.

回顾一下狄利克雷的丢番图逼近定理的证明, 我们会发现实际上从来没有用过 $\sqrt{D}$ 是 $D$ 的平方根这一事实. 我们真正需要知道的是 $\sqrt{D}$ 本身不是一个有理数. 因此, 我们实际证明的是下面更一般的结果.

**定理 33.2(狄利克雷的丢番图逼近定理——版本 2)**    假设 $\alpha>0$ 是一个无理数, 即 $\alpha$ 是一个不能表成分数 $a/b$ 的实数, 则存在无穷多个正整数对 $(x, y)$ 使得

$$|x - y\alpha| < \frac{1}{y}.$$

例如, 可以将 $\alpha$ 取作

$$\pi = 3.141\ 592\ 653\ 589\ 793\ 238\ 462\ 643\ 383\cdots.$$

下面的表列出了 $y<500$ 且满足

$$|x - y\pi| < 1/y$$

的所有数对 $(x, y)$, $|x-y\pi| \cdot y$ 和 $x/y$ 的值也一起列出. 更精确地说, 因为主要对比率 $x/y$ 感兴趣, 所以表中只列出了满足 $\gcd(x, y)=1$ 的数对.

注意到分数 22/7 和 355/113 尤其接近 $\pi$, 它们过去被广泛地用作 $\pi$ 的近似值. 结果表明下一个接近 $\pi$ 的有理数是

$$\frac{103\ 993}{33\ 102} = 3.141\ 592\ 653\ 011\ 903\cdots,$$

---

⊖ 当然, 在某种意义下这样的数对并不稀少, 因为存在无穷多个这样的数对, 乍看起来, 将有无穷多个可利用的资源说成"稀少"似乎有点荒唐. 然而, 这样的数对在所有正整数对集合中非常稀少. 这与我们在第 13 章中的观察类似: 尽管有无穷多个素数, 但合数占"大多数".

| $x$ | $y$ | $\mid x - y\pi \mid \cdot y$ | $x/y$ |
|---|---|---|---|
| 3 | 1 | 0. 141 593 | 3. 000 000 000 0 |
| 19 | 6 | 0. 902 664 | 3. 166 666 666 7 |
| 22 | 7 | 0. 061 960 | 3. 142 857 142 9 |
| 333 | 106 | 0. 935 056 | 3. 141 509 434 0 |
| 355 | 113 | 0. 003 406 | 3. 141 592 920 4 |

[257] 所以我们不得不极大地扩展搜索范围以发现更好的近似值.

我们一直在使用这种蛮力方法寻找无理数的有理逼近. 对每个 $y$, 选取最接近 $y\alpha$ 的整数 $x$ 并检查 $x/y$ 与 $\alpha$ 的接近程度. 有一种建立在连分数基础上寻找最佳逼近 $x/y$ 的更加系统化的方法. 我们将在第 47 章和第 48 章中研究连分数, 要想做进一步了解, 可参看达文波特的《高等算术》或任一本标准的初等数论教程. 为了说明连分数的威力, 我们提一下, 它们可以用来寻找有理数

$$\frac{5\ 419\ 351}{1\ 725\ 033} = 3.\ 141\ 592\ 653\ 589\ 815\ 383\cdots$$

和

$$\frac{21\ 053\ 343\ 141}{6\ 701\ 487\ 259} = 3.\ 141\ 592\ 653\ 589\ 793\ 238\ 462\ 381\ 7\cdots,$$

它们分别精确到 $\pi$ 的小数点后 13 位和 21 位. 显然, 我们不想用蛮力方法去寻找这样的例子! 连分数还提供了一个解佩尔方程的有效方法, 即使解非常大时也能求解. 在习题中将会看到连分数方法是如何用来寻找黄金比的有理逼近的.

## 习题

**33. 1** 证明狄利克雷的丢番图逼近定理的版本 2.

**33. 2** 数

$$\gamma = \frac{1 + \sqrt{5}}{2} = 1.\ 618\ 033\ 988\ 749\ 89\cdots$$

称作黄金比. 这个术语经常被错认为是古希腊人所创.

(a) 对每个 $y \leqslant 20$, 求出使 $\mid x - y\gamma \mid$ 尽可能小的整数 $x$. 哪一个满足 $y \leqslant 20$ 的有理数 $x/y$ 最接近 $\gamma$?

(b) 如果能使用计算机, 求出所有满足

$$21 < y \leqslant 1000, \quad \gcd(x,y) = 1, \quad \mid x - y\gamma \mid < 1/y$$

的数对. 比较 $x/y$ 与 $\gamma$ 的值.

(c) 查明 $\gamma$ 被称作黄金比的原因, 并撰写一两段文章说明 $\gamma$ 的数学意义以及 $\gamma$ 是如何出现在艺术和建筑中的.

**33. 3** 考虑以下产生一列有理数的法则.

[258]
- 第一个数是 $r_1 = 1$.
- 第二个数是 $r_2 = 1 + 1/r_1 = 1 + 1/1 = 2$.
- 第三个数是 $r_3 = 1 + 1/r_2 = 1 + 1/2 = 3/2$.

- 第四个数是 $r_4 = 1 + 1/r_3 = 1 + 2/3 = 5/3$.

一般地,列中第 $n$ 个数由 $r_n = 1 + 1/r_{n-1}$ 给出.

(a)计算 $r_1$,$r_2$,$\cdots$,$r_{10}$ 的值.(应该得到 $r_{10} = 89/55$.)

(b)设 $\gamma = \dfrac{1}{2}(1 + \sqrt{5})$ 为黄金比.计算差

$$|r_1 - \gamma|, |r_2 - \gamma|, \cdots, |r_{10} - \gamma|$$

并用小数表示.你注意到了什么?

(c)如果有计算机或能执行程序的计算器,计算 $r_{20}$,$r_{30}$,$r_{40}$,并将它们与 $\gamma$ 作比较.

(d)假设数列 $r_1$,$r_2$,$r_3$,$\cdots$ 中的数越来越接近某个数 $r$.(用微积分学的记号,即 $r = \lim\limits_{n \to \infty} r_n$.)利用 $r_n = 1 + 1/r_{n-1}$ 说明 $r$ 应该满足 $r = 1 + 1/r$ 的原因.由此证明 $r = \gamma$,从而说明了(b)、(c)中的观测结果.

(e)再看一下分数 $r_1$,$r_2$,$r_3$,$\cdots$ 中的分子与分母.你认识这些数吗?如果你认识,证明它们具有你所声称的数值.

**33.4** 狄利克雷的丢番图逼近定理告诉我们,存在无穷多个正整数对 $(x, y)$ 满足 $|x - y\sqrt{2}| < 1/y$.本习题问你是否可以做得更好.

(a)对下面每一个 $y$,求出一个 $x$ 使得 $|x - y\sqrt{2}| < 1/y$:
$$y = 12, 17, 29, 41, 70, 99, 169, 239, 408, 577, 985, 1393, 2378, 3363.$$

(这个表中给出了 10 到 5000 之间所有可能的 $y$.)$|x - y\sqrt{2}|$ 的值能比 $1/y$ 小很多吗?它能像 $1/y^2$ 一样小吗?将 $|x - y\sqrt{2}|$ 的值与 $1/y$ 和 $1/y^2$ 作比较的一个好方法是计算 $y|x - y\sqrt{2}|$ 和 $y^2|x - y\sqrt{2}|$.关于 $y|x - y\sqrt{2}|$ 的最小可能值,你能做出一个猜测吗?

(b)证明下面两个陈述对每个正整数对 $(x, y)$ 都成立:

(i) $|x^2 - 2y^2| \geqslant 1$.

(ii)如果 $|x - y\sqrt{2}| < 1/y$,则 $x + y\sqrt{2} < 2y\sqrt{2} + 1/y$.

利用(i)和(ii)证明

$$|x - y\sqrt{2}| > \frac{1}{2y\sqrt{2} + 1/y}$$

对所有正整数对 $(x, y)$ 成立.

这能解释你在(a)中的计算吗?

259

# 第34章 丢番图逼近与佩尔方程

现在回到寻找佩尔方程

$$x^2 - Dy^2 = 1$$

的解这一问题. 正如在上一章所看到的那样, 应该期望在使得 $|x - y\sqrt{D}|$ 较小的数对 $(x, y)$ 中发现解, 因为佩尔方程的任一解满足

$$|x - y\sqrt{D}| = \frac{1}{|x + y\sqrt{D}|} < \frac{1}{y}.$$

我们的想法是取两个使 $x^2 - Dy^2$ 具有相同数值的数对并"将它们相除".

举个例子有助于说明我们的思想方法. 取 $D = 13$. 观察第33章中的表格, 可以看到数对 $(x_1, y_1) = (11, 3)$ 和 $(x_2, y_2) = (119, 33)$ 都是方程 $x^2 - 13y^4 = 4$ 的解. 将这两个解"相除"如下:

$$\frac{119 - 33\sqrt{13}}{11 - 3\sqrt{13}} = \left(\frac{119 - 33\sqrt{13}}{11 - 3\sqrt{13}}\right)\left(\frac{11 + 3\sqrt{13}}{11 + 3\sqrt{13}}\right)$$

$$= \frac{22 - 6\sqrt{13}}{4}$$

$$= \frac{11}{2} - \frac{3}{2}\sqrt{13}.$$

瞧! 数对 $(11/2, 3/2)$ 是佩尔方程 $x^2 - 13y^2 = 1$ 的一个解. 遗憾的是, 你可能已经注意到, 它不是整数解. 困难就在于分母上出现了讨厌的2. 更精确地说, 因为 $11^2 - 3^2 \cdot 13 = 4$, 所以分母上出现4, 因此如能将分母上的2消去就好了.

如果我们寻找方程 $x^2 - 13y^2 = 4$ 更多的解, 也许可以找到一个解使分母上的4能消去. 搜索其他解, 最终找到 $(14\,159, 3927)$, 将这个解作为 $(x_2, y_2)$, 计算

$$\frac{14\,159 - 3927\sqrt{13}}{11 - 3\sqrt{13}} = \frac{2596 - 720\sqrt{13}}{4} = 649 - 180\sqrt{13}.$$

找到了! 佩尔方程 $x^2 - 13y^2 = 1$ 有一个整数解 $(x, y) = (649, 180)$.

为什么由数对 $(11, 3)$ 和 $(14\,159, 3927)$ 能成功得到整数解呢? 结果表明, 这两对解之所以能约掉分母上的4, 是因为

$$11 \equiv 14\,159 \pmod 4, \quad 3 \equiv 3927 \pmod 4.$$

借助于这个关键的观察结果, 我们最后准备证明在第32章中给出的佩尔方程定理. 为方便起见, 将定理重新陈述如下.

**定理 34.1 (佩尔方程定理)** 设 $D$ 是正整数且不是完全平方数, 则佩尔方程

$$x^2 - Dy^2 = 1$$

总有正整数解. 如果 $(x_1, y_1)$ 是使 $x_1$ 最小的解, 则每个解 $(x_k, y_k)$ 可以通过取幂得到:

$$x_k + y_k \sqrt{D} = (x_1 + y_1 \sqrt{D})^k, \quad k = 1,2,3,\cdots.$$

**证明**    第一个目标是证明佩尔方程至少有一个解. 由狄利克雷的丢番图逼近定理（定理 33.1）可知，存在无穷多个正整数对 $(x, y)$ 满足不等式

$$|x - y\sqrt{D}| < \frac{1}{y}.$$

假定 $(x, y)$ 是这样的一个数对. 我们要估计

$$|x^2 - Dy^2| = |x - y\sqrt{D}| \cdot |x + y\sqrt{D}|$$

的大小. 右边第一个因子小于 $1/y$. 对第二个因子能说点什么呢？

利用 $|x - y\sqrt{D}| < 1/y$，易见

$$x < y\sqrt{D} + 1/y,$$

因此

$$x + y\sqrt{D} < (y\sqrt{D} + 1/y) + y\sqrt{D} < 2y\sqrt{D} + 1/y < 3y\sqrt{D}.$$

将最后一个不等式两边同乘 $|x - y\sqrt{D}|$ 可得

$$|x^2 - Dy^2| < |x - y\sqrt{D}| \cdot 3y\sqrt{D} < (1/y) \cdot (3y\sqrt{D}) = 3\sqrt{D}.$$

概括地说，我们已经证明了每个满足不等式

$$|x - y\sqrt{D}| < 1/y$$

的正整数解 $(x, y)$ 也满足

$$|x^2 - Dy^2| < 3\sqrt{D}.$$

我们现在要使用在第 33 章中引入的鸽笼原理的变形. 鸽子是满足不等式 $|x - y\sqrt{D}| < 1/y$ 的正整数对 $(x, y)$. 由狄利克雷的丢番图逼近定理（定理 33.1）版本 1 知，存在无穷多个鸽子[⊖]. 而鸽笼是整数

$$-T, -T+1, -T+2, \cdots, -3, -2, -1, 0, 1, 2, 3, \cdots, T-2, T-1, T,$$

其中 $T$ 是小于 $3\sqrt{D}$ 的最大整数. 我们知道，如果 $(x, y)$ 是鸽子，则数量 $x^2 - Dy^2$ 在 $-T$ 到 $T$ 之间，所以可以将鸽子 $(x, y)$ 安排到用 $x^2 - Dy^2$ 标号的鸽笼中.

现在要将无穷多个鸽子塞进有限个鸽笼中[⊖]！显然，必有某个鸽笼含有无穷多个鸽子. 设鸽笼 $M$ 含有无穷多个鸽子.（为了使表达简化，我们假设 $M$ 是正的. $M$ 是负数时的论证与正数时的论证非常相似，留给读者.）用数学术语表示，这就意味着"佩尔型"方程

$$x^2 - Dy^2 = M$$

有无穷多个正整数解 $(x, y)$. 我们将这些解列出：

---

⊖ 不用担心，你不会被安排去饲养这些鸽子，也不必打扫这些鸽笼.

⊖ 这个任务与让无穷多个天使在针尖上跳舞有点类似，甚至还要麻烦. 这就带来一个你可能想思考的问题："鸽笼原理在多大程度上是明显的事实，又在多大程度上是一种信念的体现？"

$$(X_1, Y_1), (X_2, Y_2), (X_3, Y_3), (X_4, Y_4), \cdots.$$

牢记这个正整数对序列会无限继续下去.

按照本章开头例子中建议的方法, 我们寻找两个满足

$$X_j \equiv X_k \pmod{M}, \quad Y_j = Y_k \pmod{M}$$

的解 $(X_j, Y_j)$ 和 $(X_k, Y_k)$. 我们再一次利用鸽笼原理找到它们. 这一次鸽子是解 $(X_1, Y_1)$, $(X_2, Y_2)$, $\cdots$, 所以有无穷多个鸽子. 鸽笼是数对

$$(A, B), \quad 0 \leq A < M, \quad 0 \leq B < M,$$

所以有 $M^2$ 个鸽笼. 我们把每个鸽子 $(X_i, Y_i)$ 安排到 $X_i$, $Y_i$ 模 $M$ 简化后的鸽笼中. 也就是说, 鸽子 $(X_i, Y_i)$ 被安排到鸽笼 $(A, B)$ 中, 其中 $A$, $B$ 满足

$$X_i \equiv A \pmod{M}, \quad Y_i \equiv B \pmod{M}, \quad 0 \leq A, B < M.$$

我们又要设法将无穷多个鸽子塞进有限个鸽笼中, 所以必有某个鸽笼中含有无穷多个鸽子. 特别地, 可以在同一个鸽笼中找到两个不同的鸽子 $(X_j, Y_j)$ 和 $(X_k, Y_k)$. 从数学上说, 我们给出了具有下述性质的两对正整数 $(X_j, Y_j)$ 和 $(X_k, Y_k)$:

$$X_j \equiv X_k \pmod{M}, \quad X_j^2 - DY_j^2 = M,$$

$$Y_j \equiv Y_k \pmod{M}, \quad X_k^2 - DY_k^2 = M.$$

如本章早些时候所述, 现在期望通过令

$$x + y\sqrt{D} = \frac{X_j - Y_j\sqrt{D}}{X_k - Y_k\sqrt{D}} = \frac{(X_j X_k - Y_j Y_k D) + (X_j Y_k - X_k Y_j)\sqrt{D}}{X_k^2 - DY_k^2}$$

得到佩尔方程 $x^2 - y^2 = 1$ 的一个解 $(x, y)$.

换句话说, 我们断言公式

$$x = \frac{X_j X_k - Y_j Y_k D}{M}, \quad y = \frac{X_j Y_k - X_k Y_j}{M}$$

[263] 给出了方程 $x^2 - Dy^2 = 1$ 的一个整数解.

首先验证 $(x, y)$ 满足佩尔方程.

$$x^2 - Dy^2 = \left(\frac{X_j X_k - Y_j Y_k D}{M}\right)^2 - D\left(\frac{X_j Y_k - X_k Y_j}{M}\right)^2$$

$$= \frac{(X_j^2 - DY_j^2)(X_k^2 - DY_j^2)}{M^2}$$

$$= 1.$$

其次, 必须验证 $x$, $y$ 是整数. 利用同余式

$$X_j \equiv X_k \pmod{M} \text{ 和 } Y_j \equiv Y_k \pmod{M},$$

可以发现 $x$ 和 $y$ 的 "分子" 满足

$$X_j X_k - Y_j Y_k D \equiv X_j^2 - Y_j^2 D = M \equiv 0 \pmod{M},$$

$$X_j Y_k - X_k Y_j \equiv X_j Y_j - X_j Y_j \equiv 0 \pmod{M}.$$

于是分子能被 $M$ 整除, 所以分母上的 $M$ 可以消去. 这表明 $x$, $y$ 确实是整数. 必要时改

变符号，则我们找到了佩尔方程 $x^2 - Dy^2 = 1$ 的非负整数解 $x$，$y \geq 0$.

　　显然，$x \geq 1$. 还需证明 $y \neq 0$. 但是如果 $y = 0$，则 $X_j Y_k = X_k Y_j$，所以

$$Y_k^2 M = Y_k^2 (X_j^2 - DY_j^2) = (X_j Y_k)^2 - D(Y_j Y_k)^2$$
$$= (X_k Y_j)^2 - D(Y_k Y_j)^2 = Y_j^2 (X_k^2 - DY_k^2) = Y_j^2 M.$$

然而，我们选取的 $Y_j$ 和 $Y_k$ 是不相等的正整数，所以这不可能发生. 因此，$y \neq 0$，从而找到了佩尔方程的正整数解 $(x, y)$. 这就完成了佩尔方程定理前半部分的证明.

　　对于后半部分，设 $(x_1, y_1)$ 是使得 $x_1$ 最小的正整数解，需要证明每个解可以通过对 $x_1 + y_1 \sqrt{D}$ 取幂得到. 可以重复在第 31 章中对 $D = 2$ 给出的证明，但这里给出一个不同且有趣的证明，它对于更一般的情形是很有用的.

　　假设 $(u, v)$ 是 $x^2 - Dy^2 = 1$ 的任一正整数解. 考虑两个实数

$$z = x_1 + y_1 \sqrt{D}, \quad r = u + v \sqrt{D}.$$

数 $z$ 满足 $z > 1$，所以数 $r$ 落在 $z$ 的两个幂之间，设

$$z^k \leq r < z^{k+1}.$$

264

（精确地说，取 $k$ 为小于 $\log(r)/\log(z)$ 的最大整数.）用 $z^k$ 去除可得

$$1 \leq z^{-k} \cdot r < z.$$

由 $x_k$，$y_k$ 定义知，$z^k = x_k + y_k \sqrt{D}$，而

$$(x_k + y_k \sqrt{D})(x_k - y_k \sqrt{D}) = x_k^2 - Dy_k^2 = 1,$$

所以 $z^{-k} = x_k - y_k \sqrt{D}$. 于是

$$z^{-k} \cdot r = (x_k - y_k \sqrt{D})(u + v \sqrt{D}) = \underbrace{(x_k u - y_k vD)}_{\text{记为} s} + \underbrace{(x_k v - y_k u)}_{\text{记为} t} \sqrt{D}.$$

　　对 $s$，$t$，有下面三个事实：

（1）$s^2 - Dt^2 = 1$.

（2）$s + t \sqrt{D} \geq 1$.

（3）$s + t \sqrt{D} < z$.

我们断言 $s \geq 0$，$t \geq 0$. 为证明这个断言，我们排除其他的可能. 由事实（2）可知，$s$ 与 $t$ 不能同为负数. 假设 $s \geq 0$，$t < 0$，则由事实（2）可知 $s - t \sqrt{D} > s + t \sqrt{D} \geq 1$，所以由事实（1）可得

$$1 = s^2 - Dt^2 = (s - t \sqrt{D})(s + t \sqrt{D}) > 1.$$

这不可能，所以不可能有 $s \geq 0$ 而 $t < 0$. 类似地，如果 $s < 0$，$t \geq 0$，则 $-s + t \sqrt{D} > s + t \sqrt{D} \geq 1$，所以

$$-1 = -s^2 + Dt^2 = (-s + t \sqrt{D})(s + t \sqrt{D}) > 1,$$

这也不可能. 我们排除了 $s \geq 0$，$t \geq 0$ 之外的所有可能性，从而完成了断言的证明.

　　我们现在知道 $(s, t)$ 是方程 $x^2 - Dy^2 = 1$ 的非负整数解. 如果 $s$，$t$ 都是正数，则由

$(x_1, y_1)$ 是使 $x_1$ 最小的解这一假设可知 $s \geqslant x_1$，此外，

$$t^2 = \frac{s^2 - 1}{D} \geqslant \frac{x_1^2 - 1}{D} = y_1^2,$$

故有 $t \geqslant y_1$，因此

$$s + t\sqrt{D} \geqslant x_1 + y_1\sqrt{D} = z.$$

这与事实 (3) 中的不等式 $s + t\sqrt{D} < z$ 矛盾．于是，尽管 $s$，$t$ 都是非负的，但它们不能同为正数．因此，$s$，$t$ 中有一个为零，由 $s^2 - Dt^2 = 1$ 知必有 $t = 0$，$s = 1$．

概述一下，我们已经证明 $z^{-k} \cdot r$ 等于 1，即 $r = z^k$．换句话说，我们证明了如果 $(u, v)$ 是方程 $x^2 - Dy^2 = 1$ 的任一正整数解，则存在某个指数 $k \geqslant 1$ 使得

$$r = u + v\sqrt{D} \text{ 等于 } z^k = (x_1 + y_1\sqrt{D})^k = x_k + y_k\sqrt{D}.$$

这表明 $u + v\sqrt{D}$ 是 $x_1 + y_1\sqrt{D}$ 的幂，从而完成了佩尔方程定理后半部分的证明． □

## 习题

**34.1** 在本章中我们证明了佩尔方程 $x^2 - Dy^2 = 1$ 总有正整数解．本题探讨如果方程右端的 1 被某个其他数替代将会怎样．

(a) 对每个 $2 \leqslant D \leqslant 15$ 的非完全平方数，确定方程 $x^2 - Dy^2 = -1$ 是否有正整数解．你能确定一个模式来预测方程对哪些 $D$ 有解吗？

(b) 如果 $(x_0, y_0)$ 是 $x^2 - Dy^2 = -1$ 的一个正整数解，证明 $(x_0^2 + Dy_0^2, 2x_0y_0)$ 是佩尔方程 $x^2 - Dy^2 = 1$ 的解．

(c) 对 $y = 1, 2, 3, \cdots$，看 $41y^2 - 1$ 是否为完全平方数，以此法求方程 $x^2 - 41y^2 = -1$ 的一个解．（你不需走得太远．）利用你的答案和 (b) 求出佩尔方程 $x^2 - 41y^2 = 1$ 的一个正整数解．

(d) 如果 $(x_0, y_0)$ 是方程 $x^2 - Dy^2 = M$ 的一个解，而 $(x_1, y_1)$ 是佩尔方程 $x^2 - Dy^2 = 1$ 的一个解，证明 $(x_0x_1 + Dy_0y_1, x_0y_1 + y_0x_1)$ 也是方程 $x^2 - Dy^2 = M$ 的一个解．利用这个结果求出方程 $x^2 - 2y^2 = 7$ 的 5 个不同的正整数解．

**34.2** 对下面每个方程，要么求出它的正整数解 $(x, y)$，要么说明没有正整数解的原因．

(a) $x^2 - 11y^2 = 7$     (b) $x^2 - 11y^2 = 433$     (c) $x^2 - 11y^2 = 3$

# 第35章 数论与虚数

当今几乎每个人都熟悉"数"

$$i = \sqrt{-1}.$$

用"i"表示 $-1$ 的平方根可以追溯到很久以前. 那时人们带有很大的疑惑来看这样的数，觉得这些数确实离实数太远，应该称之为虚数. 在这个更加开明的时代里，我们认识到，在某种程度上，所有⊖的数都是用来解决某种问题的抽象. 例如，数牛不需要负数（尽管印度人早在公元 600 年就使用负数，但欧洲数学家甚至在 14 世纪还没有使用负数），但负数在记录谁欠谁多少牛时是有用的. 当人们开始处理可细分的对象，如分小麦或玉米地时，分数就自然地出现了. 无理数，即不能表成分数的数，甚至出现在一种最简单的度量中. 当毕达哥拉斯学派发现某种几何图形的对角线与其边不可公度时无理数就出现了. 这个发现颠覆了当时传统的数学思想，而泄露这个秘密的人被处以死刑. 虚数的引入在 19 世纪的欧洲引起了类似的惊慌，尽管对使用虚数的人实施的制裁已不像早期那样严厉.

虚数或更一般的复数

$$z = x + iy$$

被引入数学中来有它明确的目的——作为方程的解. 例如，解方程 $x + 3 = 0$ 需要负数，而解方程 $3x - 7 = 0$ 则需要分数. 对方程 $x^2 - 5 = 0$，需要无理数 $\sqrt{5}$，但即使引入更一般的无理数，仍然不能解很简单的方程 $x^2 + 1 = 0$. 因为这个方程没有任何"实数"解，所以没有任何理由阻止我们创造一个新的数成为它的解，并将这个新数命名为 i. 这与因方程 $x^2 - 5 = 0$ 没有分数解便创造一个解并称之为 $\sqrt{5}$ 没有什么不同. 事实上，这与看到 $3x - 7 = 0$ 在整数中没有解，便创造一个解并称之为 $\dfrac{7}{3}$ 做的是同一件事.

因此，复数被发明⊖出来解像 $x^2 + 1 = 0$ 这样的方程，但为什么到复数就停止了呢？既然知道了复数，我们可以尝试解更复杂的方程，甚至像

$$(3 + 2i)x^3 - (\sqrt{3} - 5i)x^2 - (\sqrt[7]{5} + \sqrt[3]{14}i)x + 17 - 8i = 0$$

这样的复系数方程. 如果这个方程无解，则我们将被迫发明更多的数. 令人吃惊的是，这个方程确有复数解. 解（精确到小数点后 5 位数）为

$$1.276\,09 + 0.720\,35i, \quad 0.032\,96 - 2.118\,02i, \quad -1.678\,58 - 0.022\,64i.$$

---

⊖ 或至少是"几乎所有". 正如克罗内克(Leopold Kronecker, 1823—1891)雄辩地指出，"上帝创造了整数，其余的都是人造的."

⊖ 也许有人会说，复数已经存在，只不过是被发现而已，而另一些人则坚信像复数这样的数学实体是由人类想象力创造出来的抽象概念. 数学究竟是被发现还是被发明，这是一个迷人的哲学难题，对此（像绝大多数哲学问题一样）不可能有一个明确的答案.

事实上，有足够多的复数来解每一个这种类型的方程. 下面的命题有着悠久的历史和令人难忘的名字.

**定理 35.1(代数学基本定理)**    如果 $a_0$，$a_1$，$a_2$，$\cdots$，$a_d$ 都是复数且 $a_0 \neq 0$，$d \geq 1$，则方程

$$a_0 x^d + a_1 x^{d-1} + a_2 x^{d-2} + \cdots + a_{d-1} x + a_d = 0$$

有复数解.

这个定理在 18 世纪被许多数学家表述(并使用)过，但直到 19 世纪初期才发现第一个令人满意的证明. 目前已有多种证法，有的证明主要利用代数方法，有的利用分析(微积分)方法，而有的则利用几何思想. 遗憾的是，没有一个证明是容易的，所以我们此处不给出证明.

下面研究复数的数论. 你无疑会想起复数加减法的简单法则，复数乘法也相当容易，

$$(a + bi)(c + di) = ac + adi + bci + bdi^2 = (ac - bd) + (ad + bc)i.$$

对于除法，使用分母有理化的老技巧，

$$\frac{a + bi}{c + di} = \frac{a + bi}{c + di} \cdot \frac{c - di}{c - di} = \frac{(ac + bd) + (-ad + bc)i}{c^2 + d^2}.$$

我们在被称为高斯整数的复数集的子集上研究数论. 这些复数形如

$$a + bi, \quad a, b \text{ 为整数}.$$

高斯整数与普通整数有许多共同的性质. 例如，如果 $\alpha$，$\beta$ 是高斯整数，则它们的和 $\alpha + \beta$、差 $\alpha - \beta$、积 $\alpha\beta$ 都是高斯整数. 然而，高斯整数的商未必是高斯整数(正如普通整数的商未必是整数一样). 例如，

$$\frac{3 + 2i}{1 - 6i} = \frac{-9 + 20i}{37}$$

不是高斯整数，而

$$\frac{16 - 11i}{3 + 2i} = \frac{26 - 65i}{13} = 2 - 5i$$

是高斯整数.

这表明可以像普通整数一样定义高斯整数的整除概念. 因此，我们称高斯整数 $a + bi$ 整除高斯整数 $c + di$，如果存在高斯整数 $e + fi$ 使得

$$c + di = (a + bi)(e + fi).$$

当然，这与要求商 $\frac{c + di}{a + bi}$ 是高斯整数是同一回事. 例如，$3 + 2i$ 整除 $16 - 11i$，但 $1 - 6i$ 不整除 $3 + 2i$.

既然我们知道如何谈论整除，就可以讨论因式分解. 例如，数 $1238 - 1484i$ 可分解为

$$1238 - 1484i = (2 + 3i)^3 \cdot (-1 + 4i) \cdot (3 + i)^2.$$

即使像 $600 = 2^3 \cdot 3 \cdot 5^2$ 这种已经知道如何分解因数的整数也可以用高斯整数做进一步分解因数：

$$600 = -\mathrm{i} \cdot (1 + \mathrm{i})^6 \cdot 3 \cdot (2 + \mathrm{i})^2 \cdot (2 - \mathrm{i})^2.$$

对于普通整数，素数是基本构件，因为素数不能进一步分解．当然，从技术上说，这是不真实的，因为素数 7 可以"分解"为

$$7 = 1 \cdot 7 \quad \text{或} \quad 7 = (-1) \cdot (-1) \cdot 7,$$

甚至

$$7 = (-1) \cdot (-1) \cdot (-1) \cdot (-1) \cdot 1 \cdot 1 \cdot 1 \cdot 7.$$

然而，我们认识到这些并不是真正不同的分解，因为总可以放上更多的 1 和成对的 $-1$．什么原因使 1 和 $-1$ 有这种特殊性呢？答案是 1 和 $-1$ 是仅有的两个具有整数(乘法)逆的整数：

$$1 \cdot 1 = 1, \quad (-1) \cdot (-1) = 1.$$

(事实上，1 和 $-1$ 的逆是其自身，但这一点并不重要．)注意，如果 $a$ 是不等于 $\pm 1$ 的整数，则 $a$ 没有整数乘法逆，因为方程 $ab = 1$ 没有整数解 $b$．我们称 1 和 $-1$ 是普通整数中仅有的两个单位．

与普通整数相比，高斯整数被赋予了更多的单位．例如，$\mathrm{i}$ 本身就是一个单位，因为

$$\mathrm{i} \cdot (-\mathrm{i}) = 1.$$

这个等式还表明 $-\mathrm{i}$ 也是一个单位，所以高斯整数至少有四个单位：1，$-1$，$\mathrm{i}$，$-\mathrm{i}$．还有其他的单位吗？

为回答这个问题，假设 $a + b\mathrm{i}$ 是高斯整数中的一个单位，这表明它有一个乘法逆元，所以存在另一个高斯整数 $c + d\mathrm{i}$ 使

$$(a + b\mathrm{i})(c + d\mathrm{i}) = 1.$$

将左边乘开可得

$$ac - bd = 1, \quad ad + bc = 0,$$

因此，我们寻求这两个方程的普通整数解 $(a, b, c, d)$．后面将看到解决这个问题的一个更精致的(也更几何化的)方法，但现在只利用一点代数知识和一点常识．

270

我们需要考虑几种情形．首先，如果 $a = 0$，则 $-bd = 1$，因此，$b = \pm 1$，$a + b\mathrm{i} = \pm \mathrm{i}$；其次，如果 $b = 0$，则 $ac = 1$，所以 $a = \pm 1$，$a + b\mathrm{i} = \pm 1$．这两种情形导出了已知的四个单位．

对于第三种也是最后一种情形，假设 $a \neq 0$，$b \neq 0$．则从第一个方程解出 $c$ 并将其代入第二个方程：

$$c = \frac{1 + bd}{a} \quad \Rightarrow \quad ad + b\left(\frac{1 + bd}{a}\right) = 0 \quad \Rightarrow \quad \frac{a^2 d + b + b^2 d}{a} = 0.$$

因此，使 $a \neq 0$ 的任一解必满足

$$(a^2 + b^2)d = -b.$$

这表明 $a^2 + b^2$ 整除 $b$，这是荒谬的，因为 $a^2 + b^2$ 大于 $b$（记住 $a$ 和 $b$ 都不为 0）．这表明情形 3 没有产生新的单位，从而完成了关于高斯整数第一个定理的证明．

**定理 35.2（高斯单位定理）** 高斯整数仅有的单位是 1，$-1$，i，$-$i，即 1，$-1$，i，$-$i 是仅有的四个具有高斯整数乘法逆元的高斯整数．

任两个高斯整数的和、差、积仍是高斯整数，这使得高斯整数集是复数集的一个有趣的子集．注意，普通整数也具有这个性质．具有这个性质（同时包含 0 和 1）的复数集的子集叫做环，因此普通整数和高斯整数都是环的例子．还有许多其他的环隐藏在复数集中，其中的几个你将会在本章的习题中见到．

回到高斯整数因式分解的讨论．如果高斯整数 $\alpha$ 只能被 $\pm 1$ 和自身整除，则可以称 $\alpha$ 为素数，但这显然是错误的．例如，我们总可以将 $\alpha$ 写成

$$\alpha = i \cdot (-i) \cdot \alpha,$$

所以任一 $\alpha$ 都能被 i，$-$i，i$\alpha$ 和 $-$i$\alpha$ 整除．由此可导出正确的定义．高斯整数 $\alpha$ 称为高斯素数，指能整除 $\alpha$ 的高斯整数只有以下 8 个数：

$$1, -1, i, -i, \alpha, -\alpha, i\alpha, -i\alpha;$$

[271] 换句话说，整除 $\alpha$ 的数只有单位与单位的 $\alpha$ 倍．

既然已经知道高斯素数的定义，怎样识别它们呢？例如，你认为下面哪些数是高斯素数？

$$2, \quad 3, \quad 5, \quad 1 + i, \quad 3 + i, \quad 2 + 3i.$$

可以利用前面确定高斯单位的代数思想来回答这个问题，但如果使用一点几何知识，我们的任务就更容易了．

我们将每个复数 $x + y$i 与平面上的点 $(x, y)$ 等同起来，由此将几何引入复数的研究．这个思想可用图 35.1a 来说明．于是，高斯整数等同于整点 $(x, y)$，即 $x$，$y$ 都是整数的点．图 35.1b 表明高斯整数组成了平面上的方形点阵．

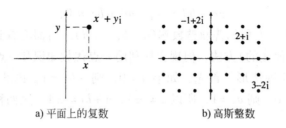

a) 平面上的复数　　　　　　b) 高斯整数

图 35.1　复数的几何意义

因为已将复数 $x + y$i 与点 $(x, y)$ 等同起来，所以可以讨论两个复数间的距离．特别地，从 $x + y$i 到 0 的距离为 $\sqrt{x^2 + y^2}$．如果考虑距离的平方，将会更方便一些，因此，我们定义 $x + y$i 的范数为

$$N(x + y\mathrm{i}) = x^2 + y^2.$$

从直觉上看，复数 $\alpha$ 的范数是反映 $\alpha$ 大小的一种度量. 从这个意义上看，范数度量了一个几何量. 另一方面，范数也有非常重要的代数性质：积的范数等于范数的积. 正是由于这些几何性质和代数性质的相互作用，使得范数在研究高斯整数时成为一个有用的工具. 现在证明其积性.

**定理 35.3（范数的积性）** 设 $\alpha$，$\beta$ 是任意的复数，则
$$N(\alpha\beta) = N(\alpha)N(\beta).$$ [272]

**证明** 如果记 $\alpha = a + bi$，$\beta = c + di$，则
$$\alpha\beta = (ac - bd) + (ad + bc)i,$$
因此只需验证
$$(ac - bd)^2 + (ad + bc)^2 = (a^2 + b^2)(c^2 + d^2).$$
这很容易通过将两边乘开来验证，具体过程留给读者（或参见第 24 章）. □

在回到因式分解问题之前，先看看范数是如何被用来发现单位的，这对我们将很有用. 假设 $\alpha = a + bi$ 是一个单位. 这表明存在 $\beta = c + di$ 使得 $\alpha\beta = 1$. 两边取范数并利用范数的积性可得
$$N(\alpha)N(\beta) = N(\alpha\beta) = N(1) = 1,$$
所以
$$(a^2 + b^2)(c^2 + d^2) = 1.$$
但 $a$，$b$，$c$，$d$ 都是整数，故必有 $a^2 + b^2 = 1$. 这个方程的解只有
$$(a,b) = (1,0),(-1,0),(0,1),(0,-1),$$
这就给出了高斯单位只有 $1$，$-1$，$i$ 和 $-i$ 的一个新证明. 同时还得到一个有用的刻画：
$$\text{高斯整数 } \alpha \text{ 为单位当且仅当 } N(\alpha) = 1.$$

现在我们尝试分解某些数. 从 2 开始，设法将它分解为
$$(a + bi)(c + di) = 2.$$
两边取范数可得
$$(a^2 + b^2)(c^2 + d^2) = 4.$$
（注意 $N(2) = N(2 + 0i) = 2^2 + 0^2 = 4$.）我们要求 $a + bi$ 和 $c + di$ 都不为单位，所以 $a^2 + b^2$ 和 $c^2 + d^2$ 均不能为 1. 因为假设它们的积为 4 且均为正整数，故必有
$$a^2 + b^2 = 2, \quad c^2 + d^2 = 2.$$ [273]
这些方程当然有解. 例如，如果取 $(a, b) = (1, 1)$，并将 2 用 $a + bi = 1 + i$ 除，则可得
$$c + di = \frac{2}{1+i} = \frac{2(1-i)}{2} = 1 - i.$$
因此 $2 = (1 + i)(1 - i)$，故 2 不是高斯素数！

如果用类似的方法来尝试分解 3，则可得到方程
$$a^2 + b^2 = 3, \quad c^2 + d^2 = 3.$$

这些方程显然无解，故 3 是高斯素数. 另一方面，如果从 5 开始，则最终得到分解式
$5 = (2 + i)(2 - i)$.

可以使用同样的程序来分解不是普通整数的高斯整数. 分解高斯整数 $\alpha$ 的一般方法
是令

$$(a + bi)(c + di) = \alpha,$$

并对两边取范数而得到

$$(a^2 + b^2)(c^2 + d^2) = N(\alpha).$$

这是一个关于整数的方程. 我们要求出一个非平凡解，即求出使 $a^2 + b^2$ 和 $c^2 + d^2$ 都不为
1 的解. 因此，首先要将整数 $N(\alpha)$ 分解为乘积 $AB$ 并满足 $A \neq 1$, $B \neq 1$. 接着需要解方程

$$a^2 + b^2 = A, \quad c^2 + d^2 = B.$$

于是，高斯整数的分解引导我们回到了第 24、25 章研究的两平方数之和问题.

为看清这个方法在实践中是如何起作用的，我们来分解 $\alpha = 3 + i$. $\alpha$ 的范数 $N(\alpha) =$
10 可以分解为 $2 \cdot 5$，所以解方程 $a^2 + b^2 = 2$, $c^2 + d^2 = 5$. 这两个方程有多个解. 例如，
如果取 $(a, b) = (1, 1)$，则得到如下分解式：

$$3 + i = (1 + i)(2 - i).$$

你能理解为什么会得到几个解吗？它与如下事实有关：$3 + i$ 的分解式总可以通过单位来
变化. 因此，如果取 $(a, b) = (-1, 1)$，则可得 $3 + i = (-1 + i)(-1 - 2i)$，这其实是
同一个分解，因为 $-1 + i = i(1 + i)$, $-1 - 2i = -i(2 - i)$.

当我们试图分解 $\alpha = 1 + i$ 时会发生什么情况呢？$\alpha$ 的范数为 $N(\alpha) = 2$，且 2 不能分解
成 $2 = AB$ 使得 $A$, $B > 1$ 为普通整数. 这表明 $\alpha$ 在高斯整数集中没有非平凡的因式分解，因
此 $\alpha$ 为高斯素数. 类似地，我们不能在高斯整数集中分解 $2 + 3i$，因为 $N(2 + 3i) = 13$ 在普
通整数集中为素数. （但 13 不是高斯素数，因为 $13 = (2 + 3i)(2 - 3i)$.）因此，$2 + 3i$ 是高
斯素数. 更一般地，如果 $N(\alpha)$ 是普通素数，则同样的推理表明 $\alpha$ 必为高斯素数. 事实表
明这些只是高斯素数的一半，另一半是像 3 这样既是普通素数又是高斯素数的数. 下面的
定理给出了所有高斯素数的完整刻画. 不要被其证明的简短所欺骗，尽管它仅仅基于我们
在前面章节所做的艰苦工作. 这是一个深刻而漂亮的结果.

**定理 35.4(高斯素数定理)**　高斯素数可以描述如下：

(i) $1 + i$ 为高斯素数.

(ii) 设 $p$ 是普通素数且 $p \equiv 3 \pmod 4$，则 $p$ 是高斯素数.

(iii) 设 $p$ 是普通素数且 $p \equiv 1 \pmod 4$，将 $p$ 表成两平方数之和 $p = u^2 + v^2$（参见第 24
章）. 则 $u + vi$ 是高斯素数.

每个高斯素数等于一个单位（ $\pm 1$ 或 $\pm i$ ）乘以形式 (i)、(ii) 或 (iii) ⊖ 中的一个高斯

---

⊖　如你所知，数学家们喜欢给他们研究的对象起一个冷僻的名字. 在本例中，类别 (i) 中的素数称为分歧
的，类别 (ii) 中的素数称为惯性的，类别 (iii) 中的素数称为分裂的. 如果我们用冰淇淋和水果覆盖类别
(iii) 中的一个素数，则它变成一个香蕉分裂素数!

素数.

**证明**   正如我们前面观察到的那样，如果 $N(\alpha)$ 是普通素数，则 $\alpha$ 必为高斯素数. 类别(i)中的数 $1+i$ 具有范数 2，所以它是高斯素数. 类似地，类别(iii)中的数 $u+vi$ 具有范数 $u^2+v^2=p$，所以它们都是高斯素数.

下面验证类别(ii)，令 $\alpha=p$ 为普通素数且 $p\equiv3\pmod4$. 如果 $\alpha$ 能表成两个高斯整数的乘积，比如 $(a+bi)(c+di)=\alpha$，则通过取范数可得

$$(a^2+b^2)(c^2+d^2) = N(\alpha) = p^2.$$

为得到非平凡的因式分解，我们需要解方程

$$a^2+b^2=p, \quad c^2+d^2=p.$$

根据两平方数之和定理(第24章)，由于 $p\equiv3\pmod4$，所以 $p$ 不能表成两平方数之和，因此上面两个方程无解. 故 $p$ 不能分解，从而为高斯素数.                     |275|

我们现在已证明类别(i)、(ii)、(iii)中的数的确为高斯素数，所以还需证明每个高斯素数必属于这三类中的某一类. 为此，使用下面的引理.

**引理 35.5(高斯整除性引理)**   设 $\alpha=a+bi$ 为高斯整数.

(a)如果 2 整除 $N(\alpha)$，则 $1+i$ 整除 $\alpha$.

(b)设 $\pi=p$ 为类别(ii)中的素数，并假设 $p$ 作为普通整数整除 $N(\alpha)$，则 $\pi$ 作为高斯整数整除 $\alpha$.

(c)设 $\pi=u+vi$ 为类别(iii)中的高斯素数，且 $\bar{\pi}=u-vi$.（这是一个很自然的记号，因为 $\bar{\pi}$ 确实为复数 $\pi$ 的复共轭.）假定 $N(\pi)=p$ 作为普通整数整除 $N(\alpha)$，则 $\pi$ 和 $\bar{\pi}$ 中至少有一个作为高斯整数整除 $\alpha$.

**引理的证明**   (a)已知 2 整除 $N(\alpha)=a^2+b^2$，所以 $a$，$b$ 要么同为奇数要么同为偶数. 由此可知 $a+b$ 和 $-a+b$ 都能被 2 整除，因此商

$$\frac{a+bi}{1+i} = \frac{(a+b)+(-a+b)i}{2}$$

为高斯整数. 故 $a+bi$ 能被 $1+i$ 整除.

(b)已知 $p\equiv3\pmod4$ 且 $p$ 整除 $a^2+b^2$. 这表明 $a^2\equiv-b^2\pmod p$，因此可以计算勒让德符号

$$\left(\frac{a}{p}\right)^2 = \left(\frac{a^2}{p}\right) = \left(\frac{-b^2}{p}\right) = \left(\frac{-1}{p}\right)\left(\frac{b}{p}\right)^2.$$

因为 $p\equiv3\pmod4$，故由二次互反律(第21章)可知 $\left(\dfrac{-1}{p}\right)=-1$，由此可得

$$\left(\frac{a}{p}\right)^2 = -\left(\frac{b}{p}\right)^2.$$

但勒让德符号的值为 $\pm1$，所以我们似乎最终得到 $1=-1$. 什么地方出问题了? 在继续阅读之前先停下来试着自己找到原因.

答案是，像 $\left(\dfrac{a}{p}\right)$ 这样的勒让德符号仅当 $a\not\equiv0\pmod p$ 时才有意义，我们从未对

$\left(\dfrac{0}{p}\right)$ 指定数值. 因此, 由以上表面上的矛盾可知 $a$ 和 $b$ 必被 $p$ 整除, 设 $a = pa'$, $b = pb'$. 故 $\alpha = a + bi = p(a' + b'i)$ 能被 $p = \pi$ 整除, 这正是我们要证明的结论.

(c) 已知 $p$ 整除 $N(\alpha)$, 所以可以设

$$N(\alpha) = a^2 + b^2 = pK, \quad K \geq 1 \text{ 为整数}.$$

我们需要证明下面两个数中至少有一个为高斯整数.

$$\frac{\alpha}{\pi} = \frac{(au + bv) + (-av + bu)i}{p}, \quad \frac{\alpha}{\bar{\pi}} = \frac{(au - bv) + (av + bu)i}{p}.$$

首先观察到

$$\begin{aligned}
(au + bv)(au - bv) &= a^2u^2 - b^2v^2 \\
&= a^2u^2 - b^2(p - u^2) \\
&= (a^2 + b^2)u^2 - pb^2 \\
&= pKu^2 - pb^2,
\end{aligned}$$

因此, $au + bv$ 和 $au - bv$ 中至少有一个能被 $p$ 整除. 类似的计算表明

$$(-av + bu)(av + bu) = pKu^2 - pa^2,$$

因此, $-av + bu$ 和 $av + bu$ 中至少有一个能被 $p$ 整除. 于是共有四种情形需要考虑:

**情形 1** $au + bv$ 和 $-av + bu$ 能被 $p$ 整除.

**情形 2** $au + bv$ 和 $av + bu$ 能被 $p$ 整除.

**情形 3** $au - bv$ 和 $-av + bu$ 能被 $p$ 整除.

**情形 4** $au - bv$ 和 $av + bu$ 能被 $p$ 整除.

情形 1 是容易的, 因为由此可知 $\alpha/\pi$ 为高斯整数, 从而 $\pi$ 整除 $\alpha$. 类似地, 对于情形 4, 商 $\alpha/\bar{\pi}$ 为高斯整数, 因此 $\bar{\pi}$ 整除 $\alpha$. 这就证明了情形 1 和情形 4.

下面考虑情形 2, 它稍微复杂一点. 已知 $p$ 整除 $au + bv$ 和 $av + bu$, 由此可知 $p$ 整除

$$(au + bv)b - (av + bu)a = (b^2 - a^2)v.$$

(这里的思路是从方程中 "消去" $u$.) 因为 $p$ 显然不整除 $v$ (记住 $p = u^2 + v^2$), 所以 $p$ 整除 $b^2 - a^2$. 然而, 我们还知道 $p$ 整除 $a^2 + b^2$, 因此 $p$ 整除

$$2a^2 = (a^2 + b^2) - (b^2 - a^2) \quad \text{和} \quad 2b^2 = (a^2 + b^2) + (b^2 - a^2).$$

因为 $p \neq 2$, 我们最后推出 $p$ 整除 $a$ 和 $b$, 设 $a = pa'$, $b = pb'$. 则

$$\alpha = a + bi = p(a' + b'i) = (u^2 + v^2)(a' + b'i) = \pi\bar{\pi}(a' + b'i),$$

因此, 对情形 2, $\alpha$ 事实上能被 $\pi$ 和 $\bar{\pi}$ 整除.

最后, 对于情形 3, 用类似的论证方法将导出与情形 2 中同样的结论, 具体细节留给读者完成. □

**证明的继续** 在 (不太) 短暂的间歇后, 我们准备恢复对高斯素数定理的证明. 假设 $\alpha = a + bi$ 是高斯素数, 我们的目的是证明 $\alpha$ 必属于三类高斯素数中的某一类. 因为 $\alpha$ 不是单位, 所以 $N(\alpha) \neq 1$, 因此, (至少) 有一个素数 $p$ 整除 $N(\alpha)$.

先假设 $p = 2$. 则由引理的 (a) 部分可知 $1 + i$ 整除 $\alpha$. 但由假设知 $\alpha$ 为素数, 所以 $\alpha$ 必等于 $1 + i$ 乘以某个单位, 因此 $\alpha$ 属于类别 (i).

再假设 $p \equiv 3 \pmod 4$. 则由引理的(b)部分可知 $p$ 整除 $\alpha$, 所以由 $\alpha$ 的素性可知 $\alpha$ 等于一个单位乘以 $p$, 因此, $\alpha$ 是类别(ii)中的素数.

最后假设 $p \equiv 1 \pmod 4$. 由第 24 章中的两平方数之和定理可知 $p$ 可表成两平方数之和 $p = u^2 + v^2$, 再由引理的(c)部分可知 $\alpha$ 要么被 $u + iv$ 整除, 要么被 $u - iv$ 整除. 因此 $\alpha$ 等于一个单位乘以 $u + iv$ 和 $u - iv$ 中的某一个. 特别地, $a^2 + b^2 = u^2 + v^2 = p$, 所以 $\alpha$ 是类别(iii)中的素数. 这就证明了每个高斯素数必属于三类中的某一类. □

## 习题

**35.1** 就下列题目写一篇短文(一两页):

(a)19 世纪欧洲复数的引入.

(b)古希腊无理数的发现.

(c)零与负数引入印度数学、阿拉伯数学和欧洲数学.

(d)19 世纪欧洲超越数的发现.

**35.2** (a)在下面两个陈述中选择一个, 并写一篇一页短文为其辩护. 务必给出至少三个具体的理由说明为什么你选择的陈述是正确的, 而相反的陈述是错误的.

**陈述 1** 数学已经存在, 只不过是被人们发现而已(从同样的意义上来说, 冥王星在 1930 年被发现前已经存在).

**陈述 2** 数学是人们发明出来描述世界的抽象创造(甚至抽象创造可能与现实世界毫无关系).

(b)现在改变你的观点, 并利用另一个陈述重做(a).

**35.3** 将以下各数写成复数形式.

(a)$(3 - 2i) \cdot (1 + 4i)$     (b)$\dfrac{3 - 2i}{1 + 4i}$     (c)$\left(\dfrac{1 + i}{\sqrt{2}}\right)^2$

**35.4** (a)利用复数解方程 $x^2 = 95 - 168i$. (提示: 令 $(u + vi)^2 = 95 - 168i$, 对左边平方, 并解出 $u, v$.)

(b)利用复数解方程 $x^2 = 1 + 2i$.

**35.5** 对以下各题, 检验高斯整数 $\alpha$ 是否整除高斯整数 $\beta$, 如果能整除, 则求出其商.

(a)$\alpha = 3 + 5i$, $\beta = 11 - 8i$

(b)$\alpha = 2 - 3i$, $\beta = 4 + 7i$

(c)$\alpha = 3 - 39i$, $\beta = 3 - 5i$

(d)$\alpha = 3 - 5i$, $\beta = 3 - 39i$

**35.6** (a)证明 $a + bi$ 整除 $c + di$ 等价于普通整数 $a^2 + b^2$ 整除 $ac + bd$ 和 $-ad + bc$.

(b)假设 $a + bi$ 整除 $c + di$. 证明 $a^2 + b^2$ 整除 $c^2 + d^2$.

**35.7** 验证复数集的下述每一个子集 $R_1$, $R_2$, $R_3$, $R_4$ 是一个环. 换句话说, 证明如果 $\alpha$, $\beta$ 在某个子集中, 则 $\alpha + \beta$, $\alpha - \beta$, $\alpha\beta$ 也在该子集中.

(a)$R_1 = \{a + bi\sqrt{2} : a, b$ 是普通整数$\}$.

(b)设 $\rho$ 是复数 $\rho = -\dfrac{1}{2} + \dfrac{1}{2}i\sqrt{3}$. $R_2 = \{a + b\rho : a, b$ 是普通整数$\}$.

(提示: $\rho$ 满足方程 $\rho^2 + \rho + 1 = 0$.)

(c)设 $p$ 是固定的素数.

    $R_3 = \{a/d : a, d$ 是普通整数且 $p \nmid d\}$.

(d)$R_4 = \{a + b\sqrt{3} : a, b$ 是普通整数$\}$.

**35.8** 环 $R$ 的一个元 $\alpha$ 称为一个单位, 如果存在 $\beta \in R$ 使得 $\alpha\beta = 1$. 换句话说, $\alpha \in R$ 是一个单位, 如

278

果它在 $R$ 中有乘法逆元. 描述下述各个环的所有单位.

(a)$R_1 = \{a + bi\sqrt{2}: a, b$ 是普通整数$\}$.

（提示：对 $a + bi\sqrt{2}$ 使用范数的积性.）

(b)设 $\rho$ 为复数 $\rho = -\dfrac{1}{2} + \dfrac{1}{2}i\sqrt{3}$.

$R_2 = \{a + b\rho: a, b$ 是普通整数$\}$.

(c)设 $p$ 是固定的素数.

$R_3 = \{a/d: a, d$ 是普通整数且 $p \nmid d\}$.

35.9  设 $R$ 是环 $\{a + b\sqrt{3}: a, b$ 是普通整数$\}$. 对 $R$ 中任一元 $\alpha = a + b\sqrt{3}$, 定义 $\alpha$ 的"范数"为 $N(\alpha) = a^2 - 3b^2$. （注意 $R$ 是实数集的子集, 这个"范数"不是 $\alpha$ 到 0 的距离的平方.）

(a)证明：对 $R$ 中每个 $\alpha$, $\beta$, 有 $N(\alpha\beta) = N(\alpha)N(\beta)$.

(b)如果 $\alpha$ 是 $R$ 的单位, 证明 $N(\alpha)$ 等于 1. （提示：先证明 $N(\alpha)$ 必等于 $\pm1$, 再弄清为什么它不等于 $-1$.）

|279|

(c)如果 $N(\alpha) = 1$, 证明 $\alpha$ 是 $R$ 的单位.

(d)求出 $R$ 的 8 个不同的单位.

(e)描述 $R$ 的所有单位. （提示：参见第 34 章.）

35.10  通过证明在情形 3 中高斯整数 $\alpha$ 能被 $\pi$ 和 $\bar{\pi}$ 整除来完成高斯整除引理(c)部分的证明.

35.11  将下述每个高斯整数分解为高斯素数的乘积. （你会发现高斯整除引理在确定哪些高斯素数可作为因子进行尝试时是有帮助的.）

|280|

(a)$91 + 63i$          (b)$975$          (c)$53 + 62i$

# 第36章 高斯整数与唯一因子分解

在上一章中我们看到高斯整数的数论像普通整数的数论一样有趣. 事实上, 有些人可能认为高斯整数数论甚至更有趣, 因为它含有更多的素数. 很早以前我们就看到普通素数是如何被用来构成所有其他整数的, 并且证明了一个基本结论: 每个整数都有唯一的方式由素数构造出来. 尽管这个在第7章研究的算术基本定理起初看上去很明显, 但通往"偶数世界"($\mathbb{E}$-区域)的旅程使我们相信它远比最初看起来的要微妙得多.

现在出现的问题是, 是否每个高斯整数都能唯一地表成高斯素数的乘积. 当然, 重排因子顺序不认为是不同的因子分解. 但是, 还存在其他可能的困难. 例如, 考虑两个因子分解

$$11 - 10i = (3 + 2i)(1 - 4i) \quad \text{和} \quad 11 - 10i = (2 - 3i)(4 + i).$$

它们看起来不同, 但如果回忆起我们关于单位的讨论, 就会注意到

$$3 + 2i = i \cdot (2 - 3i) \quad \text{和} \quad 1 - 4i = -i \cdot (4 + i).$$

因此, $11 - 10i$ 的两个看上去不同的分解来自于关系式 $-i \cdot i = 1$.

如果允许有正素数和负素数, 则对于普通整数也会产生同样的问题, 比如说, $6 = 2 \cdot 3 = (-2) \cdot (-3)$ 看上去有两个"不同的"素因数分解. 为避开这个困难, 我们选择正素数作为基本构件. 这启发我们对高斯整数作某种类似的事情, 但显然不能谈论正复数与负复数.

如果 $\alpha = a + bi$ 是任一非零高斯整数, 则可用每个单位 $1$, $-1$, $i$ 和 $-i$ 乘以 $\alpha$ 而得到

$$\alpha = a + bi, \quad i\alpha = -b + ai, \quad -\alpha = -a - bi, \quad -i\alpha = b - ai.$$

如果将这四个高斯整数放在复平面上, 我们发现这四个高斯整数中恰好有一个在第一象限. 更精确地说, 其中恰有一个数的 $x$ 坐标 $>0$, $y$ 坐标 $\geq 0$. 如果 $x > 0$, $y \geq 0$, 我们就称

$$x + yi \text{ 是规范的.}$$

这些规范的高斯整数将起到和正的普通整数同样的作用.

**定理 36.1(高斯整数的唯一分解)** 每个高斯整数 $\alpha \neq 0$ 都可唯一地分解为一个单位 $u$ 乘以规范的高斯素数的乘积:

$$\alpha = u\pi_1\pi_2\cdots\pi_r.$$

和通常一样, 有必要作一些解释. 首先, 如果 $\alpha$ 本身是一个单位, 则取 $r = 0$, $u = \alpha$, 并令 $\alpha$ 的分解为 $\alpha = u$. 其次, 高斯素数 $\pi_1, \cdots, \pi_r$ 不必是不同的; $\alpha$ 的分解式的另一个描述是

$$\alpha = u\pi_1^{e_1}\pi_2^{e_2}\cdots\pi_r^{e_r},$$

其中高斯素数 $\pi_1, \cdots, \pi_r$ 互不相同, 指数 $e_1, \cdots, e_r > 0$. 第三, 当我们说恰有一种分解时, 显然不会将因子的重排作为新的分解.

如果回顾一下⊖第 7 章中算术基本定理的证明，将会看到能够自然地推出其他性质的关键的素数性质是下面的简单断言：

[282]

> 如果一个素数整除两个数的乘积，则该素数(至少)整除其中的一个数.

幸运的是，高斯整数也具有这个性质. 但在给出证明之前，我们需要知道当高斯整数被另一个高斯整数除时，余数小于除数.

对于普通整数而言，以上的结论是显然的，你也许会认为这不值一提. 例如，如果用 37 去除 177，则得到商 4 和余数 29. 换句话说，

$$177 = 4 \cdot 37 + 29,$$

且余数 29 小于除数 37.

然而，对高斯整数来说，情况还很不清楚. 例如，如果用 $15 - 17i$ 去除 $237 + 504i$，商和余数是什么？甚至如何谈论余数小于除数？第二个问题容易回答，我们可以用范数 $N(a + bi) = a^2 + b^2$ 来度量高斯整数 $a + bi$ 的大小，所以可以要求余数的范数小于除数的范数. 但用 $15 - 17i$ 除 $237 + 504i$ 并得到一个范数小于 $N(15 - 17i) = 514$ 的余数有可能吗？回答是"是的"，因为

$$237 + 504i = (-10 + 23i)(15 - 17i) + (-4 - 11i).$$

这就是说，$237 + 504i$ 被 $15 - 17i$ 除的商是 $-10 + 23i$，余数是 $-4 - 11i$，显然 $N(-4 - 11i) = 137$ 小于 $N(15 - 17i) = 514$.

我们现在证明高斯整数相除得到一个小的余数总是可能的. 该证明是代数与几何的愉快结合.

**定理 36.2(高斯整数带余除法)** 设 $\alpha, \beta$ 是高斯整数且 $\beta \neq 0$. 则存在高斯整数 $\gamma$ 和 $\rho$ 使得

$$\alpha = \beta\gamma + \rho \quad \text{且} \quad N(\rho) < N(\beta).$$

**证明** 如果将要证明的方程用 $\beta$ 去除，则可得

$$\frac{\alpha}{\beta} = \gamma + \frac{\rho}{\beta} \quad \text{且} \quad N\left(\frac{\rho}{\beta}\right) < 1.$$

这表明应该选取与 $\alpha/\beta$ 尽可能接近的 $\gamma$，因为我们想要 $\gamma$ 与 $\alpha/\beta$ 之间的差较小.

如果比值 $\alpha/\beta$ 本身是一个高斯整数，则取 $\gamma = \alpha/\beta$，$\rho = 0$；但一般地，$\alpha/\beta$ 不是高斯整数. 然而，它必定是一个复数，所以可以像图 36.1 那样将它在复平面上标出来. 接下来我们通过所有的高斯整数画出水平与铅直的直线，将复平面划分成方格. 复数 $\alpha/\beta$ 位于某个方格中，取 $\gamma$ 为包含 $\alpha/\beta$ 的方格中与 $\alpha/\beta$ 最近的那个格点. 注意，$\gamma$

[283] 是一个高斯整数，因为方格的每个格点都是高斯整数.

如果 $\alpha/\beta$ 恰好在方格的中心，则 $\alpha/\beta$ 与 $\gamma$ 的距离最远，所以

---

⊖ 所以，你所期待的是回顾与复习！

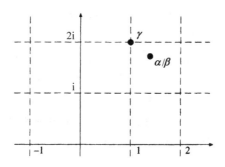

图 36.1　与 $\alpha/\beta$ 最接近的高斯整数 $\gamma$

$$\left(\text{从 } \alpha/\beta \text{ 到 } \gamma \text{ 的距离}\right) \leqslant \frac{\sqrt{2}}{2}.$$

（方格的对角线长度为 $\sqrt{2}$，所以方格中心到角落的长为 $\sqrt{2}$ 的一半.）如果将两边平方并利用范数是长度的平方的事实，则可得

$$N\left(\frac{\alpha}{\beta} - \gamma\right) \leqslant \frac{1}{2}.$$

两边乘以 $N(\beta)$ 并利用范数的积性可得

$$N(\alpha - \beta\gamma) \leqslant \frac{1}{2}N(\beta).$$

最后，我们简单地选取 $\rho$ 为 $\rho = \alpha - \beta\gamma$，则可得所期望的性质：

$$\alpha = \beta\gamma + \rho, \qquad N(\rho) < N(\beta).$$

（事实上，我们得到了更强的不等式 $N(\rho) \leqslant \frac{1}{2}N(\beta)$.）　　　□

下一步是利用高斯整数带余除法去证明形如 $A\alpha + B\beta$ 的"最小"非零数整除 $\alpha$ 和 $\beta$. 将它与我们在第 6 章证明的普通整数的类似性质作比较是很有用的.

**定理 36.3（高斯整数公因数性质）**　设 $\alpha$，$\beta$ 是高斯整数，令
$$S = \{A\alpha + B\beta : A, B \text{ 为任意高斯整数}\}.$$
在 $S$ 中选取具有最小非零范数的元
$$g = a\alpha + b\beta,$$
即对满足 $A\alpha + B\beta \neq 0$ 的高斯整数 $A$ 与 $B$ 有
$$0 < N(g) \leqslant N(A\alpha + B\beta),$$
则 $g$ 整除 $\alpha$ 与 $\beta$.

**证明**　利用高斯整数带余除法，用 $g$ 除 $\alpha$,
$$\alpha = g\gamma + \rho, \quad 0 \leqslant N(\rho) < N(g).$$
我们的目的是证明余数 $\rho$ 为零.

将 $g = a\alpha + b\beta$ 代入 $\alpha = g\gamma + \rho$，并做一点代数运算可得

$$(1 - a\gamma)\alpha - b\gamma\beta = \rho.$$

于是 $\rho$ 在集合 $S$ 中，因为它具有形式

（高斯整数 × $\alpha$）+（高斯整数 × $\beta$）.

另一方面，$N(\rho) < N(g)$，并且我们选取的 $g$ 在 $S$ 的元素中具有最小非零范数. 因此，$N(\rho)$ 必为 0，由此知 $\rho = 0$. 这表明 $\alpha = g\gamma$，所以 $g$ 整除 $\alpha$.

最后，将 $\alpha$ 与 $\beta$ 的角色互换并重复上面的论证即可证明 $g$ 也整除 $\beta$.  □

现在我们准备证明，如果高斯素数整除两个高斯整数的乘积，则该高斯素数至少整除其中的一个高斯整数.

**定理 36.4（高斯素数整除性质）**  设 $\pi$ 为高斯素数，$\alpha$，$\beta$ 为高斯整数，并假设 $\pi$ 整除乘积 $\alpha\beta$. 则要么 $\pi$ 整除 $\alpha$，要么 $\pi$ 整除 $\beta$（或 $\alpha$，$\beta$ 都被 $\pi$ 整除）.

更一般地，如果 $\pi$ 整除高斯整数的乘积 $\alpha_1\alpha_2\cdots\alpha_n$，则 $\pi$ 至少整除因子 $\alpha_1$，$\alpha_2$，$\cdots$，$\alpha_n$ 中的某一个.

**证明**  对 $\alpha$ 和 $\pi$ 应用高斯整数公因数性质，则可以找到高斯整数 $a$ 和 $b$ 使得

$$g = a\alpha + b\pi \text{ 整除 } \alpha \text{ 和 } \pi.$$

但 $\pi$ 是高斯素数，由 $g$ 整除 $\pi$ 知，要么 $g$ 是一个单位，要么 $g$ 等于 $\pi$ 乘以一个单位. 我们分别考虑这两种情况.

首先，假设 $g = u\pi$，$u$ 为某个单位（即 $u$ 是 1，$-1$，$i$ 或 $-i$ 中的一个）. 因为 $g$ 也整除 $\alpha$，所以 $\pi$ 整除 $\alpha$，故结论成立.

其次，假设 $g$ 本身是一个单位. 将方程 $g = a\alpha + b\pi$ 两边乘以 $\beta$ 可得

$$g\beta = a\alpha\beta + b\pi\beta.$$

已知 $\pi$ 整除 $\alpha\beta$，所以由上面的方程知 $\pi$ 整除 $g\beta$. 因为 $g$ 是一个单位，所以 $\pi$ 整除 $\beta$，故结论成立. 这就证明了如果高斯素数 $\pi$ 整除乘积 $\alpha\beta$，则它至少整除因子 $\alpha$，$\beta$ 中的某一个.

以上证明了高斯素数整除性质的第一部分. 对于第二部分，我们对因子的个数 $n$ 使用归纳法. 我们已证明了 $n = 2$（即两个因子 $\alpha_1\alpha_2$）的情形，这足以作为归纳的开始. 现在假设已证明高斯素数整除性质对因子个数小于 $n$ 的乘积是成立的，并假设 $\pi$ 整除 $n$ 个因子的乘积 $\alpha_1\alpha_2\cdots\alpha_n$. 如果令 $\alpha = \alpha_1\cdots\alpha_{n-1}$，$\beta = \alpha_n$，则 $\pi$ 整除 $\alpha\beta$，所以从上述讨论可知，要么 $\pi$ 整除 $\alpha$，要么 $\pi$ 整除 $\beta$. 如果 $\pi$ 整除 $\beta$，由于 $\beta = \alpha_n$，则结论已成立. 另一方面，如果 $\pi$ 整除 $\alpha$，则 $\pi$ 整除 $n - 1$ 个因子的乘积 $\alpha_1\cdots\alpha_{n-1}$，由归纳假设知 $\pi$ 整除因子 $\alpha_1$，$\cdots$，$\alpha_{n-1}$ 中的一个. 这就完成了高斯素数整除性质的证明.  □

我们最后准备证明每个非零的高斯整数都有唯一的素数分解.

**高斯整数唯一因子分解的证明**  先证明每个高斯整数都可分解成高斯素数的乘积. 可以简单地模仿第 7 章中给出的证明，但为了多样化起见，我们给出一个反证法证明.（为唤醒关于反证法证明的记忆，参见定理 8.2 的证明.）先假设下面的陈述成立，然后利用这个假设导出矛盾，从而得出陈述是错误的这一结论.

286

**陈述**：至少存在一个非零的高斯整数不能分解成素数的乘积.

在所有具有这个性质的非零高斯整数中，选取一个（称之为 $\alpha$）具有最小范数. 我们能够做到这一点，因为高斯整数的范数是正整数，且任一正整数的集合中必有最小元. 注意，$\alpha$ 自身不能为素数，否则 $\alpha = \alpha$ 已经是 $\alpha$ 的素数分解. 类似地，$\alpha$ 不能为单位，否则 $\alpha = \alpha$ 又是一个素数分解（此时分解为零个素数）. 但如果 $\alpha$ 既不是素数又不是单位，则它必能分解为两个高斯整数的乘积 $\alpha = \beta\gamma$，$\beta$，$\gamma$ 都不是单位.

现在考虑 $\beta$ 和 $\gamma$ 的范数. 因为 $\beta$ 和 $\gamma$ 都不是单位，所以 $N(\beta) > 1$，$N(\gamma) > 1$. 由范数的积性 $N(\beta)N(\gamma) = N(\alpha)$ 可得

$$N(\beta) = \frac{N(\alpha)}{N(\gamma)} < N(\alpha), \quad N(\gamma) = \frac{N(\alpha)}{N(\beta)} < N(\alpha).$$

但我们选取的 $\alpha$ 是不能分解成素数乘积且具有最小范数的高斯整数，所以 $\beta$ 和 $\gamma$ 都能分解成素数乘积. 换句话说，

$$\beta = \pi_1\pi_2\cdots\pi_r, \quad \gamma = \pi_1'\pi_2'\cdots\pi_s',$$

其中，$\pi_1$，$\cdots$，$\pi_r$，$\pi_1'$，$\cdots$，$\pi_s'$ 为高斯素数，于是

$$\alpha = \beta\gamma = \pi_1\pi_2\cdots\pi_r\pi_1'\pi_2'\cdots\pi_s'$$

也是素数的乘积，这与 $\alpha$ 不能表成素数乘积的选择矛盾. 这就证明了我们的陈述必是错误的，因为它导致了一个谬论：$\alpha$ 既能表成素数的乘积，又不能表成素数的乘积. 也就是说，我们证明了陈述"存在不能分解成素数乘积的非零高斯整数"是错误的，所以也就证明了每个非零的高斯整数都能分解成素数的乘积.

按照前面的说明，定理的第二部分要求证明素数分解只能有唯一的方式. 我们仍然可以模仿第 7 章中的证明，但这里利用反证法来证明. 我们从下面的陈述开始.

**陈述**：至少存在一个非零的高斯整数，它有两个不同的素数分解.

假设这个陈述为真，我们来看看所有具有两个不同素数分解的高斯整数的集合（陈述保证了这个集合是非空的），并取 $\alpha$ 是这个集合中具有最小可能范数的元.

287

这就表明 $\alpha$ 有两个不同的分解

$$\alpha = u\pi_1\pi_2\cdots\pi_r = u'\pi_1'\pi_2'\cdots\pi_s',$$

其中的素数都是本章开始所描述的规范素数. 显然，$\alpha$ 不能为单位，否则将有 $\alpha = u = u'$，所以这两个分解将不会不同. 这表明 $r \geqslant 1$，因此，在第一个分解中有一个素数 $\pi_1$. 于是 $\pi_1$ 整除 $\alpha$，因此

$$\pi_1 \text{ 整除乘积 } u'\pi_1'\pi_2'\cdots\pi_s'.$$

由高斯素数整除性质可知 $\pi_1$ 至少整除 $u'$，$\pi_1'$，$\cdots$，$\pi_s'$ 中的某一个. $\pi_1$ 当然不能整除单位 $u'$，所以 $\pi_1$ 整除因子中的某一个. 重排这些因子的顺序，我们可以假设 $\pi_1$ 整除 $\pi_1'$. 然而，$\pi_1'$ 是高斯素数，所以，它的因子只有单位和本身与单位的乘积. 因为 $\pi_1$ 不是单位，我们推得

$$\pi_1 = (\text{单位}) \times \pi_1'.$$

此外，$\pi_1$ 和 $\pi'_1$ 都是规范的，所以此单位必为1，故 $\pi_1 = \pi'_1$.

设 $\beta = \alpha/\pi_1 = \alpha/\pi'_1$. 从 $\alpha$ 的两个分解中消去 $\pi_1$ 可得

$$\beta = u\pi_2\cdots\pi_r = u'\pi'_2\cdots\pi'_s.$$

这个 $\beta$ 具有以下两个性质：

- $N(\beta) = N(\alpha)/N(\pi) < N(\alpha)$.
- $\beta$ 有两个不同的素数分解（因为 $\alpha$ 具有这个性质，且可以从 $\alpha$ 的两个分解的两边消去相同的因子）.

这与 $\alpha$ 是具有两个不同素数分解的最小数的选择矛盾，因此原来的陈述必是错误的. 于是，不存在任何高斯整数具有两个不同的素数分解，因此，每个高斯整数都有这样的唯一分解. □

我们用高斯整数唯一分解定理对将一个数表成两平方数之和的方法数进行计数. 例如，将45 表成两平方数之和有多少种方法？试验一下立即得到

$$45 = 3^2 + 6^2,$$

这是将45 表成 $a^2 + b^2$ 且 $a$, $b$ 为正整数及 $a < b$ 的唯一方法. 当然，我们可以交换两项而得到 $45 = 6^2 + 3^2$，并且还可以使用负数，例如，

$$45 = (-3)^2 + 6^2, \quad 45 = (-6)^2 + (-3)^2.$$

认为所有这些表示不同对于计数是很方便的. 所以说45 有8 种不同的方式表成两平方数之和：

$$45 = 3^2 + 6^2 \qquad 45 = 6^2 + 3^2$$
$$45 = (-3)^2 + 6^2 \qquad 45 = 6^2 + (-3)^2$$
$$45 = 3^2 + (-6)^2 \qquad 45 = (-6)^2 + 3^2$$
$$45 = (-3)^2 + (-6)^2 \qquad 45 = (-6)^2 + (-3)^2$$

一般地，我们记

$$R(N) = \text{将 } N \text{ 写成两平方数之和的方法数}.$$

它也称为将 $N$ 表成两平方数之和的表示法. 由上述例子可知

$$R(45) = 8.$$

类似地，$R(65) = 16$，因为

$$65 = 1^2 + 8^2 \qquad 65 = 8^2 + 1^2$$
$$65 = (-1)^2 + 8^2 \qquad 65 = 8^2 + (-1)^2$$
$$65 = 1^2 + (-8)^2 \qquad 65 = (-8)^2 + 1^2$$
$$65 = (-1)^2 + (-8)^2 \qquad 65 = (-8)^2 + (-1)^2$$
$$65 = 4^2 + 7^2 \qquad 65 = 7^2 + 4^2$$
$$65 = (-4)^2 + 7^2 \qquad 65 = 7^2 + (-4)^2$$
$$65 = 4^2 + (-7)^2 \qquad 65 = (-7)^2 + 4^2$$
$$65 = (-4)^2 + (-7)^2 \qquad 65 = (-7)^2 + (-4)^2.$$

对将 $N$ 表成两个平方数之和的表示数，下面的优美定理给出了令人吃惊的简单公式.

**定理 36.5（勒让德两平方数之和定理）** 对给定的正整数 $N$，设

$$D_1 = (\text{整除 } N \text{ 且满足 } d \equiv 1 \pmod 4 \text{ 的正整数 } d \text{ 的个数}),$$
$$D_3 = (\text{整除 } N \text{ 且满足 } d \equiv 3 \pmod 4 \text{ 的正整数 } d \text{ 的个数}).$$

289

则将 $N$ 表成两平方数之和的方法数恰好为

$$R(N) = 4(D_1 - D_3).$$

在给出勒让德公式的证明之前，我们举 $N = 45$ 的例子来说明定理. 45 的因子有

$$1, 3, 5, 9, 15, 45.$$

其中的 4 个因子 $(1, 5, 9, 45)$ 是模 4 余 1 的，所以 $D_1 = 4$，而有两个因子 $(3, 15)$ 是模 4 余 3 的，所以 $D_3 = 2$. 定理告诉我们

$$R(45) = 4(D_1 - D_3) = 4(4 - 2) = 8,$$

与前面的计算一致. 类似地，65 有 4 个因子 1，5，13，65，它们都是模 4 余 1 的. 于是定理预言

$$R(65) = 4(4 - 0) = 16,$$

与前面的计算也相符.

**勒让德两平方数之和定理的证明** 证明分两步. 第一步，找到 $R(N)$ 的公式. 第二步，找到 $D_1 - D_3$ 的公式. 比较这两个公式即可完成证明.

虽然证明不是很难，但由于记号的原因，它看上去有点复杂. 因此，我们首先说明如何用高斯整数来对特殊的 $N$ 计算 $R(N)$. 如果能理解对于这个 $N$ 值的证明，则对一般的证明将不会有任何困难.

我们利用数 $N = 28\,949\,649\,300$. 首先将 $N$ 分解成普通素数的乘积，并将它们按照模 4 余 1 和模 4 余 3 来分组，

$$N = 28\,949\,649\,300 = 2^2 \cdot \underbrace{(5^2 \cdot 13^3)}_{\text{（模4余1素数）}} \cdot \underbrace{(3^2 \cdot 11^4)}_{\text{（模4余3素数）}}.$$

其次将 $N$ 表成高斯素数的乘积. 利用 $2 = -\mathrm{i}(1 + \mathrm{i})^2$，模 4 余 1 的素数可以分解成共轭的高斯素数的乘积以及模 4 余 3 的素数已经是高斯素数这些事实，可得分解

$$N = -(1 + \mathrm{i})^4 \cdot ((2 + \mathrm{i})^2 (2 - \mathrm{i})^2 \cdot (2 + 3\mathrm{i})^3 (2 - 3\mathrm{i})^3) \cdot (3^2 \cdot 11^4).$$

290

现假设要把 $N$ 表成两平方数之和，设 $N = A^2 + B^2$. 这表明

$$N = (A + B\mathrm{i})(A - B\mathrm{i}),$$

所以，由高斯整数的唯一分解，$A + B\mathrm{i}$ 是某些整除 $N$ 的素数的乘积，$A - B\mathrm{i}$ 是其余素数的乘积.

然而，在整除 $N$ 的素数分布中我们还没有完全的自由性，因为 $A + B\mathrm{i}$ 与 $A - B\mathrm{i}$ 互为共轭复数. 也就是说，如果将 $\mathrm{i}$ 变成 $-\mathrm{i}$，则将其中一个变成另一个. 这就表明，如果某个素数幂 $(a + b\mathrm{i})^e$ 整除 $A + B\mathrm{i}$，则它的共轭复数幂 $(a - b\mathrm{i})^e$ 必整除 $A - B\mathrm{i}$. 所以，打个比方说，如果 $(2 + \mathrm{i})^2$ 整除 $A + B\mathrm{i}$，则 $(2 - \mathrm{i})^2$ 整除 $A - B\mathrm{i}$，从而任何 $2 - \mathrm{i}$ 的因子都不会

整除 $A + B$i.

以上推理也可以应用到模 4 余 3 的高斯素数. 例如, 9 不能整除 $A + B$i, 因为那样一来, 将不会留下 3 的因子整除 $A - B$i. 这些观察表明, $N = 28\,949\,649\,300$ 的因子 $A + B$i 必形如

$$A + Bi = 单位 \cdot (1 + i)^2 \cdot (2 + i)^n (2 - i)^{2-n} \cdot (2 + 3i)^m (2 - 3i)^{3-m} \cdot 3 \cdot 11^2,$$

其中 $n$, $m$ 可在 $0 \leqslant n \leqslant 2$ 和 $0 \leqslant m \leqslant 3$ 中任取. 于是 $n$ 有 3 种选择, $m$ 有 4 种选择, 而单位有通常的 4 种选择, 所以 $A + B$i 共有 $4 \cdot 3 \cdot 4 = 48$ 种可能性. 由高斯整数的唯一分解性质可知, 将 $N$ 表成两平方数之和与求出整除 $N$ 的 $A + B$i 是同一个问题, 所以得到 $R(N) = 48$. 记住下面的事实是很重要的: 48 实际上是以下三个量的乘积:

- 高斯整数中单位的个数
- $2 + $i 的指数加 1
- $2 + 3$i 的指数加 1

我们现在开始证明勒让德两平方数之和定理. 先将 $N$ 分解成普通素数的乘积:

$$N = 2^t \underbrace{p_1^{e_1} p_2^{e_2} \cdots p_r^{e_r}}_{(模4余1素数)} \cdot \underbrace{q_1^{f_1} q_2^{f_2} \cdots q_s^{f_s}}_{(模4余3素数)},$$

其中 $p_1, \cdots, p_r$ 都是模 4 余 1 的, $q_1, \cdots, q_s$ 都是模 4 余 3 的. 我们利用高斯整数和指数 $e_1, \cdots, e_r, f_1, \cdots, f_s$ 求出 $R(N)$ 的公式.

|291|

将 $N$ 分解成高斯素数的乘积. 整数 2 分解为 $2 = -i(1 + i)^2$, 每个 $p_j$ 分解为

$$p_j = (a_j + b_j i)(a_j - b_j i),$$

而 $q_j$ 本身为高斯素数. 这就给出了如下的分解:

$$N = (-i)^t (1 + i)^{2t} ((a_1 + b_1 i)(a_1 - b_1 i))^{e_1} ((a_2 + b_2 i)(a_2 - b_2 i))^{e_2} \cdots$$
$$((a_r + b_r i)(a_r - b_r i))^{e_r} q_1^{f_1} q_2^{f_2} \cdots q_s^{f_s}.$$

如果指数 $f_1, \cdots, f_s$ 中有一个为奇数, 则 $N$ 不能表成两个平方数之和, 所以 $R(N) = 0$. 因此, 现在假设所有的 $f_1, \cdots, f_s$ 都是偶数, 并假设 $N$ 写成两平方数之和 $N = A^2 + B^2$. 这表明

$$N = (A + Bi)(A - Bi),$$

所以 $A + B$i 和 $A - B$i 由 $N$ 的素因子组成. 此外, 因为 $A + B$i 与 $A - B$i 互为共轭复数, 所以每个出现在两分解式之一中的素数, 其复共轭必定出现在另一个分解式中. 这表明 $A + B$i 形如

$$A + Bi = u(1 + i)^t ((a_1 + b_1 i)^{x_1}(a_1 - b_1 i)^{e_1 - x_1}) \cdots$$
$$((a_r + b_r i)^{x_r}(a_r - b_r i)^{e_r - x_r}) q_1^{f_1/2} q_2^{f_2/2} \cdots q_s^{f_s/2},$$

其中 $u$ 是一个单位, 指数 $x_1, \cdots, x_r$ 满足

$$0 \leqslant x_1 \leqslant e_1, \quad 0 \leqslant x_2 \leqslant e_2, \quad \cdots, \quad 0 \leqslant x_r \leqslant e_r.$$

两边取范数将 $N$ 表成两平方数之和, 对指数的选择方法进行计数导致

$$4(e_1 + 1)(e_2 + 1) \cdots (e_r + 1)$$

种不同的方式将 $N$ 写成两平方数之和. ($u$, $x_1$, $\cdots$, $x_r$ 的不同选择将产生不同的 $A$, $B$, 其验证作为习题留给读者.)

总结一下, 我们已经证明, 如果整数 $N$ 分解为
$$N = 2^t p_1^{e_1} \cdots p_r^{e_r} q_1^{f_1} \cdots q_s^{f_s},$$
其中 $p_1$, $\cdots$, $p_r$ 都是模 4 余 1 的, $q_1$, $\cdots$, $q_s$ 都是模 4 余 3 的, 则
$$R(N) = \begin{cases} 4(e_1 + 1)(e_2 + 1)\cdots(e_r + 1) & \text{如果 } f_1, \cdots, f_s \text{ 都是偶数}, \\ 0 & \text{如果 } f_1, \cdots, f_s \text{ 中有一个奇数}. \end{cases}$$
只要证明了差 $D_1 - D_3$ 由同样的公式给出, 则勒让德两平方数之和定理的证明就完成了. [292]

**定理 36.6($D_1 - D_3$ 定理)** 将整数 $N$ 分解为普通素数的乘积
$$N = 2^t \underbrace{p_1^{e_1} p_2^{e_2} \cdots p_r^{e_r}}_{(\text{模4余1素数})} \cdot \underbrace{q_1^{f_1} q_2^{f_2} \cdots q_s^{f_s}}_{(\text{模4余3素数})}.$$

设
$$D_1 = (\text{整除 } N \text{ 且满足 } d \equiv 1 \pmod 4 \text{ 的正整数 } d \text{ 的个数}),$$
$$D_3 = (\text{整除 } N \text{ 且满足 } d \equiv 3 \pmod 4 \text{ 的正整数 } d \text{ 的个数}).$$
则差 $D_1 - D_3$ 由下式给出:
$$D_1 - D_3 = \begin{cases} (e_1 + 1)(e_2 + 1)\cdots(e_r + 1) & \text{如果 } f_1, \cdots, f_s \text{ 都是偶数}, \\ 0 & \text{如果 } f_1, \cdots, f_s \text{ 中有一个奇数}. \end{cases}$$

**证明** 对 $s$ 用归纳法证明. 首先, 如果 $s = 0$, 则 $N = 2^t p_1^{e_1} \cdots p_r^{e_r}$, 所以 $N$ 的每个奇因子都是模 4 余 1 的. 换句话说, $D_3 = 0$, $D_1$ 是 $N$ 的奇因子的个数. $N$ 的奇因子是每个指数 $u_i$ 满足 $0 \leqslant u_i \leqslant e_i$ 的数 $p_1^{u_1} \cdots p_r^{u_r}$. 于是 $u_i$ 有 $e_i + 1$ 种选择, 这表明奇因子的总数为
$$D_1 - D_3 = D_1 = (e_1 + 1)(e_2 + 1)\cdots(e_r + 1).$$
这就证明了当 $s = 0$ 时, 即 $N$ 不被模 4 余 3 的素数整除时定理成立.

现假设 $N$ 被某个模 4 余 3 的素数 $q$ 整除, 并假设定理对所有模 4 余 3 的素因子的个数小于 $N$ 的那些整数都成立. 设 $q^f$ 是 $q$ 整除 $N$ 的最高次幂, 则 $N = q^f n$, $f \geqslant 1$, $q \nmid n$. 我们考虑 $f$ 为奇数和偶数两种情况.

首先, 假设 $f$ 是奇数. $N$ 的奇因子是如下的数:
$$q^i d, \quad 0 \leqslant i \leqslant f, \quad d \text{ 为奇数}, \quad d \text{ 整除 } n.$$
$n$ 的每个因子 $d$ 恰好可给出 $N$ 的 $f + 1$ 个因子, 即给出因子 $q^i d$, $1 \leqslant i \leqslant f$, 且 $N$ 的这 $f + 1$ 个因子中, 恰好有一半的数模 4 余 1, 另一半模 4 余 3. 于是 $N$ 的因子被平均分在 $D_1$ 和 $D_3$ 中, 因此 $D_1 - D_3 = 0$. 这就证明了当 $N$ 被模 4 余 3 的素数的奇次幂整除时, 定理成立.

其次, 假设 $N = q^f n$, $f$ 为偶数. 同样, $N$ 的奇因子形如 $q^i d$, $0 \leqslant i \leqslant f$, $d$ 为奇数且 $d$ 整除 $n$. 如果只考虑指数 $0 \leqslant i \leqslant f - 1$ 的因子 $q^i d$, 则用前面同样的推理可证, 模 4 余 1 因子的个数恰好与模 4 余 3 因子的个数相等, 因此, 它们在差 $D_1 - D_3$ 中抵消了. 剩下来 [293]

要考虑 $N$ 的形如 $q^f d$ 的因子. 因为指数 $f$ 是偶数, 所以 $q^f \equiv 1$ （mod 4）. 这表明, 如果 $d \equiv 1 \pmod 4$, 则 $q^f d$ 在 $D_1$ 中计数, 如果 $d \equiv 3$ （mod 4）, 则 $q^f d$ 在 $D_3$ 中计数. 也就是说,

（关于 $N$ 的 $D_1$）－（关于 $N$ 的 $D_3$）=（关于 $n$ 的 $D_1$）－（关于 $n$ 的 $D_3$）.

由归纳假设知定理对 $n$ 成立, 所以我们推出定理对 $N$ 也成立. 这就完成了 $D_1 - D_3$ 定理的证明. $\qquad\square$

## 习题

**36.1**　(a) 设 $\alpha = 2 + 3i$. 在复平面上画出四个点 $\alpha$, $i\alpha$, $-\alpha$, $-i\alpha$. 连接这四个点能得到哪种图形?

(b) 对 $\alpha = -3 + 4i$ 考虑同样的问题.

(c) 设 $\alpha = a + bi$ 是任意非零的高斯整数, $A$ 是复平面上与 $\alpha$ 对应的点, $B$ 是复平面上与 $i\alpha$ 对应的点, $O = (0, 0)$ 是与 0 对应的点. $\angle AOB$ 的范围是什么? 即射线 $\overrightarrow{OA}$ 和 $\overrightarrow{OB}$ 的夹角范围是什么?

(d) 仍设 $\alpha = a + bi$ 为任意非零的高斯整数. 连接四点 $\alpha$, $i\alpha$, $-\alpha$ 和 $-i\alpha$ 得到的图形的形状是什么? 证明你的回答是正确的.

**36.2**　对下述每对高斯整数 $\alpha$ 和 $\beta$, 求出高斯整数 $\gamma$ 和 $\rho$ 使得

$$\alpha = \beta\gamma + \rho, \quad N(\rho) < N(\beta).$$

(a) $\alpha = 11 + 17i$, $\beta = 5 + 3i$

(b) $\alpha = 12 - 23i$, $\beta = 7 - 5i$

(c) $\alpha = 21 - 20i$, $\beta = 3 - 7i$

**36.3**　设 $\alpha$, $\beta$ 是高斯整数且 $\beta \ne 0$. 我们证明了总存在一对高斯整数 $(\gamma, \rho)$ 满足

$$\alpha = \beta\gamma + \rho, \quad N(\rho) < N(\beta).$$

294

(a) 证明: 事实上存在至少两个不同的数对 $(\gamma, \rho)$ 具有所需要的性质.

(b) 你能求出 $\alpha$, $\beta$ 使得恰好有三个不同的数对 $(\gamma, \rho)$ 具有所需要的性质吗? 要么给出例子, 要么证明它不存在.

(c) 和 (b) 相同, 但恰有四个不同的数对 $(\gamma, \rho)$.

(d) 和 (b) 相同, 但恰有五个不同的数对 $(\gamma, \rho)$.

(e) 根据 $\alpha/\beta$ 的值将正方形分成几个不同的区域, 对你在 (a)、(b)、(c)、(d) 中的结论作几何说明.

**36.4**　设 $\alpha$, $\beta$ 是不全为零的高斯整数. 我们称高斯整数 $\gamma$ 是 $\alpha$, $\beta$ 的最大公因数是指 (i) $\gamma$ 整除 $\alpha$ 和 $\beta$, (ii) 在所有 $\alpha$, $\beta$ 的公因数中, 量 $N(\gamma)$ 尽可能大.

(a) 假设 $\gamma$ 和 $\delta$ 都是 $\alpha$, $\beta$ 的最大公因数. 证明 $\gamma$ 整除 $\delta$. 利用这个事实推出 $\delta = u\gamma$ 对某个单位 $u$ 成立.

(b) 证明集合

$$\{\alpha r + \beta s : r, s \text{ 为高斯整数}\}$$

包含 $\alpha$, $\beta$ 的最大公因数. (提示: 考察集合中具有最小范数的元.)

(c) 设 $\gamma$ 是 $\alpha$, $\beta$ 的最大公因数. 证明 (b) 中的集合等于

$$\{\gamma t : t \text{ 是高斯整数}\}.$$

**36.5**　对下面每对高斯整数求出最大公因数.

(a) $\alpha = 8 + 38i$, $\beta = 9 + 59i$

(b) $\alpha = -9 + 19i$, $\beta = -19 + 4i$

(c) $\alpha = 40 + 60i$, $\beta = 117 - 26i$

(d) $\alpha = 16 - 120i$, $\beta = 52 + 68i$

**36.6** 设 $R$ 是下面的复数集合:

$$R = \{a + bi\sqrt{5} : a \text{ 和 } b \text{ 是普通整数}\}.$$

(a) 验证 $R$ 是一个环, 即验证 $R$ 中两个元的和、差、积仍在 $R$ 中.

(b) 证明 $\alpha\beta = 1$ 在 $R$ 中的解只有 $\alpha = \beta = 1$ 和 $\alpha = \beta = -1$. 由此推出环 $R$ 的单位只有 1 和 $-1$.

(c) 设 $\alpha$, $\beta$ 是 $R$ 中的元. 我们称 $\beta$ 整除 $\alpha$, 如果存在 $R$ 中的元 $\gamma$ 使得 $\alpha = \beta\gamma$. 证明 $3 + 2i\sqrt{5}$ 整除 $85 - 11i\sqrt{5}$.

(d) 我们称 $R$ 中的元 $\alpha$ 为不可约元⊖, 如果 $\alpha$ 在 $R$ 中的因子只有 $\pm 1$ 和 $\pm\alpha$. 证明 2 是 $R$ 中的不可约元. 295

(e) 我们定义 $R$ 中的元 $\alpha = a + bi\sqrt{5}$ 的范数为 $N(\alpha) = a^2 + 5b^2$. 设 $\alpha = 11 + 2i\sqrt{5}$, $\beta = 1 + i\sqrt{5}$. 证明不可能找到 $R$ 中的元 $\gamma$ 和 $\rho$ 使得

$$\alpha = \beta\gamma + \rho, \quad N(\rho) < N(\beta).$$

因此 $R$ 不具有带余除法性质. (提示: 画一个图说明 $R$ 中的点和复数 $\alpha/\beta$.)

(f) 不可约元 2 显然整除乘积

$$(1 + i\sqrt{5})(1 - i\sqrt{5}) = 6.$$

证明 2 既不整除 $1 + i\sqrt{5}$, 也不整除 $1 - i\sqrt{5}$.

(g) 验证分解式

$$6 = 2 \cdot 3 = (1 + i\sqrt{5})(1 - i\sqrt{5})$$

中的数都是不可约的, 以此证明 6 有两个不同的不可约分解.

(h) 求出 $R$ 中其他的数 $\alpha$ 使得它有两个不同的分解 $\alpha = \pi_1\pi_2 = \pi_3\pi_4$, 其中 $\pi_1$, $\pi_2$, $\pi_3$, $\pi_4$ 是 $R$ 中不同的不可约元.

(i) 你能找出 $R$ 中不同的不可约元 $\pi_1$, $\pi_2$, $\pi_3$, $\pi_4$, $\pi_5$, $\pi_6$ 使得 $\pi_1\pi_2 = \pi_3\pi_4 = \pi_5\pi_6$ 吗?

**36.7** 在勒让德两平方数之和定理的证明中, 我们需要知道单位 $u$ 和公式

$$A + Bi = u(1 + i)^t ((a_1 + b_1i)^{x_1} (a_1 - b_1i)^{e_1 - x_1}) \cdots$$

$$((a_r + b_ri)^{x_r} (a_r - b_ri)^{e_r - x_r}) q_1^{f_1/2} q_2^{f_2/2} \cdots q_s^{f_s/2}$$

中的指数 $x_1, \cdots, x_r$ 的不同选取产生不同的 $A$, $B$ 值. 证明的确如此.

**36.8** (a) 列出 $N = 2925$ 的所有因数.

(b) 利用 (a) 计算 $D_1$ 和 $D_3$, 即 2925 的模 4 余 1 的因数和模 4 余 3 的因数的个数.

(c) 利用勒让德两平方数之和定理计算 $R(2925)$.

(d) 列出将 2925 表成两平方数之和的所有方法, 并验证它与 (c) 中的答案相一致.

**36.9** 对下面每个 $N$ 值, 计算 $D_1$ 和 $D_3$, 通过将差 $D_1 - D_3$ 与 $D_1 - D_3$ 定理中给出的公式作比较来验证你的答案, 并用勒让德两平方数之和定理计算 $R(N)$. 如果 $R(N) \neq 0$, 至少求出四种不同的方法将 $N$ 表成 $N = A^2 + B^2$ 且 $A > B > 0$.

(a) $N = 327\,026\,700$

(b) $N = 484\,438\,500$ 296

───────────

⊖ 更一般地, 因数只有单位 $u$ 和 $u\alpha$ 的元 $\alpha$ 称为不可约元. 名称"素元"则留给具有如下性质的元 $\alpha$: 如果 $\alpha$ 整除一个乘积, 则 $\alpha$ 至少整除其中的一个因子. 对于普通整数和高斯整数, 我们证明了每个不可约元也是素元, 但这个结论对本习题中的环 $R$ 并不成立.

# 第 37 章　无理数与超越数

在数与数学的历史发展过程中，分数(因为是比，也称作有理数)出现得很早，公元前 1700 年就已经在古埃及被使用了．当人们需要把土地、布匹、金子或诸如此类的东西分成几份时，有理数就很自然地产生了．比较两个量时也会产生分数．举个具体的例子，从开罗到卢克索的距离大于从开罗到亚历山大的距离的两倍，但小于它的三倍．这样的描述有用但不是非常精确．实际上只需要说前者是后者的 $\frac{17}{6}$ 倍就可以了．这意味着从开罗到卢克索的距离的 6 倍等于从开罗到亚历山大的距离的 17 倍．我们称两个量是可公度的，如果第一个量的非零整数倍等于第二个量的非零整数倍，或者等价地，如果它们的比是有理数．注意，今天就是这样来测量距离的．我们说距离市中心 3.7 英里，实际上是说到市中心的距离的 10 倍等于被称为"英里"的理想化距离的长度的 37 倍．

很长一段时间，不加思索的人们似乎假定每个数都是有理数．用几何的语言来说，他们假定任意两个距离都是可公度的．在约 2500 年前的希腊首次有人指出这个假定可能不正确．令人啼笑皆非的是，无理数的首次出现是在勾股定理中，这个古典数学中的瑰宝我们已经在第 2 章中作了诗歌般的描述．尽管勾股定理在毕达哥拉斯之前很早就已为人知，但正是在古希腊有人(也许是毕达哥拉斯本人)第一次注意到，一个等腰直角三角形的斜边(见图 37.1)与直角边是不可公度的．

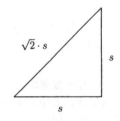

图 37.1　不可公度的斜边

例如，勾股定理告诉我们，一个直角边长为 1 的等腰直角三角形的斜边长为 $\sqrt{2}$．我们并不确切地知道毕达哥拉斯的信徒们是如何推导出那样一个三角形的直角边和斜边是不可公度的，但下面这个关于 $\sqrt{2}$ 的无理性的优美证明改写自欧几里得的《几何原本》(Elements)中的第十册．

**定理 37.1($\sqrt{2}$ 的无理性定理)**　2 的平方根是无理的，即不存在满足 $r^2 = 2$ 的有理数 $r$．

**证明**　假设存在有理数 $r$ 使得 $r^2 = 2$，我们将利用假设的 $r$ 的存在性，得出矛盾的命题，也就是说得到一个显然不成立的命题．这个矛盾说明这样的 $r$ 是不存在的．就像在第 36 章中提到的那样，反证法(拉丁语为"reductio ad absurdum")是数学宝库中有力的工具．

下面给出具体证明．假设 $r$ 是一个满足 $r^2 = 2$ 的有理数．由于 $r$ 是有理数，可将 $r$ 写成分数 $r = a/b$．我们总可以将分子和分母的公因子约去，故可假定 $a$ 和 $b$ 互素．换句话说，将 $r$ 写成最简分数的形式．

由假设 $r^2 = 2$ 知

$$a^2 = 2b^2.$$

特别地，$a^2$ 是偶数，因而 $a$ 必须是偶数，设 $a = 2A$. 代入上式并从两边约去 2 可得

$$2A^2 = b^2,$$

故 $b$ 也必定是偶数. 但 $a$ 和 $b$ 是互素的，它们不可能都是偶数，这就是我们所要的矛盾. 既然 $r$ 的存在导致了矛盾，我们只能下结论说 $r$ 不可能存在. 因此，不存在平方等于 2 的有理数. $\square$

这个 $\sqrt{2}$ 的无理性的证明可以用很多方式推广. 例如，证明当 $p$ 为任一素数时 $\sqrt{p}$ 是无理数. 与前面一样，假设有一个有理数 $r$ 满足 $r^2 = p$，然后试着导出矛盾. 将 $r$ 写成最简分式 $r = a/b$，则

$$a^2 = p \cdot b^2,$$

于是 $p$ 整除 $a^2$.

在第 7 章我们证明了如果一个素数整除两个数的乘积，则它必定至少整除其中的一个数. 现在，素数 $p$ 整除乘积 $a \cdot a$，因此可推出 $p$ 整除 $a$，设 $a = pA$. 代入上式并约去 $p$ 可得

$$p \cdot A^2 = b^2,$$

于是同理可得 $p$ 整除 $b$. 这样，$p$ 既整除 $a$ 又整除 $b$，这与 $a$ 和 $b$ 互素产生矛盾. 因此，$r$ 不可能存在. 这就完成了 $\sqrt{p}$ 是无理数的证明.

**哲学上的插曲** 反证法基于这样的原理：如果一个陈述导致了错误的结论，则原先的陈述本身是错误的. 尽管常识告诉我们这个原理是成立的，但事实上它依赖于一个潜在的假定：原先的陈述必须非对即错. 每个陈述都非对即错这一假定称为排中律. 尽管有着听上去非常重要的名称，但排中律实际上是一个在数学体系的形式结构中使用的假定[⊖]（数学术语为公理）. 有些数学家和逻辑学家不接受排中律，并且已经建立了不用反证法的数学理论.

当我们说 $\sqrt{2}$ 是无理数时，实际上是在断言多项式

$$X^2 - 2$$

没有有理根. 类似地，对素数 $p$，$\sqrt{p}$ 的无理性同样说明 $X^2 - p$ 没有有理根. 一般地，一个整系数多项式

$$c_0 X^d + c_1 X^{d-1} + c_2 X^{d-2} + \cdots + c_{d-1} X + c_d$$

可能有许多无理根，尽管求出这些根通常很困难. 例如，多项式

---

⊖ 实际情况比"哲学上的插曲"中提到的更复杂. 科特·哥德尔（Kurt Gödel）在 20 世纪 30 年代证明了：任何一个"有趣的"数学系统（例如，数论）都包含一些不可判定的命题，就是说那些命题在给定的数学系统中既不能被证明是真的，也不能被证明是假的. 试着想象一个人是如何证明某些命题是不能被证明的，这是对你的一个智力挑战. 一个更具哲学意义的难题是：一个命题不可能被证明为真时它能是真的吗？"真"指什么？如果你相信数学知识已经存在，只不过是被数学家们发现而非发明（参看习题 35.2 及第 183 页的脚注），那么在某种意义上，岂不是每个命题都非真即假？

$$X^{12} - 66X^{10} - 8X^9 + 1815X^8 - 26\,610X^6 + 5808X^5 + 218\,097X^4$$
$$- 85\,160X^3 - 971\,388X^2 + 352\,176X + 1\,742\,288$$

的一个根是一个看上去很可怕的数⊖

$$\sqrt{11} + \sqrt[3]{2 + \sqrt{7}}.$$

显然，有许多整系数多项式，其中绝大多数有无理根. 我们说一个数是代数的，指它是一个整系数多项式的根. 比如，数

$$\frac{2}{7}, \quad \sqrt{2}, \quad \sqrt[3]{7}, \quad \sin(\pi/6) \quad \text{甚至} \quad \sqrt{11} + \sqrt[3]{2 + \sqrt{7}}$$

都是代数数. 注意每个有理数 $a/b$ 都是代数数，因为它是多项式 $bX - a$ 的根. 但是，正如我们看到的，许多代数数不是有理数.

有了代数数表面上的丰富性，我们或许会期望每个无理数都是代数数，也就是说，期望每个无理数都是一个整系数多项式的根. 举个特殊的例子，你认为熟悉的数 $\pi = 3.1415926\cdots$ 是一个代数数吗？在 18 世纪中叶，欧拉认为不是⊖. 不是代数数的数称为超越数，因为它超出了整系数多项式的根.

|300|

欧拉和他同时代的人不能证明 $\pi$ 是超越数，事实上，在 1882 年林德曼(Lindemamn)证明 $\pi$ 的超越性之前已经过去了 100 多年. 不幸的是，即使有了随后的简化，$\pi$ 的超越性的证明对我们来说还是太复杂了，因此不能在这儿给出. 证明超越数的存在性确实一点都不容易. 第一个给出超越数的人是刘维尔(Joseph Liouville)，他是在 1840 年给出的. 我们沿用刘维尔的方法，取一个特殊的数，然后证明它是超越的. 刘维尔数以非循环小数的形式给出：

位数:12      6                          24        120        720
     ⇓⇓     ⇓                          ⇓         ⇓          ⇓
$\beta = 0.\,110\,001\,000\,000\,000\,000\,000\,001\,00\cdots001\,00\cdots001\,00\cdots.$

更精确地说，$\beta$ 的小数表达式中第 $n$ 个"1"出现在小数点后第 $n!$ 位，小数中的其余各位数字均为零. $\beta$ 的另一种表示方法是

$$\beta = \frac{1}{10} + \frac{1}{10^2} + \frac{1}{10^6} + \frac{1}{10^{24}} + \frac{1}{10^{120}} + \frac{1}{10^{720}} + \cdots,$$

或者，利用无穷级数的求和符号写成

$$\beta = \sum_{n=1}^{\infty} \frac{1}{10^{n!}}.$$

为证明 $\beta$ 是超越的，我们需要证明 $\beta$ 不是任何整系数多项式的根. 正如 $\sqrt{2}$ 的无理性

---

⊖  你认为我是怎么找到这么庞大的多项式的这个复杂的根的？

⊖  欧拉(在 1755 年)写道："看起来相当肯定的是圆周率构成了一个非常奇怪的超越的量，它无法与其他量相比较，无论是根还是其他的超越数." 勒让德在 1794 年证明了 $\pi^2$ 是无理数，并指出："可能 $\pi$ 根本不包含在代数无理数中……但似乎很难严格地证明这一点."

的证明一样，我们用反证法．假设

$$f(X) = c_0 X^d + c_1 X^{d-1} + c_2 X^{d-2} + \cdots + c_{d-1} X + c_d$$

是一个满足 $f(\beta) = 0$ 的整系数多项式．刘维尔奇妙的想法是：如果一个无理数是多项式的根，那么它不可能与一个有理数太接近．因此，在研究刘维尔数之前，我们先简短地讨论用有理数逼近无理数的问题．

回忆一下狄利克雷的丢番图逼近定理（见第 33 章）：对任一无理数 $\alpha$，都有无穷多个有理数 $a/b$ 使得

$$\left| \frac{a}{b} - \alpha \right| < \frac{1}{b^2}.$$

换言之，可以找到许多与 $\alpha$ 充分接近的有理数．我们或许会问：能不能更接近．例如，是否有无穷多个有理数 $a/b$ 使得

$$\left| \frac{a}{b} - \alpha \right| < \frac{1}{b^3}?$$

答案在某种程度上取决于 $\alpha$．

例如，假设取 $\alpha = \sqrt{2}$．这意味着 $\alpha$ 是 $f(X) = X^2 - 2$ 的根，因此，如果 $a/b$ 接近 $\alpha$，那么 $f(a/b)$ 应该相当小．如何来定量地说明这一点呢？我们可以通过分解

$$f\left( \frac{a}{b} \right) = \left( \frac{a}{b} \right)^2 - 2 = \left( \frac{a}{b} + \sqrt{2} \right)\left( \frac{a}{b} - \sqrt{2} \right)$$

来估计 $f(a/b)$ 有多小．如果 $a/b$ 接近 $\sqrt{2}$，那么第一个因子 $a/b + \sqrt{2}$ 接近 $2\sqrt{2}$，因而肯定比 4 小．由此可估计

$$\left| f\left( \frac{a}{b} \right) \right| \leq 4 \left| \frac{a}{b} - \sqrt{2} \right|.$$

另一方面，可以写

$$f\left( \frac{a}{b} \right) = \left( \frac{a}{b} \right)^2 - 2 = \frac{a^2 - 2b^2}{b^2}.$$

注意，分子 $a^2 - 2b^2$ 是个非零整数．（它为什么非零？答案是：因为 $\sqrt{2}$ 是无理的，所以不可能等于 $a/b$．）当然，我们不知道 $a^2 - 2b^2$ 的确切值，但知道一个非零整数的绝对值必定至少为 1 [⊖]．所以

$$\left| f\left( \frac{a}{b} \right) \right| = \left| \frac{a^2 - 2b^2}{b^2} \right| \geq \frac{1}{b^2}.$$

现在，我们有了 $|f(a/b)|$ 的一个上界和一个下界．如果把它们放到一起，就会得到有趣的不等式

---

⊖　这儿我们用到的事实是一个看上去平凡的观察：没有整数严格介于 0 和 1 之间．尽管看上去平凡，这个事实却是所有超越性证明的核心．它等价于非负整数的良序性，它断言由一些非负整数构成的集合总有最小元．

$$\frac{1}{4b^2} \leqslant \left| \frac{a}{b} - \sqrt{2} \right|, \tag{1}$$

上式对每个有理数 $a/b$ 都成立. 注意这个不等式是如何补充狄利克雷不等式

$$\left| \frac{a}{b} - \sqrt{2} \right| < \frac{1}{b^2}$$

的. 特别地, 可以利用(1)式来证明更强的不等式, 比如

$$\left| \frac{a}{b} - \sqrt{2} \right| < \frac{1}{b^3} \tag{2}$$

只能有有限多个解. 为此, 联立不等式(1)和(2)可得

$$\frac{1}{4b^2} < \frac{1}{b^3}, \quad \text{从而} \quad b < 4.$$

这意味着 $b$ 只可能是 1, 2, 3, 于是对 $b$ 的每个取值, $a$ 至多有有限多个可能值满足不等式(2). 事实上, 我们发现(2)式恰好有三个解: $\frac{a}{b} = \frac{1}{1}$, $\frac{a}{b} = \frac{2}{1}$ 和 $\frac{a}{b} = \frac{3}{2}$.

回顾一下我们所作的讨论. 我们运用 $\sqrt{2}$ 是多项式 $X^2 - 2$ 的根这一事实推出了不等式(1), (1)式表明一个有理数 $a/b$ 不可能与 $\sqrt{2}$ 太接近. 刘维尔关于如上给出的数 $\beta$ 是超越数的证明是以下面两条为支柱的(用来构建桌子可能不稳, 但作为证明完全可以接受):

(i) 如果 $\alpha$ 是个代数数, 即 $\alpha$ 是整系数多项式的根, 那么有理数 $a/b$ 不能太接近 $\alpha$.

(ii) 对如上给出的数 $\beta$, 有许多有理数 $a/b$ 极其接近 $\beta$.

我们的目标是采用这两个定性的结论并且使它们变得精确. 从结论(1)开始, 它可量化成如下形式.

**定理 37.2 (刘维尔不等式)** 设代数数 $\alpha$ 是整系数多项式

$$f(X) = c_0 X^d + c_1 X^{d-1} + c_2 X^{d-2} + \cdots + c_{d-1} X + c_d$$

的根. 设 $D$ 是任一满足 $D > d$ 的数(即 $D$ 大于多项式 $f$ 的次数). 那么只有有限多个有理数 $a/b$ 满足不等式

$$\left| \frac{a}{b} - \alpha \right| \leqslant \frac{1}{b^D}. \tag{$*$}$$

**证明** $X = \alpha$ 是 $f(X)$ 的根表明用 $X - \alpha$ 去除 $f(X)$ 时得到的余项为 0. 换言之, $f(X)$ 可因式分解成

$$f(X) = (X - \alpha) g(X),$$

其中

$$g(X) = e_1 X^{d-1} + e_2 X^{d-2} + \cdots + e_{d-1} X + e_d$$

是某个多项式. 例如, 代数数 $\sqrt[3]{7}$ 是多项式 $X^3 - 7$ 的根, 用 $X - \sqrt[3]{7}$ 去除 $X^3 - 7$ 可得分解式

$$X^3 - 7 = (X - \sqrt[3]{7})(X^2 + \sqrt[3]{7} X + \sqrt[3]{49}).$$

注意, 系数 $e_1, \cdots, e_d$ 未必是整数, 但这不会给我们带来任何问题.

现在假设 $a/b$ 是不等式

$$\left| \frac{a}{b} - \alpha \right| \leqslant \frac{1}{b^D}$$

的一个解. 若将 $X = a/b$ 代入分解式 $f(X) = (X - \alpha)g(X)$ 并取绝对值, 则可得基本公式

$$\left| f\left(\frac{a}{b}\right) \right| = \left| \frac{a}{b} - \alpha \right| \cdot \left| g\left(\frac{a}{b}\right) \right|.$$

这个公式的重要性在于: 如果 $a/b$ 接近 $\alpha$, 则右边的值很小而左边是个有理数. 接下去要做的两件事是求出 $|g(a/b)|$ 的上界和 $|f(a/b)|$ 的下界.

我们从后者开始. 写出 $f(a/b)$ 并且通分可得

$$f\left(\frac{a}{b}\right) = c_0\left(\frac{a}{b}\right)^d + c_1\left(\frac{a}{b}\right)^{d-1} + c_2\left(\frac{a}{b}\right)^{d-2} + \cdots + c_{d-1}\frac{a}{b} + c_d$$

$$= \frac{c_0 a^d + c_1 a^{d-1} b + c_2 a^{d-2} b^2 + \cdots + c_{d-1}ab^{d-1} + c_d b^d}{b^d}.$$

注意这个分式的分子是个整数, 故只要它非零, 就有

$$\left| f\left(\frac{a}{b}\right) \right| \geqslant \frac{1}{b^d}.$$

(我们稍后再处理 $f(a/b) = 0$ 的情形.) 可以用前面的例子 $f(X) = X^3 - 7$ 来说明,

$$\left| f\left(\frac{a}{b}\right) \right| = \left| \left(\frac{a}{b}\right)^3 - 7 \right| = \left| \frac{a^3 - 7b^3}{b^3} \right| \geqslant \frac{1}{b^3}.$$

接着我们想要一个 $g(a/b)$ 的上界. $a/b$ 是不等式(∗)的解必定蕴涵着

$$|a/b| \leqslant |\alpha| + 1,$$

因此可以估计

304

$$\left| g\left(\frac{a}{b}\right) \right| \leqslant e_1\left| \frac{a}{b} \right|^{d-1} + e_2\left| \frac{a}{b} \right|^{d-2} + e_3\left| \frac{a}{b} \right|^{d-3} + \cdots + e_{d-1}\left| \frac{a}{b} \right| + e_d$$

$$\leqslant e_1(|\alpha| + 1)^{d-1} + e_2(|\alpha| + 1)^{d-2} + e_3(|\alpha| + 1)^{d-3} + \cdots + e_{d-1}(|\alpha| + 1) + e_d.$$

最后这个量相当复杂, 但是不论它等于多少, 都有一个非常重要的性质: 不依赖于有理数 $a/b$. 换言之, 我们已经证明了存在正数 $K$ 使得对不等式(∗)的任何一个解 $a/b$ 都有

$$|g(a/b)| \leqslant K.$$

再次用例子 $f(X) = X^3 - 7$ 来说明这个估计, 此时 $|a/b| \leqslant \sqrt[3]{7} + 1$. 这样,

$$\left| g\left(\frac{a}{b}\right) \right| \leqslant \left| \frac{a}{b} \right|^2 + \sqrt[3]{7}\left| \frac{a}{b} \right| + \sqrt[3]{49}$$

$$\leqslant (\sqrt[3]{7} + 1)^2 + \sqrt[3]{7}(\sqrt[3]{7} + 1) + \sqrt[3]{49}$$

$$\leqslant 17.717,$$

所以在这个例子中可取 $K = 17.717$.

现在有

不等式：
$$\left|\frac{a}{b} - \alpha\right| \leq \frac{1}{b^D} \qquad (\ast)$$

因子分解式：
$$\left|f\left(\frac{a}{b}\right)\right| = \left|\frac{a}{b} - \alpha\right| \cdot \left|g\left(\frac{a}{b}\right)\right|$$

下界：
$$\left|f\left(\frac{a}{b}\right)\right| \geq \frac{1}{b^d}$$

上界：
$$\left|g\left(\frac{a}{b}\right)\right| \leq K.$$

联立起来可以得

$$\frac{1}{b^d} \leq \left|f\left(\frac{a}{b}\right)\right| = \left|\frac{a}{b} - \alpha\right| \cdot \left|g\left(\frac{a}{b}\right)\right| \leq \frac{K}{b^D}.$$

因为 $D > d$，我们可以把 $b$ 单独放在左边得到上界

$$b \leq K^{1/(D-d)}.$$

如用例子 $\alpha = \sqrt[3]{7}$ 和 $f(X) = X^3 - 7$ 来说明这一点，我们有 $d = 3$，且可取 $K = 17.717$，于是如果取 $D = 3.5$，就可以得到界

$$b \leq 17.717^{1/(3.5-3)} \approx 313.89.$$

现在可以明白为什么上界 $K$ 不依赖于数 $a/b$ 如此重要了，因为正是由这一点可以得出 $b$ 只有有限多个可能值的结论．（注意 $b$ 必须是个正整数，因为它是写成最简分式的分数 $a/b$ 的分母．）而且，对每个固定的 $b$，只有有限多个 $a$ 使不等式 $(\ast)$ 成立．（事实上，如果 $b^{D-1} > 2$，则对于给定的 $b$ 值，$a$ 至多有一个可能的取值．）最后一次回到我们的例子．$b$ 可能的取值为满足 $1 \leq b \leq 313$ 的整数，于是对每个特定的 $b$，相应的 $a$ 的可能值（即不等式 $(\ast)$ 的解）是那些满足

$$b\sqrt[3]{7} - \frac{1}{b^{2.5}} \leq a \leq b\sqrt[3]{7} + \frac{1}{b^{2.5}}$$

的数．这证明了只有有限多个解，且经快速计算（在计算机上）后发现，这个例子只有两个解 $a/b = 1/1$ 和 $2/1$．

我们几乎完成了不等式 $(\ast)$ 只有有限多个解 $a/b$ 的证明．回顾一下到目前为止我们所做的一切，就会发现我们实际上证明的是 $(\ast)$ 只有有限多个满足 $f(a/b) \neq 0$ 的解．因此仍需讨论 $f(X)$ 的根．因为一个 $d$ 次多项式最多只有 $d$ 个有理根或无理根，所以有限多个 $f(X)$ 的有理根不会改变我们的结论：$(\ast)$ 只有有限多个解．$\qquad\square$

刘维尔不等式表明一个代数数 $\alpha$ 不能用有理数作很好的逼近．下一个引理是证明的第二个支柱，它表明刘维尔数 $\beta$ 可以用许多有理数作非常好的逼近．

**引理 37.3（关于 $\beta$ 的好的逼近的引理）** 设 $\beta$ 是如上所述的刘维尔数

$$\beta = \sum_{n=1}^{\infty} \frac{1}{10^{n!}},$$

则对每个数 $D > 1$，我们都能找到无穷多个不同的有理数 $a/b$ 满足不等式

$$\left| \frac{a}{b} - \beta \right| \leq \frac{1}{b^D}.$$

**证明** 从直观上看，该引理表明可以找到非常非常接近 $\beta$ 的有理数．怎么去找那么好的逼近呢？$\beta$ 的定义

$$\beta = \frac{1}{10^{1!}} + \frac{1}{10^{2!}} + \frac{1}{10^{3!}} + \frac{1}{10^{4!}} + \frac{1}{10^{5!}} + \frac{1}{10^{6!}} + \cdots$$

306

提供了线索．这个序列中的项递减得非常快，所以，如果只取开始的几项，就能得到一个 $\beta$ 的很好的逼近．例如，如果取前四项，可得有理数

$$r_4 = \frac{1}{10^{1!}} + \frac{1}{10^{2!}} + \frac{1}{10^{3!}} + \frac{1}{10^{4!}} = 0.110\,001\,000\,000\,000\,000\,000\,001.$$

于是 $|r_4 - \beta|$ 的小数形式中的前 119 位数字都是零，故而 $|r_4 - \beta| < 2 \cdot 10^{-120}$，这肯定非常小．另一方面，如果把 $r_4$ 写成分数 $a_4/b_4$，则

$$r_4 = \frac{a_4}{b_4} = \frac{110\,001\,000\,000\,000\,000\,000\,001}{1\,000\,000\,000\,000\,000\,000\,000\,000},$$

所以它的分母 $b_4$ "仅仅" 是 $10^{24}$．这个数看起来很大，但注意到 $|r_4 - \beta| < 2 \cdot 10^{-120} < 1/b_4^5$，因此 $r_4$ 是 $\beta$ 的一个相当好的逼近．

更一般地，假设取序列的前 $N$ 项，并把它们加起来构成有理数

$$r_N = \frac{a_N}{b_N} = \frac{1}{10^{1!}} + \frac{1}{10^{2!}} + \frac{1}{10^{3!}} + \cdots + \frac{1}{10^{N!}}.$$

我们需要估计 $b_N$ 的大小以及 $r_N$ 与 $\beta$ 有多接近．

经求和构成 $r_N$ 的那些分数的分母都是 10 的幂次，所以最小公分母是最后的那一个

$$b_N = 10^{N!}.$$

另外，差 $\beta - r_N$ 形如

$$\beta - r_N = \frac{1}{10^{(N+1)!}} + \frac{1}{10^{(N+2)!}} + \frac{1}{10^{(N+3)!}} + \cdots.$$

于是 $\beta - r_N$ 的小数形式中的第一个非零数字出现在第 $(N+1)!$ 位，且该数字是 1．这表明差 $\beta - r_N$ 一定小于第 $(N+1)!$ 位数字是 2 的数，即

$$0 < \beta - r_N < \frac{2}{10^{(N+1)!}}.$$

为将它与 $b_N$ 的值联系起来，注意到

$$10^{(N+1)!} = (10^{N!})^{N+1} = b_N^{N+1},$$

因此有

$$0 < \beta - r_N < \frac{2}{b_N^{N+1}}.$$

307

概括来说，对每个 $N \geq 1$，我们找到了一个有理数 $a_N/b_N$ 使得

$$0 < \beta - \frac{a_N}{b_N} < \frac{2}{b_N^{N+1}} = \frac{2}{b_N} \cdot \frac{1}{b_N^N} < \frac{1}{b_N^N}.$$

而且，这些有理数互不相同，因为它们的分母 $b_N = 10^{N!}$ 不同. 所以 $N \geq D$ 时的有理数 $a_N/b_N$ 是不等式

$$\left| \frac{a}{b} - \beta \right| \leq \frac{1}{b^D}$$

的无穷多解. 证毕.                                                                    □

现在我们已经具备了证明 $\beta$ 是超越数所需的两样东西.

**定理 37.4( $\beta$ 的超越性定理)**    刘维尔数

$$\beta = \sum_{n=1}^{\infty} \frac{1}{10^{n!}}$$

是超越数.

**证明**    用反证法. 首先假定 $\beta$ 是代数数，我们试图导出错误的结论. $\beta$ 是代数数的假定意味着 $\beta$ 是整系数多项式

$$f(X) = c_0 X^d + c_1 X^{d-1} + c_2 X^{d-2} + \cdots + c_{d-1} X + c_d$$

的根. 令 $D = d + 1$. 则刘维尔不等式告诉我们只有有限多个有理数 $a/b$ 满足不等式

$$\left| \frac{a}{b} - \beta \right| \leq \frac{1}{b^D}.$$

而由引理 37.3 可知有无穷多个有理数满足该不等式. 这个矛盾证明了 $\beta$ 不可能是一个代数数，因而 $\beta$ 必定是个超越数.                                                □

刘维尔数是超越数的证明并不容易，你会为到达了对超越数探索的终点而庆贺. 但是要知道，我们探索到的仅仅是超越数的冰山一角.

超越理论中最优美的定理之一是由盖尔范德(A. O. Gelfond)和施耐德(T. Schneider)在 1934 年独立证明的. 他们证明了如果 $a$ 是任意一个不等于 0 和 1 的代数数，且 $b$ 是任意一个无理的代数数，则 $a^b$ 是超越数. 例如，$2^{\sqrt{2}}$ 是超越数. 令人惊奇的是，即使 $a$ 和 $b$ 是复数，盖尔范德–施耐德定理也是成立的. 这样，$e^{\pi}$ 是超越数 $^{\ominus}$，因为 $e^{\pi}$ 等于 $(-1)^{-i}$.

现在，超越理论是数学研究中一个活跃的领域，有着许多听起来无关痛痒的公开问题. 例如，我们不知道 $\pi + e$ 是否是超越数，实际上，我们甚至不知道 $\pi + e$ 是不是无理数.

## 习题

**37.1**    (a)设 $N$ 是个正整数，但不是一个完全平方数. 证明 $\sqrt{N}$ 是无理数. （小心不要证明过头. 例如，

---

$\ominus$    这里 $e = 2.718\ 281\ 8\cdots$ 是自然对数的底. 埃尔米特(Hermite)在 1873 年证明了 $e$ 是超越数. 等式 $(-1)^{-i} = e^{\pi}$ 可从欧拉恒等式 $e^{i\theta} = \cos(\theta) + i\sin(\theta)$ 推得. 令 $\theta = \pi$ 得 $e^{i\pi} = -1$，再两边 $-i$ 次方即得所需公式.

检查一下以确信你的证明不会得出$\sqrt{4}$是无理数. )

(b)设$n \geq 2$是整数, $p$为素数, 证明$\sqrt[n]{p}$是无理数.

(c)设$n \geq 2$和$N \geq 2$为整数, 叙述什么时候$\sqrt[n]{N}$是个无理数, 并证明之.

**37.2** 设$A$, $B$, $C$为整数且$A \neq 0$. 设$r_1$, $r_2$为多项式$Ax^2 + Bx + C$的根. 说明在什么条件下$r_1$和$r_2$是有理数. 特别地, 说明为什么它们要么同为有理数, 要么同为无理数.

**37.3** 给出一个3次整系数多项式, 它有

(a)三个不同的有理根.

(b)一个有理根和两个无理根.

(c)没有有理根.

(d)一个3次多项式可以有两个有理根和一个无理根吗? 若可以, 举例说明; 若不可以, 证明之.

**37.4** (a)求一个整系数多项式使得$\sqrt{2} + \sqrt[3]{3}$是它的一个根.

(b)求一个整系数多项式使得$\sqrt{5} + i$是它的一个根, 其中$i = \sqrt{-1}$.

**37.5** 设$f(X) = X^d + c_1 X^{d-1} + c_2 X^{d-2} + \cdots + c_{d-1} X + c_d$是一个$d$次多项式, 其系数$c_1$, $c_2$, $\cdots$, $c_d$均为整数. 设有理数$r$是$f(X)$的一个根.

(a)证明$r$事实上必定是一个整数.

(b)证明$r$必整除$c_d$.

309

**37.6** 利用前面的习题解决下述问题.

(a)求出$X^5 - X^4 - 3X^3 - 2X^2 - 19X - 6$的所有有理根.

(b)求出$X^5 + 63X^4 + 135X^3 + 785X^2 - 556X - 4148$的所有有理根.

（提示：如果一找到一个根$r$就用$X - r$除多项式来去掉这个根的话可以减少工作量. ）

(c)$c$取哪些整数时多项式$X^5 + 2X^4 - cX^3 + 3cX^2 + 3$有有理根?

**37.7** (a)设$f(X) = c_0 X^d + c_1 X^{d-1} + c_2 X^{d-2} + \cdots + c_{d-1} X + c_d$是一个$d$次多项式, 其系数$c_0$, $c_1$, $c_2$, $\cdots$, $c_d$均为整数. 设有理数$r = a/b$是$f(X)$的一个根. 证明$a$必整除$c_d$且$b$必整除$c_0$.

(b)利用(a)求出多项式

$$8x^7 - 10x^6 - 3x^5 + 24x^4 - 30x^3 - 33x^2 + 30x + 9$$

的所有有理根.

(c)设$p$为素数. 证明多项式$pX^5 - X - 1$没有有理根.

**37.8** 设$\alpha$为代数数.

(a)证明$\alpha + 2$和$2\alpha$是代数数.

(b)证明$\alpha + \dfrac{2}{3}$和$\dfrac{2}{3}\alpha$是代数数.

(c)一般地, 设$r$为任一有理数, 证明$\alpha + r$和$r\alpha$是代数数.

(d)证明$\alpha + \sqrt{2}$和$\sqrt{2} \cdot \alpha$是代数数.

(e)更一般地, 设$A$为整数, 证明$\alpha + \sqrt{A}$和$\sqrt{A} \cdot \alpha$是代数数.

(f)试着尽可能推广该习题.

**37.9** 已知$\alpha = \sqrt{2} + \sqrt{3}$是多项式$f(X) = X^4 - 10X^2 + 1$的根.

(a)求一个多项式$g(X)$, 使得$f(X)$可分解成$f(X) = (X - \alpha)g(X)$.

(b)求一个数 $K$, 使得对满足 $|a/b - \alpha| \leqslant 1$ 和 $f(a/b) \neq 0$ 的任一有理数 $a/b$, 都有 $|g(a/b)| \leqslant K$.

(c)求满足不等式

$$\left| \frac{a}{b} - (\sqrt{2} + \sqrt{3}) \right| \leqslant \frac{1}{b^5}$$

的所有有理数 $a/b$.

(d)如果你知道如何编程, 将 $1/b^5$ 换成 $1/b^{4.5}$ 后重做(c).

**37.10** 设

$$\beta_1 = \sum_{n=1}^{\infty} \frac{1}{k^{n!}}, \quad \beta_2 = \sum_{n=1}^{\infty} \frac{1}{10^{n^n}},$$

这里 $k$ 为某个固定的整数且 $k \geqslant 2$.

(a)证明 $\beta_1$ 是超越数. (如果对一般的 $k$ 不清楚怎么做, 先试试对 $k = 2$ 进行证明. 注意我们已经证明了 $k = 10$ 的情形. )

(b)证明 $\beta_2$ 是超越数.

**37.11** 设

$$\beta_3 = \sum_{n=0}^{\infty} \frac{1}{n!}, \quad \beta_4 = \sum_{n=1}^{\infty} \frac{1}{10^{10^n}}.$$

(a)试用本章中的方法证明 $\beta_3$ 是超越数. 在哪一点上证明失败了?

(b)证明 $\beta_3$ 是无理数. (提示: 假设 $\beta_3$ 是有理数, 设 $\beta_3 = a/b$, 观察整除 $b$ 的 2 的最高幂次. ) 你可能已经认出了这个有名的数 $\beta_3 = e = 2.7182818\cdots$. 结果是 $e$ 确实是个超越数, 但直到刘维尔的结果出来 33 年后, 埃尔米特才证明了 $e$ 的超越性.

(c)试用本章中的方法证明 $\beta_4$ 是超越数. 在哪一点上证明失败了?

(d)证明 $\beta_4$ 不是次数不超过 9 的整系数多项式的根.

**37.12** 设 $\alpha = r/s$ 是写成最简形式的有理数.

(a)证明恰有一个有理数 $a/b$ 满足不等式

$$|a/b - \alpha| < 1/sb.$$

(b)证明等式 $|a/b - \alpha| = 1/sb$ 对无穷多个不同的有理数 $a/b$ 成立.

**37.13** (a)证明 $1/8b^2 < |a/b - \sqrt{10}|$ 对每个有理数 $a/b$ 成立.

(b)利用(a)求出满足 $|a/b - \sqrt{10}| \leqslant 1/b^3$ 的所有有理数 $a/b$.

**37.14** (a)如果 $N$ 不是完全平方数, 求 $K$ 的一个具体的值, 使不等式 $K/b^2 < |a/b - \sqrt{N}|$ 对每个有理数 $a/b$ 都成立. ( $K$ 的值依赖于 $N$, 但与 $a$, $b$ 无关. )

(b)利用(a)求出满足下述各个不等式的所有有理数 $a/b$:

(i) $|a/b - \sqrt{7}| \leqslant 1/b^3$

(ii) $|a/b - \sqrt{5}| \leqslant 1/b^{8/3}$

(c)编一个计算机程序, 输入三个数 $(N, C, e)$ 后输出满足 $|a/b - \sqrt{N}| \leqslant C/b^e$ 的所有有理数 $a/b$. 程序要验证 $N$ 是个正整数且 $C > 0$ 和 $e > 2$. (如果 $e < 2$, 程序在使用时会显示不能看到所有的解, 因为有无穷多个!)利用程序求出下述不等式的所有有理解 $a/b$:

(i) $|a/b - \sqrt{573}| \leqslant 1/b^3$

(ii) $|a/b - \sqrt{19}| \leqslant 1/b^{2.5}$

(iii) $|a/b - \sqrt{6}| \leqslant 8/b^{2.3}$

（对(iii)，如果想直接计算，就需要一个速度中等的计算机.）

311

**37.15** 判断下述各数中哪些是代数数，哪些是超越数，并说明理由. 可以应用 $\pi$ 是超越数的事实，也可以使用盖尔范德-施耐德定理，它表明若 $a$ 是不等于 0 和 1 的代数数，$b$ 是无理代数数，则 $a^b$ 是超越数.（提示：下述数中有一个数的答案是不知道的.）

(a) $\sqrt{2}^{\cos(\pi)}$      (b) $\sqrt{2}^{\sqrt{3}}$      (c) $(\tan \pi/4)^{\sqrt{2}}$      (d) $\pi^{17}$

(e) $\sqrt{\pi}$      (f) $\pi^\pi$      (g) $\cos(\pi/5)$      (h) $2^{\sin(\pi/4)}$

**37.16** 一个(实)数的集合 $S$ 称为是良序的，如果 $S$ 的每个子集都有最小元.（$S$ 的子集 $T$ 有最小元指存在 $a \in T$ 使得对每个 $b \in T$，$b \neq a$，都有 $a \leqslant b$.）

(a) 利用没有整数严格位于 0 和 1 之间这一事实证明非负整数集是良序的.

(b) 通过写出一个具体的没有最小元的子集证明非负有理数集不是良序的.

312

# 第38章 二项式系数与帕斯卡三角形

我们以 $A+B$ 的幂次的一个简短列表作为本章的开始.

$$(A+B)^0 = 1$$
$$(A+B)^1 = A+B$$
$$(A+B)^2 = A^2 + 2AB + B^2$$
$$(A+B)^3 = A^3 + 3A^2B + 3AB^2 + B^3$$
$$(A+B)^4 = A^4 + 4A^3B + 6A^2B^2 + 4AB^3 + B^4$$

有许多美妙的模式隐藏在这个列表中,有的很明显,而有的非常难以捉摸. 在进一步阅读之前,你应该花几分钟独自寻找一些模式.

在这一章中,我们看看 $(A+B)^n$ 展开之后会怎样. 很显然,由上面的例子得到形如

$$(A+B)^n = \boxed{\phantom{x}} A^n + \boxed{\phantom{x}} A^{n-1}B + \boxed{\phantom{x}} A^{n-2}B^2 + \boxed{\phantom{x}} A^{n-3}B^3 + \cdots$$
$$+ \boxed{\phantom{x}} A^2 B^{n-2} + \boxed{\phantom{x}} AB^{n-1} + \boxed{\phantom{x}} B^n$$

的展开式,其中空的方框中需要填上某些整数.

显然,第一个和最后一个方框中应填 1. 根据例子,第二个和倒数第二个方框中应填 $n$. 不幸的是,其他方框中应填什么一点都不清楚. 但缺乏了解并不妨碍我们给这些数取名. 出现在 $(A+B)^n$ 的展开式中的整数称为二项式系数,因为 $A+B$ 是个二项式(即由两项构成的量),且当对二项式 $A+B$ 取幂次时,我们研究的这些数以系数的形式出现. 二项式系数有多种被普遍使用的记号$^{\ominus}$. 我们采用记号

$$\binom{n}{k} = (A+B)^n \text{ 中 } A^{n-k}B^k \text{ 项的系数.}$$

于是,利用二项式系数的记号,$(A+B)^n$ 的展开式形如

$$\binom{n}{0}A^n + \binom{n}{1}A^{n-1}B + \binom{n}{2}A^{n-2}B^2 + \cdots + \binom{n}{k}A^{n-k}B^k + \cdots + \binom{n}{n}B^n.$$

为研究二项式系数,将它们排成一个三角形比较方便,三角形的第 $n$ 行包含了在 $(A+B)^n$ 的展开式中出现的二项式系数. 这样排成的三角形称为帕斯卡三角形,帕斯卡(Blaise Pascal)是 17 世纪法国数学家和自然哲学家.

---

$\ominus$ 二项式系数 $\binom{n}{k}$ 也叫组合数,记作 $C_n^k$.

$$(A+B)^0: \qquad \binom{0}{0}$$

$$(A+B)^1: \qquad \binom{1}{0} \qquad \binom{1}{1}$$

$$(A+B)^2: \qquad \binom{2}{0} \qquad \binom{2}{1} \qquad \binom{2}{2}$$

$$(A+B)^3: \qquad \binom{3}{0} \qquad \binom{3}{1} \qquad \binom{3}{2} \qquad \binom{3}{3}$$

$$(A+B)^4: \quad \binom{4}{0} \qquad \binom{4}{1} \qquad \binom{4}{2} \qquad \binom{4}{3} \qquad \binom{4}{4}$$

**帕斯卡三角形的前五行**

可以根据出现在本章开头的列表填入数值.

$$(A+B)^0: \qquad 1$$
$$(A+B)^1: \qquad 1 \qquad 1$$
$$(A+B)^2: \qquad 1 \qquad 2 \qquad 1$$
$$(A+B)^3: \qquad 1 \qquad 3 \qquad 3 \qquad 1$$
$$(A+B)^4: \qquad 1 \qquad 4 \qquad 6 \qquad 4 \qquad 1$$

如何写出帕斯卡三角形的下一行呢? 一种方法是简单地乘出 $(A+B)^5$ 并记下系数. 另一种更简便的方法是利用已知的 $(A+B)^4$ 的展开式并将它乘以 $A+B$ 得到 $(A+B)^5$. 这样 $\boxed{314}$

$$
\begin{array}{r}
(A+B)^4 \\
\times\ A+B \\
\hline
(A+B)^5
\end{array}
\qquad
\begin{array}{r}
A^4 + 4A^3B + 6A^2B^2 + 4AB^3 + B^4 \\
\times \qquad\qquad\qquad\qquad A + B \\
\hline
A^4B + 4A^3B^2 + 6A^2B^3 + 4AB^4 + B^5 \\
A^5 + 4A^4B + 6A^3B^2 + 4A^2B^3 + AB^4 \\
\hline
A^5 + 5A^4B + 10A^3B^2 + 10A^2B^3 + 5AB^4 + B^5
\end{array}
$$

因此帕斯卡三角形的下一行是

$$1 \qquad 5 \qquad 10 \qquad 10 \qquad 5 \qquad 1$$

可以利用这个简单的想法, 即

$$(A+B)^{n+1} = (A+B) \cdot (A+B)^n,$$

来推导出关于二项式系数的一个基本关系式. 如果像前面一样用 $A+B$ 去乘 $(A+B)^n$, 结果等于 $(A+B)^{n+1}$, 我们发现

$$
\binom{n}{0}A^n + \binom{n}{1}A^{n-1}B \quad + \cdots + \binom{n}{n-1}AB^{n-1} + \binom{n}{n}B^n
$$
$$
\times \qquad\qquad\qquad\qquad\qquad (A+B)
$$
$$
\overline{\binom{n}{0}A^nB + \binom{n}{1}A^{n-1}B^2 \quad + \cdots + \binom{n}{n-1}AB^n \quad + \binom{n}{n}B^{n+1}}
$$
$$
\binom{n}{0}A^{n+1} + \binom{n}{1}A^nB \quad + \binom{n}{2}A^{n-1}B^2 \quad + \cdots + \binom{n}{n}AB^n
$$
$$
\overline{\binom{n+1}{0}A^{n+1} + \binom{n+1}{1}A^nB + \binom{n+1}{2}A^{n-1}B^2 + \cdots + \binom{n+1}{n}AB^n \quad + \binom{n+1}{n+1}B^{n+1}}
$$

于是

$$\binom{n}{0} + \binom{n}{1} = \binom{n+1}{1}, \binom{n}{1} + \binom{n}{2} = \binom{n+1}{2}, 等等.$$

一般地, 我们得到下面的基本公式.

**定理 38.1(二项式系数的加法公式)**   设 $n \geq k \geq 0$ 为整数, 则

$$\binom{n}{k-1} + \binom{n}{k} = \binom{n+1}{k}.$$

这个加法公式描述了帕斯卡三角形的一个非常好的性质: 三角形中的每个值都等于它上面的两个值的和. 例如, 前面找到的帕斯卡三角形的 $n=5$ 那一行是

| 1 | 5 | 10 | 10 | 5 | 1 |
|---|---|----|----|---|---|

于是 $n=6$ 这一行可以通过将 $n=5$ 那一行中的相邻数相加来计算, 像下面那样:

$$
\begin{array}{cccccccccccc}
[n=5] & & 1 & & 5 & & 10 & & 10 & & 5 & & 1 \\
[n=6] & 1 & & 6 & & 15 & & 20 & & 15 & & 6 & & 1
\end{array}
$$

这表明

$$(A+B)^6 = A^6 + 6A^5B + 15A^4B^2 + 20A^3B^3 + 15A^2B^4 + 6AB^5 + B^6,$$

根本不必做任何代数运算! 下面是说明二项式系数加法公式的帕斯卡三角形的一张图表.

$$
\begin{array}{cl}
[n=0] & 1 \\
[n=1] & 1 \quad 1 \\
[n=2] & 1 \quad 2 \quad 1 \\
[n=3] & 1 \quad 3 \quad 3 \quad 1 \\
[n=4] & 1 \quad 4 \quad 6 \quad 4 \quad 1 \\
[n=5] & 1 \quad 5 \quad 10 \quad 10 \quad 5 \quad 1 \\
[n=6] & 1 \quad 6 \quad 15 \quad 20 \quad 15 \quad 6 \quad 1
\end{array}
$$

帕斯卡三角形说明 $\binom{n}{k-1} + \binom{n}{k} = \binom{n+1}{k}$

我们的下一个任务是导出关于二项式系数的一个完全不同类型的公式. 它说明了一个在现代数学的发展中时常出现的简单但非常有用的方法. 在任何时候用两种不同的方法计算同一个量, 比较所得的结果都会得到有趣、有用的东西.

为了求得二项式系数 $\binom{n}{k}$ 的新的公式，考虑当乘出

$$(A + B)^n = (A + B)(A + B)(A + B)\cdots(A + B)(A + B)$$

316

时会怎样. 先看特殊情形

$$(A + B)^3 = (A + B)(A + B)(A + B).$$

这个乘积由一些项构成，这些项是这样形成的：从第一个因式中选择 $A$ 或 $B$，再从第二个因式中选择 $A$ 或 $B$，最后从第三个因式中选择 $A$ 或 $B$. 这样就给出了所有的 8 项. 这些项中有几项等于 $A^3$？得到 $A^3$ 的唯一方法是从每个因式中选择 $A$，故只有一种方法得到 $A^3$.

接着考虑得到 $A^2B$ 的方法数. 可以用以下方法得到 $A^2B$：

- 从第一和第二个因式中选 $A$，从第三个因式中选 $B$，
$$(\boldsymbol{A} + B)(\boldsymbol{A} + B)(A + \boldsymbol{B});$$

- 从第一和第三个因式中选 $A$，从第二个因式中选 $B$，
$$(\boldsymbol{A} + B)(A + \boldsymbol{B})(\boldsymbol{A} + B);$$

- 从第二和第三个因式中选 $A$，从第一个因式中选 $B$，
$$(A + \boldsymbol{B})(\boldsymbol{A} + B)(\boldsymbol{A} + B).$$

我们通过着重指出 $A$ 和 $B$ 在每种情形中的使用说明了这三种可能性. 这表明 $(A + B)^3$ 中 $A^2B$ 的系数为 3，因此二项式系数 $\binom{3}{1}$ 等于 3.

现在，将这个讨论一般化，计算在乘积

$$\overbrace{(A + B)(A + B)(A + B)\cdots(A + B)(A + B)}^{n\text{个因子}}$$

中得到 $A^kB^{n-k}$ 的不同的方法数. 从任意 $k$ 个因式中选取 $A$，再从剩下的 $n - k$ 个因式中选取 $B$ 就可得 $A^kB^{n-k}$. 所以需要计算选择 $k$ 个因式的方法数. 我们每次选一个.

第一个因式有 $n$ 种选择. 一旦选定，第二个因式便从剩下的 $n - 1$ 个因式中选. 选定这两个因式后，第三个因式就从剩下的 $n - 2$ 个因式中选，如此下去. 于是，从 $n$ 个因式中选出 $k$ 个因式有

317

$$n(n - 1)(n - 2)\cdots(n - k + 1)$$

种方法.

不幸的是，我们重复计算了得到 $A^kB^{n-k}$ 的方法数，因为是在特定的顺序下做出选择的. 为说明这个问题，我们回到 $n = 3$ 的例子. 这时得到 $A^2B$ 的一种方法是从第一和第三个因式中选取 $A$，但对这种选择算了两次，因为一次是作为

"第一次选第一个因式，接着选第三个因式"

来计数的，第二次是作为

"第一次选第三个因式，接着选第一个因式"

来计数的. 这样, $(A+B)^n$ 中项 $A^k B^{n-k}$ 的真正个数是

$$n(n-1)(n-2)\cdots(n-k+1)$$

除以我们做出选择时采用的不同顺序的个数. 记住我们选了 $k$ 次, 故这些选择的不同顺序的个数为 $k!$, 因为可以把 $k$ 个因式中的任何一个放在第一个, 然后把剩下的 $k-1$ 个因式中的任意一个放在第二个, 等等. 因此, 在乘积 $(A+B)^n$ 中得到 $A^k B^{n-k}$ 的方法数等于

$$\frac{n(n-1)(n-2)\cdots(n-k+1)}{k!}.$$

当然, 它正好是二项式系数 $\binom{n}{k}$, 于是我们证明了著名的二项式定理.

**定理 38.2(二项式定理)** 展开式

$$(A+B)^n = \binom{n}{0}A^n + \binom{n}{1}A^{n-1}B + \binom{n}{2}A^{n-2}B^2 + \cdots + \binom{n}{n}B^n$$

中的二项式系数如下确定:

$$\binom{n}{k} = \frac{n(n-1)(n-2)\cdots(n-k+1)}{k!} = \frac{n!}{k!(n-k)!}.$$

**证明** 我们已经完成了第一个等式的证明. 要证明第二个等式, 只需让第一个分式的分子和分母同乘以因子 $(n-k)!$, 即得

$$\frac{n(n-1)(n-2)\cdots(n-k+1)}{k!} \cdot \frac{(n-k)!}{(n-k)!} = \frac{n!}{k!(n-k)!}. \qquad \square$$

318

例如, $(A+B)^7$ 中 $A^4 B^3$ 的系数等于

$$\binom{7}{3} = \frac{7 \cdot 6 \cdot 5}{3!} = \frac{210}{6} = 35.$$

再举个例子, $(A+B)^{19}$ 中 $A^8 B^{11}$ 的系数为

$$\binom{19}{11} = \frac{19 \cdot 18 \cdot 17 \cdot 16 \cdot 15 \cdot 14 \cdot 13 \cdot 12 \cdot 11 \cdot 10 \cdot 9}{11!}$$

$$= \frac{3\,016\,991\,577\,600}{39\,916\,800}$$

$$= 75\,582.$$

当然, 如果 $k$ 大于 $\frac{n}{2}$, 就像上面最后这个例子, 先应用二项式系数对称公式

$$\binom{n}{k} = \binom{n}{n-k}$$

会简单些. 对称公式只是说明当 $(A+B)^n$ 展开后, $A^k B^{n-k}$ 和 $A^{n-k} B^k$ 有相同的系数. 这显然是对的, 因为 $A$ 和 $B$ 没有任何区别. 利用对称公式, 可以计算

$$\binom{19}{11} = \binom{19}{8} = \frac{19 \cdot 18 \cdot 17 \cdot 16 \cdot 15 \cdot 14 \cdot 13 \cdot 12}{8!}$$

$$= \frac{3\,047\,466\,240}{40\,320} = 75\,582.$$

## 二项式系数模 $p$

如果让二项式系数模 $p$ 简化(其中 $p$ 为素数),会发生什么?以下是帕斯卡三角形模 5 和模 7 后的前几行.

```
            1                              1
           1 1                            1 1
          1 2 1                          1 2 1
         1 3 3 1                        1 3 3 1
        1 4 1 4 1                      1 4 6 4 1
       1 0 0 0 0 1                    1 5 3 3 5 1
      1 1 0 0 0 1 1                  1 6 1 6 1 6 1
     1 2 1 0 0 1 2 1                1 0 0 0 0 0 0 1
```
**帕斯卡三角形模 5**              **帕斯卡三角形模 7**

注意,帕斯卡三角形模 5 后 $n = 5$ 的那一行是 100001,类似地,帕斯卡三角形模 7 后 $n = 7$ 的那一行是 10000001. 这意味着 $1 \leqslant k \leqslant p - 1$ 时 $\binom{p}{k}$ 模 $p$ 应该等于 0. 这一点很容易证明,并且它给出了二项式定理模 $p$ 的一个极其简单的形式.

**定理 38.3(模 $p$ 二项式定理)** 设 $p$ 为素数.

(a)二项式系数 $\binom{p}{k}$ 同余于

$$\binom{p}{k} \equiv \begin{cases} 0 \pmod{p} & \text{若 } 1 \leqslant k \leqslant p - 1, \\ 1 \pmod{p} & \text{若 } k = 0 \text{ 或 } k = p. \end{cases}$$

(b)对任意数 $A$,$B$,有

$$(A + B)^p \equiv A^p + B^p \pmod{p}.$$

**证明** (a)$k = 0$ 或 $k = p$ 时,$\binom{p}{k} = 1$. 因此有意思的问题是 $k$ 介于 1 和 $p - 1$ 之间时会怎样. 先看个特例,如 $\binom{7}{5}$,试试看是怎样的. 这个二项式系数的公式是

$$\binom{7}{5} = \frac{7 \cdot 6 \cdot 5 \cdot 4 \cdot 3}{5 \cdot 4 \cdot 3 \cdot 2 \cdot 1}.$$

注意数 7 出现在分子中而分母中没有 7 可以与分子中的 7 约去. 于是 7 整除 $\binom{7}{5}$,即

$\binom{7}{5}$ 模 7 余 0.

这个想法完全适用于一般的情形. 二项式系数 $\binom{p}{k}$ 等于

$$\binom{p}{k} = \frac{p \cdot (p-1) \cdot (p-2) \cdots (p-k+1)}{k \cdot (k-1) \cdot (k-2) \cdots 2 \cdot 1}.$$

于是 $\binom{p}{k}$ 的分子中有一个 $p$(若 $k \geqslant 1$),而分母中没有 $p$ 可以将它约去(若 $k \leqslant p-1$). 因此 $\binom{p}{k}$ 被 $p$ 整除,从而模 $p$ 余 0.

你能看出来在哪儿用到了 $p$ 为素数这一点吗? 若它不是素数,则有可能分母上某个较小的数可以约去部分或全部的 $p$. 这样,证明对合数就不成立了. 换言之,对合数 $n$,我们还没有证明 $\binom{n}{k} \equiv 0 \pmod{n}$. 你认为这个更一般的命题成立吗?

(b)由二项式定理及(a),容易计算

$$(A+B)^p = \binom{p}{0}A^p + \binom{p}{1}A^{p-1}B + \binom{p}{2}A^{p-2}B^2 + \cdots +$$

$$\binom{p}{p-2}A^2B^{p-2} + \binom{p}{p-1}AB^{p-1} + \binom{p}{p}B^p$$

$$\equiv 1 \cdot A^p + 0 \cdot A^{p-1}B + 0 \cdot A^{p-2}B^2 + \cdots +$$

$$0 \cdot A^2B^{p-2} + 0 \cdot AB^{p-1} + 1 \cdot B^p \pmod{p}$$

$$\equiv A^p + B^p \pmod{p}. \qquad \square$$

公式

$$(A+B)^p \equiv A^p + B^p \pmod{p}$$

是数论中所有最重要的公式之一. 它表明一个和的 $p$ 次幂同余于 $p$ 次幂的和. 利用这个公式我们可以给出费马小定理的一个新的证明. 你可以将这个证明与第 9 章中给出的证明进行比较. 每个证明都揭示了这个基本公式的不同方面. 你最喜欢哪个?

**定理 38.4(费马小定理)**  设 $p$ 为素数,$a$ 为满足 $a \not\equiv 0 \pmod{p}$ 的任一数,则

$$a^{p-1} \equiv 1 \pmod{p}.$$

**归纳证明**  先用归纳法证明公式

$$a^p \equiv a \pmod{p}$$

对所有数 $a$ 都成立. 显然上式对 $a=0$ 成立. 接下来假设上式对某个特定的值 $a$ 成立,则

$$(a+1)^p \equiv a^p + 1^p \pmod{p} \qquad \text{对 } A=a \text{ 和 } B=1 \text{ 应用模 } p \text{ 二项式定理,}$$

$$\equiv a+1 \pmod{p} \qquad \text{由归纳假设 } a^p \equiv a \pmod{p}.$$

这就完成了公式

$$a^p \equiv a \pmod{p}$$

的归纳证明. 这意味着 $p$ 整除 $a^p - a$,因此

$$p \text{ 整除 } a(a^{p-1} - 1).$$

由假设 $p$ 不整除 $a$，故可得

$$a^{p-1} \equiv 1 \ (\bmod \ p),$$

这就完成了费马小定理的证明.　　　　　　　　　　　　　　　　　　　□

## 习题

**38.1** 计算下述各二项式系数.

(a) $\binom{10}{5}$　　(b) $\binom{20}{10}$　　(c) $\binom{15}{11}$　　(d) $\binom{300}{297}$

**38.2** 利用公式 $\binom{n}{k} = \dfrac{n!}{k! \ (n-k)!}$ 证明加法公式

$$\binom{n}{k-1} + \binom{n}{k} = \binom{n+1}{k}.$$

**38.3** 如果将帕斯卡三角形中的一行相加

$$\binom{n}{0} + \binom{n}{1} + \binom{n}{2} + \binom{n}{3} + \cdots + \binom{n}{n-1} + \binom{n}{n},$$

得到的值为多少? 计算出几个值，提出一个猜想，并证明你的猜想是对的.

**38.4** 如果用公式

$$\binom{n}{k} = \frac{n(n-1)(n-2)\cdots(n-k+1)}{k!}$$

定义二项式系数 $\binom{n}{k}$，那么只要 $k$ 为非负整数，二项式系数对任意的 $n$ 都有意义.

(a) 求出 $\binom{-1}{k}$ 的简化公式，并证明它是正确的.

(b) 求出 $\binom{-1/2}{k}$ 的公式，并证明它是正确的.

**38.5** 本题以一些微积分的知识为前提. 若 $n$ 为正整数，则在 $(A+B)^n$ 的公式中取 $A=1$，$B=x$ 得

$$(1+x)^n = \binom{n}{0} + \binom{n}{1}x + \binom{n}{2}x^2 + \binom{n}{3}x^3 + \cdots + \binom{n}{n-1}x^{n-1} + \binom{n}{n}x^n.$$

322

在上一道习题中我们注意到，即使 $n$ 不是正整数，二项式系数 $\binom{n}{k}$ 仍有意义. 假定 $n$ 不是正整数，证明当 $x$ 满足 $|x| < 1$ 时无穷序列

$$\binom{n}{0} + \binom{n}{1}x + \binom{n}{2}x^2 + \binom{n}{3}x^3 + \cdots$$

收敛到 $(1+x)^n$.

**38.6** 我们证明了如果 $p$ 为素数且 $1 \leqslant k \leqslant p-1$，则二项式系数 $\binom{p}{k}$ 被 $p$ 整除.

(a) 找一个例子使 $n$，$k$ 为整数，且 $1 \leqslant k \leqslant n-1$，但 $\binom{n}{k}$ 不被 $n$ 整除.

(b) 对每个合数 $n = 4$，6，8，10，12 和 14，计算 $\binom{n}{k}$ 模 $n(1 \leqslant k \leqslant n-1)$，指出哪些模 $n$ 为 0.

(c) 根据(b)中的数据猜想什么时候二项式系数 $\binom{n}{k}$ 被 $n$ 整除.

(d)证明(c)中所做的猜想是正确的.

**38.7** (a)选定一些素数 $p$ 和整数 $0 \leq k \leq p-1$，计算

$$\binom{p-1}{k} \pmod{p}$$

的值，并对它的值作一猜想. 证明你的猜想是正确的.

(b)对

$$\binom{p-2}{k} \pmod{p}$$

的值求出一个类似的公式.

**38.8** 我们证明了 $(A+B)^p \equiv A^p + B^p \pmod{p}$.

(a)将这个结果推广到 $n$ 个数的和的情形，即证明

$$(A_1 + A_2 + A_3 + \cdots + A_n)^p \equiv A_1^p + A_2^p + A_3^p + \cdots + A_n^p \pmod{p}.$$

(b)对应的乘法公式

$$(A_1 \cdot A_2 \cdot A_3 \cdots A_n)^p \equiv A_1^p \cdot A_2^p \cdot A_3^p \cdots A_n^p \pmod{p}$$

323

成立吗？证明该公式成立，或举出一个反例.

# 第39章 斐波那契兔子问题与线性递归序列

1202 年，比萨的莱奥纳多（Leonardo of Pisa，也以莱奥纳多·斐波那契（Leonardo Fibonacci）闻名于世）出版了他的《珠算原理》（Liber Abbaci），这是实用数学方面一本有深远影响的书．在这本书中，莱奥纳多将优美的印度/阿拉伯数字系统（数字 1，2，…，9 和符号 0）介绍给了欧洲人，这之前欧洲人一直在用罗马数字费力地做着计算．莱奥纳多的书也包含下面这个奇怪的兔子问题．

> 第一个月，有一对幼兔．一个月后它们长大了．下一个月，这对长大的兔子生下了一对幼兔，于是现在有一对长大的兔子和一对幼兔．此后的每一个月，每一对长大的兔子都会生下一对幼兔，每一对幼兔都会长大．到年底一共会有多少对兔子？

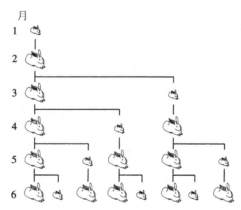

图 39.1 斐波那契兔子（每个兔子图像代表一对兔子）

图 39.1 列出了前几个月兔子的繁殖情况，图中的每个兔子图像都代表一对兔子．如果令

$$F_n = n \text{ 个月后兔子的对数},$$

并且如果记住每个月幼兔都会长大而每个月长大的兔子又会生下一对新的幼兔，我们就可以计算出每个月兔子的对数（幼兔和成年兔）．于是 $F_1 = 1$（一对幼兔），$F_2 = 1$（一对成年兔），$F_3 = 2$（一对成年兔加上一对新的幼兔），$F_4 = 3$（两对成年兔加上一对新的幼兔）．如此继续下去，就会得到

$$F_1 = 0 \text{ 对成年兔} + 1 \text{ 对幼兔} = 1 \text{ 对}$$
$$F_2 = 1 \text{ 对成年兔} + 0 \text{ 对幼兔} = 1 \text{ 对}$$
$$F_3 = 1 \text{ 对成年兔} + 1 \text{ 对幼兔} = 2 \text{ 对}$$
$$F_4 = 2 \text{ 对成年兔} + 1 \text{ 对幼兔} = 3 \text{ 对}$$
$$F_5 = 3 \text{ 对成年兔} + 2 \text{ 对幼兔} = 5 \text{ 对}$$

$$F_6 = 5 \text{ 对成年兔} + 3 \text{ 对幼兔} = 8 \text{ 对}$$
$$F_7 = 8 \text{ 对成年兔} + 5 \text{ 对幼兔} = 13 \text{ 对}$$
$$F_8 = 13 \text{ 对成年兔} + 8 \text{ 对幼兔} = 21 \text{ 对}$$
$$F_9 = 21 \text{ 对成年兔} + 13 \text{ 对幼兔} = 34 \text{ 对}$$
$$F_{10} = 34 \text{ 对成年兔} + 21 \text{ 对幼兔} = 55 \text{ 对}$$
$$F_{11} = 55 \text{ 对成年兔} + 34 \text{ 对幼兔} = 89 \text{ 对}$$
$$F_{12} = 89 \text{ 对成年兔} + 55 \text{ 对幼兔} = 144 \text{ 对}$$
$$F_{13} = 144 \text{ 对成年兔} + 89 \text{ 对幼兔} = 233 \text{ 对}$$

这就回答了斐波那契的问题. 在这年的年底(第 12 个月过完)共有 233 对兔子. 由斐波那契兔子问题产生的斐波那契序列

$$1, 1, 2, 3, 5, 8, 13, 21, \cdots$$

引起了人们的兴趣[一], 从 13 世纪持续到今天.

假设我们想列出第 12 个月后面的斐波那契数 $F_n$. 看看上面的列表, 就会明白每个斐波那契数只是它前面两个斐波那契数的和. 表示成公式为

$$F_n = F_{n-1} + F_{n-2}.$$

注意, 这不是真正的 $F_n$ 的公式, 因为它没有直接给出 $F_n$ 的值, 而是给出了一个如何由前面的斐波那契数计算第 $n$ 个斐波那契数的规则. 这种规则的数学名称是递归或递归公式.

利用 $F_n$ 的递归公式可以得到 $F_n$ 值的表.

| $n$ | $F_n$ | $n$ | $F_n$ | $n$ | $F_n$ |
|---|---|---|---|---|---|
| 1 | 1 | 11 | 89 | 21 | 10 946 |
| 2 | 1 | 12 | 144 | 22 | 17 711 |
| 3 | 2 | 13 | 233 | 23 | 28 657 |
| 4 | 3 | 14 | 377 | 24 | 46 368 |
| 5 | 5 | 15 | 610 | 25 | 75 025 |
| 6 | 8 | 16 | 987 | 26 | 121 393 |
| 7 | 13 | 17 | 1 597 | 27 | 196 418 |
| 8 | 21 | 18 | 2 584 | 28 | 317 811 |
| 9 | 34 | 19 | 4 181 | 29 | 514 229 |
| 10 | 55 | 20 | 6 765 | 30 | 832 040 |

斐波那契数 $F_n$

---

一 甚至有本杂志叫《斐波那契季刊》, 它创办于 1962 年, 致力于研究斐波那契数列及其推广.

斐波那契数看起来增长得非常快. 事实上, 第 31 个斐波那契数已经大于一百万了,

$$F_{31} = 1\,346\,269;$$

326

45 个月后(少于 4 年),

$$F_{45} = 1\,134\,903\,170,$$

我们有超过十亿对兔子! 下面来看看斐波那契数到第 200 个之前会变得多大:

$F_{60} = 1\,548\,008\,755\,920$

$F_{74} = 1\,304\,969\,544\,928\,657$

$F_{88} = 1\,100\,087\,778\,366\,101\,931$

$F_{103} = 1\,500\,520\,536\,206\,896\,083\,277$

$F_{117} = 1\,264\,937\,032\,042\,997\,393\,488\,322$

$F_{131} = 1\,066\,340\,417\,491\,710\,595\,814\,572\,169$

$F_{146} = 1\,454\,489\,111\,232\,772\,683\,678\,306\,641\,953$

$F_{160} = 1\,226\,132\,595\,394\,188\,293\,000\,174\,702\,095\,995$

$F_{174} = 1\,033\,628\,323\,428\,189\,498\,226\,463\,595\,560\,281\,832$

$F_{189} = 1\,409\,869\,790\,947\,669\,143\,312\,035\,591\,975\,596\,518\,914.$

数论几乎全都是关于模式的, 但怎样才有可能在增长如此迅速的数中找到一种模式呢? 我们能做的是去发现究竟斐波那契数增长得有多快. 例如, 每个斐波那契数比它的前一个数大多少? 这可以用比 $F_n/F_{n-1}$ 来衡量, 因此我们计算了前面几个值.

| | | | |
|---|---|---|---|
| $F_3/F_2 = 2.000\,00$ | | $F_{11}/F_{10} = 1.618\,18$ | |
| $F_4/F_3 = 1.500\,00$ | | $F_{12}/F_{11} = 1.617\,97$ | |
| $F_5/F_4 = 1.666\,66$ | | $F_{13}/F_{12} = 1.618\,05$ | |
| $F_6/F_5 = 1.600\,00$ | | $F_{14}/F_{13} = 1.618\,02$ | |
| $F_7/F_6 = 1.625\,00$ | | $F_{15}/F_{14} = 1.618\,03$ | |
| $F_8/F_7 = 1.615\,38$ | | $F_{16}/F_{15} = 1.618\,03$ | |
| $F_9/F_8 = 1.619\,04$ | | $F_{17}/F_{16} = 1.618\,03$ | |
| $F_{10}/F_9 = 1.617\,64$ | | $F_{18}/F_{17} = 1.618\,03$ | |

看上去比值 $F_n/F_{n-1}$ 越来越接近于某个 $1.618\,03$ 左右的数. 要确切地猜出这个数非常困难, 所以我们来看看能不能把它算出来.

最后这张图表暗示 $F_n$ 近似等于 $\alpha F_{n-1}$, 其中 $\alpha$ 是某个固定的数, 我们不知道它的值. 于是可记

$$F_n \approx \alpha F_{n-1},$$

327

其中 "$\approx$" 号表示 "近似等于". 同理,

$$F_{n-1} \approx \alpha F_{n-2},$$

将它代入 $F_n \approx \alpha F_{n-1}$ 可得

$$F_n \approx \alpha F_{n-1} \approx \alpha^2 F_{n-2}.$$

因此我们猜想 $F_n \approx \alpha^2 F_{n-2}$ 且 $F_{n-1} \approx \alpha F_{n-2}$. 由斐波那契递归公式 $F_n = F_{n-1} + F_{n-2}$ 可得

$$\alpha^2 F_{n-2} \approx \alpha F_{n-2} + F_{n-2}.$$

上式除以 $F_{n-2}$ 并把所有的项移到一边得到方程

$$\alpha^2 - \alpha - 1 \approx 0.$$

我们知道如何求解像这样的方程: 利用二次求根公式.

$$\alpha = \frac{1 + \sqrt{5}}{2} \quad \text{或} \quad \frac{1 - \sqrt{5}}{2}$$

我们在寻求 $\alpha$ 的值, 似乎运气非常好, 找到了两个! 这两个值都满足方程 $\alpha^2 = \alpha + 1$, 因此对任意的 $n$, 它们都满足方程

$$\alpha^n = \alpha^{n-1} + \alpha^{n-2}.$$

这看起来很像斐波那契递归公式 $F_n = F_{n-1} + F_{n-2}$. 换言之, 如果对上面列出的两个 $\alpha$ 值之一令 $G_n = \alpha^n$, 则 $G_n = G_{n-1} + G_{n-2}$.

事实上, 如果同时利用两个值能得到更好的结果. 令

$$\alpha = \frac{1 + \sqrt{5}}{2}, \quad \beta = \frac{1 - \sqrt{5}}{2}.$$

考察序列

$$H_n = A\alpha^n + B\beta^n, \quad n = 1, 2, 3, \cdots.$$

它具有性质

$$\begin{aligned} H_{n-1} + H_{n-2} &= (A\alpha^{n-1} + B\beta^{n-1}) + (A\alpha^{n-2} + B\beta^{n-2}) \\ &= A(\alpha^{n-1} + \alpha^{n-2}) + B(\beta^{n-1} + \beta^{n-2}) \\ &= A\alpha^n + B\beta^n \\ &= H_n, \end{aligned}$$

因此 $H_n$ 满足和斐波那契序列一样的递归公式, 我们可以自由地选取 $A$ 和 $B$ 来获得想要的值.

现在的想法是选取 $A$ 和 $B$ 使得 $H_n$ 序列和斐波那契序列有相同的值. 换言之, 想选取 $A$ 和 $B$ 使得

$$H_1 = F_1 = 1 \quad \text{且} \quad H_2 = F_2 = 1.$$

这意味着需要求解

$$A\alpha + B\beta = 1 \quad \text{和} \quad A\alpha^2 + B\beta^2 = 1.$$

(记住 $\alpha$ 和 $\beta$ 是特定的值.) 这两个方程很容易解. 利用 $\alpha^2 = \alpha + 1$ 和 $\beta^2 = \beta + 1$ 改写第二个方程可得

$$A(\alpha + 1) + B(\beta + 1) = 1.$$

减去第一个方程得 $A + B = 0$, 故 $B = -A$. 将 $B = -A$ 代入第一个方程得 $A\alpha - A\beta = 1$, 解得

$$A = 1/(\alpha - \beta) = 1/\sqrt{5}.$$

于是 $B = -A = -1/\sqrt{5}$，从而

$$H_n = (\alpha^n - \beta^n)/\sqrt{5}.$$

我们的计算最终导致下面这个优美的斐波那契序列通项公式. 它以比内(Binet)命名，比内在 1843 年发表了这个公式，尽管 100 多年前这个公式已为欧拉和伯努利(Daniel Bernoulli)所知.

**定理 39.1(比内公式)** 斐波那契序列 $F_n$ 用递归公式描述如下：

$$F_1 = F_2 = 1, \quad F_n = F_{n-1} + F_{n-2}, \quad n = 3, 4, 5, \cdots.$$

则斐波那契序列的第 $n$ 项可用公式

$$F_n = \frac{1}{\sqrt{5}}\left\{\left(\frac{1+\sqrt{5}}{2}\right)^n - \left(\frac{1-\sqrt{5}}{2}\right)^n\right\}$$

给出.

**证明** 对每个数 $n = 1, 2, 3, \cdots$，令

$$H_n = \frac{1}{\sqrt{5}}\left\{\left(\frac{1+\sqrt{5}}{2}\right)^n - \left(\frac{1-\sqrt{5}}{2}\right)^n\right\}.$$

我们将归纳证明：对每个数 $n$ 都有 $H_n = F_n$.

首先验证

$$H_1 = \frac{1}{\sqrt{5}}\left\{\left(\frac{1+\sqrt{5}}{2}\right) - \left(\frac{1-\sqrt{5}}{2}\right)\right\} = \frac{1}{\sqrt{5}} \cdot \sqrt{5} = 1$$

且

$$H_2 = \frac{1}{\sqrt{5}}\left\{\left(\frac{1+\sqrt{5}}{2}\right)^2 - \left(\frac{1-\sqrt{5}}{2}\right)^2\right\}$$

$$= \frac{1}{\sqrt{5}}\left\{\frac{6+2\sqrt{5}}{4} - \frac{6-2\sqrt{5}}{4}\right\} = \frac{1}{\sqrt{5}} \cdot \frac{4\sqrt{5}}{4} = 1.$$

这说明 $H_1 = F_1$ 且 $H_2 = F_2$.

假设 $n \geq 3$ 且对每个介于 1 和 $n-1$ 之间的数 $i$ 都有 $H_i = F_i$. 特别地，$H_{n-1} = F_{n-1}$，$H_{n-2} = F_{n-2}$. 需要证明 $H_n = F_n$. 我们已经验证了

$$H_n = H_{n-1} + H_{n-2},$$

又由斐波那契序列的定义知

$$F_n = F_{n-1} + F_{n-2},$$

因此有 $H_n = F_n$. 这就完成了对每个 $n$ 都有 $H_n = F_n$ 的归纳证明. □

**历史插曲** 数

$$\frac{1+\sqrt{5}}{2} = 1.618\,03\cdots$$

称作黄金比(或神赐的比例),通常被认为源自古希腊人,他们起了个很不好听的名字"极端又平均的比率". 很多作者都认为按黄金比构建的艺术作品非常美观. 例如,有人认为巴台农神庙(图 39.2)的外观尺寸是按照黄金比来设计的. 这是一个边为黄金比的小矩形□,这是一个大一点的矩形▭. 你

雅典

图 39.2  巴台农神庙

330  发现这些矩形的比例令眼睛特别舒服了吗?

斐波那契序列是线性递归序列的一个例子. 这里的线性是指序列的第 $n$ 项是前面几项的线性组合. 下面是其他一些线性递归序列的例子:

$$A_n = 3A_{n-1} + 10A_{n-2} \qquad A_1 = 1 \qquad A_2 = 3$$
$$B_n = 2B_{n-1} - 4B_{n-2} \qquad B_1 = 0 \qquad B_2 = -2$$
$$C_n = 4C_{n-1} - C_{n-2} - 6C_{n-3} \qquad C_1 = 0 \qquad C_2 = 0 \qquad C_3 = 1$$

用以导出关于第 $n$ 个斐波那契数的比内公式的方法经过必要的调整⊖可用来寻求任一线性递归序列的第 $n$ 项的公式. 当然,并非所有的递归序列都是线性的. 下面是一些非线性递归序列的例子:

$$D_n = D_{n-1} + D_{n-2}^2 \qquad D_1 = 1 \qquad D_2 = 1$$
$$E_n = E_{n-1}E_{n-2} + E_{n-3} \qquad E_1 = 1 \qquad E_2 = 2 \qquad E_3 = 1$$

一般来讲,非线性递归序列的第 $n$ 项没有简单的表达式. 这并不意味着非线性递归序列没有意思(恰恰相反),但表明对它们的分析比对线性递归序列要难得多.

## 斐波那契序列模 $m$

如果对斐波那契序列中的数模 $m$ 简化会怎样呢? 由于只有有限多个模 $m$ 不同的数,故模 $m$ 后的值不会变得越来越大. 和往常一样,先计算一些例子.

331  下面是对最初几个 $m$ 值斐波那契序列模 $m$ 后的情形.

$F_n \pmod 2$  **1, 1, 0,** 1, 1, 0, 1, 1, 0, 1, 1, 0···

$F_n \pmod 3$  **1, 1, 2, 0, 2, 2, 1, 0,** 1, 1, 2, 0, 2, 2, 1···

$F_n \pmod 4$  **1, 1, 2, 3, 1, 0,** 1, 1, 2, 3, 1, 0, 1, 1, 2···

$F_n \pmod 5$  **1, 1, 2, 3, 0, 3, 3, 1, 4, 0, 4, 4, 3, 2, 0, 2, 2, 4, 1, 0,** 1, 1, 2···

$F_n \pmod 6$  **1, 1, 2, 3, 5, 2, 1, 3, 4, 1, 5, 0, 5, 5, 4, 3, 1, 4, 5, 3, 2, 5, 1, 0,** 1, 1, 2, 3···

注意在每一种情形下斐波那契数列最后都开始循环. 换言之,当计算斐波那契序列模 $m$ 时,最后总会发现两个连续的 1 出现,然后序列开始循环. (我们将这种情况总会发生的证明留作习题.)于是,存在整数 $N \geq 1$ 使得

---

⊖  相应的拉丁术语为 mutatis mutandis,意指进行微调.

$$F_{n+N} \equiv F_n \pmod{m} \quad \text{对所有的 } n = 1, 2, \cdots.$$

最小的这样的整数 $N$ 叫做斐波那契序列模 $m$ 的周期，记为 $N(m)$. 由前面的例子可得如下简表：

| $m$ | 2 | 3 | 4 | 5 | 6 |
|-----|---|---|---|---|---|
| $N(m)$ | 3 | 8 | 6 | 20 | 24 |

斐波那契序列模 $m$ 的周期呈现出许多有趣的模式，但这个表格太短了，不能用来提出猜想. 现在我们关注模为素数 $p$ 的情形. 表 39.1 对素数 $p \leqslant 229$ 列出了周期 $N(p)$.

表 39.1　斐波那契序列模素数 $p$ 的周期

| $p$ | $N(p)$ | $p$ | $N(p)$ | $p$ | $N(p)$ | $p$ | $N(p)$ | $p$ | $N(p)$ |
|-----|--------|-----|--------|-----|--------|-----|--------|-----|--------|
| 2 | 3 | 31 | 30 | 73 | 148 | 127 | 256 | 179 | 178 |
| 3 | 8 | 37 | 76 | 79 | 78 | 131 | 130 | 181 | 90 |
| 5 | 20 | 41 | 40 | 83 | 168 | 137 | 276 | 191 | 190 |
| 7 | 16 | 43 | 88 | 89 | 44 | 139 | 46 | 193 | 388 |
| 11 | 10 | 47 | 32 | 97 | 196 | 149 | 148 | 197 | 396 |
| 13 | 28 | 53 | 108 | 101 | 50 | 151 | 50 | 199 | 22 |
| 17 | 36 | 59 | 58 | 103 | 208 | 157 | 316 | 211 | 42 |
| 19 | 18 | 61 | 60 | 107 | 72 | 163 | 328 | 223 | 448 |
| 23 | 48 | 67 | 136 | 109 | 108 | 167 | 336 | 227 | 456 |
| 29 | 14 | 71 | 70 | 113 | 76 | 173 | 348 | 229 | 114 |

观察表 39.1 的前两列，就会马上注意到这五个值

$$N(11) = 10, \quad N(31) = 30, \quad N(41) = 40, \quad N(61) = 60, \quad N(71) = 70,$$

因而可以试着猜测当 $p \equiv 1 \pmod{10}$ 时有 $N(p) = p-1$. 不幸的是，表中后面有一些项为

$$N(101) = 50, \quad N(151) = 50, \quad N(181) = 90, \quad N(211) = 42,$$

所以这个猜想并不正确. 但是，在上面这些情形中都有周期 $N(p)$ 整除 $p-1$，这提示我们关注那些满足 $N(p) \mid p-1$ 的素数 $p$：

$$11, 19, 29, 31, 41, 59, 61, 71, 79, 89, 101, 109, 131, 139, 149, 151, 179, 181, 191, 199, 211, 229, \cdots$$

规律是明显的. 这些素数都模 10 余 1 或 9，也可以说都模 5 余 1 或 4. 因而可猜想

$$p \equiv 1 \text{ 或 } 4 \pmod{5} \overset{?}{\Longrightarrow} N(p) \mid p-1.$$

如何证明该猜想呢？想法是利用比内公式模 $p$，但比内公式含有 $\sqrt{5}$. 如果 $p$ 模 5 余 1 或 4，则由二次互反律可知 5 是模 $p$ 的平方剩余，所以可将 5 模 $p$ 的平方根看成一个整数. 有了这些想法就可以证明猜想了.

**定理 39.2（斐波那契序列模 $p$ 定理）**　设 $p$ 为模 5 余 1 或 4 的素数，则斐波那契序列

模 $p$ 的周期满足

$$N(p) \mid p - 1.$$

**证明**  假设 $p \equiv 1$ 或 $4 \pmod 5$，由二次互反律（定理 22.1）可知

$$\left(\frac{5}{p}\right) = \left(\frac{p}{5}\right) = \left(\frac{1}{5}\right) \quad \text{或} \quad \left(\frac{4}{5}\right) = 1,$$

故 5 是模 $p$ 的平方剩余. 于是存在整数 $c$ 使得 $c^2 \equiv 5 \pmod p$. 可以假设 $c$ 为奇数，否则，$c$ 可用 $c+p$ 代替. 由 $p$ 不整除 $c$ 可知 $c$ 模 $p$ 有逆元，记为 $c^{-1}$，也就是说，数 $c^{-1}$ 满足 $cc^{-1} \equiv 1 \pmod p$.

模 $p$ 的序列 $J_n$ 由如下公式定义：

$$J_n \equiv c^{-1}\left(\left(\frac{1+c}{2}\right)^n - \left(\frac{1-c}{2}\right)^n\right) \pmod p.$$

（注意，如果将 $c$ 看成 $\sqrt{5}$，这正是比内公式.）由 $c^2 \equiv 5 \pmod p$ 易知

$$J_1 \equiv J_2 \equiv 1 \pmod p, \quad J_n \equiv J_{n-1} + J_{n-2}, \quad n \geq 3.$$

因此序列 $J_n$ 与斐波那契序列模 $p$ 有相同的初值且满足相同的递归关系. 于是

$$F_n \equiv J_n \pmod p, \quad n \geq 1.$$

为简化记号，令

$$U = \frac{1+c}{2}, \quad V = \frac{1-c}{2},$$

则

$$F_n \equiv c^{-1}(U^n - V^n) \pmod p.$$

特别地，由费马小定理（定理 9.1）可得

$$\begin{aligned}
F_{i+(p-1)j} &\equiv c^{-1}\left(U^{i+(p-1)j} - V^{i+(p-1)j}\right) \pmod p \\
&\equiv c^{-1}\left(U^i \cdot (U^{p-1})^j + V^i \cdot (V^{p-1})^j\right) \pmod p \\
&\equiv c^{-1}(U^i - V^i) \pmod p \\
&\equiv F_i \pmod p.
\end{aligned}$$

因此斐波那契序列模 $p$ 每 $p-1$ 个循环一次.

而 $N(p)$ 的定义表明序列每 $N(p)$ 个循环一次，而且 $N(p)$ 是所有这种数值中最小的. 用 $N(p)$ 除 $p-1$ 得到商和余数：

$$p - 1 = N(p)q + r, \quad 0 \leq r < N(p).$$

于是

$$F_i \equiv F_{i+(p-1)j} \equiv F_{i+N(p)qj+rj} \equiv F_{i+rj} \pmod p.$$

这表明斐波那契序列模 $p$ 也是每 $r$ 个循环一次的. 但 $r < N(p)$，且 $N(p)$ 是最小正周期，故必有 $r = 0$，从而

$$p - 1 = N(p)q,$$

亦即 $N(p)$ 整除 $p-1$.  $\square$

关于斐波那契序列模 $m$ 周期的讨论到此结束，但还有很多其他问题有待回答，还有更多的模式有待发现. 例如，有无穷多个素数满足 $N(p) = p - 1$ 吗？目前还不知道. 习题 39.13 ~ 39.16 要求读者进一步考察 $m$ 取素数及合数时 $N(m)$ 的值.

## 习题

**39.1** (a)观察斐波那契数表，对各种 $m$ 和 $n$ 的取值比较 $F_m$ 和 $F_{mn}$ 的值. 试找出一种关系. (提示：寻找整除关系.)

(b)证明(a)中找到的关系成立.

(c)若 $\gcd(m, n) = 1$，试找出关于 $F_m$，$F_n$，$F_{mn}$ 的更强的关系.

(d)若 $\gcd(m, n) \neq 1$，(c)中找到的关系还成立吗？

(e)证明(c)中找到的关系成立.

**39.2** (a)尽可能多地找出斐波那契平方数. 你认为有有限多个还是无限多个斐波那契平方数？

(b)尽可能多地找出斐波那契三角数. 你认为有有限多个还是无限多个斐波那契三角数？

**39.3** (a)列出是素数的斐波那契数.

(b)利用你的数据填空来作一个有趣的猜想：

$$\text{若 } F_n \text{ 为素数，则 } n \text{ 是 } \boxed{\phantom{xxxxxxxx}}.$$

(提示：事实上，你的猜想应当是一个有一个例外的正确命题.)

(c)(b)中的猜想反过来成立吗？即下述命题是否为真，其中的空和(b)中一样.

$$\text{若 } n \text{ 是 } \boxed{\phantom{xxxxxxxx}}，\text{则 } F_n \text{ 为素数.}$$

(d)证明(b)中的猜想是正确的.

**39.4** 斐波那契数满足许多令人惊奇的恒等式.

(a)对前面几个整数 $n = 2, 3, 4, \cdots$ 计算 $F_{n+1}^2 - F_{n-1}^2$ 的值，试猜出它的一般值. (提示：它等于一个斐波那契数.)证明你的猜想成立.

(b)对 $F_{n+1}^3 + F_n^3 - F_{n-1}^3$，回答同样的问题(提示相同).

(c)对 $F_{n+2}^2 - F_{n-2}^2$，回答同样的问题(提示几乎相同).

(d)对 $F_{n-1}F_{n+1} - F_n^2$，回答同样的问题(但提示不同).

(e)对 $4F_nF_{n-1} + F_{n-2}^2$，回答同样的问题. (提示：与斐波那契数的平方作比较.)

(f)对 $F_{n+4}^4 - 4F_{n+3}^4 - 19F_{n+2}^4 - 4F_{n+1}^4 + F_n^4$，回答同样的问题.

**39.5** 马尔可夫三元组是方程

$$x^2 + y^2 + z^2 = 3xyz$$

的正整数解.

(a)证明：如果 $(x_0, y_0, z_0)$ 是马尔可夫三元组，则 $(x_0, y_0, 3x_0z_0 - y_0)$ 也是马尔可夫三元组.

(b)证明当 $k \geq 1$ 时，$(1, F_{2k-1}, F_{2k+1})$ 是马尔可夫三元组.

(马尔可夫方程的其他性质见习题 30.2 和 30.3.)

**39.6** 卢卡斯序列中的数 $L_n$ 这样给出：$L_1 = 1$，$L_2 = 3$，$L_n = L_{n-1} + L_{n-2}$.

(a)写出卢卡斯序列的前 10 项.

(b)求一个 $L_n$ 的简单公式，类似于斐波那契数 $F_n$ 的比内公式.

335

(c)对每个 $1 \leqslant n \leqslant 10$ 计算 $L_n^2 - 5F_n^2$ 的值. 对这个值作一猜想并证明其正确性.

(d)证明对所有的 $n$, $L_{3n}$ 和 $F_{3n}$ 都是偶数. 连同(c)中发现的公式, 求数对 $\left( \dfrac{1}{2}L_{3n},\ \dfrac{1}{2}F_{3n} \right)$ 满足的一个有趣的等式. 将你的答案与第32和34章的内容联系起来.

**39.7** 写出下述各线性递归序列的前几项, 找出类似于第 $n$ 个斐波那契数的比内公式的通项公式. 必须对前几个值验证公式的正确性.

(a) $A_n = 3A_{n-1} + 10A_{n-2}$      $A_1 = 1$      $A_2 = 3$

(b) $B_n = 2B_{n-1} - 4B_{n-2}$      $B_1 = 0$      $B_2 = -2$

(c) $C_n = 4C_{n-1} - C_{n-2} - 6C_{n-3}$      $C_1 = 0$      $C_2 = 0$      $C_3 = 1$

(提示: (b)要用到复数. (c)中三次多项式有小的整数根.)

**39.8** 设 $P_n$ 为如下定义的线性递归序列:

$$P_n = P_{n-1} + 4P_{n-2} - 4P_{n-3}, \quad P_1 = 1, \quad P_2 = 9, \quad P_3 = 1.$$

(a)写出 $P_n$ 的前10项.

(b)这个序列表现得奇怪吗?

(c)求一个类似于比内公式的 $P_n$ 的公式. 你求出的 $P_n$ 的公式解释了在(b)中注意到的 $P_n$ 的奇特性了吗?

**39.9** (这个问题需要一些基本的微积分知识.)

(a)求极限

$$\lim_{n \to \infty} \frac{\log(F_n)}{n}.$$

这里 $F_n$ 是第 $n$ 个斐波那契数.

336

(b)求 $\lim\limits_{n \to \infty} (\log(A_n))/n$, 其中 $A_n$ 为习题39.7(a)中的序列.

(c)求 $\lim\limits_{n \to \infty} (\log(|B_n|))/n$, 其中 $B_n$ 为习题39.7(b)中的序列.

(d)求 $\lim\limits_{n \to \infty} (\log(C_n))/n$, 其中 $C_n$ 为习题39.7(c)中的序列.

**39.10** 写出下述各非线性递归序列的前几项. 你能求得第 $n$ 项的简单公式吗? 在列出的项中, 你能找到一些模式吗?

(a) $D_n = D_{n-1} + D_{n-2}^2$      $D_1 = 1$      $D_2 = 1$

(b) $E_n = E_{n-1}E_{n-2} + E_{n-3}$      $E_1 = 1$      $E_2 = 2$      $E_3 = 1$

**39.11** 证明斐波那契序列模 $m$ 后最终总会从两个连续的1开始循环. (提示: 斐波那契递归关系也可以反过来用. 如果知道 $F_n$ 和 $F_{n+1}$ 的值, 就能由 $F_{n-1} = F_{n+1} - F_n$ 恢复 $F_{n-1}$ 的值.)

**39.12** 令 $N = N(m)$ 为斐波那契序列模 $m$ 的周期.

(a) $F_N$ 模 $m$ 等于多少? $F_{N-1}$ 模 $m$ 等于多少?

(b)对一些 $m$, 按逆序写出斐波那契序列模 $m$ 的值:

$$F_{N-1}, F_{N-2}, F_{N-3}, \cdots, F_3, F_2, F_1 \pmod{m},$$

并从中寻找模式. (提示: 如果某些模 $m$ 后的值取在 $-m$ 和 $-1$ 之间而不是1和 $m$ 之间, 那么模式会比较明显.)

(c)证明(b)中找出的模式的正确性.

**39.13** 表39.2中的数据显示, 如果 $m \geqslant 3$, 则斐波那契序列模 $m$ 的周期 $N(m)$ 总是偶数. 证明这个结论正确或举出反例.

**表 39.2 斐波那契序列模 $m$ 的周期 $N(m)$**

| $m$ | $N(m)$ | $m$ | $N(m)$ | $m$ | $N(m)$ | $m$ | $N(m)$ | $m$ | $N(m)$ |
|---|---|---|---|---|---|---|---|---|---|
| 1 | — | 21 | 16 | 41 | 40 | 61 | 60 | 81 | 216 |
| 2 | 3 | 22 | 30 | 42 | 48 | 62 | 30 | 82 | 120 |
| 3 | 8 | 23 | 48 | 43 | 88 | 63 | 48 | 83 | 168 |
| 4 | 6 | 24 | 24 | 44 | 30 | 64 | 96 | 84 | 48 |
| 5 | 20 | 25 | 100 | 45 | 120 | 65 | 140 | 85 | 180 |
| 6 | 24 | 26 | 84 | 46 | 48 | 66 | 120 | 86 | 264 |
| 7 | 16 | 27 | 72 | 47 | 32 | 67 | 136 | 87 | 56 |
| 8 | 12 | 28 | 48 | 48 | 24 | 68 | 36 | 88 | 60 |
| 9 | 24 | 29 | 14 | 49 | 112 | 69 | 48 | 89 | 44 |
| 10 | 60 | 30 | 120 | 50 | 300 | 70 | 240 | 90 | 120 |
| 11 | 10 | 31 | 30 | 51 | 72 | 71 | 70 | 91 | 112 |
| 12 | 24 | 32 | 48 | 52 | 84 | 72 | 24 | 92 | 48 |
| 13 | 28 | 33 | 40 | 53 | 108 | 73 | 148 | 93 | 120 |
| 14 | 48 | 34 | 36 | 54 | 72 | 74 | 228 | 94 | 96 |
| 15 | 40 | 35 | 80 | 55 | 20 | 75 | 200 | 95 | 180 |
| 16 | 24 | 36 | 24 | 56 | 48 | 76 | 18 | 96 | 48 |
| 17 | 36 | 37 | 76 | 57 | 72 | 77 | 80 | 97 | 196 |
| 18 | 24 | 38 | 18 | 58 | 42 | 78 | 168 | 98 | 336 |
| 19 | 18 | 39 | 56 | 59 | 58 | 79 | 78 | 99 | 120 |
| 20 | 60 | 40 | 60 | 60 | 120 | 80 | 120 | 100 | 300 |

**39.14** 令 $N(m)$ 为斐波那契序列模 $m$ 的周期.

(a) 利用表 39.2, 对各种 $m_1$, $m_2$ 的值, 尤其是 $\gcd(m_1, m_2) = 1$ 时, 比较 $N(m_1)$, $N(m_2)$ 和 $N(m_1 m_2)$ 的值.

(b) 当 $m_1$, $m_2$ 满足 $\gcd(m_1, m_2) = 1$ 时提出一个关于 $N(m_1)$, $N(m_2)$ 和 $N(m_1 m_2)$ 的猜想.

(c) 根据你在 (b) 中的猜想推测 $N(5184)$ 和 $N(6887)$ 的值. (提示: $6887 = 71 \cdot 97$. )

(d) 证明 (b) 中的猜想是正确的.

**39.15** 令 $N(m)$ 为斐波那契序列模 $m$ 的周期.

(a) 利用表 39.2, 对各素数 $p$ 比较 $N(p)$ 和 $N(p^2)$ 的值.

(b) 当 $p$ 为素数时提出一个关于 $N(p)$ 和 $N(p^2)$ 的值的猜想.

(c) 更一般地, 提出一个关于 $N(p)$ 和所有更高幂次 $N(p^2)$, $N(p^3)$, $N(p^4)$, … 的值的猜想.

(d) 根据 (b) 和 (c) 中的猜想推测 $N(2209)$, $N(1024)$ 和 $N(729)$ 的值. (提示: $2209 = 47^2$. 你应该会分解 1024 和 729!)

(e) 试证明 (b) 和 (c) 中的猜想.

**39.16** 设 $N(m)$ 为斐波那契序列模 $m$ 的周期. 文中我们分析了当 $p$ 为模 5 余 1 或 4 的素数时 $N(p)$ 的性质. 本题要求考虑其他素数的情形.

(a) 利用表 39.1, 列出当 $p$ 为模 5 余 2 或 3 的素数时斐波那契序列模 $p$ 的周期 $N(p)$.

(b) 如果 $p \equiv 1$ 或 4 (mod 5), 已经证明 $N(p)$ 整除 $p-1$. 对 $p \equiv 2$ 或 3 (mod 5) 做出类似的猜想.

(c) 试证明 (b) 中的猜想. (只用目前掌握的知识去证明可能比较困难.)

(d) 还没有考虑的素数是 $p = 5$. 对 $c$ 的各种取值, 考察序列

$$n \cdot c^{n-1} \pmod 5, \quad n = 1, 2, 3, \cdots,$$

并将它与斐波那契序列模 5 比较. 提出一个猜想并证明其正确.

# 第40章 *O*，多美的一个函数

很久以前<sup>⊖</sup>我们就得到了前 $n$ 个整数之和的公式：
$$1 + 2 + 3 + \cdots + (n-1) + n = \frac{n(n+1)}{2} = \frac{1}{2}n^2 + \frac{1}{2}n.$$
这是一个非常漂亮而且完全精确的公式，但在有些情况下，我们宁愿公式更简单，甚至以失去某种精确性为代价．于是，我们可以说 $1 + 2 + \cdots + n$ 近似等于 $\frac{1}{2}n^2$，因为当 $n$ 很大时 $\frac{1}{2}n^2$ 比 $\frac{1}{2}n$ 大得多．

类似地，前 $n$ 个平方数的和有精确的公式(已在第 26 章中证明)，
$$1^2 + 2^2 + \cdots + (n-1)^2 + n^2 = \frac{n(n+1)(2n+1)}{6}.$$
如果将右边乘开，就变成
$$1^2 + 2^2 + \cdots + (n-1)^2 + n^2 = \frac{1}{3}n^3 + \frac{1}{2}n^2 + \frac{1}{6}n.$$
$n$ 很大时，$\frac{1}{3}n^3$ 比其他项大得多，因此可以说 $1^2 + 2^2 + 3^2 + \cdots + n^2$ 近似等于 $\frac{1}{3}n^3$．如果想更精确些，可以说 $1^2 + 2^2 + \cdots + n^2$ 与 $\frac{1}{3}n^3$ 的差大约是 $n^2$ 的倍数．

这种类型的近似公式频繁地出现在数论以及数学的其他领域和计算机科学中．它们形如：

339

(n 的复杂函数) = (n 的简单函数) + (用 n 表示的误差的界).

例如，

$$\underbrace{1^2 + 2^2 + \cdots + (n-1)^2 + n^2}_{n\text{的复杂函数}} = \underbrace{\frac{1}{3}n^3}_{n\text{的简单函数}} + \left(\begin{array}{c}\text{不超过 } n^2 \\ \text{的误差}\end{array}\right)$$

在数学上写这个近似公式采用记号"大 $O$"．利用记号"大 $O$"，前面的公式可表示成
$$1^2 + 2^2 + \cdots + (n-1)^2 + n^2 = \frac{1}{3}n^3 + O(n^2).$$
它表示 $1^2 + 2^2 + \cdots + n^2$ 与 $\frac{1}{3}n^3$ 的差小于某个固定的 $n^2$ 的倍数．

大 $O$ 记号的正式定义比较抽象，而且一开始会引起混乱．但如果记住了例子 $1^2 + 2^2 + \cdots + n^2$，就会发现大 $O$ 记号没那么复杂，而且通过一些练习，它会变得很自然．

---

⊖ 在很靠前的一章里．

**定义**　设 $f(n)$，$g(n)$ 和 $h(n)$ 为函数．公式

$$f(n) = g(n) + O(h(n))$$

表示存在常数 $C$ 和起始值 $n_0$ 使得当 $n \geqslant n_0$ 时有

$$|f(n) - g(n)| \leqslant C|h(n)|.$$

也就是说，$f(n)$ 和 $g(n)$ 的差不超过 $h(n)$ 的常数倍．公式 $f(n) = g(n) + O(h(n))$ 读作 "$f(n)$ 等于 $g(n)$ 加大 $O$ $h(n)$"．

有时 $g(n)$ 不出现，这相当于对所有的 $n$，$g(n) = 0$，于是公式

$$f(n) = O(h(n))$$

表示存在常数 $C$ 和起始值 $n_0$，使得当 $n \geqslant n_0$ 时有

$$|f(n)| \leqslant C|h(n)|.$$

例如，

$$n^3 = O(2^n),$$

340

因为[⊖]$n \geqslant 10$ 时

$$n^3 \leqslant 2^n.$$

$h(n)$ 为常数函数即 $h(n) = 1$ 的公式也很普遍．一个常见的错误是认为公式

$$f(n) = O(1)$$

表示 $f(n)$ 本身是个常数．事实胜于雄辩．公式 $f(n) = O(1)$ 表示 $|f(n)|$ 小于某个常数 $C$．例如，函数 $f(n) = \dfrac{2n+1}{n+2}$ 肯定不是常数，但

$$\frac{2n+3}{n+2} = O(1),$$

因为 $n \geqslant 1$ 时

$$\left|\frac{2n+3}{n+2}\right| \leqslant 2.$$

斐波那契序列

$$1,1,2,3,5,8,13,\cdots$$

提供了另一个使用大 $O$ 的机会．在第 39 章中我们证明了第 $n$ 个斐波那契数的比内公式

$$F_n = \frac{1}{\sqrt{5}}\left\{\left(\frac{1+\sqrt{5}}{2}\right)^n - \left(\frac{1-\sqrt{5}}{2}\right)^n\right\}.$$

公式中出现的两个量的值为

---

⊖　注意 $C$ 和 $n_0$ 的选取有很多种可能．例如，我们说 $n^3 = O(2^n)$，因为 $n \geqslant 1$ 时 $n^3 \leqslant 10 \cdot 2^n$．但不能说 $n^3 = O(n^2)$，因为不存在常数 $C$ 使得 $n$ 很大时 $n^3$ 小于 $Cn^2$．

$$\frac{1+\sqrt{5}}{2} = 1.618\,039\cdots, \quad \frac{1-\sqrt{5}}{2} = -0.618\,039\cdots.$$

让 $\dfrac{1-\sqrt{5}}{2}$ 取很高的幂次时，它的值会非常小，而让 $\dfrac{1+\sqrt{5}}{2}$ 取很高的幂次时，它的值会非常大，因此比内公式的一个近似但仍有用的表示为

[341]

$$F_n = \frac{1}{\sqrt{5}}\left(\frac{1+\sqrt{5}}{2}\right)^n + O(0.613\,04^n).$$

此时，误差项 $O(0.613\,046^n)$ 实际上随着 $n$ 越来越大在极其迅速地接近于零. 与 $1^2 + 2^2 + \cdots + n^2$ 的大 $O$ 公式相对照，后者的误差项 $O(n^2)$ 随着 $n$ 的增大而增大，尽管比主项 $\dfrac{1}{3}n^3$ 的增长速度慢.

有很多方法可以用来发现和证明大 $O$ 公式. 最有用的一种方法是利用几何和一点儿微积分. 我们通过求

$$1^k + 2^k + \cdots + n^k$$

的大 $O$ 公式来说明几何方法. 我们知道

$$1 + 2 + \cdots + n = \frac{1}{2}n^2 + O(n), \quad 1^2 + 2^2 + \cdots + n^2 = \frac{1}{3}n^3 + O(n^2),$$

于是会猜测

$$1^k + 2^k + \cdots + n^k \overset{?}{=} \frac{1}{k+1}n^{k+1} + O(n^k).$$

确实如此.

**定理 40.1**　给定幂次 $k \geqslant 1$. 则

$$1^k + 2^k + 3^k + \cdots + n^k = \frac{1}{k+1}n^{k+1} + O(n^k).$$

**证明**　令 $S(n) = 1^k + 2^k + \cdots + n^k$ 表示要估计的和. 画一簇矩形. 第一个矩形的底为 1，高为 $1^k$；第二个矩形的底为 1，高为 $2^k$；第三个矩形的底为 1，高为 $3^k$，如此下去. 将这些矩形一个挨一个排在一起，就得到了如图 40.1 <sup>⊖</sup> 所示的图像. 注意，如果将所有矩形的面积加起来正好得到 $S(n)$.

与其精确计算矩形内部的面积，不如通过计算一个简单区域的面积来近似总的矩形面积. 画曲线 $y = x^k$，那么，矩形正好位于曲线下方，如图 40.2 所示. 既然在图 40.2 中矩形在曲线 $y = x^k$ 的下面，矩形内部的面积就要小于曲线下方区域的

[342] 面积.

---

⊖　注意，为了让图适合页面的大小，我们没有按正确尺寸画图 40.1 中的矩形，所以这幅图只是用来帮助理解一般的思想. 你可以用适当的尺寸自己作图，比如对 $k=2$，但要准备好用一张非常大的纸！

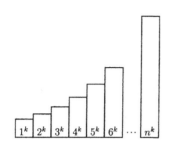

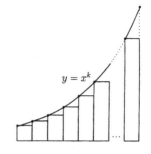

图 40.1　面积之和为 $1^k + 2^k + \cdots + n^k$
　　　　的矩形

图 40.2　曲线下方的面积大于
　　　　矩形的面积

换言之，根据图像可以得到

$1^k + 2^k + \cdots + n^k = （矩形的面积） < （曲线 $y = x^k(1 \leqslant x \leqslant n + 1)$ 下方的面积）.

利用基本的微积分知识可以计算曲线下方的面积.

$$（曲线 $y = x^k(1 \leqslant x \leqslant n + 1)$ 下方的面积） = \int_1^{n+1} x^k \mathrm{d}x$$

$$= \frac{x^{k+1}}{k+1}\Big|_1^{n+1} = \frac{1}{k+1}\big((n+1)^{k+1} - 1\big).$$

于是有上界

$$1^k + 2^k + \cdots + n^k < \frac{1}{k+1}(n+1)^{k+1}.$$

（我们略去了右边的 $-1$，因为保留 $-1$ 只是给出了稍强的估计.）

类似地，如果将矩形向左平移一个单位，则矩形完全覆盖了曲线 $y = x^k(0 \leqslant x \leqslant n)$ 下方的区域，如图 40.3 所示. 这就是说矩形的面积大于曲线下方那部分的面积，于是得到相应的下界

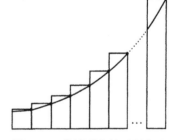

图 40.3　曲线下方的面积小于
　　　　矩形的面积

$$1^k + 2^k + \cdots + n^k = （矩形的面积）$$

$$> （曲线 $y = x^k(0 \leqslant x \leqslant n)$ 下方的面积）$$

$$= \int_0^n x^k \mathrm{d}x$$

$$= \frac{x^{k+1}}{k+1}\Big|_0^n$$

$$= \frac{1}{k+1}n^{k+1}.$$

把上界和下界合到一起，得

$$\frac{1}{k+1}n^{k+1} < 1^k + 2^k + \cdots + n^k < \frac{1}{k+1}(n+1)^{k+1}.$$

减去 $\dfrac{1}{k+1}n^{k+1}$ 可得

343
∼
344

$$0 < (1^k + 2^k + \cdots + n^k) - \frac{1}{k+1}n^{k+1} < \frac{1}{k+1}((n+1)^{k+1} - n^{k+1}). \qquad (*)$$

我们要证明上界不太大. 为此, 利用 $(n+1)^{k+1}$ 的二项式展开式 (第38章)

$$(n+1)^{k+1} = n^{k+1} + \binom{k+1}{1}n^k + \binom{k+1}{2}n^{k-1} + \cdots + \binom{k+1}{k}n + \binom{k+1}{k+1}.$$

其中的关键是最大的项 $n^{k+1}$ 和所有关于 $n$ 的更低幂次的其他项. 所以

$$(n+1)^{k+1} - n^{k+1} = \binom{k+1}{1}n^k + \binom{k+1}{2}n^{k-1} + \cdots + \binom{k+1}{k}n + \binom{k+1}{k+1}$$

$$\leqslant \binom{k+1}{1}n^k + \binom{k+1}{2}n^k + \cdots + \binom{k+1}{k}n^k + \binom{k+1}{k+1}n^k$$

$$= (\text{有关 } k \text{ 的某个式子}) \cdot n^k.$$

将这个估计与前面得到的不等式 $(*)$ 联立可得

$$0 < (1^k + 2^k + \cdots + n^k) - \frac{1}{k+1}n^{k+1} < (\text{有关 } k \text{ 的某个式子}) \cdot n^k.$$

当然, "新的式子" 等于 $\dfrac{1}{k+1}$ 乘以 "旧的式子", 但不论哪种情况, 它都只与 $k$ 有关而不依赖于 $n$. 这就证明了

345

$$(1^k + 2^k + \cdots + n^k) = \frac{1}{k+1}n^{k+1} + O(n^k),$$

事实上它还证明了更强的结论, 因为它表明 $k$ 次幂的和 $1^k + 2^k + \cdots + n^k$ 总是严格大于 $\dfrac{1}{k+1}n^{k+1}$. 定理证毕. □

## 描述计算所花的时间

记号大 $O$ 常用于描述用一种特定的方法进行某种计算需要的时间. 例如, 给定整数 $a$ 和模 $m$, 要对某个很大的指数 $n$ 计算 $a^n \pmod m$ 的值, 需要花多长时间?

一种做法是计算

$$a_1 \equiv a \pmod m, \text{然后}$$
$$a_2 \equiv a \cdot a_1 \pmod m, \text{然后}$$
$$a_3 \equiv a \cdot a_2 \pmod m, \text{然后} \cdots\cdots$$

最终得到 $a_n$, 它等于 $a^n \pmod m$. 完成计算必须做 $n$ 步, 其中每一步都包含一次乘法和一次模 $m$ 运算. 假设每一步都要花大约固定的一段时间, 则总的时间是 $n$ 的常数倍. 所以, 这种方法的运算时间是 $O(n)$.

当然，没有人会在读过第 16 章后还用这个效率极低的方法计算 $a^n \pmod{m}$．用逐次平方法计算 $a^n \pmod{m}$ 要快得多．如第 16 章中所述，逐次平方法分三个部分：

1. 将 $n$ 表示成 2 的幂次的和（二进制展开）

$$n = u_0 + u_1 \cdot 2 + u_2 \cdot 4 + u_3 \cdot 8 + \cdots + u_r \cdot 2^r,$$

其中 $u_r = 1$ 且其他 $u_i$ 都等于 0 或 1．

2. 生成一组值

$$A_0 = a, \quad A_1 = A_0^2 \pmod{m}, \quad A_2 = A_1^2 \pmod{m},$$

$$A_3 = A_2^2 \pmod{m}, \cdots, \quad A_r = A_{r-1}^2 \pmod{m}.$$

3. 计算乘积

$$A_0^{u_0} \cdot A_1^{u_1} \cdot A_2^{u_2} \cdots A_r^{u_r} \pmod{m}. \tag{40.1}$$

每个部分都大约需 $r$ 步，所以总的时间是 $r$ 的常数倍．你能看出来 $r$ 是如何和 $n$ 联系的吗？根据二进制展开式（40.1），$n$ 至少为 $2^r$，所以取对数可得[⊖]

$$r \leqslant \log_2(n).$$

所以，逐次平方法让我们在 $O(\log_2(n))$ 时间内算出 $a^n \pmod{m}$．这个时间比 $O(n)$ 大大缩短了，因为 $n$ 很大时 $\log_2(n)$ 比 $n$ 小得多．

$\log_2(n)$ 是 $n$ 的二进制数字的个数，即当 $n$ 用二进制表示时，$\log_2(n)$ 为表示式中数字的个数．类似地，$\log_{10}(n)$ 为 $n$ 的十进制数字的个数．因此，粗略地说，$\log(n)$ 反映了下述各方面的信息：

- 写下 $n$ 要花多长时间．
- 向另一个人描述数 $n$ 要花多长时间．
- 向计算机输入 $n$ 或从计算机输出 $n$ 要花多长时间．

概括地说，描述数 $n$ 需要时间 $O(\log(n))$．

我们能在 $O(\log(n))$ 时间内计算出 $a^n \pmod{m}$，真是既有趣又有点令人惊奇，因为仅仅输入数 $n$ 就已经要花 $O(\log(n))$ 时间了．逐次平方法被称作要花线性时间，因为总的运算时间至多为输入初始信息所需时间的常数倍．

我们来看另一个关于两个 $d$ 次多项式

$$F(X) = a_0 + a_1 X + \cdots + a_d X^d, \quad G(X) = b_0 + b_1 X + \cdots + b_d X^d$$

乘积的问题．因为有 $2d + 2$ 个系数，故需要 $O(d)$ 时间来描述多项式[⊖]．$F(x)$ 和 $G(x)$ 的乘积由公式

---

[⊖] 函数 $\log_2 x$ 是以 2 为底的对数函数．按定义，$\log_2 x$ 为使 $2^y = x$ 的 $y$ 值．

[⊖] 注意多项式的次数扮演着与数的对数类似的角色．次数与对数的另一个共同点为

$$\deg(F(X)G(X)) = \deg(F(X)) + \deg(G(X)), \quad \log(MN) = \log(M) + \log(N).$$

可见，次数和对数都将乘法转化为加法．

$$H(X) = F(X)G(X) = c_0 + c_1 X + c_2 X^2 + \cdots + c_{2d} X^{2d}$$

$$\text{其中 } c_j = \begin{cases} a_0 b_j + a_1 b_{j-1} + \cdots + a_j b_0 & \text{若 } 0 \leqslant j \leqslant d \\ a_{j-d} b_d + a_{j-d+1} b_{d-1} + \cdots + a_d b_{j-d} & \text{若 } d < j \leqslant 2d \end{cases}$$

给出. 当 $0 \leqslant j \leqslant d$ 时, 计算 $c_j$ 需进行 $j$ 次加法和 $j+1$ 次乘法, 故要花费时间 $O(j)$. 当 $d < j \leqslant 2d$ 时, 计算 $c_j$ 要花费时间 $O(2d - j + 1)$. 所以计算乘积 $H(X)$ 的总时间为

$$\sum_{j=0}^{d} O(j) + \sum_{j=d+1}^{2d} O(2d - j) = O\left( \sum_{j=0}^{d} j + \sum_{j=d+1}^{2d} (2d - j + 1) \right)$$

$$= O\left( \frac{d^2 + d}{2} + \frac{d^2 + d}{2} \right) = O(d^2).$$

这样, 计算 $F(X)G(X)$ 的时间是大 $O$ 输入初始数据所需时间的平方, 故称计算两个多项式的乘积需二次时间$^{\ominus}$.

## 习题

**40.1** (a) 设

$$f_1(n) = g_1(n) + O(h(n)), \quad f_2(n) = g_2(n) + O(h(n)).$$

证明

$$f_1(n) + f_2(n) = g_1(n) + g_2(n) + O(h(n)).$$

(b) 更一般地, 设 $a$, $b$ 为常数, 证明

$$af_1(n) + bf_2(n) = ag_1(n) + bg_2(n) + O(h(n)).$$

(注意: 大 $O$ 记号定义中出现的常数 $C$ 可以依赖于常数 $a$ 和 $b$. 唯一的要求是对充分大的 $n$ 存在一个固定的 $C$.)

(c) 在 (b) 中证明的公式表明大 $O$ 公式 (具有相同的 $h$) 可以相加、相减和数乘. 可以用不为常数的量去乘吗? 换言之, 若 $f(n) = g(n) + O(h(n))$, $k(n)$ 是 $n$ 的另一个函数, 是否有

$$k(n)f(n) = k(n)g(n) + O(h(n))?$$

如果上式不成立, 是否有

$$k(n)f(n) = k(n)g(n) + O(k(n)h(n))?$$

**40.2** 设

$$f_1(n) = g_1(n) + O(h_1(n)) \quad \text{和} \quad f_2(n) = g_2(n) + O(h_2(n)).$$

证明

$$f_1(n) + f_2(n) = g_1(n) + g_2(n) + O(\max\{h_1(n), h_2(n)\}).$$

**40.3** 下述哪个函数为 $O(1)$? 为什么?

(a) $f(n) = \dfrac{3n + 17}{2n - 1}$　　(b) $f(n) = \dfrac{3n^2 + 17}{2n - 1}$　　(c) $f(n) = \dfrac{3n + 17}{2n^2 - 1}$

---

$\ominus$　当然, 我们实际上是指这种计算 $F(X)G(X)$ 的特殊方法要花二次时间. 还有其他方法 (如 Karatsuba 乘积法和快速傅里叶 (Fourier) 变换法) 要快得多. 这些方法能在 $O(d\log d)$ 时间内将两个多项式相乘, 因此只比线性时间稍长. 当 $d$ 很小, 比如 $d = 10$ 或 15 时, 线性时间相对二次时间的优势不太明显, 但当 $d = 10\,000$ 时, 就有很大的不同了.

(d)$f(n) = \cos(n)$　　(e)$f(n) = \dfrac{1}{\sin(1/n)}$　　(f)$f(n) = \dfrac{1}{n \cdot \sin(1/n)}$

**40.4** 求平方根的和的大 $O$ 估计式，即在下面公式的方框中填空：

$$\sqrt{1} + \sqrt{2} + \sqrt{3} + \cdots + \sqrt{n} = \boxed{\phantom{x}}\, n^{\boxed{\phantom{x}}} + O(n^{\boxed{\phantom{x}}}).$$

**40.5** (a)证明下面整数的倒数和的大 $O$ 估计式：

$$1 + \frac{1}{2} + \frac{1}{3} + \frac{1}{4} + \frac{1}{5} + \cdots + \frac{1}{n} = \ln(n) + O(1).$$

（提示：$\ln(x)$ 是 $x$ 的自然对数. ）

(b)证明更强的命题：存在常数 $\gamma$ 使得

$$1 + \frac{1}{2} + \frac{1}{3} + \frac{1}{4} + \frac{1}{5} + \cdots + \frac{1}{n} = \ln(n) + \gamma + O\left(\frac{1}{n}\right).$$

数 $\gamma = 0.577\,215\,664\cdots$ 称为欧拉常数. 关于欧拉常数，人们知之甚少. 例如，人们不知道 $\gamma$ 是不是一个有理数.

**40.6** 鲍勃和艾丽斯玩下面的猜谜游戏. 艾丽斯在 1 和 $n$ 之间选一个数. 鲍勃开始猜，每猜一次，艾丽斯都会告诉他猜没猜对. 设 $G(n)$ 表示鲍勃猜出艾丽斯挑的数所需的最大猜测次数. 假定他采用了最佳策略.

（此处页边标注：349）

(a)证明 $G(n) = O(n)$.

(b)证明 $G(n)$ 不是 $O(\sqrt{n})$.

(c)更一般地，若 $G(n) = O(h(n))$，则关于 $h(n)$ 有什么结论？

(d)假设我们改变游戏规则，鲍勃每猜一次数后，艾丽斯都告诉他猜的数大了、小了还是正好. 为鲍勃设计一个方案使他在猜对前的猜测次数满足 $G(n) = O(\log_2(n))$. （提示：每猜一次，排除剩余数的一半. ）

**40.7** 鲍勃知道 $n$ 是个合数，他想求出 $n$ 的非平凡因子. 他运用了下面的方法：先检查 2 是否整除 $n$，然后检查 3 是否整除 $n$，再检查 4 是否整除 $n$，等等. 设 $F(n)$ 表示他找到 $n$ 的第一个因子时总共进行的步骤数.

(a)证明 $F(n) = O(\sqrt{n})$.

(b)假设鲍勃只检查 $n$ 是否被素数 2，3，5，7，11$\cdots$整除而不是检查每个数 2，3，4，5，6$\cdots$，说明为什么这个方案可行，并证明此时步骤数 $F(n)$ 满足 $F(n) = O\left(\dfrac{\sqrt{n}}{\ln(n)}\right)$. （提示：要用素数定理 13.1. ）你认为这个新的方案真的实用吗？

(c)解决这个问题已有更快捷的方法，比如二次筛法和椭圆曲线法. 这些方法所需的步骤数 $L(n)$ 满足

$$L(n) = O(\mathrm{e}^{c\sqrt{\ln(n)\cdot\ln\ln(n)}}),$$

其中 $c$ 为小常数. 通过证明

$$\lim_{n\to\infty}\frac{\mathrm{e}^{c\sqrt{\ln(n)\cdot\ln\ln(n)}}}{\sqrt{n}} = 0$$

来说明这些方法比(a)中的方法快. 更一般地，证明即使分母上的 $\sqrt{n}$ 替换成 $n^{\varepsilon}$，其中 $\varepsilon > 0$ 是某个(小)常数，极限仍然为 0.

(d)现有的对大数 $n$ 解决这个问题的最快方法叫数域筛法(NFS). NFS 所需的步骤数 $M(n)$ 为

$$M(n) = O(\mathrm{e}^{c'\sqrt[3]{(\ln n)(\ln\ln n)^2}}),$$

其中 $c'$ 是个小常数. 对大数 $n$ 证明函数 $M(n)$ 比(c)中 $L(n)$ 的大 $O$ 估计式小得多.

记号大 $O$ 非常有用, 因此数学家和计算机科学家设置了类似的记号来描述某些其他情形. 在接下来的几个习题中, 我们介绍其中的一些概念, 并要求算出一些例子.

**40.8** (记号小 $o$)从直觉上, 记号 $o(h(n))$ 表示比 $h(n)$ 小得多的量. 确切的定义是

350

$$f(n) = g(n) + o(h(n)) \text{ 是指} \lim_{n \to \infty} \frac{f(n) - g(n)}{h(n)} = 0.$$

(a)证明 $n^{10} = o(2^n)$.

(b)证明 $2^n = o(n!)$.

(c)证明 $n! = o(2^{n^2})$.

(d)公式 $f(n) = o(1)$ 表示什么意思? 下述哪些函数是 $o(1)$?

$\quad$ (i)$f(n) = \dfrac{1}{\sqrt{n}}$ $\qquad$ (ii)$f(n) = \dfrac{1}{\sin(n)}$ $\qquad$ (iii)$f(n) = 2^{n-n^2}$

**40.9** (记号大 $\Omega$)记号大 $\Omega$ 与大 $O$ 非常相似, 只是不等式的方向相反 $^\ominus$. 换言之,

$$f(n) = g(n) + \Omega(h(n))$$

是指存在正常数 $C$ 及起始值 $n_0$, 使得 $n \geq n_0$ 时有

$$|f(n) - g(n)| \geq C|h(n)|.$$

通常 $g$ 取零, 此时 $f(n) = \Omega(h(n))$ 指对所有充分大的 $n$ 有 $|f(n)| \geq C|h(n)|$.

(a)证明以下各式成立.

$$\text{(i)}n^2 - n = \Omega(n) \qquad \text{(ii)}n! = \Omega(2^n) \qquad \text{(iii)}\frac{5^n - 3^n}{2^n} = \Omega(2^n)$$

(b)若 $f(n) = \Omega(h(n))$, $h(n) = \Omega(k(n))$, 证明 $f(n) = \Omega(k(n))$.

(c)若 $f(n) = \Omega(h(n))$, 是否总有 $h(n) = O(f(n))$?

(d)设 $f(n) = n^3 - 3n^2 + 7$. $d$ 取何值时有 $f(n) = \Omega(n^d)$?

(e)$d$ 取何值时有 $\sqrt{n} = \Omega((\log_2 n)^d)$?

(f)证明函数 $f(n) = n \cdot \sin(n)$ 不满足 $f(n) = \Omega(\sqrt{n})$. (提示: 利用狄利克雷-丢番图逼近定理 33.2 求满足 $|p - 2\pi q| < 1/q$ 的分数 $p/q$, 令 $n = p$, 利用 $x$ 很小时 $\sin x \approx x$.)

**40.10** (记号大 $\Theta$)记号大 $\Theta$ 将大 $O$ 和大 $\Omega$ 结合起来. 定义大 $\Theta$ 的一种方法是借助于先前的定义, 称

$$f(n) = g(n) + \Theta(h(n)),$$

如果

351

$$f(n) = g(n) + O(h(n)) \quad \text{且} \quad f(n) = g(n) + \Omega(h(n)).$$

或者把定义写清楚,

$$f(n) = g(n) + \Theta(h(n))$$

是指存在正常数 $C_1$ 和 $C_2$ 及起始值 $n_0$, 使得 $n \geq n_0$ 时有

$$C_1|h(n)| \leq |f(n) - g(n)| \leq C_2|h(n)|.$$

(a)证明

---

$\ominus$ $\quad$ 提醒: 习题40.9向计算机科学家们描述了 $\Omega$ 的含义. 数学家们赋予 $\Omega$ 另外的含义: 存在正数 $C$ 及无穷多个 $n$ 使得 $|f(n) - g(n)| \geq C|h(n)|$. 注意一个命题对所有充分大的 $n$ 成立与仅仅对无穷多个 $n$ 成立有着明显的差别.

$$\ln\left(1 + \frac{1}{n}\right) = \Theta\left(\frac{1}{n}\right).$$

（提示：当 $t$ 很小时利用 $\ln(1 + t)$ 的泰勒级数展开式估计它的值.）

（b）利用（a）证明

$$\ln|n^3 - n^2 + 3| = 3\ln(n) + \Theta\left(\frac{1}{n}\right).$$

（c）推广（b），并证明若 $f(x)$ 为 $d$ 次多项式，则

$$\log|f(n)| = d\ln(n) + \Theta\left(\frac{1}{n}\right).$$

（d）若 $f_1(n) = g_1(n) + \Theta(h(n))$，$f_2(n) = g_2(n) + \Theta(h(n))$，证明

$$f_1(n) + f_2(n) = g_1(n) + g_2(n) + \Theta(h(n)).$$

（e）若 $f(n) = \Theta(h(n))$，是否必定有 $h(n) = \Theta(f(n))$？

352

# 第41章 三次曲线与椭圆曲线

我们已研究过几种不同类型多项式方程的解,这些方程包括:

$$X^2 + Y^2 = Z^2 \quad 勾股数组方程(第2、3章)$$

$$x^4 + y^4 = z^4 \quad 四次费马方程(第30章)$$

$$x^2 - Dy^2 = 1 \quad 佩尔方程(第32、34与48章)$$

它们都是丢番图方程的例子. 一个丢番图方程是一元或多元多项式方程,我们要寻求它的整数解或有理数解. 例如,在第2章中我们证明了勾股数组方程的(两两互素的)整数解由下述公式表示:

$$X = st, \quad Y = \frac{s^2 - t^2}{2}, \quad Z = \frac{s^2 + t^2}{2}.$$

在第30章中我们讨论四次费马方程时得到了不同的结论:四次费马方程无满足 $xyz \neq 0$ 的整数解. 另一方面,佩尔方程有无穷多组整数解,在第34章中我们证明了每组这样的解可由基本解的幂获得.

在下面几章中将讨论一类新的由三次多项式给出的丢番图方程. 我们对其有理数解尤其感兴趣,但也讨论整数解与"模 $p$"的解. 二次丢番图方程现已被数学家透彻地了解了,但三次方程已经提出很难的作为当今研究课题的问题. 令人吃惊的是,怀尔斯利用三次方程证明了 $n \geq 3$ 时费马方程 $x^n + y^n = z^n$ 没有满足 $xyz \neq 0$ 的整数解.

我们将研究的三次方程叫做椭圆曲线[⊖]. 椭圆曲线由形如

$$y^2 = x^3 + ax^2 + bx + c$$

的方程给出,其中 $a$,$b$,$c$ 是给定的,我们要寻找满足方程的有序数对 $(x,y)$. 下面是三个椭圆曲线的例子:

$$E_1 : y^2 = x^3 + 17, \quad E_2 : y^2 = x^3 + x, \quad E_3 : y^2 = x^3 - 4x^2 + 16.$$

曲线 $E_1$,$E_2$,$E_3$ 如图41.1所示. 在接下来的几章中为阐明一般理论我们将多次用到这三个例子.

正如已经提到的那样,我们将研究有理数解、整数解及模素数 $p$ 的解. 上述三个例子都有整数解,例如:

$E_1$ 有解 $(-2,3)$,$(-1,4)$ 与 $(2,5)$,

$E_2$ 有解 $(0,0)$,

---

⊖ 不同于常规的理解,椭圆曲线不是椭圆. 回忆一下椭圆酷似挤扁了的圆,这与图41.1中给出的椭圆曲线形状完全不同. 椭圆曲线是数学家试图计算椭圆周长时首次出现的,那时它们就有了不甚相宜的名称,它的更精确但不那么悦耳的名称为一维阿贝尔簇.

$E_3$ 有解 $(0,4)$ 与 $(4,4)$.

我们用尝试法找出这些解. 换句话说, 对值较小的 $x$ 验证 $x^3 + ax^2 + bx + c$ 是否为完全平方. 类似地, 通过验证 $x$ 的一些小的有理数值, 我们发现 $E_1$ 有有理数解 $(1/4, 33/8)$, 怎样造出更多的解呢?

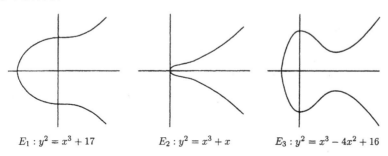

$$E_1: y^2 = x^3 + 17 \qquad E_2: y^2 = x^3 + x \qquad E_3: y^2 = x^3 - 4x^2 + 16$$

图 41.1　三个具有代表性的椭圆曲线图

本章的主题是几何与数论的相互影响. 在第 3 章中这一思想已初露端倪, 在那里我们用几何中的直线与圆来求勾股数组. 简单地说, 在第 3 章中取一条通过单位圆上的点 $(-1, 0)$ 的直线, 然后考察它与单位圆的另一个交点. 如果所取直线的斜率为有理数, 那么第二个交点的两个坐标也是有理数. 这样就通过点 $(-1, 0)$ 的直线造出许多具有有理坐标的新点. 我们将使用同样的方法来求椭圆曲线上许多具有有理坐标的点 (这种点也简称为有理点).

我们试着把上述思想应用于椭圆曲线 $E_1: y^2 = x^3 + 17$. 画一条通过点 $P = (-2, 3)$ 的直线, 再看它与 $E_1$ 的其他交点. 例如, 斜率为 1 的直线的方程为

$$y - 3 = x + 2.$$

为求这条线与 $E_1$ 的交点, 把 $y = x + 5$ 代入 $E_1$ 的方程, 然后去解 $x$.

$$y^2 = x^3 + 17 \qquad\qquad E_1 \text{ 的方程}$$

$$(x + 5)^2 = x^3 + 17 \qquad\qquad \text{把直线方程代入}$$

$$0 = x^3 - x^2 - 10x - 8 \qquad\qquad \text{化简方程}$$

354 ～ 355

你可能不知道怎么去解一元三次方程[−], 但本例中我们已知道它的一个解了. 椭圆曲线 $E_1$ 与直线都通过点 $P = (-2, 3)$, 故 $x = -2$ 是一个根. 于是, 可把三次多项式分解成

---

[−]　实际上一元三次方程有求根公式, 尽管比起一元二次方程的求根公式复杂得多. 求解方程 $x^3 + Ax^2 + Bx + C = 0$ 的第一步是作替换 $x = t - A/3$, 进而得到缺二次项的关于 $t$ 的方程 $t^3 + pt + q = 0$. 这个方程的一个根由卡丹诺 (Cardano) 公式

$$t = \sqrt[3]{-q/2 + \sqrt{q^2/4 + p^3/27}} + \sqrt[3]{-q/2 - \sqrt{q^2/4 + p^3/27}}$$

给出. 还有关于一元四次方程的更复杂的求根公式. 19 世纪初阿贝尔与伽罗瓦证明对一般的 5 次或更高次方程没有类似的求根公式. 这一结果是现代数学的巨大成就, 由此发展起来的工具在代数与数论中仍很重要.

$$x^3 - x^2 - 10x - 8 = (x + 2)(x^2 - 3x - 4).$$

现在可使用求根公式解出方程 $x^2 - 3x - 4 = 0$ 的两个根 $x = -1$ 与 $x = 4$. 将这些值代入直线方程 $y = x + 5$ 就给出新交点 $(-1, 4)$ 与 $(4, 9)$ 的纵坐标. 可以验证这些点的确满足方程 $y^2 = x^3 + 17$.

上述方法似乎很好, 我们再试一个例子. 假如取通过点 $P = (-2, 3)$ 且斜率为 3 的直线, 那么该直线的方程为

$$y - 3 = 3(x + 2), \quad 即 \quad y = 3x + 9.$$

把 $y = 3x + 9$ 代入 $E_1$ 的方程并进行有关计算.

$$\begin{aligned}
y^2 &= x^3 + 17 & & E_1 \text{ 的方程} \\
(3x + 9)^2 &= x^3 + 17 & & \text{代入 } y = 3x + 9 \\
0 &= x^3 - 9x^2 - 54x - 64 & & \text{展开并合并同类项} \\
0 &= (x + 2)(x^2 - 11x - 32) & & \text{分解出已知根}
\end{aligned}$$

同前面一样, 可求出方程 $x^2 - 11x - 32 = 0$ 的根

$$x = \frac{11 \pm \sqrt{249}}{2}.$$

不幸的是这不是我们所希望的解答, 因为我们要找的是 $E_1$ 上具有有理坐标的点.

是什么引起这样的问题? 假设我们画一条斜率为 $m$ 且通过 $P = (-2, 3)$ 的直线 $L$ 并要求出它与 $E_1$ 的交点. 直线 $L$ 由方程

$$L: y - 3 = m(x + 2)$$

[356] 给出. 要求出 $L$ 与 $E_1$ 的交点, 把 $y = m(x + 2) + 3$ 代入 $E_1$ 的方程并解 $x$.

$$\begin{aligned}
y^2 &= x^3 + 17 \\
(m(x + 2) + 3)^2 &= x^3 + 17 \\
0 &= x^3 - m^2 x^2 - (4m^2 + 6m)x - (4m^2 + 12m - 8).
\end{aligned}$$

当然我们知道有个根 $x = -2$, 故方程化为

$$0 = (x + 2)(x^2 - (m^2 + 2)x - (2m^2 + 6m - 4)).$$

与期望的不一样, 另两个根可能不是有理数.

使用通过已知点的直线来产生新交点的思想似乎遇到了障碍. 正如在数学(甚至生活)中经常发生的那样, 回过头来用更宽广的视角来考察将有助于克服障碍. 在目前情况下我们的问题是有个三次多项式并知道它有个有理根, 但另两个来自二次方程的根未必是有理根. 怎样才能迫使二次多项式有有理根呢? 回想一下第 3 章中, 如果一个(有理系数)二次多项式有一个有理根, 那么另一个根也是有理根. 换句话说, 我们要迫使原来的三次多项式有两个有理根, 从而保证第三个根也是有理根.

这把我们引导到问题的关键所在. 原来的三次多项式有一个有理根, 因为我们选的是通过点 $P = (-2, 3)$ 的直线, 从而确保了 $x = -2$ 是根. 要使三次多项式有两个有理根, 则应该选一条已经过椭圆曲线 $E_1$ 上的两个有理点的直线.

我们用例子来阐述这个思想. 从椭圆曲线

$$E_1 : y^2 = x^3 + 17$$

上的两个有理点 $P = ( -2, 3)$ 与 $Q = (2, 5)$ 出发. 连接 $P$ 与 $Q$ 的直线有斜率 $(5 - 3)/(2 - ( -2)) = 1/2$，故它的方程为

$$y = \frac{1}{2}x + 4.$$

代入 $E_1$ 的方程就给出

$$y^2 = x^3 + 17$$
$$\left( \frac{1}{2}x + 4 \right)^2 = x^3 + 17$$
$$0 = x^3 - \frac{1}{4}x^2 - 4x + 1.$$

357

这样必有根 $x = -2$ 与 $x = 2$，故方程化为

$$0 = (x - 2)(x + 2)\left(x - \frac{1}{4}\right).$$

注意第三个根 $x = \frac{1}{4}$ 确实是个有理数，将它代入直线方程求得相应的 $y$-坐标 $y = 33/8$. 概括

地说，通过取经过两个已知解 $( -2, 3)$ 与 $(2, 5)$ 的直线，我们
发现椭圆曲线上第三个有理解 $(1/4, 33/8)$. 这个过程体现在
图 41.2 中.

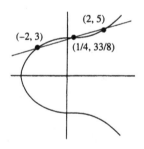

现在我们试着从新的解 $(1/4, 33/8)$ 出发重复上述过程.
如果画条经过 $( -2, 3)$ 与 $(1/4, 33/8)$ 的直线，则它与 $E_1$ 的
第三个交点为 $(2, 5)$，这样就又回到了起点. 我们似乎再次
受阻，但一个简单的观察又能帮助我们继续前进. 这个简单的
观察就是如果 $(x, y)$ 是椭圆曲线 $E_1$ 上的点，则点 $(x, -y)$ 也
在 $E_1$ 上. 由 $E_1$ 关于 $x$ 轴的对称性(见图 41.2)可明显看出这
一点. 于是我们可取新点 $(1/4, 33/8)$ 的对称点 $(1/4, -33/$

图 41.2　利用两个已知点
去发现新点

8)，然后使用通过 $(1/4, -33/8)$ 与 $( -2, 3)$ 的直线来重复上述过程. 这条直线的斜率为
$-19/6$，方程为 $y = -19x/6 - 10/3$. 代入 $E_1$ 的方程，最终得到三次多项式

$$x^3 - \frac{361}{36}x^2 - \frac{190}{9}x + \frac{53}{9}$$

的根. 已有的两个根为 $1/4$ 与 $-2$，因此可以由 $\left(x - \frac{1}{4}\right)(x + 2)$ 将三次多项式分解并求出
其他根，

$$x^3 - \frac{361}{36}x^2 - \frac{190}{9}x + \frac{53}{9} = \left(x - \frac{1}{4}\right)(x + 2)\left(x - \frac{106}{9}\right).$$

358

这给出第三个根 $x = 106/9$，将它代入直线方程得 $y = -1097/27$. 因此我们已发现 $E_1 :$
$y^2 = x^3 + 17$ 上的一个新点 $(106/9, -1097/27)$.

　　继续上述过程，就会发现越来越多的有理点. 事实上，正如佩尔方程那样，我们得到无穷多个具有有理坐标的点. 对于佩尔方程，我们已证明所有的解可由单一的最小解取幂获得. $E_1$ 上具有有理坐标的点也都可从两个点 $P$ 与 $Q$ 出发获得，具体来说，先用连接 $P$ 与 $Q$ 的直线去找出新的交点，再取新交点关于 $x$ 轴的对称点，画出通过已知点的新直线去找新交点，再取它关于 $x$ 轴的对称点，如此进行下去. 正如佩尔方程的每个解可通过将简单规则反复应用于基本解而获得那样，$E_1$ 上具有有理坐标的点也可以这样获得：从两个点出发，反复应用一个简单的几何过程. $E_1$ 的无穷多个有理解可由一个有限生成集衍生出来这个事实是下述著名定理的特例.

　　**定理 41.1（莫德尔定理，L. J. Mordell，1922）**　设椭圆曲线 $E$ 由方程

$$E : y^2 = x^3 + ax^2 + bx + c$$

给出，其中 $a$, $b$, $c$ 为整数且判别式

$$\Delta(E) = -4a^3 c + a^2 b^2 - 4b^3 - 27c^2 + 18abc$$

非零⊖，则有 $E$ 上的有限个有理点

$$P_1 = (x_1, y_1), \quad P_2 = (x_2, y_2), \cdots, P_r = (x_r, y_r),$$

使得 $E$ 上所有有理点都可从这 $r$ 个点出发，运用下述办法获得：取通过一对已知点的直线，找出它与 $E$ 的第三个交点，将其关于 $x$ 轴的对称点作为一个新点.

　　莫德尔在 1922 年证明了他的这个定理. 遗憾的是证明太复杂，这里不能给出全部细节，但下述莫德尔证明的概要表明这个证明本质上是费马递降法.

359

　　（1）第一步是列出 $E$ 上有有理坐标的一些"小"点 $P_1$, $P_2$, $\cdots$, $P_r$.

　　（2）下一步是证明如果有理点 $Q$ 不在上述列表中，则可选取一个 $P_i$ 使得通过 $P_i$ 与 $Q$ 的直线与 $E$ 的第三个交点 $Q'$ 比 $Q$ "小".

　　（3）重复上述过程得到一列越来越小的点 $Q$, $Q'$, $Q''$, $Q'''$, $\cdots$，并证明这列点变得足够小，最终止于原来列表中的某个 $P_i$.

　　这类似于对佩尔方程的处理，我们证明过佩尔方程的任一大解总是一个较小解与最小解的乘积. 当然，椭圆曲线 $E$ 上有理点的"大"与"小"的含义还暂不清楚. 要完成证明，莫德尔不得不先解决大小的含义等问题.

　　我们先来考察一下 $E_1$ 的一些有理解. 从 $P_1 = (-2, 3)$ 与 $P_2 = (-1, 4)$ 出发，通过 $P_1$ 与 $P_2$ 的直线与 $E_1$ 有第三个交点，把它关于 $x$ 轴的对称点记为 $P_3$. 再取通过 $P_1$ 与 $P_3$ 的直线，将它与 $E_1$ 的第三个交点关于 $x$ 轴的对称点叫做 $P_4$. 利用通过 $P_1$ 与 $P_4$ 的直线又可类似地得到点 $P_5$，如此进行下去. 下面是前几个 $P_n$，正如读者将看到的，这些数迅速地变得越来越复杂.

$$P_1 = (-2, 3), \quad P_2 = (-1, 4), \quad P_3 = (4, -9), \quad P_4 = (2, 5),$$

---

⊖　如果 $\Delta(E) = 0$，则三次方程 $x^3 + ax^2 + bx + c = 0$ 有二重根或三重根，从而曲线 $E$ 或者自相交或者有尖点（参看习题 41.7）. 当我们继续研究椭圆曲线时判别式 $\Delta(E)$ 会以不同形态出现.

$$P_5 = \left(\frac{1}{4}, \frac{-33}{8}\right), \quad P_6 = \left(\frac{106}{9}, \frac{1097}{27}\right), \quad P_7 = \left(\frac{-2228}{961}, \frac{-63\,465}{29\,791}\right),$$

$$P_8 = \left(\frac{76\,271}{289}, \frac{-21\,063\,928}{4913}\right), \quad P_9 = \left(\frac{-9\,776\,276}{6\,145\,441}, \frac{54\,874\,234\,809}{15\,234\,548\,239}\right),$$

$$P_{10} = \left(\frac{3\,497\,742\,218}{607\,770\,409}, \frac{-215\,890\,250\,625\,095}{14\,983\,363\,893\,077}\right).$$

我们最好用量化的方式来度量这些点的"大小". 办法之一是观察 $x$ 坐标的分子与分母. 换句话说, 如果把 $P_n$ 的坐标写成既约分数

$$P_n = \left(\frac{A_n}{B_n}, \frac{C_n}{D_n}\right),$$

360

则可定义 $P_n$ 的度量<sup>⊖</sup>为

$$h(P_n) = \max\{|A_n|, |B_n|\} \, (|A_n| \text{ 与 } |B_n| \text{ 中较大者}).$$

例如:

$$h(P_1) = \max\{|-2|, |1|\} = 2,$$

$$h(P_7) = \max\{|-2228|, |961|\} = 2228.$$

表 41.1 中给出了前 20 个 $P_n$ 及其度量 $h(P_n)$.

**表 41.1    $E_1$ 上点 $P_n$ 的度量**

| $n$ | $h(P_n)$ |
| --- | --- |
| 1 | 2 |
| 2 | 1 |
| 3 | 4 |
| 4 | 2 |
| 5 | 4 |
| 6 | 106 |
| 7 | 2228 |
| 8 | 76271 |
| 9 | 9776276 |
| 10 | 3497742218 |
| 11 | 1160536538401 |
| 12 | 1610419388060961 |
| 13 | 43923749623043363812 |
| 14 | 102656671584861356692801 |
| 15 | 185318468583598078787834515284 |
| 16 | 370183335711420357564604634095918 |
| 17 | 1250679403436209575468050166346178817617 |
| 18 | 1480389639654629588046324212081971725324 8409 |
| 19 | 41495337621274074603425488675302807756680196997372 |
| 20 | 830947198163613032263806661433997221396986131052798 66991 |

你从表 41.1 中看出某种模式了吗? 表中具体的数值似乎无模式可循, 但凝视这张表

---

⊖  我们这里所说的度量在数学上的术语为"高".

时请试着往回看与上下看. 把这些数想象成黑色的长方形并考察黑白两块区域的分界
361 线. 似曾相识吧? 如果不是, 再看表41.2, 它将表41.1扩展到 $n \leqslant 50$, 其中 $h(P_n)$ 的十
进制数字被黑色的长方形代替.

表41.2 $E_1$ 上点 $P_n$ 的度量

黑白两块区域的分界线很像一条抛物线. 这意味着 $h(P_n)$ 的位数大约为 $cn^2$, 其中 $c$
为某个常数. 使用更高深的方法可以证明 $c$ 大约为 0.1974 ⊖. 换句话说, 对大的 $n$ 值,

$$h(P_n) \text{ 的位数} \approx 0.1974n^2,$$

$$h(P_n) \approx 10^{0.1974n^2} \approx 1.574^{n^2}.$$

把这与我们在第32章求得的佩尔方程的解相比具有启发性. 我们证明过佩尔方程 $x^2 -$
$2y^2 = 1$ 的第 $n$ 个解 $(x_n, y_n)$ 中

$$x_n \approx \frac{1}{2} \times 5.828\,43^n.$$

362 佩尔方程的解与椭圆曲线上点的度量都呈指数式增长, 但后者增长更快.

## 习题

**41.1** 对椭圆曲线 $E_1$: $y^2 = x^3 + 17$ 上下述每对点, 利用连接它们的直线来求出 $E_1$ 上具有有理坐标的
新点.
    (a)点$(-1, 4)$与$(2, 5)$
    (b)点$(43, 282)$与$(52, -375)$
    (c)点$(-2, 3)$与$(19/25, 522/125)$

**41.2** 椭圆曲线 $E$: $y^2 = x^3 + x - 1$ 有有理点 $P = (1, 1)$ 与 $Q = (2, -3)$.
    (a)利用连接 $P$ 与 $Q$ 的直线来求出 $E$ 上新的有理点 $R$.
    (b)设 $R'$ 是 $R$ 关于 $x$ 轴的(反射)对称点(即 $R = (x, y)$ 时 $R' = (x, -y)$). 利用通过 $P$ 与 $R'$ 的直

---

⊖ $c$ 值的计算依赖于赖饶(Néron)与泰特(Tate)在20世纪60年代发展起来的标准高理论. 根据这个理论,
   可证明比值 $\ln(h(P_n))/n^2$ 随着 $n$ 的增大越来越接近于 0.454 616 865 1⋯.

线来求出 $E$ 上新的有理点 $S$.

(c)类似于(b),但利用通过 $Q$ 与 $R'$ 的直线来求出 $E$ 上的新的有理点 $T$.

(d)设 $S$ 是(b)中求出的点,再设 $S'$ 为 $S$ 关于 $x$ 轴的对称点. 如果利用通过 $P$ 与 $S'$ 的直线,所求得的 $E$ 上新的有理点是什么?

**41.3** 假设 $Q_1$, $Q_2$, $Q_3$, $\cdots$ 是椭圆曲线 $E$ 上一列有理点,并且
$$h(Q_1) > h(Q_2) > h(Q_3) > h(Q_4) > \cdots.$$
解释一下为什么这个序列在有限步后终止. 你现在应明白为何这使得度量成为递降法证明的合适工具.

**41.4** 写一个关于卡丹诺的简短介绍,特别要包含他发表一元三次方程的求根公式以及由此引出的优先权之争.

**41.5** (此题为学过微积分的读者准备)也可使用切线来求出椭圆曲线上的有理点. 本习题针对椭圆曲线
$$E: y^2 = x^3 - 3x + 7$$
来阐述这个方法.

(a)$P = (2, 3)$ 是 $E$ 上的点. 给出椭圆曲线 $E$ 在此点的切线 $L$ 的方程. (提示:使用求导来定出点 $P$ 的切线斜率 $\dfrac{\mathrm{d}y}{\mathrm{d}x}$.)

(b)把切线 $L$ 的方程代入 $E$ 的方程,然后求解得到 $L$ 与 $E$ 的具有有理坐标的新交点 $Q$. (注意 $x = 2$ 是要解的三次方程的二重根,这反映出 $L$ 是 $E$ 在点 $P = (2, 3)$ 处的切线这一事实.)

363

(c)设 $R$ 为 $Q$ 关于 $x$ 轴的对称点(即若 $Q = (x_1, y_1)$,则 $R = (x_1, -y_1)$). 取通过 $P$ 与 $R$ 的直线,并求出它与 $E$ 的具有有理坐标的新交点.

**41.6** 令 $L$ 是斜率为 $m$ 且通过点 $(-2, 3)$ 的直线 $y = m(x + 2) + 3$. 这条直线与椭圆曲线 $E_1: y^2 = x^3 + 17$ 的交点除 $(-2, 3)$ 外还有两个. 如果三个交点都具有有理坐标,证明
$$m^4 + 12m^2 + 24m - 12$$
必是某个有理数的平方. 将 $m$ 用 $-10$ 到 $10$ 之间的整数代入,看哪个 $m$ 值使得上述的量为平方数,并对这样的 $m$ 给出 $y^2 = x^3 + 17$ 的有理解.

**41.7** 曲线
$$C_1: y^2 = x^3 \quad 与 \quad C_2: y^2 = x^3 + x^2$$
的判别式都为零. 画出这两条曲线,并指出它们相异之处以及与图 41.1 给出的椭圆曲线的不同之处.

**41.8** 设 $a$, $b$, $c$ 都是整数,$E$ 为椭圆曲线
$$E: y^2 = x^3 + ax^2 + bx + c,$$
并设 $P_1 = (x_1, y_1)$ 与 $P_2 = (x_2, y_2)$ 为 $E$ 上的两个有理点.

(a)设 $L$ 是连接 $P_1$ 与 $P_2$ 的直线. 编写程序来计算 $L$ 与 $E$ 的第三个交点 $P_3 = (x_3, y_3)$. (如果 $L$ 是铅直线,则将没有真实的第三个交点,因而你的程序应该反馈一个警告信息.) 你应该追踪有理坐标;如果你的程序设计语言不允许直接与有理数打交道,就应把既约有理数 $A/B$ 存储为有序对 $(A, B)$.

(b)修改你的程序使得输出为 $P_3$ 关于 $x$ 轴的对称点 $(x_3, -y_3)$. 我们用提示性记号 $P_1 \oplus P_2$ 来表示此点,因为这反映了 $E$ 上点的一种"加法"规则.

(c)设 $E$ 为椭圆曲线

$$E:y^2 = x^3 + 3x^2 - 7x + 3,$$

并考虑点 $P = (2, -3)$，$Q = (37/36, 53/216)$ 与 $R = (3, 6)$. 使用你的程序来计算

$$P \oplus Q, \quad Q \oplus R \quad 与 \quad P \oplus R.$$

再计算

$$(P \oplus Q) \oplus R \quad 与 \quad P \oplus (Q \oplus R).$$

是不是所得的答案与你做这些点的"加法"时的顺序无关？你觉得这令人惊奇吗？（如果你不觉得奇怪，请试着证明这个观察对每条椭圆曲线都是正确的.）

364

**41.9** 本习题需使用可处理任意位整数的计算机软件包. 设 $E$ 表示椭圆曲线

$$E: y^2 = x^3 + 8$$

从 $E$ 上的两点 $P_1 = (1, 3)$ 与 $P_2 = (-7/4, -13/8)$ 出发，过 $P_1$ 与 $P_2$ 的直线与 $E$ 的第三个交点关于 $x$ 轴的对称点称为新点 $P_3$. 由 $P_1$ 与 $P_3$ 重复这个过程得 $P_4$，由 $P_1$ 与 $P_4$ 得 $P_5$，如此直到 $P_{20}$. 这些点的坐标越来越复杂，用计算机程序输出含有下述数据的表(作者已提供了前4栏数据):

| $n$ | $\ln h(P_n)$ | $\ln h(P_n)/n^2$ |
|-----|--------------|-------------------|
| 1   | 0.0000       | 0.0000            |
| 2   | 1.9459       | 0.4865            |
| 3   | 6.0707       | 0.6745            |
| 4   | 10.3441      | 0.6465            |
| $\vdots$ |          |                   |

$\ln h(P_n)/n^2$ 趋于有限的非零极限吗？所列出的 $E$ 上的点比表41.1中列出的椭圆曲线 $E_1$：$y^2 = x^3 + 17$ 上的点增长得快些还是慢些？

365

# 第42章 有少量有理点的椭圆曲线

椭圆曲线 $E_1: y^2 = x^3 + 17$ 有许多有理点. 另一方面, 椭圆曲线 $E_2: y^2 = x^3 + x$ 似乎有很少这样的点. 事实上, 显而易见的这样的点只有 $(0, 0)$. 我们来证明这确实是 $E_2$ 上仅有的有理点.

**定理 42.1** 椭圆曲线

$$E_2: y^2 = x^3 + x$$

上仅有的有理点为 $(x, y) = (0, 0)$.

**证明** 假设 $(A/B, C/D)$ 为 $E_2$ 上的一个有理点, 其中 $A/B$ 与 $C/D$ 为既约分数, 且 $B$ 与 $D$ 是正的. 我们要证 $A = C = 0$. 将 $x = A/B$ 与 $y = C/D$ 代入 $E_2$ 的方程并去分母得到方程

$$C^2B^3 = A^3D^2 + AB^2D^2. \tag{$*$}$$

它的每个满足 $BD \neq 0$ 的整数解都对应一个 $E_2$ 上的有理点.

方程 $(*)$ 包含许多关于整除性的信息, 从中可导出一些结论. 例如, 将 $(*)$ 右边分解给出

$$C^2B^3 = D^2A(A^2 + B^2),$$

于是 $D^2A$ 整除 $C^2B^3$. 但我们知道 $\gcd(C, D) = 1$, 故 $D^2$ 必整除 $B^3$. 类似地, 对 $(*)$ 中的项重新组合及分解可给出

$$A^3D^2 = C^2B^3 - AB^2D^2 = B^2(C^2B - AD^2),$$

所以 $B^2$ 整除 $A^3D^2$. 由于 $\gcd(A, B) = 1$, $B^2$ 必定整除 $D^2$, 因而 $B$ 整除 $D$. 我们已得到

$$D^2 \mid B^3 \quad 与 \quad B \mid D.$$

令 $v = D/B$, 则 $v$ 为整数. 把 $D = Bv$ 代入关系式 $D^2 \mid B^3$ 中得到 $B^2v^2 \mid B^3$, 因而 $v^2 \mid B$. 换言之, 对某个整数 $z$, 可将 $B$ 写为 $B = v^2z$. 注意 $D = Bv = v^3z$. 将 $B = v^2z$ 与 $D = v^3z$ 代入方程 $(*)$ 得到

$$C^2B^3 = A^3D^2 + AB^2D^2$$
$$C^2(v^2z)^3 = A^3(v^3z)^2 + A(v^2z)^2(v^3z)^2$$
$$C^2z = A^3 + Av^4z^2,$$

重排得

$$A^3 = C^2z - Av^4z^2 = z(C^2 - Av^4z).$$

因此 $z$ 整除 $A^3$. 但 $z$ 整除 $B$ 且 $\gcd(A, B) = 1$, 故必有 $z = \pm 1$. 另一方面, $B = v^2z$ 是正的, 因而事实上有 $z = 1$. 现在我们已知道

$$B = v^2 \quad 与 \quad D = v^3,$$

故 $E_2$ 上的点 $(A/B, C/D)$ 形如 $(A/v^2, C/v^3)$, 方程 $(*)$ 化成

$$C^2 = A^3 + Av^4.$$

将右边分解得

$$C^2 = A(A^2 + v^4).$$

这是一个非常有趣的方程,因为它把完全平方 $C^2$ 表成两个数 $A$ 与 $A^2 + v^4$ 的乘积. 我们断言这两个数没有(大于 1 的)公因数. 你明白其中的道理吗? 假如 $A$ 与 $A^2 + v^4$ 都被某个素数 $p$ 整除,则 $v$ 也被 $p$ 整除. 但 $A$ 与 $v$ 不能都被 $p$ 整除,因为 $A/B = A/v^2$ 已是既约分数. 故得出矛盾.

由上可知 $A$ 与 $A^2 + v^4$ 没有(大于 1 的)公因数且它们的乘积是个完全平方,且由 $C^2 = A(A^2 + v^4)$ 可知它们都是正的,仅有的可能是这两个数分别是个平方数. (这个推理似曾相识吧? 在第 2 章中我们曾用它来推导出勾股数组的公式.)于是有整数 $u$ 与 $w$ 使得

$$A = u^2 \quad 且 \quad A^2 + v^4 = w^2.$$

将 $A = u^2$ 代入第二个方程得到

$$u^4 + v^4 = w^2.$$

总结一下我们的进展. 从椭圆曲线 $E_2$ 的某个解 $(A/B,C/D)$(这里的分数已是既约形式)出发,证明了存在整数 $u$, $v$, $w$ 满足方程

$$u^4 + v^4 = w^2.$$

进一步,已知这样的整数 $u$, $v$, $w$,可以从公式 $A/B = u^2/v^2$ 和 $C/D = uw/v^3$ 得到 $E_2$ 的有理解. 上述关于 $u$, $v$, $w$ 的方程你应该熟悉,我们在第 30 章中证明过它仅有 $u = 0$ 或 $v = 0$ 的解. 因为 $u = 0$ 导致 $(A/B, C/D) = (0, 0)$,而 $v = 0$ 将导致 $A/B$ 与 $C/D$ 的分母为零,因此 $E_2$ 上仅有的有理点为 $(0,0)$. 证毕. □

现在我们转而讨论第三个有代表性的椭圆曲线

$$E_3 : y^2 = x^3 - 4x^2 + 16.$$

容易找出 $E_3$ 上的四个点

$$P_1 = (0,4), \quad P_2 = (4,4), \quad P_3 = (0,-4), \quad P_4 = (4,-4).$$

从这四个点出发使用处理椭圆曲线 $E_1$ 的方法,我们会得到什么呢? 连接 $P_1$ 与 $P_2$ 的直线方程为 $y = 4$. 要求它与 $E_3$ 的新交点,我们将 $y = 4$ 代入 $E_3$ 的方程并关于 $x$ 求解得到

$$4^2 = x^3 - 4x^2 + 16,$$
$$0 = x^3 - 4x^2 = x^2(x - 4).$$

注意 $x = 0$ 是个二重根,故连接 $P_1$ 与 $P_2$ 的直线与 $E_3$ 仅有交点 $P_1$ 与 $P_2$. 办法失效,我们没能找出新的(有理)点. 如果选取 $P_1$, $P_2$, $P_3$, $P_4$ 中任两个点,计算连接它们的直线与 $E_3$ 的交点,则将发生类似的情况,无法找出新的点. 事实上,$E_3$ 仅有的有理点就是 $P_1$, $P_2$, $P_3$, $P_4$. (证明太长,故我们不能在这里给出.)

更一般地,椭圆曲线

$$E : y^2 = x^3 + ax^2 + bx + c$$

上有限个点

$$P_1, P_2, \cdots, P_t \quad (t \geq 3)$$

的集合构成一个挠点系,如果连接它们中任一对点的直线 $L$ 与曲线 $E$ 的交点都在集合 $\{P_1,$ $P_2, \cdots, P_t\}$ 中. 换句话说,使用取直线求交点的几何方法不能将一个挠点系扩大. 例如,

$E_3$ 有挠点系$\{(0,\ \pm 4),\ (4,\ \pm 4)\}$. 下述重要定理描述了几何挠点系.

**定理 42.2(挠定理)** 设 $E: y^2 = x^3 + ax^2 + bx + c$ 为椭圆曲线, 其中 $a$, $b$, $c$ 为整数, 并设 $\{P_1,\ P_2,\ \cdots,\ P_t\}$ 是个挠点系, 其中 $P_1,\ \cdots,\ P_t$ 均为有理点. 再设 $E$ 的判别式

$$\Delta(E) = -4a^3c + a^2b^2 - 4b^3 - 27c^2 + 18abc$$

非零.

(a)(纳革尔-卢茨(Nagell-Lutz)定理, 1935/37) 设 $P_i = (x_i,\ y_i)$, 则 $x_i$ 与 $y_i$ 都是整数, 而且 $y_i \neq 0$ 时 $y_i^2 \mid 16\Delta(E)$.

(b)(马祖尔(Mazur)定理, 1977) 挠点系中至多有 15 个点.

挠定理的纳革尔-卢茨部分表明挠点系中的点都是整点(即具有整数坐标的点). 我们也已看到整点不在挠点系中的例子, 例如 $E_1: y^2 = x^3 + 17$ 上的整点 $(-2, 3)$ 就不在它的任一个挠点系中. 容易找出 $E_1$ 上的一批整点, 包括

$$(-2,\ \pm 3),\ \ (-1,\ \pm 4),\ \ (2,\ \pm 5),\ \ (4,\ \pm 9),$$
$$(8,\ \pm 23),\ \ (43,\ \pm 282),\ \ (52,\ \pm 375).$$

我们知道曲线 $E_1$ 上有无穷多个有理点, 所以没有理由认为这张整点的表不能再扩大. 继续搜索, 我们很快找到 $E_1$ 上一个新的整点

$$(5234,\ \pm 378\,661),$$

但此后即使搜索到 $x < 10^{100}$ 仍找不到 $E_1$ 上新的整点. 的确如此, 这是下述基本定理的特殊情形.

**定理 42.3(西格尔定理, 西格尔(C. L. Siegel), 1926)** 设 $a$, $b$, $c$ 为整数且椭圆曲线

$$E: y^2 = x^3 + ax^2 + bx + c$$

的判别式 $\Delta(E)$ 非零, 则 $E$ 上只有有限个整点.

西格尔给出了这个定理的两个不同证明. 第一个证明发表在 1926 年的《伦敦数学会杂志》$^{\ominus}$上, 它直接从 $E$ 的方程出发并使用了因式分解法. 第二个证明发表于 1929 年, 它从莫德尔(Mordell)定理出发并使用从旧点生成新点的几何方法. 但两个证明最终都依赖于丢番图逼近理论(参见第 33 章)中断言的某种数不能被有理数逼近得太好的深入结果.

## 习题

**42.1** 一个勾股数组 $(a,\ b,\ c)$ 对应于一个三边长度都是整数的直角三角形, 我们称这样的三角形为毕达哥拉斯三角形. 求出面积是完全平方数两倍的所有毕达哥拉斯三角形.

**42.2** (a) 设 $E$ 表示椭圆曲线 $E: y^2 = x^3 + 1$. 证明点 $(-1, 0)$, $(0, 1)$, $(0, -1)$, $(2, 3)$, $(2, -3)$ 构成 $E$ 的一个挠点系.

(b) 设 $E$ 表示椭圆曲线 $E: y^2 = x^3 - 43x + 166$. 四个点 $(3, 8)$, $(3, -8)$, $(-5, -16)$ 与 $(-5, 16)$ 构成 $E$ 的一个挠点系的一部分. 通过画过其中一对点的直线并求它与 $E$ 的交点来构造出

---

$\ominus$ 在 20 世纪 20 年代的英国与德国, 依然受到第一次世界大战的影响, 因此西格尔发表论文时署了个假名 X.

整个挠点系.

(c)设 $E$ 是方程

$$y^2 = (x - \alpha)(x - \beta)(x - \gamma)$$

给出的椭圆曲线. 证明 $\{(\alpha, 0), (\beta, 0), (\gamma, 0)\}$ 为它的一个挠点系.

**42.3** 椭圆曲线

$$y^2 = x^3 - 16x + 16$$

上有多少个整点?

**42.4** 本习题引导你去证明椭圆曲线

$$E: y^2 = x^3 + 7$$

上没有整点. (西格尔定理的这个特殊情形先由勒贝格(V. A. Lebesgue)在1869年证明.)

(a)假设点 $(x, y)$ 为 $E$ 上的整点. 证明 $x$ 必为奇数.

(b)证明 $y^2 + 1 = (x + 2)(x^2 - 2x + 4)$.

(c)证明 $x^2 - 2x + 4 \equiv 3 \pmod{4}$. 解释为何 $x^2 - 2x + 4$ 必被某个素数 $q \equiv 3 \pmod 4$ 所整除.

(d)将原方程 $y^2 = x^3 + 7$ 模 $q$, 并由得到的同余式证明 $-1$ 是模 $q$ 的二次剩余. 解释为何这事实上是不可能的, 并由此完成方程 $y^2 = x^3 + 7$ 没有整数解的证明.

**42.5** 椭圆曲线 $E$: $y^2 = x^3 - 2x + 5$ 上有四个整点 $P = (-2, \pm 1)$ 与 $Q = (1, \pm 2)$.

(a)通过观察 $x^3 - 2x + 5$ 在 $x = 2, 3, 4, \cdots$ 时是否为平方数来求出另外四个整点.

(b)使用通过 $P$ 与 $Q$ 的直线来求出一个新的有理点 $R$. 作 $R$ 关于 $x$ 轴的对称点 $R'$. 再取通过 $Q$ 与 $R'$ 的直线, 寻找它与 $E$ 的具有更大整数坐标的新交点.

**42.6** (a)证明方程 $y^2 = x^3 + x^2$ 有无穷多组整数解. (提示: 试用 $y = tx$ 代入方程.)

(b)(a)中的结论是否意味着西格尔定理不正确? 请解释一下.

(c)证明方程 $y^2 = x^3 - x^2 - x + 1$ 有无穷多组整数解.

**42.7** 设 $a, b, c$ 为整数, 椭圆曲线 $E$: $y^2 = x^3 + ax^2 + bx + c$ 上有有理点 $P = (A/B, C/D)$, 其中 $A/B$ 与 $C/D$ 为既约分数, 且 $B$ 与 $D$ 是正的. 证明有整数 $v$ 使得 $B = v^2$ 且 $D = v^3$.

**42.8** 编写程序来寻找椭圆曲线

$$E: y^2 = x^3 + ax^2 + bx + c$$

上所有满足 $|x| < H$ 的整点 $(x, y)$. 方法是对所有这样的 $x$ 验证 $x^3 + ax^2 + bx + c$ 是否为完全平方. 就椭圆曲线

$$y^2 = x^3 - 112x + 400$$

测试你的程序. 试求当 $H = 100, 1000, 10\,000, 100\,000$ 时有多少整点.

**42.9** (a)编写程序来寻找椭圆曲线

$$E: y^2 = x^3 + ax^2 + bx + c$$

上的有理点. 习题42.7表明这样的有理点形如 $(x, y) = (A/D^2, B/D^3)$, 故应该输入一个上界 $H$ 而且让程序对所有整数 $|A| \leqslant H$ 与 $1 \leqslant D \leqslant \sqrt{H}$ 来验证

$$A^3 + aA^2D^2 + bAD^4 + cD^6$$

是否为完全平方. 如果它等于 $B^2$, 则已找到有理点 $(A/D^2, B/D^3)$.

(b)使用上面的程序来求出椭圆曲线

$$y^2 = x^3 - 2x^2 + 3x - 2$$

上的所有有理点 $(x, y)$, 其中 $x$ 坐标形如 $A/D^2$, $|A| \leqslant 1500$ 且 $1 \leqslant D \leqslant 38$.

# 第43章　椭圆曲线模 $p$ 上的点

求解丢番图方程有时十分困难. 因此可不求整数解或有理数解, 而是把丢番图方程看作同余式, 先试着去求丢番图方程模 $p$ 的解. 这要容易得多. 为此, 考察下面的例子.

怎样求出方程

$$x^2 + y^2 = 1$$

"模7"的所有解呢？换句话说, 如何去解同余方程 $x^2 + y^2 \equiv 1 \pmod 7$ 呢？这个问题是容易的, 我们可对每对 $(x, y)(0 \leqslant x, y \leqslant 6)$ 来验证它是否满足该同余式. 例如, $(1, 0)$ 与 $(2, 2)$ 是解, 但 $(1, 2)$ 与 $(3, 2)$ 不是解. 所有的解如下所述:

$$(0,1),(0,6),(1,0),(2,2),(2,5),(5,2),(5,5),(6,0).$$

于是方程 $x^2 + y^2 = 1$ 有 8 个模 7 的解. 类似地, 它有 12 个模 11 的解:

$$(0,1),(0,10),(1,0),(3,5),(3,6),(5,3),(5,8),$$
$$(6,3),(6,8),(8,5),(8,6),(10,0).$$

现在我们来考察一些椭圆曲线并计算对不同的素数 $p$ 它们模 $p$ 有多少个点. 从曲线

$$E_2: y^2 = x^3 + x$$

开始, 它仅有有理点 $(0, 0)$. 但是, 正如表 43.1 所显示的那样, $E_2$ 有许多模 $p$ 的点. 表 43.1 中最后一列给出了模 $p$ 的点的个数 $N_p$ 的值.

表 43.1　$E_2$ 模 $p$ 上的点

| $p$ | $E_2: y^2 = x^3 + x$ 模 $p$ 上的点 | $N_p$ |
|---|---|---|
| 2 | $(0, 0)$, $(1, 0)$ | 2 |
| 3 | $(0, 0)$, $(2, 1)$, $(2, 2)$ | 3 |
| 5 | $(0, 0)$, $(2, 0)$, $(3, 0)$ | 3 |
| 7 | $(0, 0)$, $(1, 3)$, $(1, 4)$, $(3, 3)$, $(3, 4)$, $(5, 2)$, $(5, 5)$ | 7 |
| 11 | $(0, 0)$, $(5, 3)$, $(5, 8)$, $(7, 3)$, $(7, 8)$, $(8, 5)$, $(8, 6)$, $(9, 1)$, $(9, 10)$, $(10, 3)$, $(10, 8)$ | 11 |
| 13 | $(0, 0)$, $(2, 6)$, $(2, 7)$, $(3, 2)$, $(3, 11)$, $(4, 4)$, $(4, 9)$, $(5, 0)$, $(6, 1)$, $(6, 12)$, $(7, 5)$, $(7, 8)$, $(8, 0)$, $(9, 6)$, $(9, 7)$, $(10, 3)$, $(10, 10)$, $(11, 4)$, $(11, 9)$ | 19 |
| 17 | $(0, 0)$, $(1, 6)$, $(1, 11)$, $(3, 8)$, $(3, 9)$, $(4, 0)$, $(6, 1)$, $(6, 16)$, $(11, 4)$, $(11, 13)$, $(13, 0)$, $(14, 2)$, $(14, 15)$, $(16, 7)$, $(16, 10)$ | 15 |
| 19 | $(0, 0)$, $(3, 7)$, $(3, 12)$, $(4, 7)$, $(4, 12)$, $(5, 4)$, $(5, 15)$, $(8, 8)$, $(8, 11)$, $(9, 4)$, $(9, 15)$, $(12, 7)$, $(12, 12)$, $(13, 5)$, $(13, 14)$, $(17, 3)$, $(17, 16)$, $(18, 6)$, $(18, 13)$ | 19 |

椭圆曲线模 $p$ 上点的个数展现了许多优美而微妙的模式. 仔细观察一下表 43.1. 你

看出某种模式了吗？如果还没有，更多的数据将有助于你的观察. 表 43.2 给出了模 $p$ 的点的个数，但未列出具体的解.

表 43.2   $E_2$ 模 $p$ 上的点的个数 $N_p$

| $p$ | 2 | 3 | 5 | 7 | 11 | 13 | 17 | 19 | 23 | 29 |
|---|---|---|---|---|---|---|---|---|---|---|
| $N_p$ | 2 | 3 | 3 | 7 | 11 | 19 | 15 | 19 | 23 | 19 |
| $p$ | 31 | 37 | 41 | 43 | 47 | 53 | 59 | 61 | 67 | 71 |
| $N_p$ | 31 | 35 | 31 | 43 | 47 | 67 | 59 | 51 | 67 | 71 |

一个首先引人注目的模式是有许多素数 $p$ 使得 $N_p$ 等于 $p$. 对于素数
$$p = 2,3,7,11,19,23,31,43,47,59,67,71,$$
情况就是如此，这些素数经常出现已体现了足够的随机性. 事实上，除了最初的 $p=2$，上表中的素数就是小于 71 的所有模 4 余 3 的素数. 这引导我们做出下述猜测.

[374]     **猜想**   如果 $p \equiv 3 \pmod 4$，则椭圆曲线 $E_2: y^2 = x^3 + x$ 模 $p$ 恰好有 $N_p = p$ 个点.

对于模 4 余 1 的素数，情况又如何呢？这时 $N_p$ 的值好像随机出现. 有时 $N_p$ 小于 $p$（例如 $p=5$，17 时），有时 $N_p$ 大于 $p$（例如 $p=13$，53 时），但似乎 $p$ 越大时 $N_p$ 也越大. 事实上，$N_p$ 经常出现在 $p$ 的邻近. 下面一点想法将揭示为何这是合理的.

一般地，如果要求椭圆曲线
$$y^2 = x^3 + ax^2 + bx + c$$
模 $p$ 的解，可令 $x$ 取值 0，1，2，$\cdots$，$p-1$ 并验证
$$x^3 + ax^2 + bx + c$$
是否与一个平方模 $p$ 同余. 假设我们所得的 $x^3 + ax^2 + bx + c$ 的值是随机分布的，所以希望这些值一半是平方剩余，一半是非平方剩余. 根据第 20 章证明的一个事实，1 到 $p-1$ 的数中有一半为二次剩余，一半为二次非剩余. 我们也观察到如果 $x^3 + ax^2 + bx + c \equiv t^2 \pmod p$，则 $y$ 有两个可能的值：$t$ 与 $-t$. 概括地说，大约有一半的 $x$ 值给出模 $p$ 的两个解，一半的 $x$ 值不给出模 $p$ 的解，因此我们预料大约会求出 $2 \times \dfrac{p}{2} = p$ 个模 $p$ 的解. 当然，这个论证并不证明总是恰有 $p$ 个解，它仅暗示我们模 $p$ 的解的个数基本上在 $p$ 的邻近.

上面这些蕴涵着研究 $p$ 与 $N_p$ 的差可能更有意思. 我们将差写成
[375]
$$a_p = p - N_p,$$
并称它为 $E_2$ 的 $p$-亏量$^\ominus$. 表 43.3 列出了椭圆曲线 $E_2$ 的一些 $p$-亏量. 这个表展示了与之前研究过的一个课题密切相关的某种微妙的模式. 在往后阅读之前花几分钟看一下是否能发现这个模式.

---

$\ominus$ 量 $a_p$ 的实际数学名称为弗罗贝尼乌斯迹（trace of Frobenius），但对这个术语的解释超出了本书的范围. 可是，如果你想给你的数学朋友留下印象或在鸡尾酒会上终止这个话题，则可偶尔大胆地提出"作用在椭圆曲线 $\ell$ 进上同调上的弗罗贝尼乌斯迹".

表 43.3 $E_2$ 的 $p$-亏量 $a_p = p - N_p$

| $p$ | 5 | 13 | 17 | 29 | 37 | 41 | 53 | 61 | 73 | 89 |
|---|---|---|---|---|---|---|---|---|---|---|
| $N_p$ | 3 | 19 | 15 | 19 | 35 | 31 | 67 | 51 | 79 | 79 |
| $a_p$ | 2 | −6 | 2 | 10 | 2 | 10 | −14 | 10 | −6 | 10 |
| $p$ | 97 | 101 | 109 | 113 | 137 | 149 | 157 | 173 | 181 | 193 |
| $N_p$ | 79 | 99 | 115 | 127 | 159 | 163 | 179 | 147 | 163 | 207 |
| $a_p$ | 18 | 2 | −6 | −14 | −22 | −14 | −22 | 26 | 18 | −14 |

在数论研究中，我们发现模 4 余 1 的素数有许多有趣的性质. 其中最重要的一点是这些素数能表成两个整数的平方和 $p = A^2 + B^2$（参见第 24 章）. 例如，

$$5 = 1^2 + 2^2, \quad 13 = 3^2 + 2^2, \quad 17 = 1^2 + 4^2, \quad 29 = 5^2 + 2^2.$$

不仅如此，第 36 章中勒让德定理告诉我们如果要求 $A$ 为奇数且 $A$，$B$ 为正的，则 $A$ 与 $B$ 的选择是唯一的. （用定理 36.5 的记号表示，则有 $R(p) = 8(D_1 - D_3) = 8$，这 8 种表示法来源于交换 $A$，$B$ 的位置以及改变它们的符号.）把这些公式与亏量值

$$a_5 = 2, \quad a_{13} = -6, \quad a_{17} = 2, \quad a_{29} = 10$$

相比较，你发现什么模式了吗？好像 $p = A^2 + B^2$（其中 $A$ 为正奇数）时 $a_p$ 为 $2A$ 或 $-2A$. 另一种说法是 $p - (a_p/2)^2$ 似乎总是一个完全平方数. 我们对一些 $p$ 的取值来验证这一点：

$$53 - (a_{53}/2)^2 = 2^2, \quad 73 - (a_{73}/2)^2 = 8^2, \quad 193 - (a_{193}/2)^2 = 12^2.$$

令人惊奇的是这一模式继续有效.

376

现在留下一个问题：何时 $a_p = 2A$？何时 $a_p = -2A$？考察表 43.3 我们发现

$$p = 5, 17, 29, 37, 41, 61, 89, 97, 101, 173, 181 \text{ 时 } a_p = 2A,$$

$$p = 13, 53, 73, 109, 113, 137, 149, 157, 193 \text{ 时 } a_p = -2A.$$

似乎这两个罗列并未显示出某种模式. 但如果看一下表 43.4 中 $a_p/2$ 的值，就会发现一种模式.

表 43.4 $E_2$ 的 $a_p/2$ 值

| $p$ | 5 | 13 | 17 | 29 | 37 | 41 | 53 | 61 | 73 | 89 |
|---|---|---|---|---|---|---|---|---|---|---|
| $a_p/2$ | 1 | −3 | 1 | 5 | 1 | 5 | −7 | 5 | −3 | 5 |
| $p$ | 97 | 101 | 109 | 113 | 137 | 149 | 157 | 173 | 181 | 193 |
| $a_p/2$ | 9 | 1 | −3 | −7 | −11 | −7 | −11 | 13 | 9 | −7 |

每个 $a_p/2$ 的值都模 4 余 1. 于是，如果 $p = A^2 + B^2$（其中 $A$ 为正奇数），则 $a_p$ 在 $A \equiv 1 \pmod 4$ 时取值 $2A$，但在 $A \equiv 3 \pmod 4$ 时取值 $-2A$. 下面的陈述概括了我们的推断.

**定理 43.1（$E_2: y^2 = x^3 + x$ 模 $p$ 的点数）** 设 $p$ 为奇素数，$N_p$ 为椭圆曲线 $E_2: y^2 = x^3 + x$ 模 $p$ 的点数.

（a）如果 $p \equiv 3 \pmod 4$，则 $N_p = p$.

（b）如果 $p \equiv 1 \pmod 4$，记 $p = A^2 + B^2$，其中 $A$ 为正奇数（由第 24 章知这总是可能的），则 $N_p = p \pm 2A$，其中在 $A \equiv 1 \pmod 4$ 时取负号，在 $A \equiv 3 \pmod 4$ 时取正号.

上述定理的第一部分相对容易验证，但我们略去其证明，因为后面将证明一个类似

的结果. 第二部分则相当困难, 我们将再给出一个例子来说明它. 素数 $p = 130\ 657$ 模 4 余 1. 使用尝试法, 或者借助计算机, 或者用第 24 章中描述的方法, 我们可把它表成两个整数的平方和

$$130\ 657 = 111^2 + 344^2.$$

由于 $111 \equiv 3 \pmod 4$, 我们得到 $E_2$ 上模 130 657 的点数为

$$130\ 657 + 2 \times 111 = 130\ 879.$$

下面再来看我们的老朋友——椭圆曲线 $E_1: y^2 = x^3 + 17$. 如同对 $E_2$ 那样, 造个表给出 $E_1$ 模 $p$ 上的点数 $N_p$ 及亏量 $a_p = p - N_p$. 具体数值见表 43.5.

**表 43.5    $E_1$ 模 $p$ 上的点数 $N_p$ 与亏量 $a_p$**

| $p$ | 2 | 3 | 5 | 7 | 11 | 13 | 17 | 19 | 23 | 29 |
|---|---|---|---|---|---|---|---|---|---|---|
| $N_p$ | 2 | 3 | 5 | 12 | 11 | 20 | 17 | 26 | 23 | 29 |
| $a_p$ | 0 | 0 | 0 | $-5$ | 0 | $-7$ | 0 | $-7$ | 0 | 0 |
| $p$ | 31 | 37 | 41 | 43 | 47 | 53 | 59 | 61 | 67 | 71 |
| $N_p$ | 42 | 48 | 41 | 56 | 47 | 53 | 59 | 48 | 62 | 71 |
| $a_p$ | $-11$ | $-11$ | 0 | $-13$ | 0 | 0 | 0 | 13 | 5 | 0 |
| $p$ | 73 | 79 | 83 | 89 | 97 | 101 | 103 | 107 | 109 | 113 |
| $N_p$ | 63 | 75 | 83 | 89 | 102 | 101 | 110 | 107 | 111 | 113 |
| $a_p$ | 10 | 4 | 0 | 0 | $-5$ | 0 | $-7$ | 0 | $-2$ | 0 |

我们再次看到有许多素数 $p$ 使得亏量 $a_p$ 为零:

$$p = 2, 3, 5, 11, 17, 23, 29, 41, 47, 53, 59, 71, 83, 89, 101, 107, 113.$$

这些素数模 4 好像没有模式, 但它模 3 有模式. 除了 3 之外, 其余的都模 3 余 2. 因此我们猜测 $p \equiv 2 \pmod 3$ 时 $N_p = p$. 可利用原根来证实这个猜测.

**定理 43.2**    设 $p$ 是素数且 $p \equiv 2 \pmod 3$, 则椭圆曲线

$$E_1: y^2 = x^3 + 17$$

模 $p$ 上的点数 $N_p$ 满足 $N_p = p$.

**证明**    先看看 $p = 11$ 的情形. 为求 $E_1$ 上模 11 的点数, 我们将 $x = 0, 1, \cdots, 10$ 代入 $x^3 + 17$, 看它是否与一个平方模 11 同余. 下面是代入的结果:

377
~
378

| $x \pmod{11}$ | 0 | 1 | 2 | 3 | 4 | 5 | 6 | 7 | 8 | 9 | 10 |
|---|---|---|---|---|---|---|---|---|---|---|---|
| $x^3 \pmod{11}$ | 0 | 1 | 8 | 5 | 9 | 4 | 7 | 2 | 6 | 3 | 10 |
| $x^3 + 17 \pmod{11}$ | 6 | 7 | 3 | 0 | 4 | 10 | 2 | 8 | 1 | 9 | 5 |

注意数 $x^3 \pmod{11}$ 与 $x^3 + 17 \pmod{11}$ 的取值都只是 $0, 1, \cdots, 10$ 的重排. 因此寻找同余式

$$y^2 \equiv 0^3 + 17 \pmod{11}, \quad y^2 \equiv 1^3 + 17 \pmod{11}, \quad y^2 \equiv 2^3 + 17 \pmod{11},$$

$$y^2 \equiv 3^3 + 17 \pmod{11}, \quad \cdots, \quad y^2 \equiv 10^3 + 17 \pmod{11}$$

的解相当于求解同余式

$$y^2 \equiv 0 \ (\mathrm{mod}\, 11), \quad y^2 \equiv 1 \ (\mathrm{mod}\, 11), \quad y^2 \equiv 2 \ (\mathrm{mod}\, 11),$$

$$y^2 \equiv 3 \ (\mathrm{mod}\, 11), \quad \cdots, \quad y^2 \equiv 10 \ (\mathrm{mod}\, 11).$$

第一个同余式 $y^2 \equiv 0 \ (\mathrm{mod}\, 11)$ 有唯一解 $y \equiv 0 \ (\mathrm{mod}\, 11)$. 由第 20 章我们知道 1, $\cdots$, 10 中有一半是模 11 的二次剩余, 另一半是模 11 的二次非剩余. 于是有一半的同余式 $y^2 \equiv a \ (\mathrm{mod}\, 11)(1 \leqslant a \leqslant 10)$ 恰有两个解(注意 $b$ 为解时 $11 - b$ 也是解), 另一半同余式无解. 因此总共有 $1 + 2 \times 5 = 11$ 个解.

如果尝试一下更多的例子, 会发现同样的现象. 当然, 必须要求 $p \equiv 2 \ (\mathrm{mod}\, 3)$; 而 $p \equiv 1 \ (\mathrm{mod}\, 3)$ 的情形则完全不同, 读者可计算一下 $x^3 + 17$ 在 $x = 0$, 1, 2, $\cdots$, 6 时模 7 的值.

因此, 我们试着证明 $p \equiv 2 \ (\mathrm{mod}\, 3)$ 时

$$0^3 + 17, \quad 1^3 + 17, \quad 2^3 + 17, \cdots, (p-1)^3 + 17 \ (\mathrm{mod}\, p)$$

只是

$$0, 1, 2, \cdots, p - 1 \ (\mathrm{mod}\, p)$$

的重排. 注意这两组数都由 $p$ 个数组成, 因此我们只需证明第一组数两两不同(因为这可以保证它们取遍第二组的每一个数).

假设第一组数中 $b_1^3 + 17$ 与 $b_2^3 + 17$ 模 $p$ 同余($b_1$, $b_2 \in \{1, \cdots, 10\}$), 即

$$b_1^3 + 17 \equiv b_2^3 + 17 \ (\mathrm{mod}\, p), \quad 因而 \quad b_1^3 \equiv b_2^3 \ (\mathrm{mod}\, p).$$

我们要证 $b_1 = b_2$. 显然 $b_1 \equiv 0 \ (\mathrm{mod}\, p) \Leftrightarrow b_2 \equiv 0 \ (\mathrm{mod}\, p)$, 因此可假定 $b_1 \not\equiv 0 \ (\mathrm{mod}\, p)$ 且 $b_2 \not\equiv 0 \ (\mathrm{mod}\, p)$.

我们希望取同余式

$$b_1^3 \equiv b_2^3 \ (\mathrm{mod}\, p)$$

379

两边的立方根, 怎么做呢? 我们要应用费马小定理 $b^{p-1} \equiv 1 \ (\mathrm{mod}\, p)$. 依假定 $p \equiv 2 \ (\mathrm{mod}\, 3)$, 3 不整除 $p - 1$. 于是 3 与 $p - 1$ 互素, 从而根据第 6 章中的线性方程定理, 方程

$$3u - (p-1)v = 1$$

有整数解. 事实上, 我们可取 $u = (2p-1)/3$ 与 $v = 2$. 当然, 由于 $p \equiv 2 \ (\mathrm{mod}\, 3)$, $(2p-1)/3$ 是个整数.

注意 $3u \equiv 1 \ (\mathrm{mod}\, p-1)$, 于是从某种意义上说取 $u$ 次方相当于取 $1/3$ 次方(亦即开立方, 在第 17 章中我们发展了更一般的理论). 因此把同余式 $b_1^3 \equiv b_2^3 \ (\mathrm{mod}\, p)$ 两边 $u$ 次方后再使用费马小定理来计算:

$$(b_1^3)^u \equiv (b_2^3)^u \ (\mathrm{mod}\, p)$$

$$b_1^{3u} \equiv b_2^{3u} \ (\mathrm{mod}\, p)$$

$$b_1^{1+(p-1)v} \equiv b_2^{1+(p-1)v} \ (\mathrm{mod}\, p)$$

$$b_1 \cdot (b_1^{p-1})^v \equiv b_2 \cdot (b_2^{p-1})^v \ (\mathrm{mod}\, p)$$

$$b_1 \equiv b_2 \ (\mathrm{mod}\, p).$$

这就证明了数 $0^3 + 17$, $1^3 + 17$, $\cdots$, $(p-1)^3 + 17$ 模 $p$ 两两不同, 因而它们只是 0,

1，$\cdots$，$p-1$ 的一个重排.

我们已经证明，如果把 $x=0$，1，2，$\cdots$，$p-1$ 代入 $x^3+17\ (\mathrm{mod}\ p)$，则恰好回到
$$0,1,2,\cdots,p-1\ (\mathrm{mod}\ p).$$

同余式 $y^2\equiv 0\ (\mathrm{mod}\ p)$ 有唯一解 $y\equiv 0\ (\mathrm{mod}\ p)$. 另一方面，同余式
$$y^2\equiv 1\ (\mathrm{mod}\ p)，\quad y^2\equiv 2\ (\mathrm{mod}\ p)，\quad y^2\equiv 3\ (\mathrm{mod}\ p)，\cdots，$$
$$y^2\equiv p-2\ (\mathrm{mod}\ p)，\quad y^2\equiv p-1\ (\mathrm{mod}\ p)$$
中有一半恰有两个解，另一半无解，这是因为 1，$\cdots$，$p-1$ 中有一半是模 $p$ 的二次剩余而另一半是模 $p$ 的二次非剩余(参看第 20 章). 因此丢番图方程 $y^2=x^3+17$ 恰有
$$N_p = 1 + 2\times\frac{p-1}{2} = p$$

|380| 个模 $p$ 的解.                                                                □

我们现在明白了对于素数 $p\equiv 2\ (\mathrm{mod}\ 3)$ $E_1$ 模 $p$ 的情况. 习题 43.3 有助于发现 $p\equiv 1\ (\mathrm{mod}\ 3)$ 时关于 $a_p$ 的更为深入微妙的模式.

我们暂停一下以总结已发现的模式. 对于椭圆曲线 $E_1$ 与 $E_2$，我们发现对大约一半的素数有 $p$-亏量 $a_p$ 等于 0，而且已能精确地描述出使 $a_p=0$ 的那些素数. 对于其余的素数，我们已看到 $a_p$ 满足涉及平方数的更微妙的模式；具体说来，对于 $E_2$，$p-(a_p/2)^2$ 是个完全平方数，$E_1$ 也有类似的性质(见习题 43.3). 当然 $E_1$ 与 $E_2$ 只是众多椭圆曲线中的两个，它们的共性是否普遍成立还得再看至少一两个例子. 表 43.6 给出了椭圆曲线
$$E_3 : y^2 = x^3 - 4x^2 + 16$$
上模 $p$ 的点数与 $p$-亏量的值.

表 43.6　$E_3$ 模 $p$ 的点数与 $p$-亏量

| $p$ | 2 | 3 | 5 | 7 | 11 | 13 | 17 | 19 | 23 | 29 |
|---|---|---|---|---|---|---|---|---|---|---|
| $N_p$ | 2 | 4 | 4 | 9 | 10 | 9 | 19 | 19 | 24 | 29 |
| $a_p$ | 0 | -1 | 1 | -2 | 1 | 4 | -2 | 0 | -1 | 0 |
| $p$ | 31 | 37 | 41 | 43 | 47 | 53 | 59 | 61 | 67 | 71 |
| $N_p$ | 24 | 34 | 49 | 49 | 39 | 59 | 54 | 49 | 74 | 74 |
| $a_p$ | 7 | 3 | -8 | -6 | 8 | -6 | 5 | 12 | -7 | -3 |
| $p$ | 73 | 79 | 83 | 89 | 97 | 101 | 103 | 107 | 109 | 113 |
| $N_p$ | 69 | 89 | 89 | 74 | 104 | 99 | 119 | 89 | 99 | 104 |
| $a_p$ | 4 | -10 | -6 | 15 | -7 | 2 | -16 | 18 | 10 | 9 |

哎呀，好像只有很少的素数 $p$ 使得 $E_3$ 的 $p$-亏量为 0. 即使把表 43.6 扩展到 $p<5000$，使 $a_p=0$ 的素数也只有
$$p = 2,19,29,199,569,809,1289,1439,2539,3319,3559,3919.$$

|381| 这些素数都与 9 模 10 同余，但也有许多模 10 余 9 的素数(如 59，79，89 与 109)不在此列. 似乎看不出哪些模 10 余 9 的素数 $p$ 使得 $a_p=0$，事实上至今也无人摸索出其中的模

式. 直到 1987 年才由爱卡斯(Noam Elkies)证明有无穷多个素数 $p$ 使得 $a_p = 0$.

既然无法判明哪些素数使得 $a_p = 0$, 我们再试着找一下涉及平方数的模式; 但我们的搜索是徒劳的, 看不出什么模式. 事实上, 当考察其他椭圆曲线时会发现它们与 $E_3$ 很类似, 只有少数 $p$ 使得 $a_p = 0$, 涉及平方数的模式也找不出来. 椭圆曲线 $E_1$ 与 $E_2$ 属于很特殊的类型, 它们是具有复乘法$^\ominus$的椭圆曲线. 我们不给出精确的定义了, 但要告诉读者具有复乘法的椭圆曲线有一半的 $a_p$ 值为 0, 而没有复乘法的椭圆曲线只有少数几个 $a_p$ 值为 0.

## 习题

**43.1** (a)对于每个素数 $p$, 令 $M_p$ 表示方程 $x^2 + y^2 = 1$ 模 $p$ 的解的个数. 算出 $M_3$, $M_5$, $M_{13}$ 与 $M_{17}$ 的值.
(提示: 这里有一个进行计算的有效方法: 首先列出模 $p$ 的所有平方剩余, 其次对每个 $0 \leq y < p$ 验证 $1 - y^2$ 是否与一个平方数模 $p$ 同余.)
(b)根据(a)中的数据以及先前算出的 $M_7 = 8$ 与 $M_{11} = 12$ 来做出关于 $M_p$ 值的一个猜想. 通过计算 $M_{19}$ 来验证你的猜想. 根据你的猜想, $M_{1373}$ 与 $M_{1987}$ 的值是多少?
(c)证明你在(b)中形成的猜想正确. (提示: 可考虑利用第 3 章中的公式.)

**43.2** (a)求出丢番图方程 $y^2 = x^5 + 1$ 模 7 的所有解. 总共有多少个解?
(b)求出丢番图方程 $y^2 = x^5 + 1$ 模 11 的所有解. 总共有多少个解?
(c)设素数 $p$ 满足 $p \not\equiv 1 \pmod 5$. 证明丢番图方程 $y^2 = x^5 + 1$ 模 $p$ 恰有 $p$ 个解.

**43.3** 对关于 $E_1$ 的表 43.5 中的每一素数 $p \equiv 1 \pmod 3$, 计算 $4p - a_p^2$. 你所计算的这些数有某种特殊的形式吗?

**43.4** 编写程序使用下述方法之一来求同余式
$$E: y^2 \equiv x^3 + ax^2 + bx + c \pmod p$$
的解的个数.

(i)先列出模 $p$ 的平方剩余, 然后对 $x = 0, 1, \cdots, p-1$ 求 $x^3 + ax^2 + bx + c$ 模 $p$ 的余数. 如果它是模 $p$ 的非零平方剩余, 则在列表中加入 2; 如果它是 0, 则在列表中加入 1; 如果它是模 $p$ 的平方非剩余, 则什么也不做.

(ii)对每个 $x = 0, 1, \cdots, p-1$, 计算勒让德符号
$$\left( \frac{x^3 + ax^2 + bx + c}{p} \right).$$

如果它是 +1, 就在列表中加入 2; 如果它是 -1 就什么也不做. (如果 $x^3 + ax^2 + bx + c \equiv 0 \pmod p$), 则在列表中加入 1.)

使用你的程序对下述曲线及 100 以下的素数 $p$ 来计算点数 $N_p$ 与 $p$-亏量 $a_p = p - N_p$. 你认为哪个曲线具有复乘法?
(a) $y^2 = x^3 + x^2 - 3x + 11$ (b) $y^2 = x^3 - 595x + 5586$
(c) $y^2 = x^3 + 4x^2 + 2x$ (d) $y^2 = x^3 + 2x - 7$

**43.5** 在本题中你会发现椭圆曲线 $E: y^2 = x^3 + 1$ 的 $p$-亏量的模式. 为协助你, 提供下述列表:

382

---

$\ominus$ 一个椭圆曲线具有复乘法是指它的方程满足某种特殊的变换性质. 例如, 如果 $(x, y)$ 是方程 $E_2: y^2 = x^3 + x$ 的解, 则有序对 $(-x, iy)$ 也是一个解. $i = \sqrt{-1}$ 这样的复数的出现导致了"复乘法"这个名称.

椭圆曲线 $E$: $y^2 = x^3 + 1$ 的亏量 $a_p$

| $p$ | 2 | 3 | 5 | 7 | 11 | 13 | 17 | 19 | 23 | 29 |
|---|---|---|---|---|---|---|---|---|---|---|
| $a_p$ | 0 | 0 | 0 | $-4$ | 0 | 2 | 0 | 8 | 0 | 0 |
| $p$ | 31 | 37 | 41 | 43 | 47 | 53 | 59 | 61 | 67 | 71 |
| $a_p$ | $-4$ | $-10$ | 0 | 8 | 0 | 0 | 0 | 14 | $-16$ | 0 |
| $p$ | 73 | 79 | 83 | 89 | 97 | 101 | 103 | 107 | 109 | 113 |
| $a_p$ | $-10$ | $-4$ | 0 | 0 | 14 | 0 | 20 | 0 | 2 | 0 |

(a) 猜测出对哪些素数 $p$ 有 $a_p = 0$, 然后证明你的猜测正确.

(b) 对使 $a_p \neq 0$ 的素数 $p$, 计算 $4p - a_p^2$ 的值并观察这些数有何特殊之处.

(c) 对每个模 3 余 1 的素数 $p < 113$, 求出所有整数对 $(A, B)$ 使得 $4p = A^2 + 3B^2$. (注意可能有好几个解. 例如, $4 \times 7 = 28$ 等于 $5^2 + 3 \times 1^2$ 也等于 $4^2 + 3 \times 2^2$. 求所有解的一个有效途径是对所有的 $B < \sqrt{4p/3}$ 计算 $4p - 3B^2$, 并选出使 $4p - 3B^2$ 为完全平方的那些 $B$ 值.)

(d) 将 $A$, $B$ 的值与表中 $a_p$ 的值作比较. 努力猜出它们间的紧密联系.

(e) 对下面的每个素数 $p$, 已给出满足 $4p = A^2 + 3B^2$ 的整数对 $(A, B)$. 使用你在 (d) 中形成的猜想来猜测 $a_p$ 的值.

(i) $p = 541$    $(A, B) = (46, 4)$, $(29, 21)$, $(17, 25)$

(ii) $p = 2029$    $(A, B) = (79, 25)$, $(77, 27)$, $(2, 52)$

(iii) $p = 8623$    $(A, B) = (173, 39)$, $(145, 67)$, $(28, 106)$

# 第44章 模 $p$ 的挠点系与不好的素数

在上一章中我们发现了 $E_1$ 与 $E_2$ 的 $p$-亏量的简单模式,但 $E_3$ 的 $p$-亏量好像没什么模式. 但是,关于 $E_3$ 的 $N_p$ 值已展示了某种模式. 如果你还没注意到,请回头看一下表 43.6,在继续阅读下去之前找出模式来.

似乎关于 $E_3$ 的 $N_p$ 具有下述性质:

$$N_p \equiv 4 \ (\mathrm{mod}\ 5) \qquad \text{对除了 2 与 11 之外的每个素数 } p \text{ 成立.}$$

尽管我们不准备给出它的完整证明,但至少可粗略说明它为何是合理的. 回忆一下,在第 42 章中我们指出 $E_3$ 有个由四个点

$$P_1 = (0, 4), \quad P_2 = (0, -4), \quad P_3 = (4, 4), \quad P_4 = (4, -4)$$

构成的挠点系. 这意味着连接这四点中任两点的直线与 $E_3$ 没有除了这四点之外的新交点. 在椭圆曲线上取一对点,把它们连成直线再与曲线相交,这个过程可通过使用方程来实现而不必使用几何语言. 这也表明我们可应用同样的方法来寻找模 $p$ 的点!

现在来看个例子. 点 $Q = (1, 8)$ 是同余式

$$y^2 \equiv x^3 - 4x^2 + 16 \ (\mathrm{mod}\ 17)$$

的解. 通过 $Q$ 与 $P_1 = (0, 4)$ 的直线方程为 $y = 4x + 4$. 将直线方程代入椭圆曲线方程,可得 384

$$(4x + 4)^2 \equiv x^3 - 4x^2 + 16 \ (\mathrm{mod}\ 17)$$

$$x^3 - 3x^2 + 2x \equiv 0 \ (\mathrm{mod}\ 17)$$

$$x(x - 1)(x - 2) \equiv 0 \ (\mathrm{mod}\ 17).$$

这样就得到 $x$ 坐标分别为 0 与 1 的已知点 $Q$ 与 $P_1$,也得到一个 $x$ 坐标为 2 的新点. 将 $x = 2$ 代入直线方程得出 $y = 12$,因此我们求得 $E_3$ 模 17 的一个新解 $(2, 12)$.

如果把同样的思想用于点 $Q = (1, 8)$ 与 $P_3 = (4, 4)$,就得到直线

$$y = -\frac{4}{3}x + \frac{28}{3}.$$

这条直线模 17 何意? 分数 $-4/3$ 是方程 $3u = -4$ 的解,故 "$-4/3 \ \mathrm{mod}\ 17$" 是同余式 $-3u \equiv 4 \ (\mathrm{mod}\ 17)$ 的解. 我们已经知道如何解这类同余式,在现在的情形下 $u = 10$ 是个解. 类似地,"$28/3$ 模 17" 是 15,故通过 $Q = (1, 8)$ 与 $P_3 = (4, 4)$ 的直线模 17 是 $y = 10x + 15$. 现在把它代入 $E_3$ 的方程并如前那样解出,就求得 $E_3$ 模 17 的新解 $(14, 2)$.

我们也可从 $Q$ 与 $P_2$ 出发进行类似处理得到新解 $(11, 9)$,从 $Q$ 与 $P_4$ 出发求得新解 $(15, 3)$. 因此,从单个解 $Q$ 出发,通过使用挠点系中的四个点我们获得了四个新解.

现在考虑曲线 $E_3$ 模一般素数 $p$. 已有四个点 $P_1$, $P_2$, $P_3$, $P_4$. 每次找个 $E_3$ 上模 $p$

的新点 $Q$，取连接 $Q$ 与 $P_i(1 \leqslant i \leqslant 4)$ 的直线 $L_i$．每条直线 $L_i$ 与 $E_3$ 有个新交点 $Q_i$．用这种方法，我们从 $Q$ 出发获得四个新的点 $Q_1$，$Q_2$，$Q_3$，$Q_4$．因此，除了 $P_1$，$P_2$，$P_3$，$P_4$ 这四个点外，$E_3$ 模 $p$ 上的点五个一丛．从而

$$\{E_3 \text{ 模 } p \text{ 的解}\} = \{4 \text{ 个解 } P_1, P_2, P_3, P_4\} + \{\text{若干丛(每丛含五个解)}\}.$$

因此，$E_3$ 模 $p$ 的解的个数等于 4 加上 5 的一个倍数，即 $N_p \equiv 4 \pmod{5}$．对 $p \neq 2$ 和 $p \neq 11$ 这是对的．（对于 $p = 2$ 与 $p = 11$，有的五点丛包含重复的点．）

同余式 $N_p \equiv 4 \pmod{5}$ 也解释了我们稍前关于哪些素数 $p$ 满足 $a_p = 0$ 的观察．要想知道为什么，假定 $a_p = 0$，则

$$p = N_p \equiv 4 \pmod{5}.$$

由于 $p$ 是奇数，因此有 $p \equiv 9 \pmod{10}$．这就证明了 $a_p = 0$ 时 $p \equiv 9 \pmod{10}$，但并没说 $p \equiv 9 \pmod{10}$ 时一定有 $a_p = 0$．与我们关于 $E_1$ 与 $E_2$ 的结果相对照，这是个重要的不同之处．

385

上述论证很好，但素数 $p = 2$ 与 $p = 11$ 例外究竟是怎么回事？对于椭圆曲线 $E_3 : y^2 = x^3 - 4x^2 + 16$ 来说，2 与 11 有些特殊．原因在于 2 与 11 是仅有的素数 $p$ 使得 $x^3 - 4x^2 + 16 \equiv 0 \pmod{p}$ 有重根．这样，

$$x^3 - 4x^2 + 16 \equiv x^3 \pmod{2} \text{ 有三重根 } x = 0,$$
$$x^3 - 4x^2 + 16 \equiv (x+1)^2(x+5) \pmod{11} \text{ 有二重根 } x = -1.$$

一般地，对于椭圆曲线

$$E : y^2 = x^3 + ax^2 + bx + c,$$

素数 $p$ 为不好的素数是指多项式 $x^3 + a^2 + bx + c \equiv 0 \pmod{p}$ 有重根．不难找出 $E$ 的不好的素数，因为可以证明它们恰好就是 $E$ 的判别式

$$\Delta(E) = -4a^3c + a^2b^2 - 4b^3 - 27c^2 + 18abc$$

的素因子[⊖]．例如

$$\Delta(E_1) = -7803 = -3^3 \cdot 17^2,$$
$$\Delta(E_2) = -4 = -2^2,$$
$$\Delta(E_3) = -2816 = -2^8 \cdot 11.$$

## 习题

**44.1** 假设椭圆曲线 $E$ 有由 $t$ 个点 $P_1$，$P_2$，$\cdots$，$P_t$ 构成的挠点系．解释一下为何 $E$ 模 $p$ 的解的个数满足同余式

$$N_p \equiv t \pmod{t+1}.$$

**44.2** 习题 42.2(c) 表明椭圆曲线 $E : y^2 = x^3 - x$ 有挠点系 $\{(0, 0), (1, 0), (-1, 0)\}$．

---

⊖ 在描述不好的素数时我们作了点欺骗，由于一些技术上的原因，对于我们的椭圆曲线素数 2 总是不好的．虽然如此，但有时通过使用 $E$ 的包含 $xy$ 项或 $y$ 项的方程可把不好的素数转化成好的素数．

(a) 对 $p = 2，3，5，7，11$，求出 $E$ 模 $p$ 上的点数. 哪些满足 $N_p \equiv 3 \pmod{4}$？

(b) 寻找 $E$ 模 11 的挠点系中的解，通过画经过挠点系中点的直线把它们分成若干四点丛. ▢386

**44.3** 本题研究 $p$ 为不好的素数时 $a_p$ 的值.

(a) 对下述椭圆曲线，找出不好的素数.

(i) $E$: $y^2 = x^3 + x^2 - x + 2$

(ii) $E$: $y^2 = x^3 + 3x + 4$

(iii) $E$: $y^2 = x^3 + 2x^2 + x + 3$

(b) 对 (a) 中的每个曲线，计算在不好的素数 $p$ 处的 $p$-亏量 $a_p$.

(c) 下面是更多的椭圆曲线的例子以及在不好的素数处的 $p$-亏量.

| $E$ | $\Delta(E)$ | 不好的素数处的 $a_p$ 值 |
|---|---|---|
| $y^2 = x^3 + 2x + 3$ | $-5^2 \cdot 11$ | $a_5 = -1$，$a_{11} = -1$ |
| $y^2 = x^3 + x^2 + 2x + 3$ | $-5^2 \cdot 7$ | $a_5 = 0$，$a_7 = 1$ |
| $y^2 = x^3 + 5$ | $-3^3 \cdot 5^2$ | $a_3 = 0$，$a_5 = 0$ |
| $y^2 = x^3 + 2x^2 - 7x + 3$ | $11 \cdot 43$ | $a_{11} = -1$，$a_{43} = 1$ |
| $y^2 = x^3 + 21x^2 + 37x + 42$ | $-31 \cdot 83 \cdot 239$ | $a_{31} = -1$，$a_{83} = 1$，$a_{239} = -1$ |

不好的素数处的 $a_p$ 值隐藏着一些难度不同的模式. 尽可能多地找出这些隐藏的模式.

**44.4** 本题中的 $p$ 是大于 3 的素数.

(a) 验证 $p$ 是椭圆曲线 $y^2 = x^3 + p$ 的不好的素数. 猜出 $a_p$ 的值并证明之.

(b) 验证 $p$ 是椭圆曲线 $y^2 = x^3 + x^2 + p$ 的不好的素数. 猜出 $a_p$ 的值并证明之.

(c) 验证 $p$ 是椭圆曲线 $y^2 = x^3 - x^2 + p$ 的不好的素数. 猜出 $a_p$ 的值并证明之. （提示：对于 (c)，$a_p$ 的值依赖于 $p$. ) ▢387

# 第45章 亏量界与模性模式

第43、44章尽管有点长，但也仅仅是椭圆曲线模 $p$ 方面美妙理论的一点皮毛. 在本章中将继续这方面的探讨.

我们已揭示了为何椭圆曲线上模 $p$ 的点数 $N_p$ 应该大约为 $p$，并已发现 $p$-亏量 $a_p = p - N_p$ 的许多模式. 怎样才能把"$N_p$ 大约为 $p$"量化呢？我们可以说"$a_p$ 比较小"，但这仅把问题转化成"怎样小"的问题. 看一下第43章关于 $E_1$，$E_2$，$E_3$ 的有关表格，似乎 $p$ 很大时 $a_p$ 也相当大. 我们可以做的一件事是研究 $p$ 与 $a_p$ 的相对大小. 表45.1列出了那些使 $E_3$ 的 $p$-亏量的绝对值特别大的素数. 出于比较的目的，我们也列出了 $\sqrt{p}$，$\sqrt[3]{p}$ 与 $\log p$ 的值.

表45.1　曲线 $E_3$：$y^2 = x^3 - 4x^2 + 16$ 的大数值 $a_p$

| $a_p$ | $p$ | $\sqrt{p}$ | $\sqrt[3]{p}$ | $\log p$ |
|---|---|---|---|---|
| $-30$ | 239 | 15.459 62 | 6.205 82 | 2.378 40 |
| 40 | 439 | 20.952 33 | 7.600 14 | 2.642 46 |
| 44 | 593 | 24.351 59 | 8.401 40 | 2.773 05 |
| 50 | 739 | 27.184 55 | 9.040 97 | 2.868 64 |
| 53 | 797 | 28.231 19 | 9.271 56 | 2.901 46 |
| $-52$ | 827 | 28.757 61 | 9.386 46 | 2.917 51 |
| 68 | 1327 | 36.428 01 | 10.988 97 | 3.122 87 |
| $-72$ | 1367 | 36.972 96 | 11.098 29 | 3.135 77 |
| $-68$ | 1381 | 37.161 81 | 11.136 05 | 3.140 19 |
| $-70$ | 1429 | 37.802 12 | 11.263 60 | 3.155 03 |
| $-71$ | 1453 | 38.118 24 | 11.326 31 | 3.162 27 |
| 78 | 1627 | 40.336 09 | 11.761 49 | 3.211 39 |
| 84 | 2053 | 45.310 04 | 12.709 53 | 3.312 39 |
| 89 | 2083 | 45.639 89 | 12.771 14 | 3.318 69 |
| $-86$ | 2113 | 45.967 38 | 12.832 16 | 3.324 90 |
| $-91$ | 2143 | 46.292 55 | 12.892 61 | 3.331 02 |
| 93 | 2267 | 47.613 02 | 13.136 63 | 3.355 45 |
| $-98$ | 2551 | 50.507 43 | 13.663 76 | 3.406 71 |
| $-103$ | 3221 | 56.753 85 | 14.768 29 | 3.507 99 |
| 114 | 3733 | 61.098 28 | 15.512 65 | 3.572 06 |
| $-123$ | 4051 | 63.647 47 | 15.941 19 | 3.607 56 |
| 129 | 4733 | 68.796 80 | 16.789 80 | 3.675 14 |
| $-132$ | 4817 | 69.404 61 | 16.888 54 | 3.682 78 |
| 132 | 5081 | 71.281 13 | 17.191 60 | 3.705 95 |
| 138 | 5407 | 73.532 31 | 17.551 68 | 3.732 96 |
| $-146$ | 5693 | 75.451 97 | 17.855 84 | 3.755 34 |
| $-138$ | 5711 | 75.571 16 | 17.874 64 | 3.756 71 |

（续）

| $a_p$ | $p$ | $\sqrt{p}$ | $\sqrt[3]{p}$ | $\log p$ |
|---|---|---|---|---|
| $-147$ | 6317 | 79. 479 56 | 18. 485 75 | 3. 800 51 |
| $-146$ | 6373 | 79. 831 07 | 18. 540 21 | 3. 804 34 |
| 164 | 7043 | 83. 922 58 | 19. 168 40 | 3. 847 76 |
| 153 | 7187 | 84. 776 18 | 19. 298 16 | 3. 856 55 |
| 162 | 7211 | 84. 917 61 | 19. 319 62 | 3. 858 00 |

表 45.1 清楚地显示出尽管 $|a_p|$ 的确比 $p$ 小得多，但它们比 $\sqrt[3]{p}$ 与 $\log p$ 大得多. $|a_p|$ 也比 $\sqrt{p}$ 大，正如你会观察到的那样，它们没有 $\sqrt{p}$ 的两倍大. 换句话说，似乎 $|a_p|$ 从不超过 $2\sqrt{p}$.

**定理 45.1（哈塞定理，H. Hasse，1933）** 设 $N_p$ 是一个椭圆曲线模素数 $p$ 的点数，$a_p = p - N_p$ 为 $p$-亏量，则

$$|a_p| < 2\sqrt{p}.$$

换句话说，椭圆曲线模 $p$ 上的点数 $N_p$ 大约等于 $p$，误差小于 $2\sqrt{p}$. 这个优美的结果最初由阿廷（Emil Artin）在 20 世纪 20 年代猜出，后由哈塞在 20 世纪 30 年代证实. 韦伊（André Weil）在 20 世纪 40 年代证明了一个推广形式，后又被德利涅（Pierre Deligne）在 20 世纪 70 年代作了更进一步的推广.

388
～
389

对一般椭圆曲线的哈塞定理的证明超出我们现在的方法，但我们至少能说明为何它对椭圆曲线 $E_2$：$y^2 = x^3 + x$ 成立. 回忆一下第 43 章中关于这个曲线的亏量有下述法则：

$p \equiv 3 (\mathrm{mod}\, 4)$ 时 $a_p = 0$；

$p \equiv 1 (\mathrm{mod}\, 4)$ 且 $p = A^2 + B^2$（$A$ 为正奇数）时 $a_p = \pm 2A$.

如果 $a_p = 0$，很难再多说什么. 另一方面，如果 $p \equiv 1\ (\mathrm{mod}\, 4)$ 则可得到

$$|a_p| = 2A = 2\sqrt{p - B^2} < 2\sqrt{p},$$

这正是哈塞定理.

我们新近讨论的 $a_p$ 的模式是如此出人意料与非平凡以致你可能怀疑是否有人对这方面有真正透彻的洞察. 的确，数学家花了许多年才从多种来源的提示中最终意识到这个引人注目的模性模式（modularity pattern）可能普遍成立. 尽管我们不能在此全面阐述什么叫模性模式，但可通过检查具有代表性的曲线

$$E_3 : y^2 = x^3 - 4x^2 + 16$$

来体现这种韵味. 来看一下无穷乘积

$$\Theta = T\{(1 - T)(1 - T^{11})\}^2 \{(1 - T^2)(1 - T^{22})\}^2$$
$$\times \{(1 - T^3)(1 - T^{33})\}^2 \{(1 - T^4)(1 - T^{44})\}^2 \cdots.$$

如果把前面的因子乘起来再展开成 $T$ 的幂级数，则即便有更多的因子相乘，它的前几项也是稳定不变的. 例如，如果把直到 $\{(1-T^{23})(1-T^{253})\}^2$ 的因子乘起来，则得

$$\Theta = T - 2T^2 - T^3 + 2T^4 + T^5 + 2T^6 - 2T^7 - 2T^9 - 2T^{10} + T^{11}$$
$$- 2T^{12} + 4T^{13} + 4T^{14} - T^{15} - 4T^{16} - 2T^{17} + 4T^{18}$$
$$+ 2T^{20} + 2T^{21} - 2T^{22} - T^{23} + \cdots,$$

[390] 即便用更多的因子相乘，这前 23 项也保持不变.

此刻你可能奇怪为何乘积 $\Theta$ 与椭圆曲线 $E_3$ 有关. 为回答这一问题，我们看一下对素数 $p \leqslant 23$ 的曲线 $E_3$ 的 $p$-亏量：

$$a_2 = 0, \quad a_3 = -1, \quad a_5 = 1, \quad a_7 = -2, \quad a_{11} = 1,$$
$$a_{13} = 4, \quad a_{17} = -2, \quad a_{19} = 0, \quad a_{23} = -1.$$

撇开 $a_2$，你能看出这些 $a_p$ 值与乘积 $\Theta$ 的关联吗？当我们把 $\Theta$ 写成和式时 $T^p$ 的系数就等于 $a_p$. 令人吃惊的是，这个模式对所有素数成立.

**定理 45.2(关于 $E_3$ 的模定理)** 设 $E_3$ 为椭圆曲线

$$E_3 : y^2 = x^3 - 4x^2 + 16,$$

$\Theta$ 为无穷乘积

$$\Theta = T\{(1-T)(1-T^{11})\}^2\{(1-T^2)(1-T^{22})\}^2 \times$$
$$\{(1-T^3)(1-T^{33})\}^2\{(1-T^4)(1-T^{44})\}^2\cdots.$$

将其展开可表成和式

$$\Theta = c_1 T + c_2 T^2 + c_3 T^3 + c_4 T^4 + c_5 T^5 + \cdots.$$

则对于素数 $p \geqslant 3$，$E_3$ 的 $p$-亏量 $a_p$ 就等于 $c_p$.

20 世纪 50 年代，谷山丰(Yutaka Taniyama)做出关于模性模式的一个一般性猜想，在 20 世纪 60 年代志村五郎(Goro Shimura)把谷山丰的猜想提炼成这样的断言：每个椭圆曲线应该有个模性模式. 然后韦伊证明了一个逆定理，使得谷山志村猜想被普遍接受.

**猜想 45.3(模猜想，志村五郎，谷山丰)** 每个椭圆曲线 $E$ 都可模形式化，即 $E$ 的 $p$-亏量具有模性模式.

椭圆曲线 $E$ 的 $p$-亏量"具有模性模式"是什么意思呢？它表示有个级数

$$\Theta = c_1 T + c_2 T^2 + c_3 T^3 + c_4 T^4 + c_5 T^5 + \cdots$$

[391] 使得对(大多数)素数 $p$，系数 $c_p$ 等于 $E$ 的 $p$-亏量 $a_p$，而且 $\Theta$ 有某种优美的变换性质 ⊖

---

⊖ 对于具有复分析知识的读者，这里给出了模条件的主体部分. 我们把 $\Theta$ 当作 $T$ 的函数并令 $f(z) = \Theta(e^{2\pi i z})$，则有整数 $N \geqslant 1$ 使得如果整数 $A$, $B$, $C$, $D$ 满足 $AD - BCN = 1$，则对每个复数 $z = x + iy$ ($x \in \mathbb{R}$，$y > 0$)，函数 $f(z)$ 满足

$$f\left(\frac{Az + B}{CNz + D}\right) = (CNz + D)^2 f(z).$$

（因太复杂这里不便精确描述）．尽管缺少精确的描述，但希望 $E_3$ 相应的 $\Theta$ 有助于读者了解模性模式的含义．

## 习题

**45.1** 本习题致力于更深入地研究关于 $E_3$ 的模定理中描述的无穷乘积 $\Theta$ 的系数的模式．把 $\Theta$ 表成和式

$$\Theta = c_1 T + c_2 T^2 + c_3 T^3 + c_4 T^4 + c_5 T^5 + \cdots,$$

模定理表明对素数 $p \geqslant 3$，第 $p$ 个系数 $c_p$ 等于 $E_3$ 的 $p$-亏量 $a_p$．下表中列出了对于所有 $n \leqslant 100$ 的 $\Theta$ 的系数 $c_1, \cdots, c_{100}$，请从中寻找模式并形成猜想．

| $n$ | 1 | 2 | 3 | 4 | 5 | 6 | 7 | 8 | 9 | 10 | 11 | 12 | 13 | 14 | 15 | 16 | 17 |
|---|---|---|---|---|---|---|---|---|---|---|---|---|---|---|---|---|---|
| $c_n$ | 1 | -2 | -1 | 2 | 1 | 2 | -2 | 0 | -2 | -2 | 1 | -2 | 4 | 4 | -1 | -4 | -2 |
| $n$ | 18 | 19 | 20 | 21 | 22 | 23 | 24 | 25 | 26 | 27 | 28 | 29 | 30 | 31 | 32 | 33 | 34 |
| $c_n$ | 4 | 0 | 2 | 2 | -2 | -1 | 0 | -4 | -8 | 5 | -4 | 0 | 2 | 7 | 8 | -1 | 4 |
| $n$ | 35 | 36 | 37 | 38 | 39 | 40 | 41 | 42 | 43 | 44 | 45 | 46 | 47 | 48 | 49 | 50 | 51 |
| $c_n$ | -2 | -4 | 3 | 0 | -4 | 0 | -8 | -4 | -6 | 2 | -2 | 2 | 8 | 4 | -3 | 8 | 2 |
| $n$ | 52 | 53 | 54 | 55 | 56 | 57 | 58 | 59 | 60 | 61 | 62 | 63 | 64 | 65 | 66 | 67 | 68 |
| $c_n$ | 8 | -6 | -10 | 1 | 0 | 0 | 5 | -2 | 12 | -14 | 4 | -8 | 4 | 2 | -7 | -4 | |
| $n$ | 69 | 70 | 71 | 72 | 73 | 74 | 75 | 76 | 77 | 78 | 79 | 80 | 81 | 82 | 83 | 84 | 85 |
| $c_n$ | 1 | 4 | -3 | 0 | 4 | -6 | 4 | 0 | -2 | 8 | -10 | -4 | 1 | 16 | -6 | 4 | -2 |
| $n$ | 86 | 87 | 88 | 89 | 90 | 91 | 92 | 93 | 94 | 95 | 96 | 97 | 98 | 99 | 100 | | |
| $c_n$ | 12 | 0 | 0 | 15 | 4 | -8 | -2 | -7 | -16 | 0 | -8 | -7 | 6 | -2 | -8 | | |

（a）当 $\gcd(m, n) = 1$ 时找出 $c_m$，$c_n$ 与 $c_{mn}$ 的关系．

（b）对素数 $p$ 找出 $c_p$ 与 $c_{p^2}$ 的关系．为协助你，这里给出 $p \leqslant 37$ 时 $c_{p^2}$ 的值：

$$c_{2^2} = 2, \quad c_{3^2} = -2, \quad c_{5^2} = -4, \quad c_{7^2} = -3,$$
$$c_{11^2} = 1, \quad c_{13^2} = 3, \quad c_{17^2} = -13, \quad c_{19^2} = -19,$$
$$c_{23^2} = -22, \quad c_{29^2} = -29, \quad c_{31^2} = 18, \quad c_{37^2} = -28.$$

（提示：对 $E_3$ 来说 $p = 11$ 是不好的素数，可把 $c_{11^2}$ 视为计算错误而忽略它！）

392

（c）通过对素数 $p$ 寻找诸 $c_{p^k}$ 之间的关系推广（b）中的结论．为协助你，这里给出 $p = 3, 5$ 且 $1 \leqslant k \leqslant 8$ 时 $c_{p^k}$ 的值．

$$c_{3^1} = -1, \quad c_{3^2} = -2, \quad c_{3^3} = 5, \quad c_{3^4} = 1,$$
$$c_{3^5} = -16, \quad c_{3^6} = 13, \quad c_{3^7} = 35, \quad c_{3^8} = -74,$$
$$c_{5^1} = 1, \quad c_{5^2} = -4, \quad c_{5^3} = -9, \quad c_{5^4} = 11,$$
$$c_{5^5} = 56, \quad c_{5^6} = 1, \quad c_{5^7} = -279, \quad c_{5^8} = -284.$$

（d）使用你已发现的关系式计算下述 $c_m$ 值：

(i) $c_{400}$     (ii) $c_{289}$     (iii) $c_{1521}$     (iv) $c_{16\,807}$

**45.2** 在本题中我们考察椭圆曲线

$$E : y^2 = x^3 + 1$$

的模性模式. $E$ 的 $p$-亏量已在习题 43.5 中列出. 考虑乘积

$$\Theta = T(1 - T^k)^4 (1 - T^{2k})^4 (1 - T^{3k})^4 (1 - T^{4k})^4 \cdots.$$

(a) 将 $\Theta$ 的前几个因子相乘展开,

$$\Theta = c_1 T + c_2 T^2 + c_3 T^3 + c_4 T^4 + c_5 T^5 + c_6 T^6 + \cdots.$$

尝试猜出哪些 $k$ 值使得 $c_p$ 等于 $E$ 的 $p$-亏量 $a_p$.

(b) 利用从 (a) 中选出的那些 $k$ 值, 计算 $c_1$, $c_2$, $\cdots$, $c_{18}$.

(c) 如果你使用计算机, 求 $c_1$, $c_2$, $\cdots$, $c_{100}$ 的值. $c_{91}$ 与 $c_7$ 和 $c_{13}$ 有何关系? $c_{49}$ 与 $c_7$ 有何关系? 提出一个猜想.

**45.3** 无穷乘积

$$f(X) = (1 - X)(1 - X^2)(1 - X^3)(1 - X^4)(1 - X^5) \cdots$$

有助于描述模性模式. 例如, 椭圆曲线 $E_3$ 的模性模式由 $\Theta = T \cdot f(T)^2 \cdot f(T^{11})^2$ 给出. 现在考虑椭圆曲线

$$y^2 = x^3 - x^2 - 4x + 4.$$

这个曲线的模性模式形如

$$\Theta = T \cdot f(T^j) \cdot f(T^k) \cdot f(T^m) \cdot f(T^n),$$

其中 $j$, $k$, $m$, $n$ 为适当的正整数. 积累数据并尝试求出 $j$, $k$, $m$, $n$ 的正确值. (可能需要计算机来处理这个问题.)

# 第46章 椭圆曲线与费马大定理

费马大定理断言，如果 $n \geq 3$，则丢番图方程

$$A^n + B^n = C^n$$

没有非零整数解. 我们在第30章中已对 $n = 4$ 证明了这一点. 如果 $A^n + B^n = C^n$，且 $p \mid n$，比如说 $n = pm$，则

$$(A^m)^p + (B^m)^p = (C^m)^p.$$

因此，如果具有奇素数指数的费马方程无非零整数解，则具有合数指数的费马方程也无非零整数解.

在第4章中我们已简要叙述了费马大定理的历史. 公平地说，在20世纪80年代以前关于费马方程的大部分深奥的工作都基于这类或那类的因数分解技巧. 1986年，弗雷(Gerhard Frey)发现了费马大定理与椭圆曲线的联系并认为这是"进攻"费马大定理的新途径.

弗雷的想法如下：如果费马方程有非零整数解 $(A, B, C)$，则考察椭圆曲线

$$E_{A,B} : y^2 = x(x + A^p)(x - B^p).$$

这个椭圆曲线现在叫做弗雷曲线. 其判别式

$$\Delta(E_{A,B}) = A^{2p} B^{2p} (A^p + B^p)^2 = (ABC)^{2p}$$

是整数的 $2p$ 次方，这是如此不寻常以致弗雷认为这样的曲线根本不存在. 更精确地说，他猜想 $E_{A,B}$ 是如此奇怪以致它的 $p$-亏量没有模性模式. 塞尔(Jean-Pierre Serre)把弗雷的猜测做了进一步的提炼，1986年里贝特(Ken Ribet)证明来自费马方程的非平凡整数解的弗雷曲线与模猜想相冲突. 换句话说，里贝特证明了 $A^p + B^p = C^p$ 且 $ABC \neq 0$ 时弗雷曲线 $E_{A,B}$ 不具有模性模式.

受里贝特工作的鼓舞，怀尔斯花了六年时间试图证明每个(或至少大部分)椭圆曲线具有模性模式. 最终他证明了每个半稳定的椭圆曲线具有模性模式；由于弗雷曲线是半稳定的[⊖]，这足以导出费马大定理[⊖].

| **费马大定理的证明概要** |
|---|
| (1)设 $p \geq 3$ 是素数，假设 $A^p + B^p = C^p$ 有非零整除解 $(A, B, C)$ 且 $\gcd(A, B, C) = 1$. |
| (2) 设 $E_{A,B}$ 为弗雷曲线 $y^2 = x(x + A^p)(x - B^p)$. |
| (3) 怀尔斯定理告诉我们 $E_{A,B}$ 是有模性模式的，即 $p$-亏量 $a_p$ 具有模性模式. |
| (4) 里贝特定理告诉我们 $E_{A,B}$ 奇怪到没有模性模式. |
| (5) 上述矛盾导致我们得到方程 $A^p + B^p = C^p$ 没有非零整数解. |

⊖ 一个椭圆曲线是半稳定的，是指对不好的素数 $p \geq 3$，$p$-亏量 $a_p$ 为1或 $-1$. 如果 $p = 2$ 是不好的素数，则有更复杂的条件，但幸运的是我们可转换弗雷曲线从而把2变成好的素数.

⊖ 在怀尔斯工作的基础上，2001年 Breuil、Conrad、Diamond 与 Taylor 彻底证明了一般的模猜想. ——译者注

在看到费马大定理这个最著名的数学难题成功解决之际，也就结束了我们数论海洋的航行. 我希望你就像我喜欢做你的向导一样喜爱这趟旅行，也希望你已发现这最优美的课题中有许多结果值得敬佩，也有许多问题有待进一步的研究. 总之，我希望你对数学已找到感觉，认为它生机勃勃，已有许多漂亮的珍宝被发现，但也有许多甚至更美妙的宝藏等待富有洞察力、勇敢精神以及恒心与毅力的人来挖掘.

# 附录 A 小合数的分解

下表给出了不被 2，3，5 之一整除的小合数的素数分解式. 使用此表前先把你要分解的数用 2，3，5 的幂次来除直到商中没有这样的因子，然后再到表中查找.

| | | | |
|---|---|---|---|
| $49 = 7^2$ | $77 = 7 \cdot 11$ | $91 = 7 \cdot 13$ | $119 = 7 \cdot 17$ |
| $121 = 11^2$ | $133 = 7 \cdot 19$ | $143 = 11 \cdot 13$ | $161 = 7 \cdot 23$ |
| $169 = 13^2$ | $187 = 11 \cdot 17$ | $203 = 7 \cdot 29$ | $209 = 11 \cdot 19$ |
| $217 = 7 \cdot 31$ | $221 = 13 \cdot 17$ | $247 = 13 \cdot 19$ | $253 = 11 \cdot 23$ |
| $259 = 7 \cdot 37$ | $287 = 7 \cdot 41$ | $289 = 17^2$ | $299 = 13 \cdot 23$ |
| $301 = 7 \cdot 43$ | $319 = 11 \cdot 29$ | $323 = 17 \cdot 19$ | $329 = 7 \cdot 47$ |
| $341 = 11 \cdot 31$ | $343 = 7^3$ | $361 = 19^2$ | $371 = 7 \cdot 53$ |
| $377 = 13 \cdot 29$ | $391 = 17 \cdot 23$ | $403 = 13 \cdot 31$ | $407 = 11 \cdot 37$ |
| $413 = 7 \cdot 59$ | $427 = 7 \cdot 61$ | $437 = 19 \cdot 23$ | $451 = 11 \cdot 41$ |
| $469 = 7 \cdot 67$ | $473 = 11 \cdot 43$ | $481 = 13 \cdot 37$ | $493 = 17 \cdot 29$ |
| $497 = 7 \cdot 71$ | $511 = 7 \cdot 73$ | $517 = 11 \cdot 47$ | $527 = 17 \cdot 31$ |
| $529 = 23^2$ | $533 = 13 \cdot 41$ | $539 = 7^2 \cdot 11$ | $551 = 19 \cdot 29$ |
| $553 = 7 \cdot 79$ | $559 = 13 \cdot 43$ | $581 = 7 \cdot 83$ | $583 = 11 \cdot 53$ |
| $589 = 19 \cdot 31$ | $611 = 13 \cdot 47$ | $623 = 7 \cdot 89$ | $629 = 17 \cdot 37$ |
| $637 = 7^2 \cdot 13$ | $649 = 11 \cdot 59$ | $667 = 23 \cdot 29$ | $671 = 11 \cdot 61$ |
| $679 = 7 \cdot 97$ | $689 = 13 \cdot 53$ | $697 = 17 \cdot 41$ | $703 = 19 \cdot 37$ |
| $707 = 7 \cdot 101$ | $713 = 23 \cdot 31$ | $721 = 7 \cdot 103$ | $731 = 17 \cdot 43$ |
| $737 = 11 \cdot 67$ | $749 = 7 \cdot 107$ | $763 = 7 \cdot 109$ | $767 = 13 \cdot 59$ |
| $779 = 19 \cdot 41$ | $781 = 11 \cdot 71$ | $791 = 7 \cdot 113$ | $793 = 13 \cdot 61$ |
| $799 = 17 \cdot 47$ | $803 = 11 \cdot 73$ | $817 = 19 \cdot 43$ | $833 = 7^2 \cdot 17$ |
| $841 = 29^2$ | $847 = 7 \cdot 11^2$ | $851 = 23 \cdot 37$ | $869 = 11 \cdot 79$ |
| $871 = 13 \cdot 67$ | $889 = 7 \cdot 127$ | $893 = 19 \cdot 47$ | $899 = 29 \cdot 31$ |
| $901 = 17 \cdot 53$ | $913 = 11 \cdot 83$ | $917 = 7 \cdot 131$ | $923 = 13 \cdot 71$ |
| $931 = 7^2 \cdot 19$ | $943 = 23 \cdot 41$ | $949 = 13 \cdot 73$ | $959 = 7 \cdot 137$ |
| $961 = 31^2$ | $973 = 7 \cdot 139$ | $979 = 11 \cdot 89$ | $989 = 23 \cdot 43$ |
| $1001 = 7 \cdot 11 \cdot 13$ | $1003 = 17 \cdot 59$ | $1007 = 19 \cdot 53$ | $1027 = 13 \cdot 79$ |
| $1037 = 17 \cdot 61$ | $1043 = 7 \cdot 149$ | $1057 = 7 \cdot 151$ | $1067 = 11 \cdot 97$ |
| $1073 = 29 \cdot 37$ | $1079 = 13 \cdot 83$ | $1081 = 23 \cdot 47$ | $1099 = 7 \cdot 157$ |
| $1111 = 11 \cdot 101$ | $1121 = 19 \cdot 59$ | $1127 = 7^2 \cdot 23$ | $1133 = 11 \cdot 103$ |
| $1139 = 17 \cdot 67$ | $1141 = 7 \cdot 163$ | $1147 = 31 \cdot 37$ | $1157 = 13 \cdot 89$ |
| $1159 = 19 \cdot 61$ | $1169 = 7 \cdot 167$ | $1177 = 11 \cdot 107$ | $1183 = 7 \cdot 13^2$ |
| $1189 = 29 \cdot 41$ | $1199 = 11 \cdot 109$ | $1207 = 17 \cdot 71$ | $1211 = 7 \cdot 173$ |
| $1219 = 23 \cdot 53$ | $1241 = 17 \cdot 73$ | $1243 = 11 \cdot 113$ | $1247 = 29 \cdot 43$ |
| $1253 = 7 \cdot 179$ | $1261 = 13 \cdot 97$ | $1267 = 7 \cdot 181$ | $1271 = 31 \cdot 41$ |
| $1273 = 19 \cdot 67$ | $1309 = 7 \cdot 11 \cdot 17$ | $1313 = 13 \cdot 101$ | $1331 = 11^3$ |
| $1333 = 31 \cdot 43$ | $1337 = 7 \cdot 191$ | $1339 = 13 \cdot 103$ | $1343 = 17 \cdot 79$ |
| $1349 = 19 \cdot 71$ | $1351 = 7 \cdot 193$ | $1357 = 23 \cdot 59$ | $1363 = 29 \cdot 47$ |
| $1369 = 37^2$ | $1379 = 7 \cdot 197$ | $1387 = 19 \cdot 73$ | $1391 = 13 \cdot 107$ |

（续）

| | | | |
|---|---|---|---|
| $1393 = 7 \cdot 199$ | $1397 = 11 \cdot 127$ | $1403 = 23 \cdot 61$ | $1411 = 17 \cdot 83$ |
| $1417 = 13 \cdot 109$ | $1421 = 7^2 \cdot 29$ | $1441 = 11 \cdot 131$ | $1457 = 31 \cdot 47$ |
| $1463 = 7 \cdot 11 \cdot 19$ | $1469 = 13 \cdot 113$ | $1477 = 7 \cdot 211$ | $1501 = 19 \cdot 79$ |
| $1507 = 11 \cdot 137$ | $1513 = 17 \cdot 89$ | $1517 = 37 \cdot 41$ | $1519 = 7^2 \cdot 31$ |
| $1529 = 11 \cdot 139$ | $1537 = 29 \cdot 53$ | $1541 = 23 \cdot 67$ | $1547 = 7 \cdot 13 \cdot 17$ |
| $1561 = 7 \cdot 223$ | $1573 = 11^2 \cdot 13$ | $1577 = 19 \cdot 83$ | $1589 = 7 \cdot 227$ |
| $1591 = 37 \cdot 43$ | $1603 = 7 \cdot 229$ | $1631 = 7 \cdot 233$ | $1633 = 23 \cdot 71$ |
| $1639 = 11 \cdot 149$ | $1643 = 31 \cdot 53$ | $1649 = 17 \cdot 97$ | $1651 = 13 \cdot 127$ |
| $1661 = 11 \cdot 151$ | $1673 = 7 \cdot 239$ | $1679 = 23 \cdot 73$ | $1681 = 41^2$ |
| $1687 = 7 \cdot 241$ | $1691 = 19 \cdot 89$ | $1703 = 13 \cdot 131$ | $1711 = 29 \cdot 59$ |
| $1717 = 17 \cdot 101$ | $1727 = 11 \cdot 157$ | $1729 = 7 \cdot 13 \cdot 19$ | $1739 = 37 \cdot 47$ |
| $1751 = 17 \cdot 103$ | $1757 = 7 \cdot 251$ | $1763 = 41 \cdot 43$ | $1769 = 29 \cdot 61$ |
| $1771 = 7 \cdot 11 \cdot 23$ | $1781 = 13 \cdot 137$ | $1793 = 11 \cdot 163$ | $1799 = 7 \cdot 257$ |
| $1807 = 13 \cdot 139$ | $1813 = 7^2 \cdot 37$ | $1817 = 23 \cdot 79$ | $1819 = 17 \cdot 107$ |
| $1829 = 31 \cdot 59$ | $1837 = 11 \cdot 167$ | $1841 = 7 \cdot 263$ | $1843 = 19 \cdot 97$ |
| $1849 = 43^2$ | $1853 = 17 \cdot 109$ | $1859 = 11 \cdot 13^2$ | $1883 = 7 \cdot 269$ |
| $1891 = 31 \cdot 61$ | $1897 = 7 \cdot 271$ | $1903 = 11 \cdot 173$ | $1909 = 23 \cdot 83$ |
| $1919 = 19 \cdot 101$ | $1921 = 17 \cdot 113$ | $1927 = 41 \cdot 47$ | $1937 = 13 \cdot 149$ |
| $1939 = 7 \cdot 277$ | $1943 = 29 \cdot 67$ | $1957 = 19 \cdot 103$ | $1961 = 37 \cdot 53$ |
| $1963 = 13 \cdot 151$ | $1967 = 7 \cdot 281$ | $1969 = 11 \cdot 179$ | $1981 = 7 \cdot 283$ |
| $1991 = 11 \cdot 181$ | $2009 = 7^2 \cdot 41$ | $2021 = 43 \cdot 47$ | $2023 = 7 \cdot 17^2$ |
| $2033 = 19 \cdot 107$ | $2041 = 13 \cdot 157$ | $2047 = 23 \cdot 89$ | $2051 = 7 \cdot 293$ |
| $2057 = 11^2 \cdot 17$ | $2059 = 29 \cdot 71$ | $2071 = 19 \cdot 109$ | $2077 = 31 \cdot 67$ |
| $2093 = 7 \cdot 13 \cdot 23$ | $2101 = 11 \cdot 191$ | $2107 = 7^2 \cdot 43$ | $2117 = 29 \cdot 73$ |
| $2119 = 13 \cdot 163$ | $2123 = 11 \cdot 193$ | $2147 = 19 \cdot 113$ | $2149 = 7 \cdot 307$ |
| $2159 = 17 \cdot 127$ | $2167 = 11 \cdot 197$ | $2171 = 13 \cdot 167$ | $2173 = 41 \cdot 53$ |
| $2177 = 7 \cdot 311$ | $2183 = 37 \cdot 59$ | $2189 = 11 \cdot 199$ | $2191 = 7 \cdot 313$ |
| $2197 = 13^3$ | $2201 = 31 \cdot 71$ | $2209 = 47^2$ | $2219 = 7 \cdot 317$ |
| $2227 = 17 \cdot 131$ | $2231 = 23 \cdot 97$ | $2233 = 7 \cdot 11 \cdot 29$ | $2249 = 13 \cdot 173$ |
| $2257 = 37 \cdot 61$ | $2261 = 7 \cdot 17 \cdot 19$ | $2263 = 31 \cdot 73$ | $2279 = 43 \cdot 53$ |
| $2291 = 29 \cdot 79$ | $2299 = 11^2 \cdot 19$ | $2303 = 7^2 \cdot 47$ | $2317 = 7 \cdot 331$ |

# 附录 B　6000 以下的素数表

| | | | | | | | | | |
|---|---|---|---|---|---|---|---|---|---|
| 2 | 3 | 5 | 7 | 11 | 13 | 17 | 19 | 23 | 29 |
| 31 | 37 | 41 | 43 | 47 | 53 | 59 | 61 | 67 | 71 |
| 73 | 79 | 83 | 89 | 97 | 101 | 103 | 107 | 109 | 113 |
| 127 | 131 | 137 | 139 | 149 | 151 | 157 | 163 | 167 | 173 |
| 179 | 181 | 191 | 193 | 197 | 199 | 211 | 223 | 227 | 229 |
| 233 | 239 | 241 | 251 | 257 | 263 | 269 | 271 | 277 | 281 |
| 283 | 293 | 307 | 311 | 313 | 317 | 331 | 337 | 347 | 349 |
| 353 | 359 | 367 | 373 | 379 | 383 | 389 | 397 | 401 | 409 |
| 419 | 421 | 431 | 433 | 439 | 443 | 449 | 457 | 461 | 463 |
| 467 | 479 | 487 | 491 | 499 | 503 | 509 | 521 | 523 | 541 |
| 547 | 557 | 563 | 569 | 571 | 577 | 587 | 593 | 599 | 601 |
| 607 | 613 | 617 | 619 | 631 | 641 | 643 | 647 | 653 | 659 |
| 661 | 673 | 677 | 683 | 691 | 701 | 709 | 719 | 727 | 733 |
| 739 | 743 | 751 | 757 | 761 | 769 | 773 | 787 | 797 | 809 |
| 811 | 821 | 823 | 827 | 829 | 839 | 853 | 857 | 859 | 863 |
| 877 | 881 | 883 | 887 | 907 | 911 | 919 | 929 | 937 | 941 |
| 947 | 953 | 967 | 971 | 977 | 983 | 991 | 997 | 1009 | 1013 |
| 1019 | 1021 | 1031 | 1033 | 1039 | 1049 | 1051 | 1061 | 1063 | 1069 |
| 1087 | 1091 | 1093 | 1097 | 1103 | 1109 | 1117 | 1123 | 1129 | 1151 |
| 1153 | 1163 | 1171 | 1181 | 1187 | 1193 | 1201 | 1213 | 1217 | 1223 |
| 1229 | 1231 | 1237 | 1249 | 1259 | 1277 | 1279 | 1283 | 1289 | 1291 |
| 1297 | 1301 | 1303 | 1307 | 1319 | 1321 | 1327 | 1361 | 1367 | 1373 |
| 1381 | 1399 | 1409 | 1423 | 1427 | 1429 | 1433 | 1439 | 1447 | 1451 |
| 1453 | 1459 | 1471 | 1481 | 1483 | 1487 | 1489 | 1493 | 1499 | 1511 |
| 1523 | 1531 | 1543 | 1549 | 1553 | 1559 | 1567 | 1571 | 1579 | 1583 |
| 1597 | 1601 | 1607 | 1609 | 1613 | 1619 | 1621 | 1627 | 1637 | 1657 |
| 1663 | 1667 | 1669 | 1693 | 1697 | 1699 | 1709 | 1721 | 1723 | 1733 |
| 1741 | 1747 | 1753 | 1759 | 1777 | 1783 | 1787 | 1789 | 1801 | 1811 |
| 1823 | 1831 | 1847 | 1861 | 1867 | 1871 | 1873 | 1877 | 1879 | 1889 |
| 1901 | 1907 | 1913 | 1931 | 1933 | 1949 | 1951 | 1973 | 1979 | 1987 |
| 1993 | 1997 | 1999 | 2003 | 2011 | 2017 | 2027 | 2029 | 2039 | 2053 |
| 2063 | 2069 | 2081 | 2083 | 2087 | 2089 | 2099 | 2111 | 2113 | 2129 |
| 2131 | 2137 | 2141 | 2143 | 2153 | 2161 | 2179 | 2203 | 2207 | 2213 |
| 2221 | 2237 | 2239 | 2243 | 2251 | 2267 | 2269 | 2273 | 2281 | 2287 |
| 2293 | 2297 | 2309 | 2311 | 2333 | 2339 | 2341 | 2347 | 2351 | 2357 |
| 2371 | 2377 | 2381 | 2383 | 2389 | 2393 | 2399 | 2411 | 2417 | 2423 |
| 2437 | 2441 | 2447 | 2459 | 2467 | 2473 | 2477 | 2503 | 2521 | 2531 |
| 2539 | 2543 | 2549 | 2551 | 2557 | 2579 | 2591 | 2593 | 2609 | 2617 |

| 2621 | 2633 | 2647 | 2657 | 2659 | 2663 | 2671 | 2677 | 2683 | 2687 |
|------|------|------|------|------|------|------|------|------|------|
| 2689 | 2693 | 2699 | 2707 | 2711 | 2713 | 2719 | 2729 | 2731 | 2741 |
| 2749 | 2753 | 2767 | 2777 | 2789 | 2791 | 2797 | 2801 | 2803 | 2819 |
| 2833 | 2837 | 2843 | 2851 | 2857 | 2861 | 2879 | 2887 | 2897 | 2903 |
| 2909 | 2917 | 2927 | 2939 | 2953 | 2957 | 2963 | 2969 | 2971 | 2999 |
| 3001 | 3011 | 3019 | 3023 | 3037 | 3041 | 3049 | 3061 | 3067 | 3079 |
| 3083 | 3089 | 3109 | 3119 | 3121 | 3137 | 3163 | 3167 | 3169 | 3181 |
| 3187 | 3191 | 3203 | 3209 | 3217 | 3221 | 3229 | 3251 | 3253 | 3257 |
| 3259 | 3271 | 3299 | 3301 | 3307 | 3313 | 3319 | 3323 | 3329 | 3331 |
| 3343 | 3347 | 3359 | 3361 | 3371 | 3373 | 3389 | 3391 | 3407 | 3413 |
| 3433 | 3449 | 3457 | 3461 | 3463 | 3467 | 3469 | 3491 | 3499 | 3511 |
| 3517 | 3527 | 3529 | 3533 | 3539 | 3541 | 3547 | 3557 | 3559 | 3571 |
| 3581 | 3583 | 3593 | 3607 | 3613 | 3617 | 3623 | 3631 | 3637 | 3643 |
| 3659 | 3671 | 3673 | 3677 | 3691 | 3697 | 3701 | 3709 | 3719 | 3727 |
| 3733 | 3739 | 3761 | 3767 | 3769 | 3779 | 3793 | 3797 | 3803 | 3821 |
| 3823 | 3833 | 3847 | 3851 | 3853 | 3863 | 3877 | 3881 | 3889 | 3907 |
| 3911 | 3917 | 3919 | 3923 | 3929 | 3931 | 3943 | 3947 | 3967 | 3989 |
| 4001 | 4003 | 4007 | 4013 | 4019 | 4021 | 4027 | 4049 | 4051 | 4057 |
| 4073 | 4079 | 4091 | 4093 | 4099 | 4111 | 4127 | 4129 | 4133 | 4139 |
| 4153 | 4157 | 4159 | 4177 | 4201 | 4211 | 4217 | 4219 | 4229 | 4231 |
| 4241 | 4243 | 4253 | 4259 | 4261 | 4271 | 4273 | 4283 | 4289 | 4297 |
| 4327 | 4337 | 4339 | 4349 | 4357 | 4363 | 4373 | 4391 | 4397 | 4409 |
| 4421 | 4423 | 4441 | 4447 | 4451 | 4457 | 4463 | 4481 | 4483 | 4493 |
| 4507 | 4513 | 4517 | 4519 | 4523 | 4547 | 4549 | 4561 | 4567 | 4583 |
| 4591 | 4597 | 4603 | 4621 | 4637 | 4639 | 4643 | 4649 | 4651 | 4657 |
| 4663 | 4673 | 4679 | 4691 | 4703 | 4721 | 4723 | 4729 | 4733 | 4751 |
| 4759 | 4783 | 4787 | 4789 | 4793 | 4799 | 4801 | 4813 | 4817 | 4831 |
| 4861 | 4871 | 4877 | 4889 | 4903 | 4909 | 4919 | 4931 | 4933 | 4937 |
| 4943 | 4951 | 4957 | 4967 | 4969 | 4973 | 4987 | 4993 | 4999 | 5003 |
| 5009 | 5011 | 5021 | 5023 | 5039 | 5051 | 5059 | 5077 | 5081 | 5087 |
| 5099 | 5101 | 5107 | 5113 | 5119 | 5147 | 5153 | 5167 | 5171 | 5179 |
| 5189 | 5197 | 5209 | 5227 | 5231 | 5233 | 5237 | 5261 | 5273 | 5279 |
| 5281 | 5297 | 5303 | 5309 | 5323 | 5333 | 5347 | 5351 | 5381 | 5387 |
| 5393 | 5399 | 5407 | 5413 | 5417 | 5419 | 5431 | 5437 | 5441 | 5443 |
| 5449 | 5471 | 5477 | 5479 | 5483 | 5501 | 5503 | 5507 | 5519 | 5521 |
| 5527 | 5531 | 5557 | 5563 | 5569 | 5573 | 5581 | 5591 | 5623 | 5639 |
| 5641 | 5647 | 5651 | 5653 | 5657 | 5659 | 5669 | 5683 | 5689 | 5693 |
| 5701 ⊖ | 5711 | 5717 | 5737 | 5741 | 5743 | 5749 | 5779 | 5783 | 5791 |
| 5801 | 5807 | 5813 | 5821 | 5827 | 5839 | 5843 | 5849 | 5851 | 5857 |
| 5861 | 5867 | 5869 | 5879 | 5881 | 5897 | 5903 | 5923 | 5927 | 5939 |
| 5953 | 5981 | 5987 | | | | | | | |

⊖ 以下素数是译者添加的. ——编辑注

# 进一步阅读的文献

下面是一些有助于你进一步学习数论的书籍.

*The Higher Arithmetic*, H. Davenport, Cambridge University Press, Cambridge, 1952 (7th edition, 1999).

此书是对数论的一个漂亮的导引, 它涉及本书中的许多课题, 但写法上更为严谨. 强烈推荐!

下述四本书是数论的标准入门书, 它们都包含比本书更多的内容. Ireland 与 Rosen 的书还使用了抽象代数中的高级方法.

*An Introduction to the Theory of Numbers*, G. H. Hardy and E. M. Wright, Oxford University Press, London, 1938(6th edition, 2008).

*A Classical Introduction to Modern Number Theory*, K. Ireland and M. Rosen, Springer-Verlag, NY, 1982(2nd edition, 1990).

*An Introduction to the Theory of Numbers*, I. Niven, H. Zuckerman, and H. Montgomery, John Wiley & Sons, NY, 1960(5th edition, 1991).

*A Course in Number Theory*, H. E. Rose, Clarendon Press, Oxford, 1988(2nd edition, 1994).

下面所列的书在某些专门课题上包含更深的内容.

下面这本书是对各类素数的一个令人愉快的介绍.

*The Little Book of Primes*, P. Ribenboim, Springer-Verlag, New York, 1991.

下面这本书中有关于费马大定理的几个世纪的探索, 但不包含怀尔斯的突破性证明.

*13 Lectures on Fermat's Last Theorem*, P. Ribenboim, Springer-Verlag, New York, 1979.

下面这本书在代数与数论知识背景下介绍公钥密码体制与私钥密码体制.

*An Introduction to Mathematical Cryptography*, J. Hoffstein, J. Pipher, and J. H. Silverman, Springer-Verlag, New York, 2008.

下面这本书用解析(即微积分)方法研究数论.

*Introduction to Analytic Number Theory*, T. Apostol, Springer-Verlag, New York, 1976.

下面这本关于数论与椭圆曲线的书包含了莫德尔定理、哈塞定理与西格尔定理一些特殊情形的证明.

*Rational Points on Elliptic Curves*, J. H. Silverman and J. Tate, Springer-Verlag, New York, 1992.

# 索 引

索引中的页码为英文原书页码，与书中页边标注的页码一致.

# 推荐阅读

■ **时间序列分析及应用：R语言**（原书第2版）
作者：Jonathan D. Cryer　Kung-Sik Chan
ISBN：978-7-111-32572-7
定价：48.00元

■ **随机过程导论**（原书第2版）
作者：Gregory F. Lawler
ISBN：978-7-111-31544-5
定价：36.00元

■ **数学分析原理**（原书第3版）
作者：Walter Rudin
ISBN：978-7-111-13417-6
定价：28.00元

■ **实分析与复分析**（原书第3版）
作者：Walter Rudin
ISBN：978-7-111-17103-9
定价：42.00元

■ **数理统计与数据分析**（原书第3版）
作者：John A. Rice
ISBN：978-7-111-33646-4
定价：85.00元

■ **统计模型：理论和实践**（原书第2版）
作者：David A. Freedman
ISBN：978-7-111-30989-5
定价：45.00元

# 推荐阅读

**随机过程（原书第2版）**

作者：（美）Sheldon M. Ross 译者：龚光鲁 ISBN：978-7-111-43029-2 定价：79.00元

**统计模拟（英文版·第5版）**

作者：（美）Sheldon M. Ross ISBN：978-7-111-42045-3 定价：59.00元

**例解回归分析（原书第5版）**

作者：（美）Samprit Chatterjee 等 译者：郑忠国 等 ISBN：978-7-111-43156-5 定价：69.00元

**金融数据分析导论：基于R语言**

作者：（美）Ruey S. Tsay 译者：李洪成 等 ISBN：978-7-111-43506-8 定价：69.00元

# 推荐阅读

| 书名 | 书号 | 定价 | 出版年 | 作者 |
|---|---|---|---|---|
| 概率统计<br>（英文版·第4版） | 978-7-111-38775-6 | 139 | 2012 | （美）Morris H. DeGroot等 |
| 数值分析<br>（英文版·第2版） | 978-7-111-38582-0 | 89 | 2013 | （美）Timothy Sauer |
| 数论概论<br>（英文版·第4版） | 978-7-111-38581-3 | 69 | 2013 | （美）Joseph H. Silverman |
| 数理统计学导论<br>（英文版·第7版） | 978-7-111-38580-6 | 99 | 2013 | （美）Robert V. Hogg等 |
| 代数<br>（英文版·第2版） | 978-7-111-36701-7 | 79 | 2012 | （美）Michael Artin |
| 线性代数<br>（英文版·第8版） | 978-7-111-34199-4 | 69 | 2011 | （美）Steven J. Leon |
| 商务统计：决策与分析<br>（英文版） | 978-7-111-34200-7 | 119 | 2011 | （美）Robert Stine等 |
| 多元数据分析<br>（英文版·第7版） | 978-7-111-34198-7 | 109 | 2011 | （美）Joseph F. Hair, Jr等 |
| 统计模型：理论和实践<br>（英文版·第2版） | 978-7-111-31797-5 | 38 | 2010 | （美）David A. Freedman |
| 实分析<br>（英文版·第4版） | 978-7-111-31305-2 | 49 | 2010 | （美）H. L. Royden |
| 概率论教程<br>（英文版·第3版） | 978-7-111-30289-6 | 49 | 2010 | （美）Kai Lai Chung |
| 初等数论及其应用<br>（英文版·第6版） | 978-7-111-31798-2 | 89 | 2010 | （美）Kenneth H. Rosen |
| 数学建模<br>（英文精编版·第4版） | 978-7-111-28249-5 | 65 | 2009 | （美）Frank R. Giordano |
| 复变函数及应用<br>（英文版·第8版） | 978-7-111-25363-1 | 65 | 2009 | （美）James Ward Brown |
| 数学建模方法与分析<br>（英文版·第3版） | 978-7-111-25364-8 | 49 | 2008 | （美）Mark M. Meerschaert |
| 数学分析原理<br>（英文版·第3版） | 978-7-111-13306-3 | 35 | 2004 | （美）Walter Rudin |
| 实分析与复分析<br>（英文版·第3版） | 978-7-111-13305-6 | 39 | 2004 | （美）Walter Rudin |
| 泛函分析<br>（英文版·第2版） | 978-7-111-13415-2 | 42 | 2004 | （美）Walter Rudin |